U0248894

丙烯酸
生产与应用

陶子斌　郑承旺　编著

化学工业出版社

·北京·

本书对丙烯酸及酯的结构和类型、生产技术发展现状和应用情况进行了简单介绍，重点阐述了丙烯酸、通用丙烯酸酯和特种丙烯酸酯的性能、合成原理、生产方法、工艺过程、加工应用等内容。另外，书中囊括了近年来丙烯酸及酯的技术和应用领域的最新进展。

本书可供从事丙烯酸及酯生产和应用的相关工程技术人员和科研人员阅读，也可供化工、材料等相关专业高等院校师生参考。

图书在版编目（CIP）数据

丙烯酸生产与应用/陶子斌，郑承旺编著. —北京：化学工业出版社，2017.8
ISBN 978-7-122-29996-3

Ⅰ.①丙…　Ⅱ.①陶…②郑…　Ⅲ.①丙烯酸-生产工艺②丙烯酸-应用　Ⅳ.①TQ225.13

中国版本图书馆 CIP 数据核字（2017）第 145384 号

责任编辑：张　艳　刘　军　　　　　文字编辑：冉海滢
责任校对：王　静　　　　　　　　　装帧设计：关　飞

出版发行：化学工业出版社（北京市东城区青年湖南街 13 号　邮政编码 100011）
印　　刷：三河市航远印刷有限公司
装　　订：三河市毗发装订厂
710mm×1000mm　1/16　印张 22½　字数 450 千字　　2018 年 1 月北京第 1 版第 1 次印刷

购书咨询：010-64518888（传真：010-64519686）　　售后服务：010-64518899
网　　址：http：//www.cip.com.cn
凡购买本书，如有缺损质量问题，本社销售中心负责调换。

定　　价：98.00 元

前　言

　　丙烯酸及其酯类是一类重要的化工原料，作为聚合单体可以经均聚和共聚合成成千上万的聚合物。随着生产和技术的发展，产品品种和数量逐年增加，应用领域不断拓展。尤其是在近三十年来，取得了很大的发展，在卫生用品、洗涤剂、涂料、胶黏剂、纤维、织物、造纸、皮革、橡胶和塑料加工等方面得到了广泛的应用。同时人们也对丙烯酸工业提出了更多和更高的要求。

　　我国丙烯酸工业始于20世纪70年代，初期装置的生产规模只有几百吨。1984年5月，北京东方化工厂从国外引进的3万吨/年丙烯酸装置建成投产，标志着我国丙烯酸工业进入现代化发展的时期。自2005年起，我国丙烯酸工业进入快速发展的时期，至2015年12月，装置总生产能力已达到324万吨/年，极大地满足了国内应用市场的广泛需求，为我国国民经济的发展做出了应有的贡献。

　　北京东方化工厂是国内第一家现代化丙烯酸及其酯类产品生产厂家，为我国丙烯酸行业的发展做出了重要贡献。东方化工厂许多员工从事丙烯酸生产工作几十年，工作之中深有体会，希冀能看到更多描述技术新进展的专业书籍。因此凭借长期生产实践的经验，似有必要整理一本介绍丙烯酸生产发展和应用的书籍。通过对国内外科研开发、生产发展、技术进步和产品应用等的分析介绍，希望能对丙烯酸行业的发展和技术的进步有所裨益，这或许是编写此书的初衷。

　　本书以丙烯酸及酯类的生产和应用为主线，注意理论，着重实践，简单阐述了化学反应和基本原理。由于涉及的相关领域本身范围颇大，本书只侧重丙烯酸及其酯类生产工艺的叙述，摘取典型应用实例，尽力收集有关素材，进一步提升内容的可操作性，以启发读者。书中涉及的丙烯酸及酯主要应用领域包括涂料、胶黏剂、纺织、纤维、造纸、皮革、橡胶、油田化学品、塑料加工助剂、超吸水性树脂等。

　　本次出版得到了浙江卫星石化股份有限公司的支持，在此表示感谢。

　　限于业务水平以及阅历，选用素材和阐述内容恐有许多疏漏和不足之处，恳切地祈望读者赐教。

编著者

2017 年 10 月

目 录

第1章　概　论　　　　　　　　　　　　　　　1

1.1　丙烯酸和丙烯酸酯的结构和类型 ………………………………… 1
1.2　丙烯酸及酯类生产技术发展 ……………………………………… 2
1.3　生产状况 …………………………………………………………… 6
　　1.3.1　装置产能 ……………………………………………………… 6
　　1.3.2　产品产量及消费 ……………………………………………… 10
　　1.3.3　进出口贸易 …………………………………………………… 11
1.4　丙烯酸及其酯的应用 ……………………………………………… 13
　　1.4.1　丙烯酸的应用领域 …………………………………………… 14
　　1.4.2　丙烯酸酯的应用领域 ………………………………………… 15
参考文献 ………………………………………………………………… 16

第2章　丙烯酸及酯类物性　　　　　　　　　　18

2.1　物理性质 …………………………………………………………… 18
2.2　化学性质 …………………………………………………………… 29
　　2.2.1　丙烯酸的化合反应 …………………………………………… 29
　　2.2.2　丙烯酸的成盐性 ……………………………………………… 30
　　2.2.3　丙烯酸的聚合反应 …………………………………………… 31
　　2.2.4　丙烯酸酯的化合反应 ………………………………………… 33
　　2.2.5　丙烯酸酯的均聚反应 ………………………………………… 35
　　2.2.6　丙烯酸酯的共聚反应 ………………………………………… 38
参考文献 ………………………………………………………………… 39

第3章　丙烯氧化制丙烯酸生产技术　　　　　　40

3.1　丙烯氧化制丙烯酸方法概述 ……………………………………… 40
3.2　丙烯氧化催化剂 …………………………………………………… 40

　　　3.2.1　简述 ································· 40

　　　3.2.2　反应条件 ··························· 41

　　　3.2.3　催化剂使用寿命 ················· 43

3.3　丙烯氧化反应器及反应温度控制 ········· 44

3.4　丙烯氧化反应工艺流程 ····················· 45

3.5　丙烯氧化装置的安全运行 ·················· 46

3.6　丙烯酸气体吸收与汽提 ····················· 47

　　　3.6.1　吸收塔釜的丙烯酸浓度 ········ 47

　　　3.6.2　汽提 ································· 48

　　　3.6.3　流程设置及工艺条件 ··········· 48

3.7　丙烯酸的提纯 ································· 49

　　　3.7.1　丙烯酸与水、醋酸的分离 ····· 49

　　　3.7.2　丙烯酸二聚体的分解 ··········· 51

　　　3.7.3　马来酸的分离 ···················· 52

3.8　丙烯酸生产过程的聚合与防聚 ············ 52

　　　3.8.1　生产中发生严重聚合的原因 ·· 53

　　　3.8.2　生产过程的防聚 ················· 53

　　　3.8.3　出现聚合情况的处理 ··········· 54

3.9　原料要求 ····································· 54

　　　3.9.1　主要原料 ··························· 54

　　　3.9.2　辅助原料 ··························· 55

3.10　丙烯酸生产装置的设备特点 ············· 55

　　　3.10.1　设备结构 ························· 55

　　　3.10.2　设备材质 ························· 55

3.11　装置运行参数控制 ·························· 56

　　　3.11.1　参数测量 ························· 56

　　　3.11.2　参数控制方式 ··················· 56

3.12　生产过程的组成控制和分析 ············· 57

　　　3.12.1　生产过程的组成控制内容及要求 ·· 57

　　　3.12.2　分析手段 ························· 57

3.13　三废处理 ····································· 59

　　　3.13.1　废酸的处理 ···················· 59

　　　3.13.2　废油的处理 ···················· 59

　　　3.13.3　废气的处理 ···················· 59

　　　3.13.4　废水的处理 ···················· 59

　　　3.13.5　铜等金属离子的脱除 ········· 60

3.14 安全与储运 ·· 61

  3.14.1 装置及人身安全 ················ 61

  3.14.2 包装与储存 ···················· 61

3.15 丙烯酸脱除阻聚剂的方法 ················ 64

3.16 主要专利商及工艺技术介绍 ············· 65

  3.16.1 日本触媒技术 ················ 65

  3.16.2 BASF 技术 ···················· 76

  3.16.3 三菱化学技术 ················ 81

参考文献 ·· 84

第 4 章　丙烯酸酯生产技术　　86

4.1 基本原理 ·· 86

  4.1.1 化学反应 ······················ 86

  4.1.2 工艺条件对酯化反应的影响 ·· 88

4.2 丙烯酸酯生产工艺概述 ···················· 91

  4.2.1 丙烯酸甲酯 ···················· 91

  4.2.2 丙烯酸乙酯 ···················· 92

  4.2.3 丙烯酸丁酯 ···················· 93

  4.2.4 丙烯酸 2-乙基己酯 ·········· 94

参考文献 ·· 95

第 5 章　丙烯酸的应用　　96

5.1 超吸水性聚合物 ···································· 96

  5.1.1 超吸水性聚合物的类型 ······ 97

  5.1.2 超吸水性聚合物的特点 ······ 98

  5.1.3 超吸水性聚合物生产状况 ···· 98

  5.1.4 超吸水性聚合物技术发展趋向 ··· 103

  5.1.5 水溶液聚合生产工艺 ········· 103

  5.1.6 反相悬浮聚合生产工艺 ······ 119

  5.1.7 超吸水性聚合物的应用 ······ 123

5.2 丙烯酸的其他应用 ······························ 129

  5.2.1 减水剂 ·························· 129

  5.2.2 助洗剂 ·························· 131

  5.2.3 分散剂 ·························· 140

　　　5.2.4　防垢剂 ··· 142

　　　5.2.5　絮凝剂 ··· 143

　　　5.2.6　增稠剂 ··· 144

参考文献 ·· 145

第6章　丙烯酸酯的应用　　　　　　148

6.1　丙烯酸酯胶黏剂 ··· 148

　　　6.1.1　丙烯酸酯压敏胶黏剂 ··· 149

　　　6.1.2　其他各类丙烯酸酯胶黏剂介绍 ··· 173

6.2　丙烯酸酯涂料 ·· 180

　　　6.2.1　概述 ··· 180

　　　6.2.2　水性丙烯酸酯涂料 ··· 182

　　　6.2.3　溶剂型丙烯酸酯涂料 ·· 190

　　　6.2.4　高固体分丙烯酸酯涂料 ·· 192

　　　6.2.5　丙烯酸酯粉末涂料 ··· 193

　　　6.2.6　丙烯酸酯辐射固化涂料 ·· 197

6.3　丙烯酸酯聚合物在织物和纤维中的应用 ··· 202

　　　6.3.1　织物整理剂 ··· 202

　　　6.3.2　纺织经纱上浆浆料 ··· 204

　　　6.3.3　织物涂层剂 ··· 207

　　　6.3.4　织物防水剂 ··· 211

　　　6.3.5　织物柔软剂 ··· 214

　　　6.3.6　对纤维的改性 ·· 215

　　　6.3.7　对真丝的改性 ·· 216

　　　6.3.8　丙烯酸甲酯对丙烯腈纤维的改性 ··· 217

　　　6.3.9　纺织用胶黏剂的工业合成 ·· 217

6.4　聚丙烯酸酯塑料助剂 ··· 218

　　　6.4.1　概述 ··· 218

　　　6.4.2　ACR 产品的开发 ·· 220

　　　6.4.3　ACR 的作用机理和功能 ··· 223

　　　6.4.4　ACR 加工助剂的生产工艺 ·· 226

　　　6.4.5　ACR 改性剂的应用 ··· 231

6.5　皮革化学品 ·· 234

　　　6.5.1　皮革用表面活性剂 ··· 234

　　　6.5.2　制革填充剂 ··· 235

6.5.3　皮革防霉剂 ……………………………… 237

6.5.4　皮革防污剂 ……………………………… 237

6.5.5　丙烯酸树脂皮革鞣剂 …………………… 237

6.5.6　皮革涂饰剂 ……………………………… 239

6.6　丙烯酸酯聚合物在纸制品中的应用 ………… 244

6.6.1　纸张增强剂 ……………………………… 244

6.6.2　纸浆添加剂 ……………………………… 245

6.6.3　纸张浸渍剂 ……………………………… 246

6.6.4　纸张表面施胶剂 …………………………… 246

6.6.5　纸张涂布胶黏剂 …………………………… 247

6.6.6　纸张上光胶黏剂 …………………………… 249

6.6.7　纸塑复合胶黏剂 …………………………… 249

6.6.8　无纺布胶黏剂 ……………………………… 250

6.6.9　水性油墨 …………………………………… 251

6.6.10　纸餐盒制作 ……………………………… 251

6.6.11　彩色喷墨打印纸 ………………………… 252

6.6.12　纸张光油 ………………………………… 253

6.7　油田化学品 ……………………………………… 254

6.7.1　降凝降黏剂 ……………………………… 255

6.7.2　阻垢剂 …………………………………… 259

6.7.3　油田水质稳定剂 …………………………… 261

6.7.4　油田用高吸水性树脂 ……………………… 262

6.7.5　原油破乳剂 ……………………………… 264

6.7.6　油田降滤失剂 ……………………………… 266

6.7.7　驱油剂 …………………………………… 267

6.7.8　钻井泥浆改性剂 …………………………… 268

6.8　丙烯酸酯橡胶 …………………………………… 270

6.8.1　丙烯酸酯橡胶概述 ………………………… 270

6.8.2　丙烯酸酯橡胶的性能 ……………………… 271

6.8.3　丙烯酸酯橡胶的组成及其特性 …………… 274

6.8.4　丙烯酸酯橡胶生胶的合成方法 …………… 276

6.8.5　丙烯酸酯橡胶的加工改性 ………………… 277

6.8.6　丙烯酸酯橡胶的工业生产 ………………… 288

参考文献 …………………………………………… 289

第7章　特种丙烯酸酯生产和应用　　293

7.1　特种丙烯酸酯生产概况 ……………………………… 294

7.2 单官能团特种丙烯酸酯 ·································· 295
　　7.2.1 （甲基）丙烯酸羟基酯 ·························· 295
　　7.2.2 其他重要单官能团特种丙烯酸酯 ·············· 302
7.3 双官能团丙烯酸酯 ·································· 320
7.4 多官能团丙烯酸酯 ·································· 327
7.5 特种丙烯酸酯的应用 ·································· 335
　　7.5.1 在微电子领域中的应用 ························ 335
　　7.5.2 在表面涂层材料中的应用 ······················ 336
　　7.5.3 在胶黏剂中的应用 ·························· 339
　　7.5.4 在丙烯酸热熔型压敏胶中的应用 ·············· 340
　　7.5.5 在液晶配向层材料中的应用 ·················· 342
　　7.5.6 在水性光引发剂中的应用 ···················· 344
　　7.5.7 在合成含螯合基团的聚合物中的应用 ·········· 344

参考文献 ·· 346

第1章

概 论

1.1 丙烯酸和丙烯酸酯的结构和类型

丙烯酸及其酯类系列单体是易燃、性质活泼和具有挥发性的液体。因其羰基 α 与 β 位置有不饱和的双键结构,可经乳液聚合、溶液聚合及交联生成成千上万的各具特性的稳定的聚合物。主链的碳链和各种各样的酯键,为聚合物提供多种优良性能,如化学稳定性、耐候性、耐久性、硬度、柔韧性、溶解性和混溶性等。丙烯酸及酯聚合物已在许多领域得到了广泛的应用。

丙烯酸主要用于合成丙烯酸酯和聚丙烯酸,丙烯酸酯可用于合成涂料、胶黏剂、纺织、造纸、皮革和塑料助剂等。聚丙烯酸则用于卫生材料、洗涤剂、分散剂、絮凝剂和增稠剂等。

丙烯酸及酯的分子结构如下。

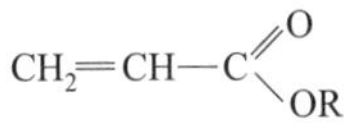

$$CH_2\!=\!CH\!-\!C\!\!\begin{array}{c} O \\ \backslash \\ OR \end{array}$$

式中 R=H 时,即为丙烯酸。

R 可以是 1~18 个碳原子的烷基,也可以为带有各种官能团的结构,统称为丙烯酸酯。

R=—CH₃(甲基),则为丙烯酸甲酯(MA);

R=—CH₂CH₃(乙基),则为丙烯酸乙酯(EA);

R=—CH₂CH₂CH₂CH₃(正丁基),则为丙烯酸正丁酯(BA);

R=—CH₂CH(C₂H₅)CH₂CH₂CH₂CH₃(2-乙基己基),则为丙烯酸 2-乙基己酯(2-EHA)。

丙烯酸酯类按分子结构与应用可分为通用丙烯酸酯和特种丙烯酸酯。

上述丙烯酸甲酯、丙烯酸乙酯、丙烯酸正丁酯和丙烯酸 2-乙基己酯,四种丙烯酸酯为通用丙烯酸酯，都由大规模的工业化生产装置生产。

特种丙烯酸酯产量相对较低，生产规模相对较小，但是其品种却很多。主要品种有丙烯酸羟烷基酯、多官能丙烯酸酯和丙烯酸烷胺基烷基酯，此外还有丙烯酸异丁酯等丙烯酸烷基酯，例如：

$$CH_2\!=\!CHCOOCH_2CH_2OH \qquad\qquad CH_2\!=\!CHCOOCH_2CH(OH)CH_3$$
丙烯酸羟乙酯(HEA)   丙烯酸羟丙酯(HPA)

$$CH_2\!=\!CHCOOCH_2CH_2OCH_2CH_2OCOCH\!=\!CH_2 \qquad CH_2\!=\!CHCOOCH_2CH_2N(CH_3)_2$$
二乙二醇二丙烯酸酯   丙烯酸二甲胺基乙酯

$$
\begin{array}{c}
CH_2-O-CO-CH\!=\!CH_2 \\
| \\
CH_3-CH_2-C-CH_2-O-CO-CH\!=\!CH_2 \\
| \\
CH_2-O-CO-CH\!=\!CH_2
\end{array}
$$
三羟甲基丙烷三丙烯酸酯

广义上，以丙烯酸酯或甲基丙烯酸酯为主要单体合成的树脂统称丙烯酸树脂。甲基丙烯酸酯分子结构如下：

$$
\begin{array}{c}
\overset{\displaystyle O}{\|} \\
CH_2\!=\!C\!-\!C\!-\!O\!-\!R \\
| \\
CH_3
\end{array}
$$

此外还有与丙烯酸酯类似的系列产品。

1.2　丙烯酸及酯类生产技术发展

在其发展历史上，丙烯酸及酯类工业生产有多种方法，如氯乙醇法、氰乙醇法、高压 Reppe 法、改良 Reppe 法、烯酮法、乙酸-甲醛法、丙烯腈水解法、乙烯法、生物合成法、丙烯氧化法、环氧乙烷法和丙烯直接氧化法等。此外，丙烯醛生产装置副产一定量的丙烯酸。近来，有若干专利报道用丙烷气相催化氧化法生产丙烯酸。

（1）氯乙醇法　氯乙醇法是最早的丙烯酸工业生产方法。1927 年和 1931 年，德国和美国先后用此法建立了生产装置。

以氯乙醇和氰化钠为原料，在碱性催化剂存在下生成氰乙醇，氰乙醇在硫酸存在下脱水生成丙烯腈，再水解（醇解）可生产丙烯酸（酯）。

$$HOCH_2CH_2Cl+NaCN \longrightarrow HOCH_2CH_2CN \xrightarrow[H_2SO_4]{HO-H} CH_2\!=\!CH\!-\!COOH$$

$$\xrightarrow[H_2SO_4]{ROH} CH_2\!=\!CH\!-\!COOR$$

（2）氰乙醇法　此法是由氯乙醇法发展而来的。随着石油化学工业的发展，改用环氧乙烷和氢氰酸生产氰乙醇。

$$CH_2\!-\!CH_2 \text{（O）} + HCN \longrightarrow HOCH_2CH_2CN \xrightarrow{ROH} CH_2\!=\!CH\!-\!COOR$$

此法丙烯酸收率较低（60%～70%），反应过程生成聚合物，氰化物毒性大，投资和生产成本均较高。Rohm & Haas 公司和 UCC 公司等都有生产装置，并先后于 1954 年和 1957 年改用 Reppe 法和丙烯直接氧化法生产丙烯酸。

（3）高压 Reppe 法　Reppe 法最早于 20 世纪 30 年代由 Dr. Walter 在德国开发成功。该法为乙炔和一氧化碳的羰基合成法。先由乙炔、一氧化碳和水在催化剂镍盐的催化作用下生成酯化级丙烯酸，再与醇反应生成丙烯酸酯。

$$CH\!\equiv\!CH + CO + HOH \xrightarrow[225℃]{100atm} CH_2\!=\!CH\!-\!COOH \xrightarrow[H_2SO_4]{ROH} CH_2\!=\!CH\!-\!COOR$$

1956 年 BASF 公司以此法生产丙烯酸，使生产能力达到 30 万吨/年。但是在 1977 年，BASF 公司用丙烯直接氧化生产丙烯酸后，此法不再上新装置，以此法生产的德国路德维希工厂装置于 1995 年停止生产。

（4）改良 Reppe 法　该法是在 Reppe 法的基础上经改进而形成的。

$$CH\!\equiv\!CH + ROH + (x/4)Ni(CO)_4 + (x/4)H\!-\!Cl \longrightarrow$$
$$CH_2\!=\!CHCOOR + (x/4)NiCl_2 + (x/4)H_2$$

$x=1$，即为 Reppe 法；$x<1$，即为改良 Reppe 法，通常 x 可取 0.2。

Rohm & Haas 公司曾于 20 世纪 50 年代中期用此法进行工业化生产，并扩大生产能力至 20 万吨/年。但是，该公司 1978 年建设了丙烯直接氧化法生产装置后，改进 Reppe 法生产装置逐步停产。

BASF 公司改进 Reppe 法的催化体系：

$$CuBr_2 + NiCl_2 \xrightarrow{CO} Ni(CO)_4$$

（5）烯酮法　乙烯酮（由丙酮和醋酸为原料制得）与无水甲醛反应生成 β-丙内酯，β-丙内酯与热磷酸接触异构化生成丙烯酸，与醇和硫酸反应则生成丙烯酸酯。

$$CH_3\!-\!C(\!=\!O)\!-\!CH_3 \;/\; CH_3COOH \xrightarrow{-CH_4} CH_2\!=\!C\!=\!O \xrightarrow[BF_3]{HCHO} \begin{array}{c}CH_2\!-\!C\!=\!O\\CH_2\!-\!O\end{array} \begin{array}{l}\xrightarrow{H_3PO_4} CH_2\!=\!CH\!-\!COOH\\\xrightarrow[H_2SO_4]{ROH} CH_2\!=\!CH\!-\!COOR\end{array}$$

烯酮法生产的产品纯度高、产品收率高，但原料价格高。β-丙内酯为致癌物质，当今工业上已不用此法生产。

（6）乙酸-甲醛法　20 世纪 70 年代因石油价格高涨，人们寻找以非石油原料路线合成丙烯酸，乙酸-甲醛法应运而生。

乙酸和甲醛皆可由甲醇生产，甲醇来自合成气。

$$CO + H_2 \longrightarrow CH_3OH \begin{array}{c} \xrightarrow{CO} CH_3COOH \\ \xrightarrow{O_2} HCHO \end{array} \xrightarrow{} HOCH_2CH_2COOH \longrightarrow CH_2\!=\!CH\!-\!COOH$$

乙酸-甲醛法因工艺比较复杂，且投资高，多年来难以被工业界所接受。但是，附着煤化工技术的发展，仍然可以重新考虑此法的价值。因为，在煤化工工艺中，煤可以气化制得甲醇，甲醇再进一步转化成烯烃、乙酸和甲醛。Celanese 公司便开发出了一种羰基化制取乙酸工艺和乙酸制取丙烯酸相结合的组合工艺（US 20140073812），工艺流程如下：在羰基化工艺中，加入蒸馏塔，提纯乙酸，产品含 0.15%（质量分数）的水，将提纯后的乙酸冷凝，在催化剂作用下，乙酸和烷化剂（如甲醛）反应，得到粗丙烯酸产品。该工艺优势在于烷化剂很容易从粗丙烯酸中脱除。在具体实施例中，乙酸转化率可达 50%，丙烯酸选择性可达 70%。

也可以乙醇和甲醇为原料，因为乙醇可以氧化成乙酸，巴斯夫公司已有这方面的专利（CN 104817450A）。

（7）丙烯腈水解法　此法间接地还是丙烯路线，因丙烯腈是由丙烯制得的。20 世纪 60 年代，丙烯氨氧化生产丙烯腈得到了发展，丙烯腈来源丰富。因此，在一定的条件下，可由丙烯腈路线来合成丙烯酸。

$$CH_2\!=\!CH\!-\!CH_3 + NH_3 + O_2 \longrightarrow CH_2\!=\!CH\!-\!CN + H_2O$$

丙烯腈在一定温度（200～300℃）下，可水解生成丙烯酸。

$$CH_2\!=\!CH\!-\!CN + H_2O \xrightleftharpoons{H_2SO_4} CH_2\!=\!CH\!-\!CONH_2$$

$$CH_2\!=\!CH\!-\!CONH_2 + H_2O + H_2SO_4 \longrightarrow CH_2\!=\!CH\!-\!COOH + (NH_4)_2SO_4$$

$$CH_2\!=\!CH\!-\!CONH_2 + ROH + H_2SO_4 \longrightarrow CH_2\!=\!CH\!-\!COOR + (NH_4)_2SO_4$$

丙烯腈水解法工艺比较简单、易行，其投资也较少，目前在世界范围内，尽管没有大规模的工业生产，但仍有小规模的装置用此法生产少量的丙烯酸及丙烯酸酯。在日本、英国、中国和墨西哥都建有工厂，规模都在 2 万吨/年以下。日本旭化成公司的 1.8 万吨/年的装置于 1990 年中期终止该法生产。Ciba Specialty Chemicals 公司在英国 Bradford 的 1.5 万吨/年装置也于 1999 年停产。Celanese 公司的墨西哥装置也于 1993 年转为丙烯氧化法生产。

（8）乙烯法　用乙烯等为原料，以钯为催化剂合成丙烯酸的反应式如下。

$$CH_2\!=\!CH_2 + CO + O_2 \xrightarrow{PdCl_2 \cdot CuCl_2} CH_2\!=\!CH\!-\!COOH$$

美国联合石油公司于 1973 年在加利福尼亚州建立了工业化装置。但此法丙烯酸选择性只有 75%～85%。

此法目前尚处于开发之中，工艺尚不够成熟。

（9）生物合成法　较早从事丙烯酸生物合成研究的是嘉吉（Cargill）公司和诺维信（Novozymes）公司，这两家公司自 2008 年即开始此项研究合作了。诺维信是一家丹麦公司，专门从事工业用酶的研究与生产。嘉吉是一家美国公司，从事农业和食品方面的研究。

巴斯夫公司是 2012 年加入三家联合研究团队进行生物丙烯酸产品开发研究工作的。2013 年 7 月，联合团队展示了可生产丙烯酸的 3-羟基丙酸（3-HP）并进行了中试。

巴斯夫、嘉吉和诺维 2014 年 9 月 15 日联合宣布，三家公司联合开发的、以可再生资源生产丙烯酸技术获得突破，研发人员成功地将 3-HP 转换成冰晶级丙烯酸和超吸水性聚合物（SAP），三方决定进一步扩大实验规模。

此外，位于美国科罗拉多州的 OPX 生物技术公司，已于 2013 年完成了商业化规模生物基丙烯酸装置的投产。

（10）丙烷氧化法　最近有若干专利提出以丙烷为原料、金属氧化物为催化剂（例如 Mo-Sb-V-Nb-K 等金属氧化物混合物），丙烷气相氧化制备丙烯酸。

$$CH_2CH_2CH_3 + O_2 \xrightarrow[400℃]{\text{催化剂}} CH_2=CHCOOH$$

丙烷直接氧化工艺只在丙烯价格足够高，且丙烯与丙烷价格差足够大，以及有足够的丙烷资源时，才有应用的价值。

目前，业内认为丙烷直接氧化制丙烯酸的工艺路线较少，而主要考虑丙烷先行脱氢制成丙烯，然后由丙烯氧化制丙烯酸的工艺路线。

（11）环氧乙烷法　壳牌公司宣称，以环氧乙烷与一氧化碳为原料合成丙烯酸，丙烯酸的选择性可达 90%。

$$\underset{CH_2-CH_2}{\overset{O}{\triangle}} + CO \xrightarrow[\text{催化剂}]{120℃, 1500psig} CH_2=CH-COOH$$

上述 11 种方法中的氯乙醇法、氰乙醇法、Reppe 法和烯酮法因效率低、消耗大、成本高，已经逐步被淘汰。乙烯法、丙烷法和环氧乙烷法也只在近几年有人在开发，工艺尚不够成熟，尚未有大规模的生产装置，唯有丙烯氧化法独占大规模丙烯酸生产工厂。时至今日，世界上所有丙烯酸大型生产装置均采用丙烯氧化法。

（12）丙烯直接氧化法　分为一步法和二步法两种。

一步法的反应如下：

$$CH_2=CH-CH_3 \xrightarrow{O_2} CH_2=CH-COOH \xrightarrow{ROH} CH_2=CH-COOR$$

二步法的反应如下：

第一步，丙烯氧化生成丙烯醛。

$$CH=CH-CH_3 + O_2 （空气） \longrightarrow CH_2=CH-CHO$$

第二步，丙烯醛进一步氧化生成丙烯酸。

$$CH_2=CH-CHO + 1/2O_2 \longrightarrow CH_2=CH-COOH \xrightarrow{ROH} CH_2=CH-COOR$$

丙烯氧化法最早由 UCC 公司于 1969 年在美国建成第一套生产装置，接着日本触媒化学公司（1970 年）、三菱化学公司（1973 年）以及美国塞拉尼斯公司（1973 年）相继建厂。

拥有丙烯氧化工艺技术的公司有日本触媒化学公司、三菱化学公司、巴斯夫公司和 Sohio 公司等。

目前，日本触媒化学公司的丙烯氧化技术已在世界上广泛应用。三菱化学公司的技术也在多套生产装置中应用。巴斯夫公司的技术不输出，仅在本公司装置中使用。

1.3 生产状况

1.3.1 装置产能

据资料统计，至 2015 年年底，全世界已建成的丙烯酸（CAA）和丙烯酸酯（AE）装置的生产能力分别为 822 万吨/年和 685 万吨/年。2015 年各大公司的装置生产能力列于表 1-1。表中所列生产装置已全部采用丙烯氧化技术。

表 1-1　2015 年世界丙烯酸及其酯类生产能力

公司名称	装置地址	CAA 产能/(万吨/年)	AE 产能/(万吨/年)	备注
American Acryl	美国（得克萨斯州帕萨迪纳）	12	6	2002 年投产
阿科玛	美国（得克萨斯州克利尔莱克）	32	19.5	1973 年投产
陶氏化学	美国（得克萨斯州迪尔帕克）	57.5	41	1977 年投产
陶氏化学	美国（路易斯安那州塔夫特特）	11	18	1969 年投产
巴斯夫	美国（得克萨斯州佛里波特）	23	18	1982 年投产
陶氏化学	墨西哥	4.5	5.5	1993 年投产
巴斯夫	巴西（Guaratingueta,瓜拉廷格塔）	0	5	BA,2016 年改产 2-EHA
巴斯夫	巴西（Camacari,卡马萨里）	16	12	2015 年 6 月投产,12 万吨 BA,并有 6 万吨 SAP
Proquigel	巴西	0	3	—
巴斯夫	德国（路德维希港）	27	38	1977 年投产
StoHaas Monomer	德国（马尔）	26.5	6	
陶氏化学	德国（伯伦）	8	6	2000 年投产
阿科玛	法国（卡林）	27.5	27	1980 年投产
巴斯夫	比利时（安特卫普）	32	15	1996 年投产
Hexion	捷克（索科洛夫）	5.5	6	2002 年投产
西布尔（Sibur）	俄罗斯（捷尔任斯克）	2.5	4.6	
Sasol Acrylates	南非（萨索尔堡）	8	11.5	2004 年投产
日本触媒	新加坡	7.5	8	1999 年投产

公司名称	装置地址	CAA产能/(万吨/年)	AE产能/(万吨/年)	备注
日本触媒	印尼(芝勒贡)	14	10	1998年投产
BASF Petronas	马来西亚(关丹)	16	16	2000年投产
台塑集团	中国台湾林园	6	10	1984年投产
台塑集团	中国台湾麦寮	10	10	1984年投产
出光石化	日本爱知县	5	5	1992年投产
三菱化学	日本(三重县)	11	11.5	1973年投产
日本触媒	日本(姬路)	54	13	1970年投产
大分化学	日本(大分县)	6	0	1973年投产
LG化学	韩国(丽珠)	6.5	0	—
LG化学	韩国(丽川)	20.8	23	1997年投产
LG化学	韩国(丽水)	16	0	2015年8月投产
沙特丙烯酸单体公司	沙特(朱拜勒)	16	10	—
北京东方	北京通州	8	8	1984年5月投产
吉林石化	吉林市	2.7	3	1993年1月投产
上海华谊	上海市	19	27	1994年10月投产
南京扬巴	江苏南京	35	27	2004年12月投产
江苏裕廊	江苏盐城	36.5	15	2005年1月投产
泰兴昇科	江苏泰兴	32	18	2015年1月投产
宁波台塑	浙江宁波	16	20	2006年4月投产
宁波台塑	浙江宁波	32	35	2006年4月投产16万吨CAA;2015年6月再投产16万吨CAA
浙江卫星	浙江嘉兴	48	47	2006年7月投产
沈阳蜡化	辽宁沈阳	8	12	2006年10月投产
山东开泰	山东淄博	11	8.6	2006年11月投产
山东正和	山东广饶	4	6	2007年12月投产
兰州石化	甘肃兰州	8	10	2008年6月投产
江苏三木	江苏泰州	14	6	2012年1月投产
中海惠州	广东惠州	14	16	2012年9月投产
山东宏信	山东淄博	8	10	2014年6月投产
万洲石化	江苏南通	8	8	2014年7月投产
福建滨海	福建莆田	6	6	2014年9月投产
烟台万华	山东烟台	30	44	2015年8月投产
合计		822	685.2	

表 1-2 所示为 2015 年世界主要地区的丙烯酸装置产能分布情况。

表 1-2　2015 年世界丙烯酸装置产能的地区分布

地区	产能/(万吨/年)	占比/%
中国	324.2	39.4
美国	135.5	16.5
欧洲	126.5	15.4
日本	76	9.2
韩国	43.3	5.3
其他地区	116.5	14.2
全球合计	822	100

我国丙烯酸及酯类从 1984 年开始发展（当年北京东方化工厂建成投产 3 万吨/年丙烯酸装置），至 2015 年年底丙烯酸和丙烯酸酯类的生产能力已经分别达到 324.2 万吨/年和 314.6 万吨/年。表 1-3 是历年丙烯酸产能的变化情况。图 1-1 为历年丙烯酸装置产能增长情况。

表 1-3　国内历年酯化级丙烯酸装置产能

年份	产能/(万吨/年)	备　　注
1984	3	东方 3 万吨/年
1986	3	东方 3 万吨/年
1988	3	东方 3 万吨/年
1990	3	东方 3 万吨/年
1991	5	东方 5 万吨/年
1992	8	东方 5 万吨/年,吉化 3 万吨/年
1993	8	东方 5 万吨/年,吉化 3 万吨/年
1994	11	东方 5 万吨/年,华谊 3 万吨/年,吉化 3 万吨/年
1995	11	东方 5 万吨/年,华谊 3 万吨/年,吉化 3 万吨/年
1996	11	东方 5 万吨/年,华谊 3 万吨/年,吉化 3 万吨/年
1997	11	东方 5 万吨/年,华谊 3 万吨/年,吉化 3 万吨/年
1998	14	东方 8 万吨/年,华谊 3 万吨/年,吉化 3 万吨/年
1999	14	东方 8 万吨/年,华谊 3 万吨/年,吉化 3 万吨/年
2000	14	东方 8 万吨/年,华谊 3 万吨/年,吉化 3 万吨/年
2001	14	东方 8 万吨/年,华谊 3 万吨/年,吉化 3 万吨/年
2002	14	东方 8 万吨/年,华谊 3 万吨/年,吉化 3 万吨/年
2003	14	东方 8 万吨/年,华谊 3 万吨/年,吉化 3 万吨/年
2004	18	东方 8 万吨/年,华谊 7 万吨/年,吉化 3 万吨/年

年份	产能/(万吨/年)	备注
2005	42	东方8万吨/年,华谊7万吨/年,吉化3万吨/年,裕廊8万吨/年,扬巴16万吨/年。同比增长133%
2006	85	同比增长102%
2007	98.4	同比增长15.8%
2008	106.4	同比增长8.1%
2009	112.4	同比增长5.7%
2010	113.8	同比增长1.2%
2011	124.6	同比增长9.5%
2012	168.2	同比增长35.0%
2013	189.2	同比增长12.5%
2014	278.2	同比增长47.0%
2015	324.2	同比增长16.5%

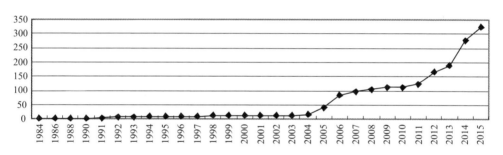

图 1-1　国内历年酯化级丙烯酸装置产能增长图（万吨/年）

表 1-4 是 2015 年国内各生产厂家丙烯酸及酯装置产能明细。

表 1-4　2015 年国内丙烯酸及酯装置产能统计　　　　单位：吨/年

公司名称	粗酸	普酸	精酸	甲酯	乙酯	丁酯	辛酯	酯类合计
北京东方	80000	5000	24000	15000	15000	50000	0	80000
吉林石化	27000	0	0	10000	5000	15000	0	30000
上海华谊	190000	190000	50000	0	35000	180000	55000	270000
南京扬巴	350000	0	190000	70000	0	200000	0	270000
江苏裕廊	365000	40000	100000	40000	40000	0	70000	150000
泰兴昇科	320000	80000	160000	0	0	180000	0	180000
宁波台塑	320000	0	90000	20000	10000	240000	80000	350000
浙江卫星	480000	40000	190000	30000	40000	380000	20000	470000

公司名称	粗酸	普酸	精酸	甲酯	乙酯	丁酯	辛酯	酯类合计
沈阳蜡化	80000	0	0	10000	10000	80000	20000	120000
开泰实业	110000	0	20000	6000	0	80000	0	86000
正和集团	40000	0	0	0	0	60000	0	60000
兰州石化	80000	15000	0	10000	10000	80000	0	100000
江苏三木	140000	140000	40000	0	0	60000	0	60000
中海惠州	140000	40000	0	20000	20000	100000	20000	160000
万洲石化	80000	12000	20000	0	0	80000	0	80000
山东宏信	80000	4000	20000	0	0	80000	20000	100000
福建滨海	60000	4000	20000	0	0	60000	0	60000
烟台万华	300000	300000	50000	30000	30000	360000	20000	440000
广东叶氏	0	0	0	0	0	80000	0	80000
合计	3242000	870000	974000	261000	215000	2365000	305000	3146000

注：粗酸即 CAA，普酸即聚合级酸（PAA），精酸即高纯丙烯酸（GAA）。

2012 年，我国丙烯酸装置产能首次同时超过美国和欧洲，成为世界丙烯酸产能最大的国家。

丙烯酸及酯稳步发展的动力主要来自下游产品需求的逐年增长、原有应用领域的拓宽和新的应用领域的发展。如涂料与胶黏剂领域，由于 VOC（挥发性有机化合物）的限制而促进了水性化丙烯酸聚合物的应用，超吸水树脂应用的高速发展，替代含磷洗涤剂的丙烯酸助洗剂的发展，以及齐聚物辐射固化技术的发展等，这些均使目前的丙烯酸工业成为化学工业中一个极具吸引力和增长速度极高的行业。

1.3.2 产品产量及消费

2013 年世界主要地区的丙烯酸及酯的产量和消费量如表 1-5 所示。

表 1-5 2013 年世界主要地区丙烯酸及酯生产与消费状况

地区	酸/酯	生产能力/(万吨/年)	产量/万吨	开工率/%	消费量/(万吨/年)
美国	粗丙烯酸	137.5	133.8	97.3	131.1
	通用丙烯酸酯	94.0	115.0	122	91.2
西欧	粗丙烯酸	126.6	100.1	79.1	97.8
	通用丙烯酸酯	80.0	76.0	95.0	72.7
日本	粗丙烯酸	76.0	61.3	80.6	59.3
	通用丙烯酸酯	36.0	22.7	63.0	23.3
中国	粗丙烯酸	189.2	152.6	80.6	144.1
	通用丙烯酸酯	179.6	130.8	72.8	128.2

地区	酸/酯	生产能力/（万吨/年）	产量/万吨	开工率/%	消费量/（万吨/年）
其他地区	粗丙烯酸	78.3	65.6	83.8	101.1
	通用丙烯酸酯	126.6	105.7	83.5	119.7
全球	粗丙烯酸	607.6	513.4	84.5	513.4
	通用丙烯酸酯	516.2	450.2	87.2	435.1

国内近年丙烯酸及酯产品产量的发展仍处于快速发展轨道。表 1-6 和图 1-2 是历年国内丙烯酸和丙烯酸酯产品产量的发展状况。

表 1-6　历年国内丙烯酸（CAA）及通用丙烯酸酯（AE）产量

年份	CAA/t	同比增长/%	AE/t	同比增长/%
1998	104640	—	111670	—
1999	130990	25.2	144320	29.2
2000	136940	4.54	158310	9.69
2001	147540	7.74	206268	30.3
2002	149340	1.22	232695	12.8
2003	154800	3.66	244074	4.89
2004	170010	9.82	252284	3.36
2005	326900	92.3	405930	60.9
2006	513000	56.9	611000	50.5
2007	697000	35.9	732400	19.9
2008	764450	9.68	758883	3.62
2009	836530	9.43	849378	11.9
2010	1028643	23.0	1023280	20.5
2011	1164615	13.2	1163160	13.7
2012	1362428	16.9	1272445	9.4
2013	1526594	12.1	1307653	2.8
2014	1788723	17.2	1619382	23.8
2015	1659415	−7.2	1604592	−0.9

1.3.3　进出口贸易

2010 年我国丙烯酸及酯出口量首次超过进口量。

进口方面：

2015 年我国进口丙烯酸 34882t，进口各种丙烯酸酯 52145t，合计 87027t，同比增长-18.3%。

出口方面：

2015 年我国出口丙烯酸 51871t，出口各种丙烯酸酯 95145t，合计 147016t，同比增长-8.2%。

具体数据见表 1-7。

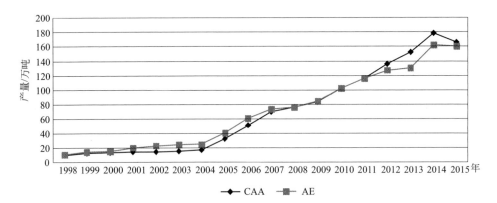

图 1-2　国内历年酯化级丙烯酸（CAA）及通用丙烯酸酯（AE）产量

表 1-7　中国丙烯酸及酯历年进出口数量统计

年份	进口				出口			
	丙烯酸/t	丙烯酸酯/t	酸酯合计/t	增长/%	丙烯酸/t	丙烯酸酯/t	酸酯合计/t	增长/%
1992	1693	22820	24513	—	145	2093	2238	—
1993	3889	26406	30295	23.4	300	4028	4328	93.4
1994	2187	31418	33605	18.9	128	5191	5319	22.9
1995	1461	30816	32277	-4.0	1311	4292	5603	5.34
1996	2180	35223	37403	15.9	255	3802	4057	-27.6
1997	3571	58883	62454	67.0	477	6180	6657	64.1
1998	4463	80372	84835	35.8	173	9670	9843	47.9
1999	7652	124841	132493	56.2	482	15977	16459	67.2
2000	31993	155479	187472	41.5	644	11357	12001	-27.1
2001	67128	181514	248642	32.6	523	14767	15290	27.4
2002	108800	189100	297900	19.8	1219	11494	12713	-16.8
2003	109694	211055	320749	7.6	1341	18179	19520	53.5
2004	114313	242192	356505	11.1	2752	32148	34900	78.8
2005	101130	186449	287579	-19.3	9077	72720	81797	134.4
2006	52649	123216	175865	-38.8	20426	56226	76652	-6.3
2007	45303	88663	133966	-23.8	22987	50483	73470	-4.2

年份	进口				出口			
	丙烯酸 /t	丙烯酸酯 /t	酸酯合计 /t	增长/%	丙烯酸 /t	丙烯酸酯 /t	酸酯合计 /t	增长/%
2008	45094	81927	127021	−5.2	36208	61307	97515	32.7
2009	55059	109407	166475	31.1	21215	36740	57955	−40.6
2010	50890	63461	114351	−31.3	55684	123920	179604	210
2011	49437	74885	126333	10.5	40843	96047	136890	−23.8
2012	52588	64596	117184	−7.1	68974	87090	156064	13.9
2013	48117	64689	112806	−3.7	133044	91359	224403	43.8
2014	36580	70273	106853	−5.3	70401	89690	160091	−28.6
2015	34882	52145	87027	−18.3	51871	95145	147016	−8.2

表 1-8 是 2015 年各单体品种的进出口数据，从表中可以看出，进口通用丙烯酸酯中，以丙烯酸丁酯和丙烯酸 2-乙基己酯为主，分别达到 13855t 和 28177t。出口通用丙烯酸酯中，以丙烯酸丁酯为主，数量达到 55834t。出口丙烯酸酯中的"其他丙烯酸酯"即特种丙烯酸酯的量也很大，达到 27176t。

表 1-8　2015 年丙烯酸及酯产品进出口统计

品　名	12月进口		1～12月进口累计		12月出口		1～12月出口累计	
	进口量 /kg	进口额 /美元	进口量 /kg	进口额 /美元	出口量 /kg	出口额 /美元	出口量 /kg	出口额 /美元
丙烯酸及其盐	1854270	1266908	34882207	28467417	3055274	2454619	51870763	52231729
丙烯酸甲酯	1900	12850	538686	844379	241600	240509	2427540	3061310
丙烯酸乙酯	28801	66272	2673967	3097320	535020	574933	4622021	6009441
丙烯酸丁酯	2125	6800	13855625	14422981	1786534	1759172	55834137	65036872
丙烯酸辛酯	3028423	3165181	28177234	45128113	301370	326892	5085734	7324225
其他丙烯酸酯	606208	3386214	6899610	42305372	2634693	7046085	27175984	82818875
酯类合计	3667457	6637317	52145122	105798165	5499217	9947591	95145416	164250723

1.4　丙烯酸及其酯的应用

丙烯酸行业发展的初期，丙烯酸大部分用于生产丙烯酸酯类，主要满足涂料和胶黏剂等工业的需求。随着丙烯酸行业的不断发展，越来越多的丙烯酸用于制备超吸水性聚合物，应用于卫生材料等领域，促使丙烯酸产量近十年有很大幅度的增长。可以说，高吸水性树脂需求的迅速增长是促进近期丙烯酸工业发展的最主要的驱动力。

由于丙烯酸及酯类具有不同碳链双键和酯基的独特结构，其应用领域越来越多，应用面亦不断拓宽，在涂料、胶黏剂、密封剂、纺织、纤维、卫生材料、塑料助剂、皮革助剂、造纸助剂以及洗涤剂等行业中已得到广泛的应用。

1.4.1 丙烯酸的应用领域

2013 年全球范围丙烯酸的消费领域组成是：通用丙烯酸酯占比为 50%，特种丙烯酸酯为 5%，高吸水性树脂（SAP）为 32%，其他丙烯酸（共）聚合物为 13%。

美国和西欧丙烯酸的消费情况如表 1-9 和表 1-10 所示。

表 1-9　美国丙烯酸的消费情况及 2018 年消费情况预测

消费领域	2010 年/万吨	2013 年/万吨	2018 年/万吨	2010~2013 年年均增长率/%	2013~2018 年年均增长率/%
通用丙烯酸酯	60.6	69.6	78.9	4.7	2.5
特种丙烯酸酯	6.6	7.7	9.6	5.3	4.5
小计	69.6	77.3	88.7	3.6	2.8
SAP	39.1	42.0	39.9	2.4	−1.0
水处理	5.5	5.8	6.0	1.8	0.7
助洗剂	6.0	5.5	4.7	−2.8	−3.1
其他	0.4	0.5	0.5	7.6	0.0
小计	51.0	53.8	51.1	1.8	−1.0
总计	120.6	131.1	139.2	2.8	1.3

表 1-10　西欧丙烯酸的消费情况及 2018 年消费情况预测

消费领域	2010 年/万吨	2013 年/万吨	2018 年	2010~2013 年年均增长率/%	2013~2018 年年均增长率/%
通用丙烯酸酯	36.4	37.0	41.3	0.5	2.2
特种丙烯酸酯	6.0	7.0	9.0	5.3	5.2
小计	42.4	44.0	50.3	1.2	2.7
SAP	32.3	38.3	37.5	5.8	−0.4
造纸和水处理	9.4	10.0	10.5	2.1	1.0
助洗剂	5.3	5.5	5.7	1.2	0.7
小计	47.0	53.8	53.7	4.6	0
总计	89.4	97.8	104.0	3.0	1.2

（1）超吸水性聚合物（SAP）　是一类能吸收本身质量几百倍的液体，并且在

受压状态下所吸的液体还不易释放出来的特殊聚合物。

SAP 主要是由丙烯酸钠/丙烯酸混合物在少量交联剂的存在下经聚合反应而得到的。其中丙烯酸钠是在生产过程中由丙烯酸经部分中和而得，其酸度能为人类皮肤所承受。干的聚合物可以进一步交联，以改善其吸水和吸盐性能。

SAP 已大量应用于婴儿纸尿裤和训练裤、成人失禁垫以及妇女卫生巾中。在其他领域也有应用，如农业、园林工业制品和食品等方面。SAP 主要原料是高纯丙烯酸（标准级冰丙烯酸），生产 1t SAP 约需高纯丙烯酸 0.77t。在过去的二十年中，SAP 市场的快速发展刺激了高纯丙烯酸需求的持续增长。

随着人们生活水平的提高，SAP 的需求量逐年提高。欧、美、日等发达国家增长率较低，已处于饱和状态。而新兴市场国家，特别是中国，SAP 呈快速发展态势。

（2）助洗剂及其他　较低分子量的聚丙烯酸（盐）及其共聚物作为防止尘土重新沉积的助剂和在硬水中螯合钙、镁离子的助剂，可以在低磷或无磷洗涤剂中与沸石一起作助洗剂。

高分子量的聚丙烯酸（盐）可以在浓缩的洗衣粉中应用。浓缩粉是很受欢迎的，生产者因之可以节约干燥能耗、减少贮存空间、降低运输量和运输费用。消费者因包装体积减小，便于从商店携带回家。

丙烯酸及其共聚物还可以用作分散剂、增稠剂、絮凝剂、阻垢剂和上浆剂等。

（3）丙烯酸酯　丙烯酸的主要用途是作为合成丙烯酸酯的原料。目前丙烯酸正丁酯产量和用量最大，其次是丙烯酸乙酯，丙烯酸 2-乙基己酯和丙烯酸甲酯用量相对较小。早年丙烯酸乙酯在美国用量较大，主要是因为其乳液配制成的涂料性能优异，而且丙烯酸乙酯的价格一度比丙烯酸正丁酯低，但是丙烯酸乙酯的气味和较低的毒性阻止了其增长的势头。

1.4.2　丙烯酸酯的应用领域

2013 年全球通用丙烯酸酯的消费领域组成是：涂料占比为 36%，胶黏剂为 31%，纺织为 11%，塑料添加剂为 6%，其他（水处理剂、助洗剂和造纸等）为 16%。

（1）涂料　涂料是通用丙烯酸酯的主要用途之一。

2013 年美国有 45% 的丙烯酸酯用于生产涂料。在美国，丙烯酸酯涂料产品中，2003 年有 75% 为水性乳液聚合物产品，25% 为溶剂型聚合物产品。2013 年则是80% 为水性乳液聚合物产品，20% 为溶剂型聚合物产品。这说明，美国涂料产品的水性化过程非常明显。涂料合成用丙烯酸酯中，丙烯酸乙酯和丙烯酸正丁酯居多，其次为丙烯酸 2-乙基己酯、丙烯酸异丁酯和丙烯酸甲酯。主要品种有纯丙（丙烯酸酯质量份占 50% 以上）、苯丙和三元共聚（醋酸乙烯-丙烯酸酯-氯乙烯或醋酸乙烯-乙烯-丙烯酸酯)。

（2）胶黏剂和密封剂　胶黏剂和密封剂也分水乳型和溶剂型两大类。目前发展趋向是以水乳型为主，主要使用丙烯酸 2-乙基己酯和丙烯酸丁酯合成。

胶黏剂和密封剂中最大的品种是压敏胶（PSA）。压敏胶的合成主要使用丙烯酸 2-乙基己酯和丙烯酸丁酯等。目前，压敏胶大多为水性的，但有些地方，溶剂型还因其性能优良而难以被取代。

（3）纺织和纤维　丙烯酸酯在纺织和纤维领域中主要用作无纺布胶黏剂和织物涂料。

无纺布胶黏剂合成主要使用丙烯酸乙酯和丙烯酸丁酯。

织物处理用产品的合成主要使用丙烯酸乙酯和丙烯酸丁酯；丙烯酸 2-乙基己酯也有应用，主要用以改进柔软性和粘接强度。

2013 年，美国纺织和纤维用丙烯酸酯占丙烯酸酯消费量的 6%。

（4）塑料改性助剂　丙烯酸酯共聚物塑料改性助剂主要品种有抗冲改性剂、加工助剂和抗氧剂等。用量最大的是抗冲改性剂。抗冲改性剂主要改善 PVC 树脂的脆性，提高其抗紫外光的性能。主要品种是核-壳结构的丙烯酸聚合物，以丙烯酸丁酯为核，以丙烯酸甲酯或甲基丙烯酸甲酯为壳。

2013 年，美国塑料改性助剂用丙烯酸酯占丙烯酸酯消费量的 7%。

（5）纸品　主要用于纸品涂料，纸板印制，在一些纸品涂料中作为基料，黏合各种颜料。2013 年，美国约有 3% 的丙烯酸酯用于纸品方面。

（6）皮革　用丙烯酸酯乳液作底漆、处理皮革、分散颜料，使之具有附着力、柔韧性、耐水性和耐擦伤性，并可阻止增塑剂进入皮革内部。皮革用丙烯酸乳液浸渍时，丙烯酸乳液可以作底漆，也可以作面漆。如作底漆时，可以与溶剂型的面漆，如硝基漆和乙烯漆等配合使用，主要用于皮衣、皮制家具、鞋和汽车内装饰等。

（7）丙烯酸酯橡胶　以丙烯酸乙酯、丙烯酸丁酯和羟烷基丙烯酸酯为主要原料可以制成丙烯酸酯橡胶。

丙烯酸酯橡胶具有良好的耐热性和耐油性。主要用于汽车耐热、耐溶剂的垫圈、O 型环和软管等。

（8）印刷油墨　印刷油墨所用的丙烯酸酯聚合物可以是水溶性的或醇溶性的。

用于激光打印和静电复印的上色剂，可以以炭黑为墨、以苯-丙共聚物为胶黏剂制成。

（9）抛光剂　丙烯酸酯用于地板和鞋的抛光，主要是丙烯酸丁酯配合以甲基丙烯酸甲酯和苯乙烯，使抛光剂具有比较平衡的性能。

参 考 文 献

[1]　Eric L. Acrylic acid & Esters CEH Marketing Research Report，2014.

［2］　陶子斌. 丙烯酸化工及应用. 2001，13（1）：1.

［3］　郑承旺. 丙烯酸化工及应用. 2016，29（1）：1.

［4］　朱燕. 中国化工信息，2015，（44）：10.

［5］　朱燕. 中国化工信息，2016，（4）：46-47.

第2章

丙烯酸及酯类物性

2.1 物理性质

（1）物性数据表　丙烯酸的物性参数见表 2-1，丙烯酸酯类的物性参数见表 2-2。

表 2-1　丙烯酸的物性参数

分子式	$C_3H_4O_2$
分子结构式	$CH_2\!=\!CHCOOH$
分子量	72.064
性状	无色透明液体,有刺激性气味
临界温度/K	615
临界压力/atm	56
临界体积/(m³/mol)	2.1×10^{-4}
临界压缩因子	0.23
偏心因子	0.56
正常沸点/℃	141.6
饱和蒸气压(25℃)/Pa	502
凝固点/℃	13.5
蒸气相对密度	2.48
蒸气密度(25℃,1atm)/(kg/m³)	2.947
液体密度 d^{20}/(kg/m³)	1050.1
液体折射率 n^{20}	1.4224
水溶性	∞
溶水性	∞
有机溶剂	乙醇、乙醚

离解常数(25℃)	$4.26×10^{-5}$
液体黏度(25℃)/cP	1.149
理想气体恒压热容(25℃)/[kJ/(mol·K)]	77.794
液体热容(25℃)/[kJ/(mol·K)]	325.722
蒸发热(正常沸点下)/(kJ/kg)	639.1
中和热/(kJ/mol)	88.388
闪点/℃	54
引燃温度/℃	438
燃烧热/(kJ/mol)	1369.4
爆炸极限(25℃,1atm,体积分数)/%	2.1~8.0

注：1atm＝101325Pa；1cP＝10^{-3}Pa·s。

（2）密度和黏度　各种浓度下的丙烯酸水溶液，其相对密度与黏度的关系可参照表 2-3、图 2-1、图 2-2。丙烯酸及酯黏度与温度的关系见图 2-3。丙烯酸及酯的相对密度和温度的关系见图 2-4。

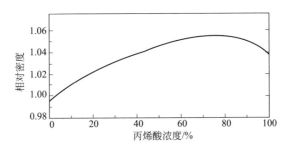

图 2-1　不同纯度丙烯酸的相对密度

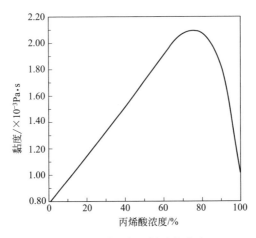

图 2-2　不同纯度丙烯酸的黏度

表 2-2 丙烯酸酯类的物性参数

项目	丙烯酸甲酯	丙烯酸乙酯	丙烯酸正丁酯	丙烯酸 2-乙基己酯
中文名称	丙烯酸甲酯	丙烯酸乙酯	丙烯酸正丁酯	丙烯酸 2-乙基己酯
英文名称	methyl acrylate	ethyl acrylate	n-butyl acrylate	2-ethyl hexyle acrylate
分子式	$C_4H_6O_2$	$C_5H_8O_2$	$C_7H_{12}O_2$	$C_{11}H_{20}O_2$
分子结构式	$CH_2\!=\!CHCOOCH_3$	$CH_2\!=\!CHCOOC_2H_5$	$CH_2\!=\!CHCOOCH_2(CH_2)_2CH_3$	$CH_2\!=\!CHCOOCH_2CH(C_2H_5)CH(CH_2)_2CH_3$
分子量	86.091	100.118	128.17	184.27
性状	无色透明液体,有类似大蒜的气味	无色透明液体,有辛辣的刺激气味	无色透明液体,有刺激性气味	无色透明液体,有刺激性气味
临界温度/K	536	552	597①	651①
临界压力/atm	42	37.0	28.7①	20.4①
临界体积/(m³/mol)	2.65×10^{-4}	3.2×10^{-4}	4.3×10^{-4}①	6.46×10^{-4}①
临界压缩因子	0.25	0.261	0.252①	0.247①
偏心因子	0.35	0.4	0.479①	0.846①
正常沸点/℃	80.3	100	147.4	213.5
饱和蒸气压(25℃)	11.237kPa	5.315kPa	722Pa	378Pa
凝固点/℃	−76.5	−72	−64.6	−90
蒸气相对密度	3.00	3.5	4.44	6.35
蒸气密度(25℃,1atm)/(kg/m³)	3.521	4.094	5.241	7.535

项目				
液体密度 d^{20}/(kg/m³)	956.1	923	898.6	887
液体折射率 n^{20}	1.401	1.404	1.419	1.435
水溶性(每100g水中)	4.94g(25℃)	1.50g(20℃)	0.32g(20℃)	—
溶水性(每100g物质中)	2.65g(30℃)	1.50g(20℃)	0.53g(20℃)	0.14g(20℃)
有机溶剂	乙醇、乙醚	乙醇、乙醚	乙醇、乙醚	乙醇、乙醚
液体黏度(25℃)/cP	0.503	0.596	0.856	1.53
理想气体恒压热容(25℃)/[kJ/(mol·K)]	90.230	114.347	—	—
液体热容(25℃)/[kJ/(mol·K)]	173.007	197.040	195.53	354.89
蒸发热(正常沸点下)/(kJ/kg)	372.057	332.490	297.277	234.472
闪点/℃	-2.9	15.6	48.9	91
引燃温度/℃	415	350	275	245
玻璃化转变温度/℃	3	-22	-56	-70
脆化点/℃	4	-24	-45	-55
爆炸极限(25℃,1atm,体积分数)/%	2.4~25.0	1.4~14.0	1.2~9.9	0.6~1.3

① 为经验公式推算值，误差较大。

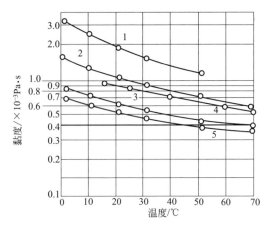

图 2-3　丙烯酸及酯的黏度与温度的关系

1—丙烯酸 2-乙基己酯；2—丙烯酸丁酯；3—丙烯酸；4—丙烯酸乙酯；5—丙烯酸甲酯

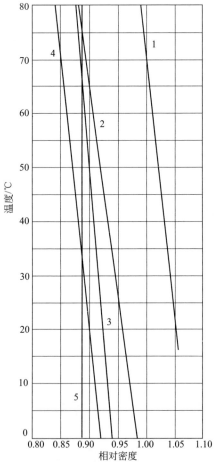

图 2-4　丙烯酸及酯的相对密度与温度的关系

1—丙烯酸；2—丙烯酸甲酯；3—丙烯酸乙酯；4—丙烯酸丁酯；5—丙烯酸 2-乙基己酯

表 2-3 丙烯酸水溶液的相对密度和黏度

质量浓度/%	相对密度	黏度/$10^{-3}Pa \cdot s$	质量浓度/%	相对密度	黏度/$10^{-3}Pa \cdot s$
25.3	1.0249	1.246	78.0	1.0544	2.092
50.0	1.0438	1.715	87.1	1.0526	1.973
53.5	1.0459	1.785	90.4	1.0506	1.835

另外，根据有关试验人员在 0～30℃下实测丙烯酸及酯类产品的相对密度数据整理得到如下相对密度-温度关系式：

丙烯酸：$d = -9.95 \times 10^{-4}t + 1.0705$

丙烯酸甲酯：$d = -1.167 \times 10^{-3}t + 0.9791$

丙烯酸乙酯：$d = -1.03 \times 10^{-3}t + 0.9436$

丙烯酸丁酯：$d = -8.611 \times 10^{-4}t + 0.9159$

丙烯酸 2-乙基己酯：$d = -8.556 \times 10^{-4}t + 0.902$

式中，d 为相对密度；t 为温度，℃。

（3）丙烯酸水溶液凝固点 丙烯酸水溶液的凝固点参阅表 2-4。

表 2-4 丙烯酸和水的双组分体系的凝固点

水(质量分数)/%	凝固点/℃	水(质量分数)/%	凝固点/℃
0	11.7	37(共晶点)	-12.5
5	5.5	40	-12.0
10	1.0	60	-8.0
20	-5.5	80	-4.0
30	-10.3	100	0.0

（4）沸点和蒸气压 丙烯酸的沸点和蒸气压如表 2-5 所示。丙烯酸及酯的蒸气压参见图 2-5。

表 2-5 丙烯酸的沸点和蒸气压

蒸气压/mmHg	沸点/℃	蒸气压/mmHg	沸点/℃	蒸气压/mmHg	沸点/℃
760	141	10	87	10	39
400	122	50	71	5	27
200	103	30	60	3	20

注：1mmHg=133.322Pa。

（5）汽液平衡 丙烯酸及其酯类的常用汽液平衡图，参见图 2-6～图 2-10。

（6）共沸组成 丙烯酸甲酯的常见共沸混合物常数见表 2-6。丙烯酸丁酯和丙烯酸乙酯的常见共沸混合物常数见表 2-7。

（7）酯-醇-水三元混合物系相图 酯-醇-水三元混合物系相图参见图 2-11～图 2-13。

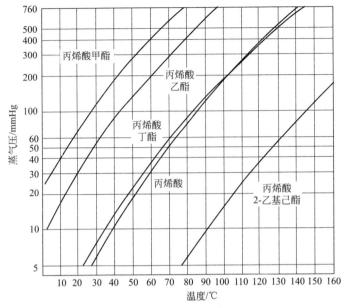

图 2-5　丙烯酸及酯的蒸气压

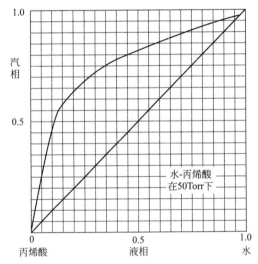

图 2-6　水-丙烯酸汽液平衡图（50Torr）

注：1Torr＝133.322Pa

表 2-6　丙烯酸甲酯的常见共沸混合物常数

共沸组分	组成/%	沸点(101.325kPa)/℃
丙烯酸甲酯	90.50	73
水	9.50	
丙烯酸甲酯	51.00	61
甲醇	49.00	

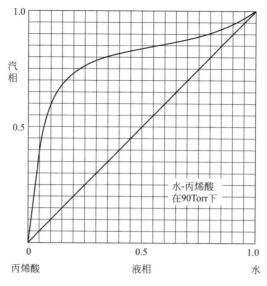

图 2-7　水-丙烯酸汽液平衡图（90Torr）

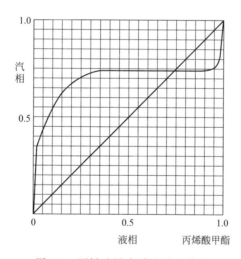

图 2-8　丙烯酸甲酯-水汽液平衡图

表 2-7　丙烯酸丁酯和丙烯酸乙酯的常见共沸混合物常数

共沸组分	各组分的相对密度（20℃）	各组分的沸点（760mmHg）/℃	沸点（760mmHg）/℃	组成（质量分数）/%			上下层的体积比（20℃）	上下层的相对密度（20℃）
				共沸混合物	上部	下部		
丙烯酸丁酯 丁醇（100mmHg）	0.9015 0.8103	87.0① 69.8①	99.0①	25 75				
丙烯酸丁酯 丁醇 水（100mmHg）	0.9015 0.8103 1.0000	87.0① 69.8① 51.6①	46.0①	33 26 41	53.0 41.0 6.0	0.4 2.6 97.0	上层 65 下层 35	上层 0.862② 下层 0.990②

共沸组分	共沸混合物							
	各组分的相对密度（20℃）	各组分的沸点（760mmHg）/℃	沸点（760mmHg）/℃	组成（质量分数）/%			上下层的体积比（20℃）	上下层的相对密度（20℃）
				共沸混合物	上部	下部		
丙烯酸丁酯 水	0.9015 1.0000	148.8 100.0	94.3	62 38	99.3 0.7	0.2 99.8	上层 65 下层 35	上层 0.902 下层 0.999
丙烯酸丁酯 水（100mmHg）	0.9015 1.0000	87.0① 51.6①	47.8①	59 41	99.3 0.7	0.2 99.8	上层 68 下层 32	上层 0.902 下层 0.999
丙烯酸乙酯 乙醇	0.9230 0.7905	99.8 78.3	77.5	27.3 72.7				均等
丙烯酸乙酯 乙醇（100mmHg）	0.9230 0.7905	44.1① 34.4①	32.0①	45.6 54.4				均等
丙烯酸乙酯 乙醇 水	0.9230 0.7905 1.0000	99.8 78.3 100.0	77.1	41.6 48.3 10.1				0.867
丙烯酸乙酯 乙醇 水（165mmHg）	0.9230 0.7905 1.0000	55.9① 44.0① 62.2①	44.4①	55.1 36.6 8.6				0.881
丙烯酸乙酯 水	0.9230 1.0000	99.6 100.0	81.0	84.9 15.1	98.5 1.5	2.0 98.0	上层 87 下层 13	上层 0.910③ 下层 0.998③
丙烯酸乙酯 水（195mmHg）	0.9230 1.0000	60.2① 66.5①	48.0①	88 12	98.5 1.5	2.0 98.0	上层 90 下层 10	上层 0.924 下层 0.998

① 所示压力下的值。

② 25atm/20℃。

③ 30atm/20℃。

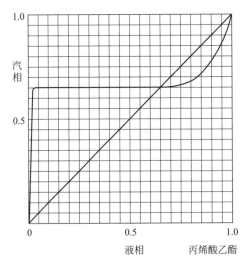

图 2-9 丙烯酸乙酯-水汽液平衡图

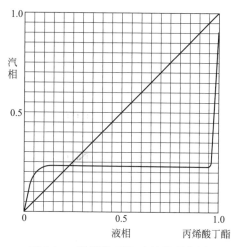

图 2-10 丙烯酸丁酯-水汽液平衡图

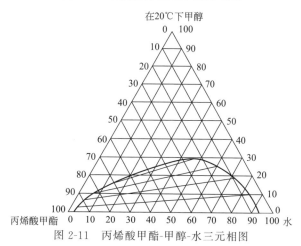

图 2-11 丙烯酸甲酯-甲醇-水三元相图

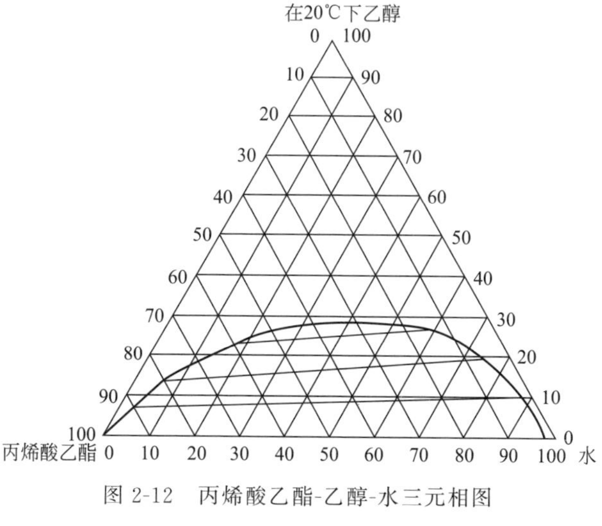

图 2-12 丙烯酸乙酯-乙醇-水三元相图

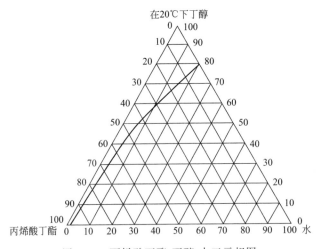

图 2-13　丙烯酸丁酯-丁醇-水三元相图

（8）丙烯酸乙酯和水的相互溶解　图 2-14 和图 2-15 分别是丙烯酸乙酯在水中的溶解度和水在丙烯酸乙酯中的溶解度曲线。

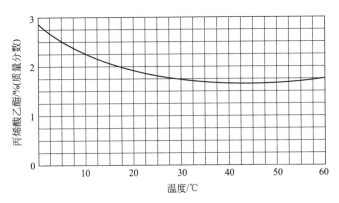

图 2-14　丙烯酸乙酯在水中的溶解度曲线

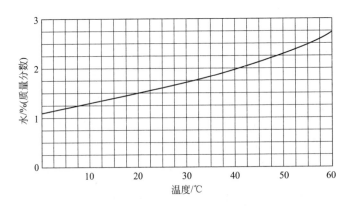

图 2-15　水在丙烯酸乙酯中的溶解度曲线

2.2　化学性质

2.2.1　丙烯酸的化合反应

2.2.1.1　二聚反应

将丙烯酸加热至 100℃以上时，随着 H·的移动，产生二分子加成物。

$$2CH_2{=}CHCOOH \longrightarrow CH_2{=}CHCOOCH_2CH_2COOH \quad (\beta\text{-丙烯酰氧基丙酸})$$

2.2.1.2　双键的反应

（1）与卤素的反应

$$CH_2{=}CHCOOH + X_2 \longrightarrow \underset{\underset{X}{|}\ \underset{X}{|}}{CH_2CHCOOH}$$

（2）与卤化氢的反应

$$CH_2{=}CHCOOH + HX \longrightarrow XCH_2CH_2COOH \quad (\beta\text{-卤代丙酸})$$

而 β-氯丙酸通过下述反应以 70% 的收率生成 α-硫代丙烯酸。

$$ClCH_2CH_2COOH + SO_3 \xrightarrow{H_2SO_4} CH_2{=}C{\overset{COOH}{\underset{SO_3H}{\diagdown}}} + HCl$$

（3）与水的反应

$$CH_2{=}CHCOOH + HOH \xrightarrow[50℃\ H_2SO_4\ 或热催化]{NaOH} HOCH_2CH_2COOH \quad (\text{羟基丙酸})$$

（4）与次氯酸的反应

$$CH_2{=}CHCOOH \xrightarrow{HOCl} HOCH_2CHClCOOH + ClCH_2CH(OH)COOH$$
$$\qquad\qquad\qquad\qquad\quad \alpha\text{-氯代丙酸} \qquad\qquad \beta\text{-氯代乳酸}$$

（5）与共轭双键的反应

$$CH_2{=}CH{-}CH{=}CH_2 + CH_2{=}CHCOOH \longrightarrow$$

（6）与氨的反应

$$CH_2{=}CHCOOH + NH_3 \longrightarrow H_2NCH_2CH_2COOH \quad (\beta\text{-氨基丙酸})$$

（7）与胺的反应

$$CH_2{=}CHCOOH + RNH_2 \longrightarrow RNHCH_2CH_2COOH$$

与 2mol 苯胺在 180～190℃下反应 4h，

$$2C_6H_5NH_2 + CH_2{=}CHCOOH \longrightarrow C_6H_5NHCH_2CH_2CONHC_6H_5 + H_2O$$
$$\qquad\qquad\qquad\qquad\qquad (\beta\text{-苯胺基丙酸的酰替苯胺})$$

（8）异丁烯在高温（200～300℃）下的加成反应，酸起催化剂的作用，造成双键转移，按 4：1 的比例生成 5-甲基-4-己烯酸和 5-甲基-5-己烯酸。

$$CH_2{=}\overset{\underset{|}{CH_3}}{C}{-}CH_3 + CH_2{=}CH{-}COOH \longrightarrow$$

$$CH_3{-}\overset{\underset{|}{CH_3}}{C}{=}CH{-}CH_2{-}CH_2{-}COOH + CH_2{=}\overset{\underset{|}{CH_3}}{C}{-}CH_2{-}CH_2{-}CH_2{-}COOH$$

2.2.1.3 酯化反应

丙烯酸和相应的醇反应可以生成对应的酯和水，通常采用浓硫酸或强酸型离子交换树脂作为催化剂。

$$CH_2{=}CH{-}COOH + R{-}OH \xrightarrow{H^+} CH_2{=}CH{-}COOR + H_2O \quad (R：各种烷基基团)$$

如图 2-16 所示，丙烯酸甲酯具有异常大的成酯速度，到了丙烯酸乙酯，速度急剧下降，速度最低的是丙酯，而丁酯、戊酯又会逐渐增大。

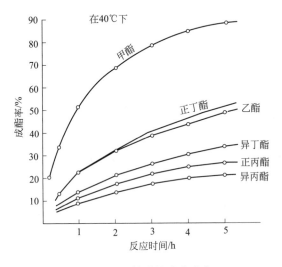

图 2-16　丙烯酸的成酯速率

2.2.1.4 还原反应

$$CH_2{=}CHCOOH \xrightarrow[H_2SO_4]{Zn} CH_3CH_2COOH \quad （丙酸）$$

2.2.1.5 氧化反应

温热的浓硝酸易于使丙烯酸氧化，使用铬酸时反应困难。

2.2.2 丙烯酸的成盐性

总体而言，丙烯酸盐是水溶性的，但其钙盐、锌盐和钡盐在受热并升温至 100℃时，将部分转化为不溶性的碱式盐。各种丙烯酸盐的性质见表 2-8。

表 2-8　丙烯酸盐的性质

盐	性质
Na	可溶于水和温的 80％酒精中,不溶于 99％酒精中(溶解度 0.7 份/100 份水)。加热至 250℃ 无变化,超过 250℃ 分解熔融
K	溶解度 1.059 份/100 份水(11℃),容易潮解,毛毡型针状结晶
Ca	溶于水,溶解度可达 30％,易受潮。小而厚的不透明结晶
Ba	水中可溶,可制成不溶性的碱式盐。星状结晶
Pb	可溶于温水和酒精,100℃ 以上分解,形成碳酸铅。长形白色毛毡型针状结晶
Ag	热水中可溶,受潮时形成干酪状沉淀,干态成砂状的柱状体
Sr	易溶,菱形板状结晶
Zn	可制成非晶态碱式盐。小而有光辉的结晶
Hg	水中易溶,板状结晶
NH$_4$	水中可溶,甲醇、乙醇中难溶,乙醚、三氯甲烷、丙酮中不溶。其水溶液慢慢水解,加热到 100℃ 也不分解。无定形结晶
Zr	不成盐
Sn	不成盐
Cr	不成盐,但形成韦尔纳(Werner)型配合物。铬化合物的铬与表面带负电荷的物质接触时,在该配合物的酸性基团上,就粘上了聚合物

2.2.3　丙烯酸的聚合反应

（1）概述　丙烯酸即使在通常的乙烯基单体中也具有聚合活性。与其酯类相比，聚合速度要快得多。虽然没有定量的数据，但它的聚合速度是可以和丙烯腈相匹敌的。丙烯酸聚合热为 77.46kJ/mol。

聚合过程既快又发热，就进行本体聚合或高浓度的溶液聚合来说，很难对聚合过程实现控制，应避免采取这类聚合方式。进行聚合的适当浓度是 40％以下。要避免其浓溶液聚合是因为聚合物不溶于单体中，因而聚合物中就将含有未反应单体，当这样的单体受局部过热时，聚合物粒子就会跑出来，或者发生分解。

【本体聚合】大量聚合热需急速、充分排除，防止发生暴聚是很困难的。

【溶液聚合】在有机溶液中聚合，聚丙烯酸将从溶剂中析出。因此，所得到的是极少的交叉结合生成物，且分子量低。

【珠状聚合】在自由基型催化剂以及调节剂的存在下，慢慢添加丙烯酸于沸腾的憎水性反应溶剂中，激烈搅拌，丙烯酸一旦发生聚合，就形成其珠状聚合生成物。

（2）端聚合　丙烯酸易发生多孔质不溶性爆米花状（popcorn）聚合。这种聚合产物，外观类似爆米花和菜花。因伴随乙烯基型聚合反应发生的自聚反应，生成高度不溶、体积疏松的聚合物。它是通过少数交联键连在一起的极长的链构成的。其他多官能丙烯酸酯，如丙烯酸缩水甘油酯、丙烯酸 β-羟乙酯等也容易形成此种疏松多孔的不溶性聚合物。

对阻止乙烯基聚合有效的对苯二酚和对苯二酚单甲醚，对阻止这种端聚合是无效的。实际上，端聚合是难以有效防止的。铁、锡、镍、镁等金属，或过氧化苯甲酰等聚合引发剂等都能促进端聚合。制造装置中的不锈钢也易于引起端聚合。

（3）丙烯酸水溶液的聚合　采用聚合热吸收情况良好的水溶液聚合是丙烯酸聚合最常见的方法。通过控制不同的反应条件和采用不同的聚合方法，分别可以得到低聚合度和高聚合度的聚丙烯酸及其钠盐。丙烯酸的聚合速度在酸性条件下非常快，丙烯酸起始浓度为25%，过硫酸铵为1%，温度为100℃时，反应约经20min即告终了。另外，由于丙烯酸的聚合热大（为77.46kJ/mol），在大量生产的情况下，如果一开始丙烯酸的浓度就达到25%，则除去聚合热就困难了。因此，逐渐添加丙烯酸，防止聚合热一下子爆发出来是非常必要的。为得到高聚合度聚丙烯酸钠，最好在酸性条件下聚合，但是，随着单体浓度的增加，在pH＝4～6的条件下，诱导期延长，当诱导期一过，聚合就会迅猛地进行，全都成为颗粒状凝胶，变成水中难溶的状态。因此，最好使聚合在碱性一侧进行。

①　静置水溶液聚合。以工业规模制造高聚合度聚丙烯酸钠时可使用静置水溶液聚合法。将浓度为40%左右的丙烯酸水溶液以活性炭加以处理，除去其所含的阻聚剂对苯二酚单甲醚，然后以苛性钠中和。将丙烯酸水溶液送入可以进行水冷却的、紧凑的聚合装置，例如类似于压滤机的装置中，以雾状送入氮气置换，使分子态氧实际上不再存在（达到约0.03mg/kg），添加由极少量过氧化物和还原剂组成的氧化还原系催化剂。在常温下聚合反应开始，聚合热开始发生，使冷的盐水通过聚合设备的冷却室进行循环。经过一夜的持续静置聚合，即得到丙烯酸钠的胶状聚合物。

②　逆相悬浮聚合。借助亲油性表面活性剂使水溶性单体的水溶液乳化悬浮于油相中，以水中可溶的引发剂进行油中水型聚合的方法被称为逆相悬浮聚合。这种聚合法，聚合进展迅速，可得高分子量聚合物。因此，高吸水性树脂聚丙烯酸钠的工业生产方法，比传统的静置水溶液聚合更引起人们的注目。

（4）共聚合性　以丙烯酸作为共聚单体，引入聚合物中，使聚合物具有以下特性：

①　水敏感性：聚合物中含10%以上的丙烯酸时，浸入水中则膨胀，遇水即予以吸收。以氨等碱来中和，即成水溶液。

②　水溶解性：聚合物中含50%或高于50%的丙烯酸时，即具水溶性。

③　附着力：聚合物中即使含有少量丙烯酸时，对多数物质的附着力都能有所增加。

④　反应性：聚合物中羧基可与多价金属氧化物反应交联，变为不溶。也可与氨基树脂、环氧树脂及其他反应性树脂交联，显示出热固性。

⑤　内催化性：聚合物中含有少量丙烯酸对上述交联反应起催化作用，与外加酸性催化剂所起作用类似。

⑥　增稠性：供纤维加工的乳液聚合物中含有丙烯酸，加氨水于其中即显示增

稠作用，纤维加工的作业性因此而变好。

⑦ 乳液稳定性：聚合物中即使含有少量丙烯酸时，乳液稳定性也会得到显著提高。

（5）共聚合反应速率常数比　丙烯酸与其他乙烯基单体的反应速率常数比如表2-9所示。

表 2-9　丙烯酸与其他乙烯基单体（M_1）的反应速率常数比（r_1，r_2）

乙烯基单体（M_1）	溶剂	r_1	r_2	温度/℃
丙烯腈	水	0.35	1.15	
丙烯腈		0.13	6.0	80
苯乙烯	本体	0.21	0.35	
苯乙烯		0.15	0.25	60
苯乙烯		0.25	0.45	80
丙烯酸丁酯	乙醇	1.07	0.58	
甲基丙烯酸丁酯	乙醇	3.67	0.29	
乙酸乙酯	.	0.1	2.0	70
乙酸乙酯		0.01	10	70
氯乙烯	苯	0.027	8.2	40
N-乙烯基吡咯烷酮		0.15	1.3	75

2.2.4　丙烯酸酯的化合反应

2.2.4.1　概述

丙烯酸酯单体除用作聚合原料外，因其化学性质活泼，所以还可以应用于多种类型的有机化学反应中。将单体用于这些有机化学反应时，一般不除去留在单体中的阻聚剂。

2.2.4.2　和双烯烃的反应（Diels-Alder 反应）

丙烯酸酯与双烯烃进行 Diels-Alder 反应形成环状脂肪酸酯。

例如：丙烯酸甲酯与过量的丁二烯在 140℃ 进行反应，可得到四氢苯甲酸甲酯，收率为 80%。

$$CH_2=CH-CH=CH_2 + CH_2=CH-COOCH_3 \longrightarrow \begin{matrix} CH_2 \\ \mid \\ CH\ CH-COOCH_3 \\ \parallel\quad\mid \\ CH\ CH_2 \\ \diagdown\diagup \\ CH_2 \end{matrix}$$

2.2.4.3　与含活泼氢化物的反应

含活泼氢的化合物容易与丙烯酸酯进行加成反应，形成 β-取代丙酸酯。这种反应被叫做羧乙基化反应（carboxyethylation）。活泼的氢化物通常包括卤化氢、醇、酚、硫化物、氨、胺等。若用 HA 表示含活泼氢的化合物，则可用下面的通式来表达这一反应。

$$HA + CH_2=CHCOOR \longrightarrow A-CH_2-CH_2COOR$$

2.2.4.4 与乙炔的反应

以羰基镍-三苯膦为催化剂，在 70℃、压力为 $1.38×10^6$ Pa 条件下，使丙烯酸甲酯与 2mol 的乙炔缩合，可制得 2,4,6-三烯碳酸甲酯。

$$2CH\equiv CH + CH_2=CHCOOCH_3 \longrightarrow CH_2=CHCH=CHCH=CHCOOCH_3$$

2.2.4.5 与丁二烯的加成

丙烯酸酯与丁二烯在常压、40～60℃下，在钴类催化剂的作用下，生成七碳二烯酸酯。

$$CH_2=CH-CH=CH_2 + CH_2=CH-COOR \longrightarrow CH_2=CHCH=CHCH_2CH_2COOR$$

2.2.4.6 与烯烃双键的加成

（1）异丁烯　将丙烯酸甲酯和异丁烯按 1：5 的摩尔比混合，在 300℃ 加热 15min，可得到 5-甲基-5-己烯酸甲酯，收率为 50％。

$$CH_3-\underset{\underset{CH_3}{|}}{C}=CH_2 + CH_2=CH-COOCH_3 \longrightarrow CH_2=\underset{\underset{CH_3}{|}}{C}-CH_2-CH_2-CH_2-COOCH_3$$

（2）丙烯　丙烯酸甲酯与丙烯在 200～300℃ 反应，生成 5-己烯酸甲酯。

$$CH_2=CHCH_3 + CH_2=CH-COOCH_3 \longrightarrow CH_2=CH-CH_2-CH_2-CH_2COOCH_3$$

2.2.4.7 与卤素的加成

卤素与丙烯酸加成时，生成 α,β-二卤丙酸酯。

$$Cl_2 + CH_2CHCOOR \xrightarrow[20\sim50℃]{HCON(CH_3)_2} CH_2ClCHClCOOR$$

在 2％～5％ 的二甲基甲酰胺一类的取代酰胺的存在下，于 20～50℃ 进行氯加成反应时，可得到 α,β-二卤丙酸酯，收率最高可达 90％～97％。

2.2.4.8 α-氯代丙烯酸酯的合成

（1）将 α,β-二氯代丙酸酯与碱化合物放在一起加热，经脱盐酸后制得。

$$CH_2ClCHClCOOR \xrightarrow{-HCl} CH_2=\underset{\underset{Cl}{|}}{C}-COOR$$

（2）由三氯乙烯、甲醛、醇类的反应而制得。

$$Cl_2C=CHCl + HCHO + ROH \xrightarrow{H_2SO_4} CH_3-\underset{\underset{Cl}{|}}{CH}-COOR + 2HCl$$

2.2.4.9 与次卤酸的反应

使次卤酸与丙烯酸酯进行加成反应，可大量制得 α-卤代-β-羟基丙酸酯。

$$CH_2=CHCOOCH_3 + HOBr \longrightarrow HOCH_2\underset{\underset{Br}{|}}{CH}COOCH_3$$

在碳酸钠存在下，于 0℃，使丙烯酸甲酯和溴水反应，则可生成 α-溴代-β-羟基丙酸酯，收率为 82.5%。这种生成物易转化为丝氨酸$\left(\begin{array}{c}\text{HOCH}_2\text{CHCOOH} \\ | \\ \text{NH}_2\end{array}\right)$。

2.2.4.10 氧化反应

使用钴催化剂的氧化合成法可使丙烯酸酯变为醛酯（琥珀酸半醛）。

$$CH_2{=}CHCOOR + CO + H_2 \longrightarrow OHCCH_2CH_2COOR$$

在这个反应中，反应温度越高，生成的 β-甲酰基丙酸酯越多，反应温度越低，则更多地生成 α-甲酰基丙酸酯。

2.2.4.11 与丁醛的反应

以过氧化合物为催化剂，丙烯酸甲酯和丁醛在 $75\sim78℃$ 反应，可生成酮酯，收率为 11.4%。

$$CH_3CH_2CH_2CHO + CH_2{=}CHCOOCH_3 \longrightarrow CH_3CH_2CH_2COCH_2CH_2COOCH_3$$

2.2.4.12 与甲基己基酮的反应

以乙醇钠为催化剂，甲基己基酮和丙烯酸乙酯反应生成二酮，收率为 54%。

$$CH_2{=}CHCOOC_2H_5 + CH_3COC_6H_{13} \longrightarrow CH_2{=}CHCOCH_2COC_6H_{13} + C_2H_5OH$$

2.2.5 丙烯酸酯的均聚反应

2.2.5.1 射线聚合

以高能射线照射丙烯酸酯，将在单体分子上产生活性中心，引发聚合。丙烯酸甲酯的 G 值（每吸收 100eV 能量引生活性核的个数）为 23.5，甲基丙烯酸甲酯的 G 值 27.5。顺便指出，苯乙烯的 G 值为 1.6，丙烯腈为 2.7，乙酸乙烯为 33.0。丙烯酸甲酯经 γ 射线照射则迅速聚合。在照射计量为 0.023rad/s 的情况下，在 15℃，引发速度为 7.6×10^{-6}mol/(L·s)。

2.2.5.2 光聚合

丙烯酸酯暴露于可见光下不会聚合，但在 3600Å（$1Å = 10^{-10}$m）以下的紫外光下却可以聚合。在工业规模实施丙烯酸乙酯的紫外光照射聚合，有必要添加增感剂（光聚合引发剂）。

2.2.5.3 自由基聚合

在能产生自由基的过氧化物或偶氮二异丁腈的存在下，丙烯酸酯易于聚合，偶氮二异丁腈是不涉及氧化作用的自由基来源，且其催化能力为过氧化苯甲酰的 $2\sim3$ 倍。

在图 2-17 中，$R''X$ 表示单体或聚合物链。式中，残留着 $R''\cdot$ 自由基，停止了带有自由基的聚合物链的增长。$R''\cdot$ 如果是活泼的自由基，就可以引发生成新聚合物链；就是说，R″·不会使原来的聚合物链进一步增长，而是趋于使新的聚合物链增长。这种现象说明，通过添加链转移剂，可以降低聚合物分子量。

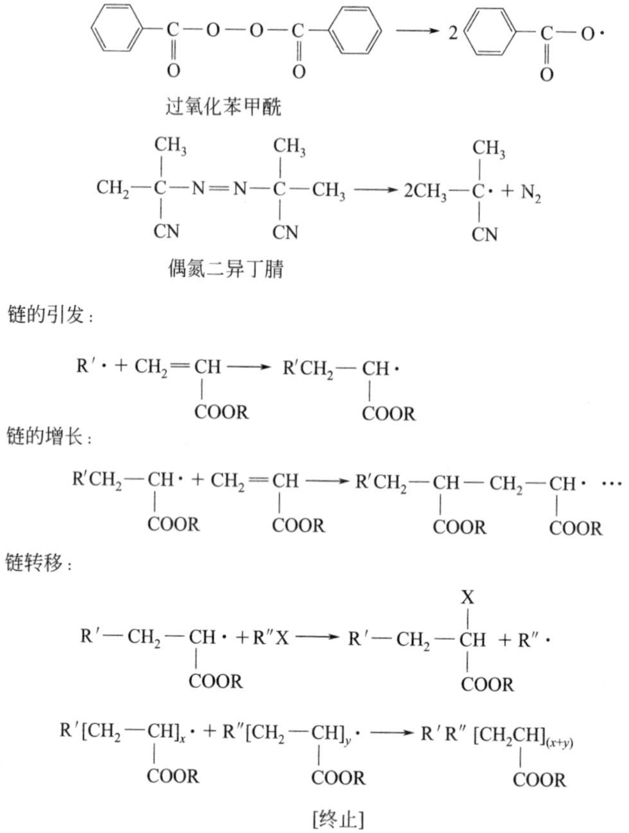

过氧化苯甲酰

偶氮二异丁腈

链的引发：

链的增长：

链转移：

$$R'[CH_2-CH]_x· + R''[CH_2-CH]_y· \longrightarrow R'R''[CH_2CH]_{(x+y)}$$
（COOR 下标）

[终止]

图 2-17 自由基聚合机制

上图表示，两个带自由基且在增长中的聚合物链相结合，使链增长终止。

（1）自由基的来源

① 过氧化物或过硫酸盐的热分解。

② 偶氮二异丁腈的热分解。

③ 通过氧化还原催化剂的使用，在造成一个电子发生移动的情况下，使自由基更易产生。

④ 吸收电子束而分解。

关于丙烯酸酯的工业规模的聚合形式问题，由于丙烯酸酯的单体可溶于聚合物中，聚合物相互间黏着性强，因而较少使用悬浮聚合，在多数情况下使用溶液聚合或乳液聚合。

（2）聚合热 与甲基丙烯酸甲酯相比，丙烯酸酯的聚合热是较高的，见表 2-10。

（3）聚合速率 与甲基丙烯酸甲酯相比，丙烯酸甲酯聚合速率更快，见表 2-11。

表 2-10 聚合热

单体	聚合热/(kcal/mol)	单体	聚合热/(kcal/mol)
丙烯酸甲酯	18.8	甲基丙烯酸甲酯	13.8
丙烯酸乙酯	18.6	丙烯酸	18.5
丙烯酸丁酯	18.5	甲基丙烯酸	15.8
丙烯酸 2-乙基己酯	14.5		

注：1kcal＝4.187kJ。

表 2-11 聚合速率

单体	聚合温度/℃	k_p/[L/(mol·s)]	k_t/[L/(mol·s)]
丙烯酸甲酯	60	2090	0.475
丙烯酸丁酯	35	14.5	0.0018
甲基丙烯酸甲酯	60	367	0.94

注：k_p—链增长速率常数；k_t—链终止速率常数。

丙烯酸酯聚合物在单体中可溶。随着烷基碳原子数的增多，聚合就变得越发困难，生成聚合物的分子量也将更低。在使用过氧化物催化剂的普通聚合条件下，丙烯酸甲酯比甲基丙烯酸甲酯更易聚合。丙烯酸甲酯因 α-氢原子的存在，比甲基丙烯酸甲酯更易于支化，易于交联，因而易于生成部分不溶性的聚合物。

（4）支化、交联 在低级丙烯酸酯的本体聚合中，如将聚合速度急剧加快，则聚合物链有时会产生支化和交联。在这种情况下，活泼的 α-氢原子，从非活性的聚合物链上被夺走，接着在这个点上生成支化的自由基，交联得以停止。这是一个链转移的机制。就是说，两个这样的支化自由基相结合，反应终止，从而产生交联的聚合物。

（5）氧的阻聚作用 氧对丙烯酸酯的聚合影响很大，这是众所周知的。因此，为制得高聚度的丙烯酸制聚合物并使聚合过程具有再现性，进行氮气置换，除去反应体系中的氧是非常必要的。据报道，与丙烯酸甲酯单体相比，氧更倾向于与丙烯酸甲酯聚合物反应，其速度约为前者的 400 倍。从这项报告判断，在聚合反应的全过程中持续通入氮气是必要的。

（6）链转移剂 链转移剂可使聚合物分子量降低，分子量分布的均一性增大，在一定场合还有可能使聚合加速。从表 2-12 所列常数可以看出，硫醇类是效果最佳的链转移剂。

硫醇的链转移机制说明如图 2-18 所示。

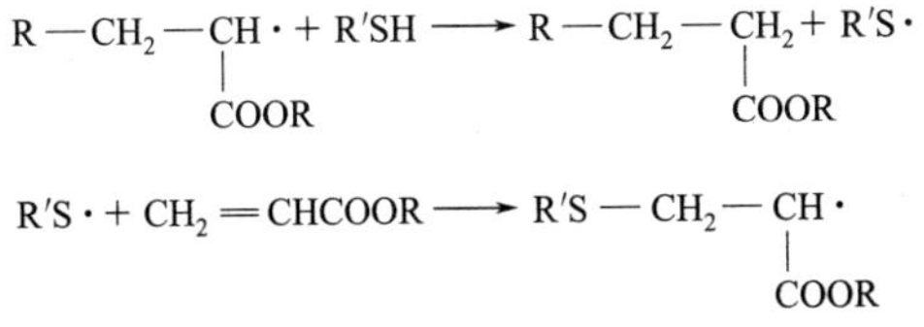

$$R-CH_2-CH\cdot + R'SH \longrightarrow R-CH_2-CH_2 + R'S\cdot$$
$$\underset{COOR}{|} \qquad\qquad \underset{COOR}{|}$$

$$R'S\cdot + CH_2=CHCOOR \longrightarrow R'S-CH_2-CH\cdot$$
$$\underset{COOR}{|}$$

图 2-18 硫醇的链转移机制

表 2-12　对丙烯酸甲酯的链转移常数

链转移剂	60℃下链转移常数	链转移剂	80℃下链转移常数/$\times 10^5$
β-萘硫酚	2.50	叔丁基苯	2.6
苯硫酚	2.20	正丁醇	2.5
正丁基硫醇	0.52	异丁醇	2.5
巯基乙酸乙酯	0.50	乙酸	2.4
巯基乙醇	0.48	乙酸乙酯	2.4
异丙基硫醇	0.30	丙酮	2.25
叔丁基硫醇	0.14	二氧六环	2.22
二苯二硫	7×10^{-4}	四氯乙烷	2.00
二巯基乙酸二乙酯	1.5×10^{-4}	氯苯	2.00
二硫酸二乙酯	1.3×10^{-4}	甲基环己烷	1.95
甲苯	2.6×10^{-5}	氯苯	1.00
异丁酸甲酯	2.6×10^{-5}	叔丁醇	1.00
四氯化碳	2.4×10^{-5}	苯	0.75
仲丁醇	8.5	异丙苯	19.0
甲乙酮	7.0	二乙酮	17.8
甲基异丁酮	7.0	氯仿	14.0
氯丙烯	6.8	乙苯	13.5
甲基三氯甲烷	6.0	氯丁醚	12.0
甲苯	5.3		

2.2.6　丙烯酸酯的共聚反应

丙烯酸酯与各种乙烯基单体共聚，可按所需用途提供恰当的物理性质。

（1）内增塑　通过共聚得到具有持久性的增塑性，这一点很重要。外增塑剂（external plasticizer），特别是低分子量的外增塑剂具有向聚合物表面迁移的倾向；迁移到表面的增塑剂会通过洗涤、擦拭、挥发而消失。其结果是聚合物物理性质变坏（例如变硬），或者表面产生发黏等现象。以丙烯酸酯对氯乙烯、偏氯乙烯、乙酸乙烯、丙烯腈、乙烯等聚合物进行的内增塑就是有代表性的例子。

以硬的甲基丙烯酸甲酯和软的丙烯酸乙酯进行乳液共聚时，随着甲基丙烯酸甲酯的比例的增加，最低成膜温度（MFT）不断上升。但是，当把丙烯酸乙酯和甲基丙烯酸甲酯各自的均聚物加以混合时，在达到某种比例以前，MFT 不断上升，表现出与丙烯酸乙酯均聚物同样的 MFT。而在超越此比例时，则 MFT 急剧上升，表现出与甲基丙烯酸甲酯均聚物同样的 MFT。此后，即使甲基丙烯酸甲酯均聚物再增加，也不再变化。这就是说，具有两种均聚物 MFT 中间值的乳液只有通过共聚才能得到。

（2）染色性的改善　在聚丙烯腈纤维中，通过丙烯酸甲酯与丙烯腈进行共聚，使共聚物玻璃化转变温度降低，聚合纤维的结晶构造有所松动，染料扩散速度增加，染色性提高。

（3）赋予疏松性　给予缺乏热塑性的聚丙烯腈纤维以热塑性，有可能进行疏松加工。

（4）改良耐光性、耐候性、耐热性　与偏氯乙烯、乙酸乙烯、苯乙烯等进行共聚，使原来用这些单体制成的聚合物因遇光、热而降解的性质得到改良。

（5）赋予柔软性、可塑性、强韧性　与偏氯乙烯、乙酸乙烯、苯乙烯等进行共聚，以赋予共聚物比均聚物更好的柔软性、可塑性和强韧性。

在反应常数比不同的共聚物中，聚合过程 100％地完成时，聚合物有时会成为不均匀的状态，其防止措施如下：

① 为避免反应接近终点时组成上发生较大的变化，在聚合率很低时就终止共聚反应。例如，苯乙烯与丙烯酸甲酯共聚，当聚合率超过 80％～90％时，苯乙烯已消耗完。如能控制此反应在不超过 80％～90％的聚合率时终止，即能得到组成比较均匀的共聚物。

② 聚合速度快的单体采取连续添加的方式。其添加速度应尽可能地接近这种单体在共聚合中消耗的速度。这个方式称为逐渐添加法。

参 考 文 献

［1］　大森英三. 丙烯酸酯及其聚合物. 朱传棨译. 北京：化学工业出版社，1987.

［2］　大森英三. 功能性丙烯酸树脂. 张育川，朱传棨等译. 北京：化学工业出版社，1993.

［3］　冯伯华等. 化学工程手册——化工基础数据. 北京：化学工业出版社，1980.

第3章
丙烯氧化制丙烯酸生产技术

3.1 丙烯氧化制丙烯酸方法概述

丙烯酸制备技术研究发展至今，已出现了很多方法，一些方法也在工业上得到了应用，如烯酮法、改良的 Reppe 法等，但目前，世界上的工业装置采用的越来越多的主流方法则是丙烯直接气相氧化法。该方法以丙烯和空气中的氧气为原料，在水蒸气存在和 $250\sim400℃$ 反应温度条件下，通过催化剂床层进行反应。反应分两段（步）进行。在第一段（步），丙烯首先被氧化成丙烯醛，反应式为：

$$CH_2=CHCH_3+O_2 \longrightarrow CH_2=CHCHO+H_2O+3.4\times10^5 J$$

在第二段（步），丙烯醛被进一步氧化生成丙烯酸，反应式为：

$$CH_2=CHCHO+1/2O_2 \longrightarrow CH_2=CHCOOH+2.52\times10^5 J$$

伴随着两段（步）主反应，还有若干副反应发生，并生成醋酸、丙酸、乙醛、糠醛、丙酮、甲酸、马来酸（顺丁烯二酸）等副产物。

3.2 丙烯氧化催化剂

3.2.1 简述

作为丙烯直接氧化法最重要的基础，氧化催化剂的制造和使用技术已经非常成熟。已有多家国外和国内企业开发并能够提供具有优异性能的一、二段氧化催化剂。丙烯氧化催化剂一般以钼－铋（一段）、钼-钒（二段）及其他一些金属氧化物为主要组分。但各家所开发、生产的催化剂无论是制备方法还是使用方法或者使用特性上均存在一定的差异。

氧化催化剂通常呈柱状或球状，按指定数量（质量或高度）填充于反应器的列管中，为了保证气体分布的均匀性，要求各列管中填充的催化剂在填充密度和高度上的差异必须被控制在规定的范围内。

为了避免因反应的不均匀对反应结果所造成的不利影响，以及可能由此出现的催化剂床层温度局部过热现象，还需采用催化剂的大小颗粒分段填充或惰性物稀释的充填方法。

从反应性能角度看，虽然不同厂家提供的催化剂的使用方法不尽相同，但在工业负荷条件下，其丙烯原料的单程转化率一般均可达到95%以上，目的产物丙烯酸的单程收率可达到85%～88%。

3.2.2 反应条件

对于特定牌号的催化剂，决定其反应状态的主要是反应气入口组成、反应空速和反应温度，不同厂家提供的催化剂在使用条件上不尽相同，在个别方面差异还很大。

（1）反应器入口气体组成　反应器入口气体由原料丙烯、空气中的氧气、空气带入的氮气以及水蒸气组成。组成控制目标为丙烯浓度（体积分数,%）、氧气与丙烯的体积分数比（氧烯比）、水蒸气的浓度（体积分数,%）。由于认为在该系统条件下，组分的体积分数与摩尔分数几乎相同，所以控制组分体积分数的实质是要控制组分的摩尔分数。

① 丙烯浓度　不同厂家提供的催化剂所对应的反应器入口最佳丙烯浓度有所不同，有高有低，但一般都在7.0%～10.0%之间。对于较高的丙烯入口浓度，则需要提供较高的氧气浓度以满足反应的需要，但由于丙烯和氧气的混合物存在爆炸区域，所以从安全和追求理想反应结果的角度考虑，就要采取分段补氧的方式，即分别从一段反应器入口和二段反应器入口两个点加入空气来满足全部反应所需的氧气。

② 氧气与丙烯的浓度比（氧烯比）　各种牌号的催化剂虽然在产物分布上存在差异，但具体到根据产物分布和相应反应式计算出的理论氧烯比，其差异并不大，一般在1.6∶1左右。但实际使用特性显示，富氧条件对反应结果有正面作用，所以，一般均将反应器入口气体的氧烯比控制在（1.8∶1）～（2.0∶1）之间。过低和过高的氧烯比会抑制反应的进行或加剧深度氧化反应的发生，并最终影响到丙烯的转化率和反应的选择性，同时还可能造成催化剂的损害和装置运转的安全隐患。

③ 水蒸气浓度　丙烯氧化生成丙烯酸的反应，是在一定量水蒸气存在下进行的。水蒸气存在的作用，第一是作为稀释气体；第二是由于水蒸气具有较大的热容，有利于床层的热稳定；第三，也是重要的一点，水蒸气的存在对丙烯氧化反应的结果有着不容忽视的影响，它不仅影响到反应的转化率，还影响到反应产物的分布。再有，实际生产中还发现，催化剂的劣化以及系统结炭等问题的出现还与水蒸

气浓度的变化存在某种联系。

目前，业内主要厂家提供的不同牌号的催化剂在使用时所采用的水蒸气浓度差异很大，低至 5.0%，高至 10% 以上。一般地，若不考虑反应因素，较低的水蒸气浓度相对于较高水蒸气浓度，对于在后续步骤中将目的产物丙烯酸捕集后能得到较高浓度的丙烯酸溶液比较有利。而较高浓度的丙烯酸溶液在对其进行进一步精制时，所使用的分离溶剂量相对较小，能源消耗也相对较低，同时，过程产生的工艺废水量也会少一些。

对于没有循环气体的工艺流程，反应器入口的水蒸气一般是通过给干气（如空气）增湿（需要设置增湿器）的方法来提供。而对于有循环气体的工艺流程，则可由富含定量水蒸气的循环气体来提供，而这种方法，比较适宜反应器入口水蒸气浓度不太高（如低于 10%）的情况。

（2）反应空速

①功绝对空速（SV_0）　绝对空速绝（SV_0）在这里被定义为一段反应器入口每小时加入的丙烯气体的体积 $V_丙$ 与一段纯催化剂（除去稀释物）体积 $V_催$ 的比值，即：

$$SV_0 = V_丙 / V_催$$

SV_0 反映了催化剂的实际反应负荷，是表征催化剂本身性能的参数。通过 SV_0，可较直接地算出该催化剂相对于目的产物的时空产率，所以，SV_0 的变化，也直接反映了装置生产负荷的变化。

目前，业内所使用的不同牌号的催化剂，从 SV_0 角度看，差异不大，大多在 $100h^{-1}$ 左右。

SV_0 增加，意味着催化剂反应负荷的增加，此时必须对反应温度进行相应的调整。

② 相对空速（SV）　相对空速在这里被定义为通过反应器的混合气体的小时体积通量 $V_气$ 与一段催化剂床层体积 $V_床$ 之比，即：

$$SV = V_气 / V_床$$

SV 与特定催化剂的具体使用方法相关联，在相同生产负荷下，反应器入口气体中，丙烯浓度越低，则 SV 就越大。在这方面，不同厂家提供的催化剂之间存在较大的差异。一般，反应的 SV 在 $800 \sim 2000h^{-1}$ 之间，其中，二段反应的 SV 要高一些。SV 的大小，直接影响到装置工程方面的设计结果，如气体压缩机性能参数的确定、管道规格的确定等。在催化剂使用中，改变 SV，反应结果也会出现变化，也需对其他反应条件（如温度等）作相应调整。

（3）反应温度　反应温度是化学反应的重要条件。由于在工业上，丙烯氧化反应采用的是恒温反应器，故而在这里，反应温度是指反应器热载体的平均温度。

各厂家提供的催化剂其使用温度有一些差别，一段反应一般为 $300 \sim 400℃$，二段反应一般在 $250 \sim 320℃$。

在催化剂寿命周期内的使用过程中，为保持足够的反应指标所需的反应温度是在不断变化的，总体上是一个不断上升的过程。一般来说，在其寿命或使用的初期，反应温度会相对低一些。

在其他条件不变的情况下，提高反应温度，会提高反应的转化率和产物的收率，但过高的反应温度可能不能实现提高目的产物（如丙烯醛、丙烯酸）收率的目的，同时还会造成深度氧化反应的加剧。所以，在确定和调整反应温度时，要在综合考虑多种条件的情况下，选择一个适宜的目标值，在这个温度下，反应能够维持足够的转化率和目的产物的收率，而把非目的产物的收率降至最低。

同时，要特别注意：过高的反应温度可能会使反应（特别是深度氧化反应）过于剧烈，大量的反应热会造成催化剂床层温度（首先是热点温度）急剧升高到不能接受的程度。其后果，一方面可能出现温度失控（"飞温"），对装置及人身安全造成威胁；另一方面，也会对催化剂本身造成不可逆转的损伤。

总之，比较理想的反应状态是诸多适宜的反应条件匹配的结果。厂家在提供催化剂时，会为使用者提供比较详细的资料和适宜的反应条件。一般来说，对于这些条件（除反应温度外），在催化剂的正常使用过程中没有必要作较大的调整。但在特殊情况下，这种调整就在所难免，如因系统异常、原料缺乏，需要降低负荷，遇到增产压力而需要提高负荷等。但这种调整往往是以牺牲催化剂的某些性能为代价的，如目的产物的收率、催化剂的使用寿命等。特别是要慎重对待反应负荷的增加，不仅要考虑到反应结果的变化，考虑到工程方面的限制因素，如撤热系统的能力、压缩机的能力等，还要防止催化剂床层温度过高对催化剂造成的损伤以及加重的结炭现象对催化剂使用造成的长期影响。

3.2.3 催化剂使用寿命

在氧化催化剂使用的过程中，为了使反应状态维持在较为理想的状态，需要不断地提高反应温度。同时，催化剂床层（特别是一段）的阻力也在不断地升高。当在现有装置条件下，反应条件的调整不能使催化剂的反应性能达到特定要求或床层阻力增加至不能接受的程度，就需要更换催化剂。这个"特定要求"和"不能接受的程度"对于不同的使用者和不同的装置条件来说，很难有一个统一的标准，所以，催化剂的寿命也不是一个能够严格界定的指标。

如果在使用过程中出现因使用不当而使催化剂的结构受到破坏、活性组分过度流失、碳化物严重遮附催化剂表面等情形，就会使催化剂劣化的过程加快。所以说，催化剂的使用寿命，不仅决定于催化剂本身固有的特性，与使用过程也有直接的关系。正因为如此，在业内，与催化剂有关的技术（供货）合同中，对于催化剂的寿命，一般都注明"期待值"，而不注"保证值"。

目前，各专利商提供的催化剂的预期寿命为：一段4年以上，个别专利商能达到 8 年；二段 2 年以上。

3.3 丙烯氧化反应器及反应温度控制

目前，世界上的丙烯酸制造厂家所采用的均是列管式恒温反应器（立式），列管的内径多在一英寸左右，列管内按特定的形式和规格填充固定高度的催化剂。列管间（壳程）则填充撤热介质（热载体），为了保证足够大的热容和传热系数，其撤热介质多采用熔融盐，一种硝酸钾和亚硝酸钠的混合物。也有部分厂家使用导热油。

由于丙烯氧化制丙烯酸采用的是两步法，分别使用两种不同的催化剂，所以目前生产厂家多为一段和二段分别设置了两个分离排布（左右布局、串联）的反应器，但也有厂家采用的是一体排布（上下布局）的两段反应器。对于分离式反应器，为了防止一段反应器出口气体中的丙烯醛在高温下的自动深度氧化，常在一段反应器出口设置急冷装置。

氧化反应器，特别是具有较大工业规模的反应器，均设有撤热载体的内、外循环系统，以实现热载体的内外循环。其内循环的目的一是通过热载体在设置了折流板的反应器壳程内足够流量的快速循环，保证反应热向撤热介质主体传递所需的传热系数，同时，也是为了使反应器壳程轴向和径向温度分布的均匀性达到特定要求。

反应器的内循环，多由与反应器连为一体的轴流泵完成，也可由独立设置的输送泵完成。而外循环，则一般由独立的输送泵实现。外循环的作用一是将氧化反应产生的热量及时带出并通过废热锅炉进行回收；二是通过调节外循环量，达到控制反应温度的目的。其总体设置如图 3-1 所示。

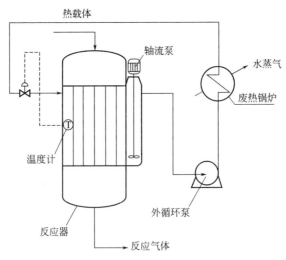

图 3-1　反应器内外循环及温度控制

反应器的材质：由于丙烯酸具有较强的腐蚀性，所以早期反应器的列管多采用不锈钢（普通不锈钢）材质，而上下封头和人孔则要采用内衬不锈钢。目前，业内的反应器则多在避免有机气体在反应器内壁冷凝的条件下，采用经过钝化处理的碳钢材质，从而大大降低了反应器的造价。

3.4 丙烯氧化反应工艺流程

目前，在业内，丙烯氧化部分的流程多有不同，其设置考虑到了催化剂的特性、后续分离方法、设备等具体因素。但大致可分为两类，一类是反应气体一次性通过反应器的催化剂床层，其目的产物在通过后续分离单元时被提纯，而未反应的原料、惰性气体和副产物则被排出工艺系统。我们称这样的流程为"单程法"。

另一类流程可称为"循环法"。它是将吸收环节的尾气，也就是将经过吸收环节处理的反应后气体中的一部分（不含丙烯酸，含有未反应的丙烯、氧气、氮气等惰性气体、氧化碳气体、水蒸气）再引回到反应器的入口，与加入的新鲜空气和新鲜丙烯气体混合形成在组成上符合工艺要求的反应气体。这样设置流程主要出于如下考虑：一方面通过吸收尾气的部分循环，对部分未反应的丙烯加以再利用，从而可降低原料消耗；另一方面，通过引入富含水蒸气吸收尾气，可为氧化反应提供所需的水分，而不再需要像"单程法"那样利用专门设备对反应器入口气体进行"增湿"。近来，还有一种流程的设置是将吸收尾气经焚烧后再部分循环至反应器入口，这样做的目的显然是为了降低反应器入口气体的水含量。

图 3-2 是基于循环法的一个流程设置。

该流程可叙述为：来自吸收塔顶部、含有部分未反应丙烯和足够水蒸气、氮气的定量循环气体与定量新鲜空气（需要加热）在混合罐 1 混合后进入压缩机，经压缩机送至混合罐 2 与新鲜丙烯混合成符合工艺要求的反应原料气。反应原料气先经过一段反应器，大部分丙烯氧化生成丙烯醛，少部分生成丙烯酸和醋酸、碳化物 CO_x 等副产物。经过一段反应的气体经过急冷后进入二段反应器，绝大部分丙烯醛进一步氧化成丙烯酸。在二段反应中，同样有诸多副反应发生。经过二段反应的气体，经冷却器降温后送至吸收塔处理。

两段反应热由热载体带出，热载体先从反应器被导入热载体膨胀槽中，再由外循环泵（在本流程图中为一立式泵）将热载体送出。经废热锅炉降温后，返回反应器。在废热锅炉中，反应热以水蒸气的形式被回收。热载体的外循环量，由设置的反应温度控制系统根据反应温度的要求进行调节。

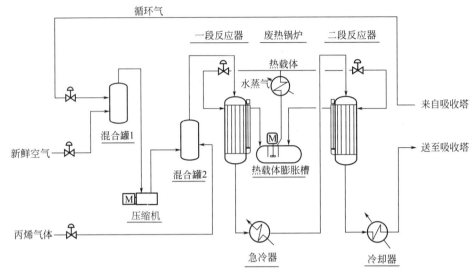

图 3-2　氧化反应流程设置

3.5　丙烯氧化装置的安全运行

由于氧化反应的原料丙烯属易燃易爆气体，其在空气中的爆炸极限为 3.1% ～ 11.5%（体积分数）。同时，丙烯的氧化反应又属较强的放热反应，所以，避免反应气体组成进入爆炸区、防止系统温度失控，对工艺装置的稳定运转和人员、设备的安全有着特别重要的意义。

丙烯与氧气混合后会形成一定的爆炸区域，如图 3-3 所示。

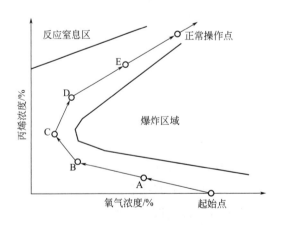

图 3-3　丙烯爆炸区及开车曲线

图中的纵坐标为丙烯体积分数（%），横坐标为氧气体积分数（%）。图中的爆炸区的大小随体系温度、稀释气体的种类等因素的差异而变化。

丙烯氧化反应的正常操作点并不在爆炸区内。但由于生产装置开车不可能瞬间达到满负荷，它是一个负荷逐步提高的过程。丙烯氧化装置的开车，是一个反应器入口的丙烯浓度慢慢提高并逐步向正常操作点逼近的过程。为了保证安全，操作点的变化轨迹就必须绕过爆炸区，如图 3-3 中起始点→A→B→C→D→E→正常操作点的曲线所示。严格控制反应器入口气体的组成和波动，避免操作点进入爆炸区。

严格控制系统温度，一方面，要求在运转时选择适宜的反应温度并严格控制其波动范围；另一方面，要特别注意将催化剂床层，尤其是热点的温度及其与反应温度的差值控制在安全范围内，以避免"飞温"及对催化剂造成损害。特别是对于一、二段分离布局的反应器，要采取有效措施将一段催化剂床层出口的反应气体温度迅速降至 260℃ 以下，以抑制丙烯醛的自动深度氧化。

对于反应器入口的组成，除了由中控分析人员定期取样实际分析气体组成外，设置在线组成分析仪表会大大提高监测能力。

对于系统温度的监测，由在系统各控制点设置的温度计（多属热偶式）完成，其中，催化剂床层的温度测量，由按不同深度、不同方位插于床层截面中心点的热电偶来完成。

为了对操作人员或监控系统发现的异常尽快作出反应，有必要设置装置的快速自动切断、隔离和停止以及惰性气体快速充入系统（即联锁装置）。

3.6　丙烯酸气体吸收与汽提

经过两段反应所生成的丙烯酸多采用吸收的方法进行捕集，其吸收剂可以用有机溶剂，但目前一般都采用水进行吸收并由相应的吸收塔完成。吸收过程后得到一定浓度的丙烯酸水溶液。

3.6.1　吸收塔釜的丙烯酸浓度

吸收塔釜丙烯酸浓度与氧化环节的工艺因素（如反应器入口的水蒸气浓度等）有着直接的关系，一般都力求控制在 40%～80%（质量分数）。丙烯酸浓度太低（即水含量太高），往往使得在后续分离环节中使用的溶剂（萃取剂或共沸剂）量很大，不仅物耗可能升高，能源消耗的大幅度增加也是必须考虑的问题，同时也导致了工艺废水量的加大。但如果塔釜丙烯酸浓度太高，受吸收手段的限制，会造成从吸收塔顶损失过量的丙烯酸，即无法保证足够的丙烯酸吸收率。有些流程为了保证吸收效果，还在吸收环节采取了急冷措施。

3.6.2 汽提

在吸收塔，被吸收下来的不仅有丙烯酸，还有部分反应的副产物，如醋酸、甲酸、马来酸，以及丙烯醛、乙醛、丙酮等较轻的组分。其中，有些轻组分会对后续精制过程的防聚产生不利影响，有必要先行脱除，采用汽提的方式大大降低其含量。

3.6.3 流程设置及工艺条件

图 3-4 是基于上述介绍的一个流程设置。

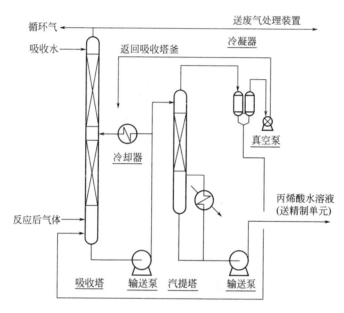

图 3-4　吸收和汽提环节流程设置

该流程设置可描述为：来自氧化反应器的气体，经过冷却后（150~200℃）进入吸收塔釜，在塔的下半部与塔顶加入的吸收水以及塔的中部循环液逆向接触，部分丙烯酸以及可凝组分被冷凝、吸收下来。在塔的上半部，未冷凝和吸收的丙烯酸被塔顶加入的吸收水吸收并在塔釜形成特定浓度的丙烯酸水溶液，同时被吸收的还有部分可凝副产物。未被吸收的不凝气体（如丙烯、氧气、氮气等）、部分副产物以及水蒸气从塔顶排出，送至废气处理单元。对于氧化反应部分为循环法的流程，则要分出一定量气体返回氧化反应器的入口。

为了控制冷凝、吸收过程的温度，吸收塔的中部循环设置了冷却器。

吸收过程基本在常压下进行，其塔顶压力根据后处理系统的要求而定。塔顶温度一般在 60℃左右。而对于氧化反应部分为循环法的流程，为了向反应系统提供定量的、有固定水蒸气含量的循环气体，吸收塔顶的压力、温度均需要维持在一个稳定的指标。

在吸收塔釜形成的特定浓度的丙烯酸水溶液从塔顶进入汽提塔，通过汽提，丙烯醛、乙醛等较轻组分大部分被脱除，最终返回吸收塔并从吸收塔顶排出系统。在汽提塔釜得到的低轻组分含量（以丙烯醛计其含量在200mg/kg以下）的丙烯酸水溶液则被送至后续精制系统。

为了降低操作温度并有利于轻组分的脱除，汽提塔在负压条件下运转是必要的，通常将塔顶绝压控制在200mmHg左右（1mmHg＝133.322Pa）。

3.7　丙烯酸的提纯

3.7.1　丙烯酸与水、醋酸的分离

丙烯酸与水的分离由于有氢键的存在而变得比较困难，不能用简单的精（蒸）馏得到很高纯度的丙烯酸。工业上对于丙烯酸水溶液的分离主要采用的是萃取、共沸、结晶等方法。其萃取剂、共沸剂可采用甲苯、庚烷、环己烷、甲基异丁基酮、异丁醚、醋酸异丙酯、醋酸异丁酯等有机溶剂。可使用单一组分的溶剂，也可使用多组分溶剂。在这方面，涉及具体方法的研究成果、文献、专利也比较多。

图3-5是基于萃取法的一个流程设置，在该流程中萃取剂为醋酸异丙酯。

该流程可叙述为：来自吸收汽提单元的浓度50%（质量分数）左右的丙烯酸水溶液进入萃取塔，同时加入的还有定量的萃取剂（醋酸异丙酯）。该萃取塔为转盘塔。在萃取塔内，丙烯酸、醋酸等组分被萃取到富含萃取剂的萃取相中，它从塔的上部排出并送至溶剂分离塔。萃取相中丙烯酸的浓度在23%左右，水含量在9%左右。萃取塔的萃余相，主要是含有微量丙烯酸（0.6%左右）、醋酸和少量萃取剂（2.5%左右）的水，则从萃取塔的下部排出进入溶剂回收塔。在溶剂回收塔中，萃余相中的萃取剂及少量水分从塔顶馏出，分相后，萃取剂被送回萃取塔。萃余相中的水，则从溶剂分离塔的塔釜排出工艺系统。

进入溶剂分离塔的萃取相，在塔中进行萃取剂与丙烯酸、醋酸的分离。萃取剂和萃取相中的水分从塔顶馏出，其中，萃取剂被送回萃取塔。溶剂分离塔的釜出几乎不含萃取剂和水，其丙烯酸含量达到95%左右，另外还有3%（质量分率）左右的醋酸和少量的其他组分（如马来酸、二聚体等）。

溶剂分离塔釜出物料，进入醋酸分离塔1进行丙烯酸与醋酸的分离，并在塔釜得到醋酸含量很低的丙烯酸（醋酸含量低于0.05%）。

进料中的醋酸从塔顶馏出，但其中仍含有大量丙烯酸（约75%），为此，将其送至醋酸分离塔2作进一步分离，其釜出（含94%左右的丙烯酸）返回醋酸分离塔1（作为进料），塔顶馏出含有近98%的醋酸及少量丙烯酸，则被排出工艺系统。

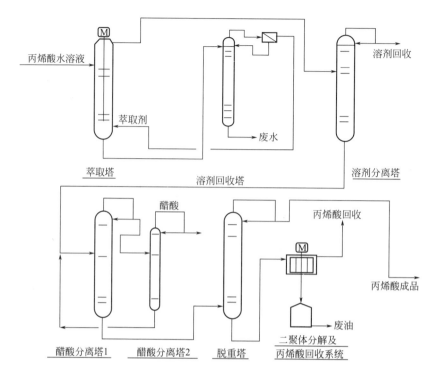

图 3-5　丙烯酸精制萃取法流程设置

醋酸分离塔 1 的釜出，被送至脱重塔，在塔中，进料中的二聚体、阻聚剂、马来酸等较重组分从塔釜排出，在塔顶得到纯度达 99％以上的丙烯酸。

脱重塔的釜出是约 50％的丙烯酸与大量二聚体、阻聚剂等重组分的混合液，这部分物料被送到后面的二聚体分解及丙烯酸回收系统。该系统由薄膜蒸发器和二聚体分解槽以及相应的循环、输送泵组成。利用薄膜蒸发器，将进料中以及由二聚体分解而来的丙烯酸蒸出并返回到流程的前段。未被分解的二聚体以及阻聚剂和其他重组分则被送出工艺系统。

目前，在工业上，使用共沸法进行丙烯酸精制的装置更多一些。采用共沸法进行丙烯酸的精制，则不需要萃取塔，对于有些共沸剂，甚至无需设置萃取流程中的溶剂回收塔等设备，其流程大大缩短，从而减少了设备投资。以甲苯为例，在丙烯酸-水-醋酸-甲苯组成的物系中，甲苯与丙烯酸不共沸，两者容易蒸馏分离，而苯与水和醋酸均会形成共沸体系。这样，利用苯-水共沸，可容易实现丙烯酸与水的分离；利用苯-醋酸的共沸，又可使丙烯酸和醋酸分离。对于苯-水共沸体系，采用分相的方法即可回收溶剂；而对于苯-醋酸共沸体系，通过加水进行精馏；利用苯-水共沸-可在塔釜得到醋酸。

总之，在考虑丙烯酸与水的分离（还包括与醋酸等其他组分的分离）方法时，不仅要考虑得到足够纯度的丙烯酸产品，考虑到物料的收率、能源的消耗，很重要的一点是，由于丙烯酸的易聚性，一定要努力做到流程中的物料组成的分布、操作条件、设备条件不能使丙烯酸发生影响工艺稳定运转的聚合。比如，要尽可能降低操作温度，这导致了有较高浓度丙烯酸存在的塔系的运转均采用负压条件。同时，分离塔的塔板数不可太多（以将釜温控制在较低水平，如110℃以下）等。

通过上述流程可得到质量分数达99%以上的丙烯酸，可满足用其制备各种丙烯酸酯类和一般聚合物的要求，即业内称为"酯化级丙烯酸"和"聚合级丙烯酸"（所含阻聚剂种类有区别）的产品。而对于制备高聚物等特殊的要求，则需对丙烯酸作进一步的加工，如通过结晶法或化学（加药）法将丙烯酸中醛类物质（主要为丙烯醛、糠醛）的含量进一步降低至10mg/kg以下，从而得到业内称为"高纯丙烯酸"的产品。

3.7.2 丙烯酸二聚体的分解

由丙烯酸的化学性质可知，两个丙烯酸分子在发生 H·转移的情况下，可生成 β-丙烯酰氧基丙酸。这个反应，在常温下即可进行，且受温度的影响很大，同时与组成也有一定关系。图 3-6、图 3-7 反映了二聚体生成速率与温度和组成的关系。

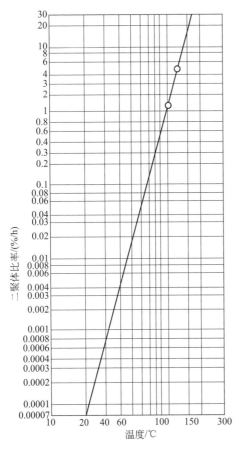

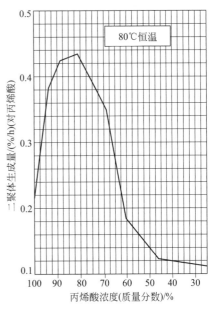

图 3-6　二聚体生成速率与温度的关系　　　图 3-7　二聚体生成速率与组成的关系

从氧化反应生成的丙烯酸在吸收环节被捕集下来形成丙烯酸水溶液开始，二聚体生成的反应就已开始，并在丙烯酸精制以及储存的整个过程中普遍存在，其结果会导致丙烯酸收率的降低。从试验可知，二聚体的生成速率除与温度关系密切外，在丙烯酸生产过程中，还与所使用的溶剂有关。如在丙烯酸-甲苯物系中，丙烯酸的二聚反应就极少发生。以前面介绍的醋酸异丙酯萃取流程为例，从吸收环节到脱重塔得到产品丙烯酸，其二聚体的生成量可达到精制前丙烯酸量的近5%，有些采用共沸法的流程也达到了2%左右。如果丙烯酸水溶液在中间储槽放置的时间过长或储存温度较高，这个量还会增加。

鉴于二聚体高温分解的性质，目前，工业上多采取分解回收的方式进行处理。即设置二聚体分解罐，使二聚体在150℃下分解成丙烯酸，再由薄膜蒸发器进行回收。通过这样的方式，二聚体的分解、回收率能达到60%左右。

3.7.3　马来酸的分离

马来酸（顺丁烯二酸），是丙烯氧化反应的副产物之一，在吸收环节得到的丙烯酸水溶液中，作为副产物，马来酸的含量可能仅次于醋酸。由于马来酸的物性与丙烯酸相近（沸点135℃），分离不是很容易。在萃取法流程中，可以如下方式脱除马来酸：

在吸收环节得到的丙烯酸水溶液中加入适量NaOH，由于马来酸的一级电离常数比丙烯酸的电离常数大很多，所以NaOH会与马来酸发生中和反应而生成极易溶于水的马来酸钠盐，在萃取塔中，马来酸钠盐会随萃余相（水相）进入溶剂回收塔，并最终从该塔的塔釜被排出系统。

对于共沸法流程，为了脱除马来酸，则需要增加脱重塔的塔板数和增设专用分离设施。

3.8　丙烯酸生产过程的聚合与防聚

由于丙烯酸属极易聚合的乙烯基单体，在生产过程中，其聚合现象普遍存在。对于生成低聚物的反应，如二聚反应等，由于分子量很小，且反应可逆，可采取适宜措施将其抑制在可接受的程度上。但乙烯基聚合会生成大分子量、高度不溶、外观呈爆米花（菜花状）或橡胶状的聚合物，这些聚合物堵塞管道、塔板、泵体等设备，对工艺和装置的运行常常造成颠覆性的影响，故而一定要避免这样的情况发生。

3.8.1　生产中发生严重聚合的原因

从试验结果和生产实践分析，引发剂的存在（如过氧化物、过硫酸盐、亚硫酸盐等）、高温、光照（特别是紫外线）等因素都可以导致丙烯酸的快速聚合。另外还研究发现，物系的组成，如水含量、醋酸含量等，也可导致聚合的趋向。在工业生产中，发生严重聚合现象最重要的原因是系统局部温度过高，以及局部阻聚剂含量过低（如阻聚剂加入或计量装置出现故障等）。

3.8.2　生产过程的防聚

在工业生产中，为了防止丙烯酸的聚合，通常可采取以下措施。

① 加入阻聚剂并控制足够的含量。在丙烯酸的生产和储存过程中，从氧化反应所生成的丙烯酸在吸收环节被捕集下来形成丙烯酸水溶液开始，在含有丙烯酸的物料中，就要含有特定种类的、适宜浓度的阻聚剂。

a. 阻聚剂的种类　对丙烯酸的聚合有抑制作用的物质很多，这方面的研究成果和专利也不少，如酚化合物（对苯二酚，对苯二酚甲基醚等）、铜盐（如二丁基二硫代氨基甲酸铜等）、亚硝基化合物、吩噻嗪、含—N—O基团的化合物、锰盐（如醋酸锰）等。但在工业生产中，比较常用的阻聚剂主要还是对苯二酚、铜盐、吩噻嗪、对苯二酚甲基醚等。其中，对苯二酚在物料中被氧化成氢醌时具有很强的阻聚作用。在工艺过程的某个部位，可单独使用某种阻聚剂，也可配伍使用两种以上的阻聚剂，这样常常可以显示出优异的匹配效应。如对苯二酚和铜盐的匹配，铜盐既可使对苯二酚转变成氢醌，同时，金属铜又可与丙烯酸形成配合物，使丙烯酸双键的活性大大下降，从而被阻聚。

b. 阻聚剂的含量　不同的部位，因物料组成、温度等条件不同，所需的阻聚剂的种类和浓度存在一定的差异。生产过程中温度较高、组成复杂的部位，需要阻聚性能很强的阻聚剂或较高的阻聚剂浓度，如对苯二酚、铜盐、吩噻嗪等，其浓度一般为 $200\sim500\mathrm{mg/kg}$，甚至更高。而对于产品而言，为了不致对其使用功能造成不利影响，不宜使用诸如对苯二酚、铜盐这类阻聚剂，而宜使用像对苯二酚甲基醚这类的性能较为温和且易分解的阻聚剂。其浓度一般为 $200\mathrm{mg/kg}$，不过这个含量可在一定范围内根据储存条件和储存期的长短进行调整。总之，从实际经验上看，在生产过程中适当过量投放阻聚剂，对于工艺运转本身而言，不是一件坏事。

c. 阻聚剂加入部位和方式　阻聚剂一般呈固态粉状，在加入前需使用对应的工艺物料将其溶解。加入的部位根据实际情况可分为塔的进料、回流、塔顶部、塔的馏出管线、塔顶冷凝（却）器、塔板等。加入方式则可采用注入方式：使用专用输送设备加入管道或设备中；喷淋方式：在塔顶冷凝器部位，丙烯酸气体被冷凝，在这种发生相变的部位，极易发生聚合现象，故有必要采用喷淋的方式在相变部位加入阻聚剂，另外对于塔顶、气相管线，也可采用这种方式加入阻聚剂；夹带方式：在精馏塔等分离塔器内，发生着反复相变的过程，必须保证足够含量的阻聚剂，这里，可以通过雾沫夹带，使阻聚剂在塔内的分布更加合理。

② 采用合理的设备结构（后叙）和合理的操作条件（如温度、组成等）。

③ 可在分离塔釜加入适量空气或氧气，这对防聚有一定的作用。

④ 对分离塔体、气相管线采取适当保温措施以免丙烯酸气体在塔（管）壁冷凝而出现聚合。最好使用可控温度的热水夹套，如无条件，在使用蒸汽伴管进行防凝（冻）保温时，一定要采取间接保温的方式，以免因局部高温导致物料聚合。

⑤ 在装置运转的管理中，除了严格控制运转条件的合理、稳定外，要及时根据运转状况，判断聚合情况的发生以及对后续运转的影响，如定期清洗查看输送泵过滤器中出现的聚合物的性态、数量，严密监测分离塔的塔板压力降、塔板（釜）温度的变化、输送泵的出口压力变化等。不过，要根据这些情况作出准确的判断需要一定的经验积累，但特别需要注意的是，在作出系统发生或正在发生可能导致严重影响的聚合情况时，要立即果断进行处理，包括必要的停车处理，否则，有可能造成情况急剧恶化，给处理工作带来严重困难。

3.8.3　出现聚合情况的处理

在丙烯酸生产过程中，特别是在丙烯酸的分离、提纯过程中，在很多部位都会或多或少出现一些聚合物，这些聚合物或附着在设备、管线的内壁上，或随物料流动而积存于某个部位，这些部位可能是储罐的底部、输送泵的过滤器、换热器的封头（管板）以及分离塔的塔板塔釜。对于这些聚合物，如果未对运转产生足够影响，则可在装置检修时进行处理（输送泵过滤器可随时清洗）。对于附着在器（管）壁上的聚合物，处理起来就十分困难，通常是通过碱（8%以下的 NaOH 溶液）煮（蒸）的方法使其松软或脱落再用冲洗或机械方法将其清除。对于被聚合物严重堵塞的管线，到目前为止还没有十分简捷有效的处理方法。

3.9　原料要求

3.9.1　主要原料

丙烯酸生产的主要原料是丙烯和氧气。其中，氧气来源于空气，故没有什么特定的要求。丙烯作为主要有机原料，对其纯度方面要求也不是很严格。目前业内使用的丙烯纯度低到 93% 左右，高的已达到 99% 以上。使用纯度过低的丙烯，其杂质含量不免增加，如果其中丙烷的含量较多，对于废气处理采取催化焚烧方式的装置来说，会出现一些困难。如果所含的硫、炔烃较多，则会加重催化剂床层的结炭现象或对催化剂造成损害。

3.9.2 辅助原料

丙烯酸生产中使用的辅助原料主要是水、有机溶剂和作为阻聚剂使用的化学品。对这些原料，除在纯度上有所要求外，要特别注意限制有害杂质的含量，例如容易引起物料聚合的过氧化物、过硫化物、金属离子这类物质，容易导致设备腐蚀的氯离子等物质。

3.10 丙烯酸生产装置的设备特点

丙烯酸的生产工艺不是非常复杂，运转条件并不算苛刻，故其设备也多是化工生产中的常见设备，如离心式压缩机、列管式反应器、换热器，填料塔、筛板塔、离心泵、隔膜泵、蒸汽喷射泵、薄膜蒸发器等。但受丙烯酸的特性的影响，某些设备的结构和材质，还是有一些特殊的要求。

3.10.1 设备结构

由于丙烯酸的易聚性，特别是在丙烯酸的分离精制系统的塔器结构方面，要充分予以考虑，一般来说，在有较高浓度的丙烯酸存在的部位，不推荐使用填料塔。虽然填料塔的分离效率较高，可以大大降低塔高和设备造价，但填料塔的结构及使用特点不利于防止丙烯酸的聚合，且一旦发生聚合则很难处理。目前工业上多使用筛板塔，均为无堰板（穿流式塔板），由于有堰板在运转时存在相对静止区和结构死角，在这些部位就很容易发生物料的聚合，无堰板则克服了这些缺陷，尽管因此而损失了分离效率。

在丙烯酸的吸收环节，由于丙烯酸浓度不是很高，目前很多装置也在采用填料塔，但对填料的种类的选择要考虑到防聚和聚合处理。一般来说，在丙烯酸浓度相对较高的部位宜使用片型填料，如拉西环、鲍尔环等，在其他部位可采用丝网填料。

3.10.2 设备材质

丙烯酸有较强的腐蚀性，当其与工艺过程中的其他一些物料混合，且在非常温条件下，这种腐蚀性尤其明显，所以，对于工艺过程中的常温存储设备，以及操作温度较低的塔系（如吸收塔、气体塔）、尾气冷凝器、输送泵等，只要物料中含有酸性物料（如丙烯酸、醋酸等）可考虑使用一般等级的不锈钢（如0Cr19Ni9）。而对于丙烯酸浓度、醋酸浓度、操作温度较高，或有机杂质含量高的部位，如再沸器、分离塔的部分塔板、部分冷凝器、薄膜蒸发器、输送泵、喷射泵、二聚体分解槽等，则要考虑使用较高等级的材质（如 0Cr17Ni12Mo2、00Cr17Ni12Mo2、0Cr19Ni13Mo3、00Cr19Ni13Mo3 等）。也有专利称可使用金属钛制作耐腐要求较高的设备，在实际应用中也取得过很好的效果。

3.11 装置运行参数控制

3.11.1 参数测量

（1）温度测量 对于供现场显示的温度计，如储罐内物料、管道内物料温度，一般可采用双金属温度计。氧化反应器部分以及焚烧炉系统的温度测量，则要使用热电偶作为测温元件，如镍铬-镍硅（K 型）、铂铑-铂（R 型）等。

对于分离塔系温度的测量，通常采用热电阻式温度计，如铂电阻（Pt100）等。

（2）压力测量 供在现场显示压力的压力表，如容器压力、输送泵出口压力、管道压力等，一般可采用弹簧管式压力计，但对于丙烯酸系统，由于其物料的腐蚀性，压力表的材质要选择不同等级的不锈钢。由于其易聚性，特别是在较高丙烯酸浓度的部位，有必要使用带隔膜的压力表。

对于具有远传功能的压力计，其测压一般采用膜盒式元件。

（3）流量测量 在丙烯酸生产装置中，化工生产上常用的流量测量仪表几乎都有应用，如转子流量计、涡街流量计、孔板流量计以及椭圆齿轮流量计、质量流量计等。

（4）液位测量 液位测量，多使用板式液面计、浮子钢带液面计、法兰式液面计。

3.11.2 参数控制方式

参数的控制可以采用手动控制方式，但对于现代化的化工生产过程，尤其是连续化的生产过程，由于其控制要求较高，故应该采用自动控制的方式，即实现参数（特别是重要参数）的自动检测和调节。在这里，可以采用常规自控仪表，也可采用诸如 PLC 等较为先进的控制方式。目前，计算机集散控制系统（DCS）的应用在业内已十分普遍。计算机控制方式除具备常规自控仪表具有的全部功能外，还可利用其自身特有的功能实现对过程的智能控制，从而使工艺装置的控制水平达到质的飞跃。另外，自控仪表系统的配备，可实现对工艺过程的不间断监控，对过程中发生的异常可快速作出反应，这也为装置的安全提供了良好的保障。

3.12 生产过程的组成控制和分析

3.12.1 生产过程的组成控制内容及要求

（1）中间过程的组成控制　不同的工艺路线和流程，其中间组成控制的项目和指标有所不同，但基本有以下内容：

① 氧化反应器入口气体的丙烯、氧气、氮气、水蒸气、碳氧化物（CO_x）含量；

② 反应器出口的丙烯、氧气、氮气、丙烯酸、丙烯醛、醋酸、碳氧化物（CO_x）含量；

③ 丙烯酸吸收塔釜丙烯酸（醋酸、丙烯醛）含量和吸收塔顶丙烯酸含量；

④ 汽提塔釜的丙烯酸、丙烯醛含量；

⑤ 脱水塔釜的水、溶剂含量和脱水塔馏出的酸含量；

⑥ 醋酸分离塔釜的醋酸（水、溶剂）含量和塔顶的丙烯酸含量；

⑦ 脱重塔馏出的丙烯酸和杂质以及阻聚剂含量；

⑧ 溶剂回收塔釜的溶剂含量；

⑨ 废油中的丙烯酸含量。

这些控制内容中，有些属工艺要求，有些则出于安全和控制原料消耗方面的考虑。对于过程组成控制的内容，需要定期取样进行分析确认，并根据其结果对工艺参数进行必要的调整。

（2）产品质量控制　目前业内普遍采用的丙烯酸产品（工业丙烯酸）质量标准为 GB/T 17529.1。其组成指标如表 3-1 所示。

表 3-1　工业丙烯酸产品标准（GB/T 17529.1）

项　目		指　标	
		优等品	一等品
纯度/%	≥	99.5	
水分/%	≤	0.10	0.20
阻聚剂(MEHQ)含量/(mg/kg)		200±20	

注：阻聚剂含量可与用户协商制定。

3.12.2 分析手段

（1）中控分析　中控分析的项目及方法可参见表 3-2。

表 3-2　中控分析主要项目及分析方法

分析项目	范围（气体为体积分数；液体为质量分数）	检测方法	条件				备注
			检测器	色谱柱	填充剂	固定液	
反应器入口 O_2、N_2、CO 含量	O_2:0.01%~22% N_2:78%~100% CO:0.001%~2%	气相色谱法（绝对检量线法）	TCD	内径 3mm，长度 2~3m 不锈钢柱	MQLECULAR SIEVE 5A(5A 分子筛)		
反应器入口丙烯、丙烷，CO_2 含量	丙烯:1%~10% 丙烷:0.5%~1.0% CO_2:1.0%~2.0%	气相色谱法（绝对检量线法）	TCD	内径 3mm，长度 1m 不锈钢柱	SILICA GEL 硅胶		
液相丙烯醛含量	低浓度:0.001%~0.03% 高浓度:0.03%~0.3%	气相色谱法（内标法）	FID	内径 3mm，长度 3~4m 不锈钢柱或玻璃柱	担体 Chromosorbw (AW, DMCS)	Ther-mon-1000（5%）+ H_3PO_4 (0.5%)	
废气中轻烃组分	丙烯:0.0001%~1.0% 丙烷:0.0001%~1.0% 乙烯:0.0001%~1.0%	气相色谱法（绝对检量线法）	FID	内径 3mm，长度 2~3m 不锈钢柱	VZ-10		
液相丙烯酸含量	90%~99%	气相色谱法（内标法）	FID	内径 3mm，长度 3~4m 硬质玻璃柱	担体 Chromosorbw (AW, DMCS)	Ther-mon-1000（5%）+ H_3PO_4 (0.5%)	
低浓度丙烯酸和醋酸含量	醋酸:0.01%~3% 丙烯酸:0.01%~1.0%	气相色谱法（内标法）	FID	内径 3mm，长度 3m 不锈钢柱或玻璃柱	担体: Chromosorbw (AW, DMCS)	Ther-mon-1000（5%）+ H_3PO_4 (0.5%)	
丙烯酸中低沸物含量	醋酸:0.01%~30% 糠醛:0.01%~0.2% 丙酸:0.01%~0.2%	气相色谱法（内标法）	FID	内径 3mm，长度 3m 不锈钢柱	担体: Chromosorbw (AW, DMCS)	FFAP（10%）+ NPGA (10%)	
丙烯酸中高沸物含量	二聚体:0.01%~60% 苯甲酸:0.01%~2%	气相色谱法（内标法）	FID	内径 3mm，长度 3m 不锈钢柱	担体: Chromosorbw (AW, DMCS)	Ther-mon-1000（5%）+ H_3PO_4 (0.5%)	

（2）产品分析　产品分析的项目及方法可参照 GB/T 17529.1。

3.13　三废处理

3.13.1　废酸的处理

这里所说的"废酸"，是指醋酸分离塔的馏出物或釜出物，其中主要成分是醋酸，还可能含有少量的丙烯酸、溶剂以及氧化反应产生的较轻馏分的副产物。这些废酸如果被用来制取较高纯度的醋酸，还需设置专门的分离装置，否则，可考虑采用焚烧的方式进行无害化处理，其具体方法为：将废酸加压，通过喷嘴喷入专用焚烧炉。焚烧炉可以重油、渣油、柴油等为燃料。在炉中，废酸在近 1000℃ 的高温中燃烧并最终转变成二氧化碳和水蒸气。

3.13.2　废油的处理

这里的废油是指脱重塔釜出，经过由二聚体分解槽和薄膜蒸发器组成的丙烯酸回收系统处理后的残留物，主要含有二聚体、阻聚剂、马来酸、少量丙烯酸以及其他一些较重组分。对于废油，如不再打算回收其中的某些可利用组分，则可考虑与废酸相同的处理方式，即进行焚烧处理。

3.13.3　废气的处理

丙烯酸生产装置的废气，其主要来源是丙烯酸吸收塔的尾气和装置中各储槽的密封气。其中含有少量的丙烯、丙烷、丙烯醛、溶剂等有机气体，也含有一定量的氧气。含量最多的是氮气和水蒸气。对于这部分废气，一是可采用直接焚烧的方式处理（可单设废气焚烧炉，也可与废酸、废油以及后面提到的废水一道利用同一台焚烧炉处理）；二是采用催化焚烧的方式进行处理。其具体方法是，将废气加热后与定量氧气混合通过一装有催化剂的反应器（多为绝热反应器），在催化剂的作用下，废气中的有机成分在 600℃ 左右的温度下发生燃烧反应，转变成二氧化碳和水。催化焚烧方式的优越性在于，一是节能（不需要额外补充燃料），再有，由于处理温度相对较低，氮氧化合物等新的污染物生成量要少，所以，这是一个很好的值得推广的方式。

3.13.4　废水的处理

丙烯酸生产装置废水的来源为：工艺产生的废水（反应生成水、加入的吸收水、尾气喷淋水等）、设备清洗水、无规律排放水。这些水含有丙烯酸生产工艺过

程产生和加入的几乎所有物质（包括有机物和无机物），COD_{Cr} 通常达到 10000
以上。

对于废水的处理，最基本和最常用的方法还是"直接焚烧法"。其具体步骤可
考虑如下：

① 中和分解。向废水中适量加入 NaOH，以中和其中的酸性物质，并使得其
中的一些有机成分分解。

② 脱轻。利用汽提塔将废水中比较轻的组分（有机物）脱除，并送至焚烧炉
焚烧。

③ 废水回收再利用。通过双效蒸发器将汽提塔塔釜脱除轻组分的废水尽可能
回收，作为工艺用水再行利用，同时，使废水得到浓缩。双效蒸发器的热量由焚烧
炉尾气提供。

④ 废水焚烧。浓缩废水通过喷嘴被喷入焚烧炉，其中的有机物转变为二氧化
碳和水。

通过上述步骤处理后，废水的 COD_{Cr} 指标可降至 100 以下，从而达到了国家
规定的环保排放标准。

焚烧炉可使用重油、渣油、柴油等作为燃料，也可以实现废水、废油、废气的
同炉处理。

在业内，也有的装置采用湿式氧化法处理废水，其方法是，将废水与定量空气
通入装有催化剂的反应器（一般为绝热反应器）中，在 7MPa 左右的压力、300℃
左右的温度下进行燃烧反应，废水中的有机物转变为二氧化碳和水。

采用湿式氧化法处理废水，也有着与催化焚烧法处理废气相同的优点，这
就是节能和更加环保，但目前这种方法还存在着对废水组成要求过严（如
COD、pH 值、对催化剂有害的一些物质等）的弱点，从而影响其广泛推广
应用。

3.13.5　铜等金属离子的脱除

在国家颁布的废水排放标准中，对铜等金属离子的含量有明确的要求。以铜离
子为例，由于在丙烯酸生产过程中出于阻聚的需要而加入了一定量的铜盐，所以，
在对废油、废水进行焚烧等无害化处理后，在其所排放的 COD 符合国家规定的排
放指标的废水中，其铜离子的含量存在超标的可能。在这种情况下，就需要对其进
行后续处理。

目前，业内有的装置采用的是沉淀、絮凝的方法，其步骤如下。

① 加入硫化钠等化学药品和絮凝剂　废水中的铜离子与药品反应形成硫化铜
细微颗粒不溶物，不溶物再与废水中的微小悬浮物结合，在絮凝剂的作用下形成沉
淀性良好的絮凝物。

② 沉淀、分离　絮凝物与水的混合液进入沉降槽沉淀，并与水层分离，其中，

水相在经过 pH 值调节后排出系统。

③ 脱水 采用压滤装置，将絮凝物中的水挤出，并最终得到固体废弃物。对这些固体废料，则依据有关规定（法规）进行处理。

3.14　安全与储运

3.14.1　装置及人身安全

（1）装置安全 由于丙烯酸生产过程所涉及的原料及产品多属易燃易爆物料，所以，在装置的设计和运转中，一定要采取足够的安全措施，它主要体现在以下几个方面。

① 总图布置。在总图布局中，要考虑到物料的火灾危险性，严格按照国家相应的规范标准，在诸如安全技术距离、设置消防通道、有害气体的扩散等方面作统筹综合考虑。

② 罐区安全措施。要根据不同物料的性质进行储罐的排布，设置必要范围、高度的围堰，设立安全进出口。对于像丙烯这样的高闪点易燃物的储存部位，设置可燃气体自动检测设施是必要的。

③ 建筑及框架。要尽量采用敞开或半敞开式厂房，主要承重构件要采用非燃烧体，混凝土或钢柱承重构件外表面要有防火保护层。可作为卸压通道的房屋门窗的面积要足够大。

④ 安全消防系统。在装置的不同部位，配备一定密度的灭火器材（如干粉灭火器等），如有条件，在装置区设置固定消防系统，包括消防水栓、消防水枪、消防泡沫发生送出和注入系统、控制室的哈龙灭火装置等。

⑤ 电气、设备的防雷击、防静电设计和设施。

⑥ 关键控制系统的不间断供电。

⑦ 工艺装置中压力监测（报警）点、卸压安全阀、防爆孔的设置以及自动联锁系统的设置。

（2）人身安全 丙烯酸生产中所涉及的物料多具有毒害性质，所以在生产过程中，要特别注意对操作人员的保护，在从事接触有毒有害物料的操作时，一定要配备和穿戴必要的防护用具（用品）。表 3-3 为丙烯酸及酯类生产涉及的主要物料的危险性以及出现意外无防护接触后的处理措施。

3.14.2　包装与储存

对于丙烯酸，一般用不锈钢及塑料、玻璃等不含有引发剂或污染物的干净器皿

表 3-3　丙烯酸及酯生产中主要物料的危害性及意外情况下的处理

项目　　物料	丙烯	丙烯酸	丙烯酸甲酯	丙烯酸乙酯	丙烯酸丁酯	丙烯醛
危险性类别	第2.1类:易燃液体	第8.1类:酸性腐蚀品	第3.2类:中闪点易燃液体	第3.2类:中闪点易燃液体	第3.3类:高闪点易燃液体	第3.1类:低闪点易燃液体
建规火险分级	甲	乙	甲	甲	乙	甲
包装类别		II	II	II	III	I
危险货物包装标志	4	20	7	7	7	7;40
毒性	属低毒类	属低毒类				属高毒类
LD_{50}		2520mg/kg(大鼠急性经口);950mg/kg(兔急性经皮)	277mg/kg(大鼠急性经口);1243mg/kg(兔急性经皮)	800mg/kg(大鼠急性经口);1834mg/kg(兔急性经皮)	900mg/kg(大鼠急性经口);2000mg/kg(兔急性经皮)	46mg/kg(大鼠急性经口);562mg/kg(兔急性经皮)
LC_{50}		5300mg/m³ 2h(小鼠吸入)	1350mg/m³ 4h(大鼠吸入)	2180mg/m³ 4h(大鼠吸入)	2730mg/m³ 4h(大鼠吸入)	300mg/m³ 0.5h(大鼠吸入)
健康危害	对人的麻醉力强于乙烯。吸入丙烯(浓度为15%时,吸入30min;24%时需3min;35%~49%以上时需20s、40%以上时需6s)可引起头昏、乏力、全身不适,思维不集中。个别人有胃肠道功能紊乱	对皮肤、眼睛和呼吸道有强烈刺激和腐蚀作用	高浓度接触,引起流涎、眼及呼吸道刺激症状,严重者可因肺水肿而死亡。误服急性中毒者,出现口腔、胃、食管腐蚀症状,伴有腹痛、呼吸困难、蹀动等。长期接触可致皮肤损伤,亦可致肺、肝、肾病变	对呼吸道有刺激性。高浓度吸入,有麻醉作用。眼直接接触可致灼伤。对皮肤有明显的刺激和致敏作用。口服消化道可出现刺激。可出现头晕、呼吸困难、神经过敏	吸入、摄入或经皮肤吸收对身体有害。其蒸气或烟雾对眼睛、黏膜和呼吸道有刺激作用。有烧灼感、咳嗽、喘息、喉炎、气短、头痛、恶心和呕吐	有强烈刺激性。吸入蒸气损伤呼吸道,出现咽喉炎、胸部压迫感、支气管炎;大量吸入可致肺炎、肺水肿,尚可引起心力衰竭、休克而死亡。皮肤和蒸气接触可致眼、皮肤损害;皮肤灼伤。口服引起口腔及胃刺激灼伤

续表

项目\物料	丙烯	丙烯酸	丙烯酸甲酯	丙烯酸乙酯	丙烯酸丁酯	丙烯醛
意外情况处理 皮肤接触		脱去污染衣物，立即用清水冲洗至少15min	立即脱去污染的衣着，用肥皂水及清水彻底清洗	脱去污染衣物，立即用清水彻底冲洗	脱去污染衣物，立即用流动清水冲洗	立即脱去污染的衣着，用肥皂水及清水彻底清洗，若有灼伤，就医治疗
眼睛接触		立即提起眼睑，用流动清水或生理盐水冲洗至少15min	立即提起眼睑，用流动清水或生理盐水冲洗至少15min，就医	立即提起眼睑，用流动清水或生理盐水冲洗至少15min，就医	立即提起眼睑，用流动清水冲洗	立即提起眼睑，用流动清水或生理盐水冲洗至少15min
吸入	迅速脱离现场至空气新鲜处，注意保暖，呼吸道畅通，必要时给其输氧，呼吸困难时进行人工呼吸，就医	迅速脱离现场至空气新鲜处，保持呼吸道畅通，必要时进行人工呼吸	脱离现场至空气新鲜处，呼吸困难时输氧，呼吸停止时立即进行人工呼吸	脱离现场至空气新鲜处，呼吸困难时输氧，呼吸停止时立即进行人工呼吸	迅速脱离现场至空气新鲜处，必要时就医	迅速脱离现场至空气新鲜处，保持呼吸道畅通，呼吸困难时输氧，呼吸停止时立即进行人工呼吸，就医
食入	给误服者饮大量温水，催吐，就医	给误服者饮大量温水，催吐，就医	给误服者饮大量温水，催吐，就医	给误服者饮大量温水，催吐，就医	给误服者饮大量温水，催吐，就医	漱口，洗胃，就医

注：摘自张维凡，张海峰. 常用化学危险物品安全手册. 第一卷. 北京：中国医药科技出版社.

盛装，同时避免日光的照射。对于利用储罐存放大量物料的情况，则对储罐必须有完善的保温措施。罐外壁设置保温层，罐内设置盘管，通入 16～30℃ 的温水（绝不可以使用水蒸气），同时，还要设置输送泵，以维持罐内物料的不间断循环。丙烯酸的推荐保存温度在 14～30℃ 之间，原则上，在丙烯酸冰点以上，越低越好。特别是对于用于制备高聚物的丙烯酸产品，为抑制二聚反应的发生，储存温度要相对低一些。

丙烯酸产品中的阻聚剂含量，因所储存的丙烯酸的纯度而异，添加 200mg/kg 的对苯二酚单甲醚，储存两个月左右不会有异状。空气有阻聚作用，因此，应避免满罐储存，以使部分罐空间残存空气。为防储存中冻结，通常宜使丙烯酸保持 80% 浓度水溶液（凝固点 −5.5℃）状态，或以聚合时所使用的溶剂冲稀。

在丙烯酸的储存、运输过程中，特别是小包装（如桶装），经常出现因保温措施不到位而出现的冻结现象。丙烯酸的冻结，会导致容器内物料中的阻聚剂含量的不均匀分布，在融化的过程中，极易由于温度的局部过高而发生聚合。所以，冻结丙烯酸的融化作业，应在 30℃ 下进行且应采取适当措施，充分搅拌，融化之后要马上使用。要避免反复冻结融化的情形。过高的温度和较长的储存时间会导致二聚体含量的大量增加和物料的聚合。

一般认为，丙烯酸在适宜温度下的存储时间不宜超过三个月。

3.15 丙烯酸脱除阻聚剂的方法

丙烯酸产品中所含有的 100～200mg/kg 的对苯二酚单甲醚阻聚剂，对丙烯酸的使用一般不会有不利影响，但对于特殊用途，则有时需要将其中的阻聚剂脱除。在这里，可考虑使用活性炭对其进行处理。常温下，添加百分之几的活性炭就可将对苯二酚单甲醚的浓度降低至每千克几毫克。

还可以考虑采用蒸馏的方法，其大致步骤如下：

① 在减压的情况下，使蒸馏釜保持 50～60℃；

② 使用加铜线填料的不锈钢塔；

③ 蒸出的丙烯酸蒸气以脱离子水在 10℃ 以下进行急冷；

④ 用离子交换树脂（苯乙烯与二乙烯基苯共聚的磺化树脂、氢型）脱除凝缩丙烯酸水溶液中的铜离子。

脱除阻聚剂后的丙烯酸，在储存中要注意将温度保持在 13～18℃。如在 5℃ 以下储存，储存三个月不会有问题，但使用时需要再熔融。

3.16 主要专利商及工艺技术介绍

丙烯氧化生产工业丙烯酸已有几十年的历史，大量的技术开发已使生产工艺日臻完善、成本下降、效益提高。目前全世界工业生产丙烯酸的大型装置多采用丙烯氧化技术生产丙烯酸。在丙烯酸工业中，拥有丙烯氧化及丙烯酸分离技术的主要有日本触媒公司、三菱化学公司、BASF 公司三家。下面，依据已公开的资料侧重叙述上面三家公司的工艺技术。

3.16.1 日本触媒技术

3.16.1.1 日本触媒丙烯酸生产技术开发及生产情况

日本触媒公司于 1960 年开始研究丙烯氧化制备丙烯酸的技术。1966 年建成了中试生产装置，其生产能力为 10 吨/月。1970 年建成了基于丙烯一步氧化法生产丙烯酸技术的年产 1 万吨丙烯酸的生产装置，同时，也建成的相应的丙烯酸甲酯、丙烯酸乙酯、丙烯酸丁酯的生产装置。

1968 年开始研究丙烯两步气相氧化法生产丙烯酸的催化剂，并于 1970 年将其用于改造后的中试装置。

1971 年，对第一套丙烯酸生产装置进行了改造，改造后的装置采用了丙烯两步气相氧化法和丙烯酸精制的 9 塔流程。

1972 年建成第二套丙烯酸甲酯和丙烯酸丁酯生产装置。

1973 年建成第二套丙烯酸生产装置，其生产能力为 2 万吨/年。

1976 年将第二套丙烯酸生产装置改造扩建为年产 3 万吨的装置，同时，氧化反应器入口的配气采用了循环工艺。

1978 年，建成丙烯酸辛酯生产装置。

1981~1983 年，将第二套丙烯酸装置改造为年产 4 万吨的装置。

1985 年 11 月，第三套丙烯酸装置建成投产，在该装置上，首次采用了一体式氧化反应器。

2002 年，使用日本触媒公司技术建成的丙烯酸及酯类装置的生产能力就达 12 万吨，如美国德州 Pasadena 的 American Acryl 公司（年产丙烯酸 12 万吨、丙烯酸丁酯 5 万吨）。

到目前为止，日本触媒公司丙烯酸的年生产能力已达到 22 万吨。其中，GAA（高纯丙烯酸）15 万吨/年，MA（丙烯酸甲酯）和 EA（丙烯酸乙酯）1.8 万吨/年，丙烯酸丁酯（BA）和丙烯酸辛酯（EHA）10 万吨/年，各种羟基丙烯酸酯 0.8 万吨/年。

现在，世界上较多丙烯酸生产装置采用日本触媒公司的技术，其产能超过其他公司。

3.16.1.2 氧化反应催化剂

丙烯氧化的催化剂使用寿命较长，一段与二段均能保证在两年以上，据称一段使用寿命可达 8 年，二段可达四年。一段为 Mo-Bi-Co 系催化剂，二段为 Mo-V-Cu 等复合金属氧化物。加入 Co 可提高丙烯酸的选择性。催化剂一般制成球形或环型。

日本触媒公司在氧化催化剂的研究制造方面已做了大量的工作，其催化剂的性能在世界上处于先进水平。

（1）一段氧化催化剂　一段氧化催化剂的组成可用以下通式表示

$$Mo_a W_b Bi_c Fe_d A_e B_f C_g D_h E_i O_x$$

式中，A 为 Co 和 Ni；B 可以是 P、As、B、Sb、Sn、Ce、Pb、Cr、Mn、Zr 等一种或几种；C 为碱金属；D 为碱土金属。

催化剂组成示例如表 3-4 所示。

表 3-4　一段丙烯氧化催化剂

催化剂组成（未包括氧）	反应温度/℃	单程收率/%		总收率/%
		丙烯醛	丙烯酸	
$Mo_{12} Bi_{1.0} Fe_2 Co_3 Ni_1 P_2 K_{0.2}$	305	88.0	3.0	91.0
$Mo_{12} Bi_{1.0} Fe_1 W_2 Co_4 Si_{1.35} K_{0.06}$	325	90.2	6.0	96.2
$Mo_{12} Bi_{1.7} Co_{5.2} Ni_{2.8} Fe_{1.8} K_{0.1}$	334	84.2	6.2	90.6

对于氧化催化剂的选择要求是，既要保持较高的活性、选择性和时空产率，又要确保长期使用的稳定性。

Kimura 等在美国专利 6383973B1 中指出，引起催化剂活性下降或损坏的一个主要原因是催化剂中的钼氧化物在丙烯氧化反应的高温条件下的升华。这种 Mo-W-Bi-Fe-Co-Ni 催化剂体系如果加有较高含量的 Bi、Fe、Co、Ni，则可以减少钼的升华。但是，因制备催化剂过程中要用硝酸溶解 Bi、Co、Ni 的硝酸盐，所以含有大量的 [NO$_3$]。通过研究，在 $1 < ([NO_3]/[Mo]) \leqslant 1.8$ 时，可以得到高活性、长期稳定的催化剂；而 $[NO_3]/[Mo] < 1$ 时，则导致催化剂活性下降；$[NO_3]/[Mo] > 1.8$ 时，因 pH 值很低，Mo 和 W 等元素的稳定性和活性都会受到影响；在 $[NO_3]/[Mo] = 1.8$ 时，催化剂组成为 $Mo_{12} W_{0.2} Bi_{1.7} Fe_{1.5} Co_4 Ni_3 K_{0.08} Si_{1.0}$，此时，在反应温度 340℃，进料丙烯体积浓度 7.0% 的条件下，丙烯的转化率可达 98.5%，丙烯醛和丙烯酸的选择性之和为 95.1%，单程收率之和也达到了 93.0%。

在 EP 1074538A2 中，Tanimoto 等制备了不同的催化剂，认为在反应器入口段最易升华，他们改进了催化剂的装填方式，并在每个反应列管中沿轴向分成两个或多个反应区，装有不同的催化剂。Bi 和 Fe 对 Mo 的比例较高的催化剂装在反应器入口区，而比例较低的催化剂则填装在反应器的出口区域。这样可以缓解 Mo 的升华。在丙烯进料体积浓度 8.0%、反应初始温度 310℃ 条件下，丙烯转化率、丙烯醛和丙烯酸选择率之和以及单程收率之和分别达到了 98.4%、94.7% 和 93.2%。经 8000h 运转后，反应温度为 325℃，仍能够保持较高的性能（丙烯转化率 98.2%，丙烯醛和丙烯酸选择率之和为 94.9%，单程收率之和为 93.2%）。

Tanimoto 等在 EP1125911A2 中同样提到，在氧化反应器每根列管中装填不同活性的催化剂；列管原料气入口端的催化剂活性较低，沿列管轴向，催化剂的活性增高，从而既防止了局部热点的产生，抑制了过氧化反应，实现了丙烯醛和丙烯酸的高选择性，又能够保证催化剂长期稳定地使用。

（2）二段氧化催化剂　由丙烯醛催化氧化为丙烯酸的二段反应温度比一段要低，所用的催化剂，早期为 Mo-Co 类型，因转化率和收率较低而被目前应用的 Mo-V 体系所取代。同时，还添加了其他金属氧化物以降低反应温度，这些金属元素有：W、Cu、Sb、Ca、Ba、Sn、Ce 等。表 3-5 列出了一些催化剂的组成。

表 3-5　丙烯醛氧化催化剂

编号	催化剂组成（未包括氧）	反应温度/℃	丙烯醛转化率/%	丙烯酸产率/%
I [①]	$Mo_{12}V_{5.5}W_{1.0}Cu_{2.7}$	255	98.8	93.3
II [②]	$Mo_{12}V_{4.0}W_{2.5}Cu_{2.0}K_{0.5}(1)$	250（热点 317）	92.6	89.0
	$Mo_{12}V_{4.0}W_{2.5}Cu_{2.0}(2)$	250（热点 328）	99.4	91.1
	(1)+(2)	250（热点 315）	98.9	93.8
III [③]	$Mo_{12}V_{5.0}W_{1.0}Cu_{2.2}Sb_{0.5}$	260（初始）	99.2	95.2
		270（8000h）	99.2	95.0
		260（初始）	98.4	92.9
		287（8000h）	98.6	92.6

① US 5739392；② EP 1055662A1；③ US 6780816B2。

注：II 催化剂中的（1）与（2）活性不同，（2）的活性较高。

二段催化剂的选用要考虑选择性和产品的产率，还要保证催化剂的稳定性。Mo-V 系催化剂作为二段氧化催化剂已在工业上普遍应用，且具有较高的丙烯酸产率。但研究中也发现（EP 81187 和 US 5739392），钒化合物在高温下可能转化为 V_2O_5，这会降低丙烯酸选择性。因而需要添加其他元素进行各种改进。

Tanimoto 等的研究表明，催化剂的活性组成是 VMo_3O_{11}，用 X 光衍射仪可以测出 VMo_3O_{11} 的峰值 $d=4.00Å$，在催化剂使用 8000h 后，该峰值强度只有 65%，说明 $d=4.00Å$ 的 VMo_3O_{11} 晶相下降。当 VMo_3O_{11} 转变成 V_2O_5 之后，催化剂对丙烯醛氧化成丙烯酸的选择性显著下降。V_2O_5 的峰值 $d=4.38Å$。

在催化剂的制备中，用低价钒氧化物和铜氧化物取代部分钒铵盐和硝酸铜，可以提高 $d=4.00Å$ 的峰值强度和降低 $d=4.38Å$ 的强度，这样，制得的催化剂其活性和稳定性都会得到提高。

二段氧化催化剂的组成可以用下式表示：

$$Mo_e V_f W_g Cu_h A_i B_j O_k$$

其中 $e=12$，$2\leqslant f\leqslant 15$，$0\leqslant g\leqslant 10$，$0\leqslant h\leqslant 6$，$0\leqslant i\leqslant 6$，$0\leqslant j\leqslant 5$
催化剂的载体可以下式表示：

$$X_a Y_b Z_c O_d$$

式中，X 为碱土金属；Y 可以从 Si、Al、Ti、Zr 等元素中选取；Z 可选用元素周期表中ⅠA 族和Ⅲb 族等元素，如 Bi、Fe、Co、Ni、Mg。

合理选用催化剂载体，可以提高丙烯醛转化率和丙烯酸的选择性并提高产率。如表 3-5 中的Ⅲ（$Mo_{12} V_{5.0} W_{1.0} Cu_{2.2} Sb_{0.5}$），其载体为 $Mg_1 Si_{1.5} Al_{0.1}$。二段反应数据见表 3-6。

表 3-6 二段反应数据

运转时间	T_0/℃	T_1/℃	T_2/℃	丙烯转化率/%	丙烯醛收率/%	丙烯酸收率/%
反应开始	273	263	265	96.0	0.4	88.4
12000h	278	268	270	96.2	0.4	88.3
反应开始	283	263	265	96.2	0.1	85.0
4000h	288	268	270	96.3	1.2	84.4

中村大介等在 CN 1244519A 中公开了氧化反应温度分布对丙烯酸收率影响方面的研究结果。如图 3-8 所示，当 $T_0-T_1=1\sim15℃$，$T_1<T_2$ 时，可以长期稳定运转，并且产率较高，即使使用了 12000h，丙烯酸的产率仍能稳定。

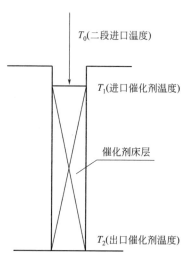

T_0(二段进口温度)

T_1(进口催化剂温度)

催化剂床层

T_2(出口催化剂温度)

图 3-8 二段反应进出口温度

从表 3-6 中的数据看出，当 $T_0-T_1=20℃$ 时，丙烯酸的产率就低（85.0%），运转 4000h 时，丙烯酸的产率就开始下降。一般来说，T_0 如果高于 T_1，对于生成丙烯酸的反应是不利的，它会导致深度氧化物（CO_x）的生成，降低丙烯酸的收率。T_0 过高还会降低催化剂的使用寿命。

3.16.1.3 反应器

氧化反应器的结构如图 3-9(a) 所示（EP 0987057A1）。

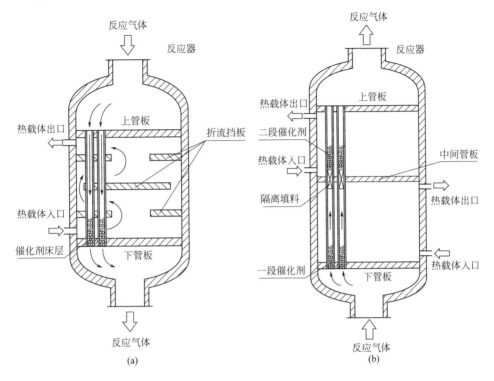

图 3-9　丙烯氧化反应器结构示意图

两段反应器的热载体，根据其反应温度的特点，可考虑使用熔融盐或导热油，既可以使用不同的热载体，也可以使用相同的热载体。但使用不同的热载体其配套设施的设置会有所不同。

从 1985 年开始，日本触媒公司在后续建设的装置中，均采用一体式氧化反应器，材质也均改为碳钢，如图 3-9(b)（US 6069271）。这种一体式反应器具有占地小、投资少的特点，而且由于大大缩短了一二段催化剂床层的距离，从而抑制了丙烯醛的深度氧化。

3.16.1.4 氧化反应基本参数

一段和二段氧化反应的主要参数如表 3-7 所示。在 PEP 报告与以前的情况做了比较，从中可以看到有较大的变化。

前后对比有以下几点变化：

① 单台反应器的生产能力有较大的提高，由原来的 7.9 万吨/年到目前的 12.8 万吨/年。

表 3-7　氧化反应基本参数

反应器	项目	现在	原来
一段反应器	生产能力/(万吨/年)	12.0	7.9
	反应器布局	单台反应器列管 24359 根	平行两台,每台列管 8868 根
	丙烯进料摩尔浓度/%	8.7	6.9
	进料中氧气/丙烯(摩尔比)	1.60	1.82
	进料中水蒸气/丙烯(摩尔比)	0.76	1.44
	反应温度/℃	305	
二段反应器	反应器布局	单台,列管 25357 根	平行两台,每台列管 13200 根
	丙烯醛进料摩尔浓度/%	6.4	3.0
	氧气/丙烯醛(摩尔比)	1.05	2.89
	水蒸气/丙烯醛(摩尔比)	2.11	10.25
	反应温度/℃	245	
吸收塔	塔釜液丙烯酸质量分数/%	70	40

② 丙烯进料摩尔浓度由 6.9% 升至 8.7%,水蒸气与丙烯的摩尔比由原来的 1.44 降到 0.76,从而使吸收塔釜的丙烯酸水溶液的酸浓度由原来的 40%(质量分数)提高到 70%(质量分数),大大减少了废水量的生成。在 EP 0293224 中,进料气体组成用一部分后面吸收塔的尾气循环加到进料中,可以作为稀释气体替代部分水蒸气和氮气。循环气热容量高,利于反应器催化剂床层的温度控制。同时,稀释蒸气量的下降也会减少钼的升华。

③ 丙烯酸的收率提高至 87%。

④ 进料丙烯组成中,除丙烯外,加入了不高于 500mg/kg 的其他低级(2~5 碳原子)不饱和烃,这可以减少某些副产物如各种醛、羧酸及高沸物的生成。Tanimot 等在欧洲专利 0959052A1 中指出,如用炔烃和二烯烃,则用量不要高于 200mg/kg。

3.16.1.5　精馏分离系统

一般地,丙烯催化氧化的热产物气体化合物组成如下(质量分数)。

丙烯酸:1%~30%;乙酸:0.01%~3%;丙酸:0.01%~0.5%;马来酸/酐:0.01%~0.5%;丙烯醛:0.05%~1.0%;甲醛:0.05%~1.0%;糠醛:0.1%~1.0%;苯甲醛:0.01%~0.5%;丙烯:0.01%~1.0%;氧:0.05%~10%;水:1%~30%;其余的惰性气体氮、二氧化碳、甲烷和丙烷:0.01%~2%。

(1)共沸精馏分离提纯方法　工艺流程示意如图 3-10 所示(EP 0778255A1)。

丙烯氧化部分的气体产物(含丙烯酸及副产物如醋酸等)由管路 1 送到丙烯酸吸收塔 101,在吸收塔与由管路 2 送来的含丙烯酸、醋酸和溶剂的吸收剂接触,形

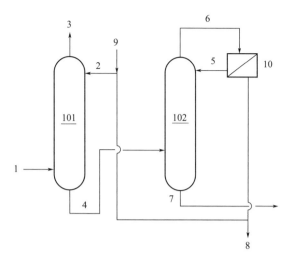

图 3-10　共沸精馏工艺流程示意图

成丙烯酸水溶液（含丙烯酸及副产物如醋酸等），接触后的气体由管路 3 循环返回氧化单元或作为废气被送到焚烧系统处理。

丙烯酸水溶液通过管路 4 被送入共沸精馏塔 102。在 102 中，与由管路 5 送来的溶剂共沸精馏。从 102 塔釜管路 7 送出高质量的丙烯酸，可以用来制作丙烯酸酯，也可通过进一步精制得到高纯度的丙烯酸。102 塔顶馏分含有醋酸、丙烯酸、水及溶剂，通过管路进入贮槽 10，在贮槽中分出有机溶剂相和水相。水相中含丙烯酸、醋酸、水和溶剂。有机相由管路 5 循环到 102 塔，贮槽 10 中的水相作为吸收剂由管路 2 循环返回 101 塔。部分水相可以通过管路 8 送出工艺系统。

丙烯氧化气体产物一般含有丙烯酸 10％～20％（质量分数，后同），醋酸0.2％～1.0％，水 5％～15％。在 101 塔吸收后，丙烯酸水溶液一般含有丙烯酸50％～80％，醋酸 1％～5％，水 20％～40％。

水溶性吸收剂一般含有丙烯酸 0.5％～5.0％，醋酸 3.0％～10.0％，难溶于水的溶剂 0.01％～0.5％。吸收剂含丙烯酸 0.5％以与醋酸 3％以下对丙烯酸的吸收不会有什么大的影响，但如果丙烯酸高于 5％，醋酸高于 10％，则共沸精馏塔的聚合物会有明显的增加。

吸收塔顶的温度最好在 50～70℃。

通过管路 9 的吸收剂送入 101 塔，可以按上述要求的组分配制吸收剂，也可以由贮槽 10 的液相通过管路 2 循环到 101 塔，循环量占吸收剂量的 50％～90％，这样，从管路 8 排出系统的量只有 10％～50％，显然，废液的排放量下降。

共沸剂用量最好不要高于 0.2％，可用 7～8 个碳原子的脂肪烃，如庚烷、庚烯、环庚烷、环庚烯、辛烯、环庚二烯、二甲基环己烷、乙基环己烷等；还有 7～8 个碳的芳烃，如甲苯、二甲苯、乙苯等；2～6 个碳的卤代烃如四氯乙烯、三氯丙烯、二氯丁烷、氯丙烷、氯己烷、氯苯等。

应用上述工艺比单独用水作吸收剂对丙烯酸的吸收性要好，不用溶剂和醋酸回收系统，一步可得到较高纯度的丙烯酸。溶剂在共沸塔釜可完全被除去，因此产品丙烯酸不夹带溶剂。由于低沸点的易聚合的副产物在共沸塔中被除去而不用回流进塔，因此，可以阻止单体在塔中的聚合。

例如，用甲苯和庚烷（80：20）作溶剂，在稳态下，贮槽 10 的水相含丙烯酸1.5%、醋酸 7.9%、甲苯 0.08%、庚烷 0.01%。102 塔釜含丙烯酸 97.5%、醋酸0.05%、水 0.02%、其他 2.43%，甲苯与庚烷低于 0.0001%。

在 US 5315073 中，在精馏塔加共沸剂共沸分离丙烯酸水溶液，塔釜可得到不含醋酸、水和共沸剂的丙烯酸，有的资料用双塔共沸脱水和分离醋酸。共沸脱水塔釜液经冷却送到醋酸分离塔，在此塔中分离醋酸，可减少丙烯酸的聚合，但不能完全解决问题。

解决聚合问题有着不同的方法。在 US 6787001B2 中，Sakamoto 等提到，严格控制工艺过程温度可以减少或避免丙烯酸的聚合。他们发现，假设送入精馏塔之前，丙烯酸水溶液的温度为 T_0，塔内入口处的温度为 T_1，若 T_0 与 T_1 相差较大，就比较容易造成丙烯酸的部分冷凝或物流不稳定而在塔内出现聚合。另外，如果在入塔以前，丙烯酸水溶液是来自储罐中，则罐内液量的大幅度波动，也容易导致精馏塔或脱醛塔内部的聚合。

按照实际经验，可按下面的原则控制温度：

$0℃ \leqslant |T_0 - T_1| \leqslant 30℃$，最好是 $0℃ \leqslant |T_0 - T_1| \leqslant 10℃$

而原料液本身的温度变化（最高 t_1，最低 t_2）$\Delta T_0 = t_1 - t_2$

要求为：$0℃ \leqslant \Delta T_0 \leqslant 10℃$，最好是 $0℃ \leqslant \Delta T_0 \leqslant 3℃$

在 US 6407287B2 中，Matsumoto 等（CN 1317476A）提供了丙烯酸共沸分离的方法，其简单流程如图 3-11 所示。

共沸剂使用甲苯。如果控制共沸脱水塔釜的水浓度（质量分数，后同）低于0.05%（最好是低于 0.02%），调整塔顶馏出丙烯酸浓度在 0.06%～0.80%，就可以使塔釜达到基本上不含水和溶剂的要求。这样的体系可以防止在操作过程中丙烯酸发生聚合，同时可以减少共沸剂的用量。

（2）丙烯酸二聚体的回收　在共沸精馏技术中，Uemura 等在 US 6252110B 中叙述了二聚体分解回收的专门处理工艺。

在萃取精馏工艺中，马来酸绝大部分被分离，不会被带到粗丙烯酸产品及高沸物中。但在共沸精馏工艺中，马来酸被留在了粗丙烯酸和高沸物中，因此，对共沸精馏工艺中产生的二聚体的回收相对要特殊一些。

高沸物的主要组成是丙烯酸 20%～65%，二聚体 30%～60%，马来酸 3%～10%，阻聚剂以及其他组分 5%～15%。用裂解方法处理高沸物中的二聚体，分解物丙烯酸被回收。二聚体回收特殊处理流程如图 3-12 所示。

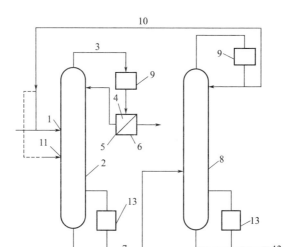

图 3-11　共沸精馏

1—丙烯酸水溶液；2—共沸精馏脱水塔；3—气体管；4—甲苯相（回流液）；

5—油水分离器；6—水相；7—塔釜管线；8—醋酸分离塔；9—冷凝器；

10—醋酸分离塔顶管线；11—醋酸分离塔顶液入口；12—产品丙烯酸；13—再沸器

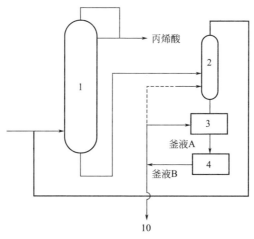

图 3-12　丙烯酸二聚体回收工艺

1—分离塔；2—精馏塔；3—薄膜蒸发器；4—裂解罐

主要设备介绍如下。

① 高沸物分离塔：多孔塔板，板数为 15 块，由薄膜蒸发器工作，使釜温在 85℃。

② 卧式薄膜蒸发器，传热面积 $7.5m^2$，压力（绝）25mmHg。

③ 裂解罐：$13m^3$。

从前面工序送来的含二聚体的高沸物进入精馏塔 2，其釜温由薄膜蒸发器 3 的正常工作而保持在85℃。回收的丙烯酸从塔顶采出返回分离塔的入口。薄膜蒸发器底部液体A送到二聚体分解罐4，在140℃下经45h，使二聚体分解，部分底部液B循环返回到薄膜蒸发器，其余部分作为废油排出。

3.16.1.6　结晶法分离系统

上野等（CN 1308048A）和Ueno等（EP 1116709A）采用结晶的方法把粗丙烯酸变成高纯度丙烯酸。不像其他方法，如精馏方法会进一步产生二聚体和聚合物。吸收过程和精馏过程产生的二聚体可以收集送到二聚体分解精馏塔，包括薄膜蒸发器和热分解罐。

把不含溶剂的粗丙烯酸（如从共沸精馏的丙烯酸产品）进行熔融结晶，然后将高纯度的丙烯酸与残留的母液分离。把残留的母液加到二聚体分解罐中，从此得到的馏分再加到结晶工序的第一步。

粗丙烯酸一般含醋酸少于2%，若醋酸含量超过2%，则要增加结晶步骤，这对生产是不利的。

结晶步骤可以是静态结晶或动态结晶。静态结晶物料对流是自然的，而动态结晶物料对流则是强制的。结晶过程分多步进行，步骤的多少取决于对丙烯酸的纯度要求。过程中都有纯制（结晶步骤，即结晶丙烯酸比进料丙烯酸纯度要高）和提取步骤（从纯制步骤的母液中收集丙烯酸）。

图3-13为生产工艺流程简图。丙烯与空气输入反应器1经氧化反应转化为丙烯醛，再加空气，在第二反应器2中，丙烯醛氧化生产丙烯酸气体混合物，然后进入吸收塔3，并与溶剂接触吸收为丙烯酸溶液，再进入精馏塔4分离溶剂和得到基本不含溶剂的粗丙烯酸。精馏塔4塔顶馏分经油水分离器7被分成溶剂和共沸剂。共沸剂再循环到精馏塔4，分离出的溶剂循环到吸收塔3。精馏塔釜釜液（或侧线采出液）（粗丙烯酸）被送至结晶单元5中，通过动态与静态结晶法相结合的方式，将粗丙烯酸提纯制成纯丙烯酸产品和残余母液。残余母液中有丙烯酸二聚体，被送至二聚体分解工序6。6a为精馏塔，6b为薄膜蒸发器，分解的二聚体产生的丙烯酸返回回收塔（X为入口）。

例如：原料丙烯（8.0%）（体积分数，下同），水蒸气（6.1%），氧（14.3%）通过反应器1、反应器2进入到吸收塔，塔釜丙烯酸水溶液的组成为：丙烯酸70.9%，水25.6%，醋酸2.0%，其他酸、醛类组分1.5%。

共沸剂为甲苯，共沸精馏塔的塔釜组成为丙烯酸96.9%，醋酸0.06%，水0.03%，丙烯酸二聚体2.0%。后进入结晶工序，经动态结晶和静态结晶各处理三次和两次，可以得到纯度为99.98%的丙烯酸。残余母液经五次汽提得到浓缩，含丙烯酸38.3%，丙烯酸二聚体40.2%，送至工序6进行回收。

图3-14是日本触媒公司2013年公开专利提出的结晶工艺。将丙烯气相氧化反应得到的含丙烯酸的气体导入吸收塔中，使其与液体介质接触，从吸收塔的塔底抽出粗丙烯酸。吸收塔中添加对苯二酚作为阻聚剂。从吸收塔塔底抽出的粗丙烯酸具

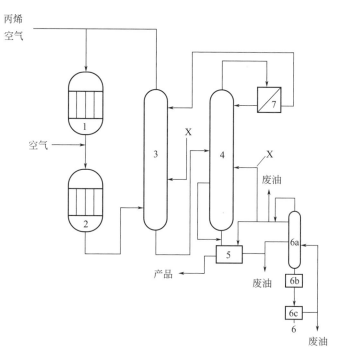

图 3-13 结晶法流程图（一）

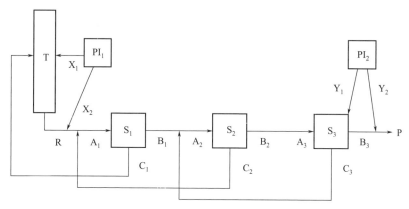

图 3-14 结晶法流程图（二）

T—收集塔；R—粗丙烯酸；S₁、S₂、S₃—各级结晶操作；A₁，A₂，A₃—含丙烯酸的溶液；

B₁、B₂、B₃—丙烯酸熔融液；C₁、C₂、C₃—杂质残留液

（残留母液以及发汗液）；PI₁，PI₂—阻聚剂；P—精丙烯酸产品

有以下组成（质量分数）：

丙烯酸	90.0%	丙烯酸二聚体	1.5%
水	2.4%	对苯二酚	0.01%
乙酸	1.9%	温度	91℃
马来酸	0.6%		

将该粗丙烯酸冷却至室温后，导入结晶器。

结晶器是长度为 6m、内径为 70mm 的金属制结晶管，下部具备存储器（收集部）。结晶器具备从结晶器的下部（存储器）连接上部（结晶管的顶部）的循环流动通路，循环流动通路具备循环泵。结晶器通过循环泵将存储在存储器中的液体输送到结晶器的上部，能够使液体在结晶器的结晶管内壁面以落下被膜（降膜）状流下。结晶管的表面由双重套管构成，该套管用恒温器控制为恒定温度。

将粗丙烯酸导入结晶器，反复进行 3 次由结晶、发汗、熔融构成的结晶操作，得到精制丙烯酸。结晶化工序中，将粗丙烯酸加入结晶器中，粗丙烯酸在结晶器和循环流动通路之间循环的同时，在结晶管内表面以落下被膜状流下。套管的温度调整为小于粗丙烯酸的凝固点，使供给到结晶器中的粗丙烯酸的 $60\%\sim90\%$（质量分数）在结晶管内壁面结晶化。发汗工序中，使循环泵停止，将套管的温度升高至凝固点以上，使丙烯酸结晶化物的约 $2\%\sim5\%$（质量分数）熔融。在发汗工序的最后，将结晶化工序中的未结晶残留母液和发汗工序中的熔融液（发汗液）从结晶器排出。熔融工序中，将套管的温度升高至凝固点以上，使残留的丙烯酸结晶化物熔融，得到丙烯酸熔融液。此时，在使丙烯酸熔融液在结晶器和循环流动通路之间循环的同时，使熔融液在结晶管内壁面的丙烯酸结晶化物上流下。

第 1 次的结晶操作的熔融工序中得到的丙烯酸熔融液作为含丙烯酸溶液供给到第 2 次的结晶操作的结晶化工序中，第 2 次的结晶操作的熔融工序中得到的丙烯酸熔融液作为含丙烯酸溶液供给到第 3 次的结晶操作的结晶化工序中。供给到第 3 次结晶操作的结晶化工序中的含丙烯酸溶液的聚合抑制剂浓度为 15mg/kg（质量分数）。

在第 3 次的结晶操作的熔融工序中，将含 5%（质量分数）对甲氧基苯酚（阻聚剂）的丙烯酸溶液投入到结晶器下部的存储器中后，在使熔融液在结晶器和循环流动通路之间循环的同时，将熔融液在结晶管内壁面的丙烯酸结晶化物上流下，得到精制丙烯酸。另外，将含 5%（质量分数）对甲氧基苯酚的丙烯酸溶液以精制丙烯酸含有对甲氧基苯酚为 70mg/kg（质量分数）的方式投入。

用这种工艺进行精丙烯酸的制备，60d 的连续运转中，未发现结晶操作中有丙烯酸聚合物的产生，能够确保设备稳定地进行结晶操作。

3.16.2　BASF 技术

BASF 是世界上丙烯酸及酯产量最大的厂家，其生产能力超过 100 万吨/年。1977 年在德国路德维希建成第一套年生产能力 9 万吨的改良 Reppe 法生产装置（现已停产）。目前，其装置均采用丙烯氧化法生产丙烯酸。

BASF 的生产装置有些类似于日本触媒的工艺。装置可分为三个部分，即丙烯氧化、丙烯酸精制和冰丙烯酸制作。

丙烯氧化部分也是采用两步氧化法，且均采用管-壳式反应器。其一组基本数据如表 3-8 所示（生产能力：粗丙烯酸 2 万吨/年、冰丙烯酸 4 万吨/年）。

表 3-8 BASF 工艺基础数据

反应步骤	第一步	第二步
反应器类型	管-壳式	管-壳式
反应器数量	2	2
反应器列管数/根	15260	20238
列管规格	$\phi 25.4\text{mm} \times 3000\text{mm}$	$\phi 25.4\text{mm} \times 3000\text{mm}$
反应温度/℃	330	260
催化剂使用寿命/年	2	2
接触时间/s	1.8	2.0
进料组成(摩尔分数)/%	丙烯 6.4；氧气 11.6；水 1.0；惰性气体平衡	丙烯醛 5.0；氧气 7.0；水 8.0
转化率/%	98.1(丙烯)	99.0(丙烯醛)
选择性/%	96.3(对丙烯醛)	95.9(对丙烯酸)
吸收塔二苯醚溶液丙烯酸浓度(质量分数)/%	13	
精制塔粗丙烯酸纯度(质量分数)/%	98.7	
冰丙烯酸纯度(质量分数)/%	99.98	

3.16.2.1 催化剂

BASF 开发的氧化催化剂主要是为了自用，而涉及其组成和制备方法的公开专利比较少。一段为 Mo-Bi 系或 Mo-Co 系催化剂。Neumann 等（US 5364825）表述的一段催化剂的组成如下式表示：

$$[X_a^1 X_b^2 O_x]_p \ [X_c^3 X_d^4 X_e^5 X_f^6 X_g^7 X_h^2 O_g]_q$$

X^1 是 Bi，Te，Sb，Sn 和/或 Cu；X^2 是 Mo 和/或 W；X^3 是碱金属等；X^4 是碱金属等；X^5 是 Fe、Cr、Ce 和 V；X^6 是 P、As、B、Sb；X^7 是稀土金属，Ti、Zr、Al、Si、Pb 等。

$a = 0.01 \sim 8$；$b = 0.1 \sim 30$；$c = 0 \sim 4$；$d = 0 \sim 20$；$e = 0 \sim 20$；$f = 0 \sim 6$；$g = 0 \sim 15$；$h = 8 \sim 16$。

例如，催化剂 $[Bi_2 W_2 O_9]_{0.5} Mo_{12} Co_5 Fe_{2.5} Si_{1.6} K_{0.05} O_x$ 在反应温度 350℃时，丙烯转化率达到 98%，丙烯醛和丙烯酸选择性达到了 95.8%。

BASF 开发的二段氧化催化剂有 Mo-V-Cu 系催化剂，其丙烯酸单程收率达到 90% 以上。Hibst 等（US 5885922，6084126，6124499）提出催化剂组成可用下式表达：

$$[A]_p [B]_q$$

A：活性组分 $Mo_{12} V_a X_b^1 X_c^2 X_d^3 X_e^4 X_f^5 X_g^6 O_x$；

B：促进组分，$X^7_{12}Cu_h H_i O_y$；

X^1 为 W，Nb，Ta，Cr，Ce 等；

X^2 为 Cu，Ni，Co，Fe，Zn 等；

X^3 为 Sb，Bi；

X^4 为 Li，Na，K，Rb，Cs，H；

X^5 为 Mg，Ca，Sr，Ba；

X^6 为 Si，Al，Ti，Zr；

X^7 为 Mo，W，V，Nb，Ta；

a、b、c、d、e、f、g、h、i、p、q 均为数字。

例如，钼-钒-铜系催化剂 $[Mo_{12}V_{3.26}W_{0.61}O_x]_{0.92}[CuMo_{0.6}W_{0.4}O_4]_{1.6}$ 在 $250\sim270℃$ 反应温度下，其丙烯酸的选择性达到了 95.6%。

3.16.2.2　工艺简述

丙烯氧化反应的气体不是用水进行吸收，而是使用高沸点有机溶剂进行吸收。这样的工艺比较简单，废水量较少，少量反应中的生成水随吸收塔尾气一起送到焚烧炉。

高沸点惰性有机溶剂的沸点一般要高于丙烯酸的沸点（141℃），常压下可到 160℃以上。例如乙基己酸、N-甲基吡咯烷酮、石蜡精馏的中间油馏分、二苯醚、联苯或上述液体的混合物。如 70%～75% 的二苯醚和 25%～30% 的联苯以及以该混合物为基准的 0.1%～25% 的二甲基邻苯二甲酸酯。其使用目的是要避免工艺过程中聚合物的生成。例如，75%联苯醚、25%的联苯，该混合物的沸点为 258℃。

用高沸点溶剂混合物在吸收塔进行逆流吸收，低沸点馏分包括水、甲醛、醋酸在冷却部分被冷凝，余下的不凝气体，一部分要作为循环气返回一段反应器。吸收塔的釜液送到汽提塔汽提，以除去低沸点馏分，汽提塔釜液送到精馏塔。精馏塔在负压下操作，侧线采出得到粗丙烯酸。粗丙烯酸可以通过一般精馏方法提纯而得到高纯度丙烯酸，也可以送到结晶单元，通过动态和静态结晶提纯而得到高纯丙烯酸。

Willersinn（US 6426221）和 Heida 等（US 6166248）以及 J. 施罗德（CN 1343195A）描述的丙烯酸分离过程步骤如下：

a. 用第一溶剂从反应气体中吸收丙烯酸；

b. 由冷凝 2 段冷却并分离混合的气相组分；

c. 分离冷凝液相为含酸水溶液；

d. 由冷凝 2 段出来的气相，部分作为循环气返回丙烯氧化工段；

e. 用第二溶剂从含酸水溶液中萃取丙烯酸，并从萃取相中解吸丙烯酸；

f. 按 a 到 c 步骤循环解吸的丙烯酸。

流程简图见图 3-15。

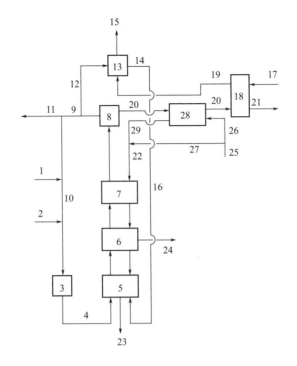

图 3-15　工艺流程示意图

反应气体体积含量组成为丙烯酸 4.1％，醋酸 0.025％，甲醛 0.15％，丙烯醛 0.05％，水蒸气 3.9％，马来酸 0.025％，其余为惰性气体 N_2、CO、CO_2 以及丙烯，在气体冷凝器中从 250℃ 被冷却（冷却剂为 73.5％联苯醚和 26.5％联苯），至 170℃，然后到吸收塔。吸收剂组成与冷却剂相同（45℃）。然后到解吸塔。醋酸比丙烯酸挥发性大，可以在解吸塔中通过汽提除去。塔釜馏分送到精馏塔，可得到纯度 98.5％ 的丙烯酸。

控制工艺条件使吸收过程中无水相形成可以减少聚合物的生成，从而使工艺过程长期稳定地运转。如果需要，可在急冷过程加入阻聚剂，如吩噻嗪 1～500mg/kg，可使工艺过程稳定性提高。

工艺流程如下：

丙烯由管路 1，稀释气体（循环气体或水蒸气）由管路 10，空气由管路 2 输入反应器 3。在反应器 3 中，丙烯氧化成 2-丙烯醛，再在另一反应器（图中未标出）进一步氧化成丙烯酸。反应后的气体通过管路 4 进入急冷设备 5，在此，反应混合物被冷却并经管路 22 送到吸收塔 7。通过冷却器 6 和急冷器 5 后被蒸发，高沸点的溶剂组分在急冷器 5 中被冷凝，并由管路 23 采出。

Machhammer 等在 US 5817865 中提出的丙烯酸分离提纯工艺，是用吸收、精馏、动态和静态结晶相结合的工艺，流程图见图 3-16 所示。

通过这样的步骤，可得到纯度为 99.7％ 的丙烯酸，纯度为 99.95％ 的高纯丙烯

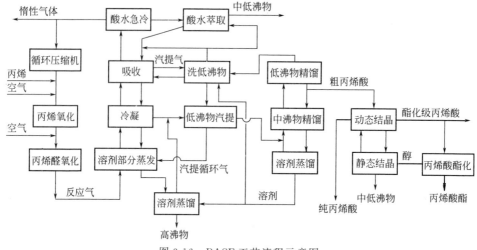

图 3-16　BASF 工艺流程示意图

酸（其中，丙酸的含量降到 51mg/kg，醋酸含量降到 345mg/kg）。

工艺步骤包括：

　　a. 丙烯催化氧化（两步）得到含丙烯酸的反应气体；

　　b. 用溶剂吸收反应气体产物，其中，溶剂为 75% 的联苯醚和 25% 的联苯；

　　c. 精馏分离得到粗丙烯酸；

　　d. 粗丙烯酸结晶提纯，结晶采用动态和静态分步结晶法；

　　e. 丙烯酸酯化生产丙烯酸酯。

BASF 技术与日本触媒技术数据比较见表 3-9。

表 3-9　BASF 技术与日本触媒技术数据比较

工艺	日本触媒	BASF
工艺	丙烯两步氧化	丙烯两步氧化
反应器类型	管-壳式反应器	管-壳式反应器
一段反应器	一台,列管数 24359	平行两台,每台列管数 15260
进料丙烯摩尔浓度/%	8.7	6.4
氧烯摩尔比	1.6	1.8
水烯摩尔比	0.76	0.15
反应温度/℃	305	315.5
空速(丙烯酸+丙烯醛)/[lb/(h·ft^3)]	21.9	17.6
二段反应器	单台,列管数 25357	平行两台,每台列管数 20238
丙烯醛进料摩尔浓度/%	6.4	5.0
氧醛摩尔比	1.05	1.4
水醛摩尔比	2.11	1.60
反应温度/℃	245	260
空速(丙烯酸)/[lb/(h·ft^3)]	22.4	15.8

3.16.3　三菱化学技术

三菱化学公司于 1962 年开发丙烯氧化制丙烯酸技术，1973 年在日本四日市建成第一套丙烯酸生产装置。此后，对其技术不断改进，1988 年在四日市建成年产 2.5 万吨丙烯酸的第二套生产装置。同时先后向捷克、德国、意大利、中国等国家出口技术，1992 年，在德国与 Hüls 公司一起建成年产 9 万吨丙烯酸和 4 万吨丙烯酸酯的生产装置。1992 年和 1994 年，在吉林和上海各建成一套年产 3 万吨丙烯酸和 3 万吨丙烯酸酯生产装置。

目前，三菱化学的丙烯氧化催化剂和丙烯酸分离技术均有了较大的改进，以形成安全、经济的工业生产技术，同时也具备了与日本触媒公司在技术上竞争的实力。

3.16.3.1　氧化催化剂

氧化催化剂使用寿命长，选择率高，一段可达 4 年以上，二段可保证使用 6 年、预期可达 8 年。一段丙烯转化率 98% 以上，二段丙烯醛转化率 99% 以上。催化剂强度高，无粉化现象。

一段 Mo-Bi 系催化剂：

$Mo_{12}Bi_a Fe_b Co_c Ni_d$（B，P 和 As）$_e$（M 和 Ti）$_f M'_g W_h Si_i O_x$

其中，M 为碱金属；M' 为碱土金属；a 为 $0.5 \sim 7$，b 为 $0.05 \sim 3$，c 为 $0 \sim 10$，d 为 $0 \sim 10$，$c+d$ 为 $0 \sim 10$，e 为 $0 \sim 3$，f 为 $0.05 \sim 1.4$，g 为 $0 \sim 1.0$，h 为 $0 \sim 3.0$，i 为 $0 \sim 48$，x 为金属氧化物总含氧数；P、B 和 As 影响活性和选择性。

Sarumaru 等在 EP0274681 中有例子：$Mo_{12}Bi_5 Ni_3 Co_2 Fe_{0.4} Na_{0.2} B_{0.4} K_{0.1} Si_{24} O_x$。

二段 Mo-V 系催化剂：

$Mo_{12}V_a$（W，Nb，Ta，V 和 Cr）$_b$，$Cu_c Fe_d Ni_e Sb_f M_g$（Si 和 Al）$_h O_x$

其中，$a=0.1 \sim 4$，$b=0.1 \sim 4$，$c=0.1 \sim 4$，$d=0 \sim 2$，$e=0 \sim 24$，$f=0 \sim 50$；M 为碱金属。

例如：$Mo_{35}V_7 Sb_{100} Ni_{43} Nb_3 Bi_5 Cu_9 Si_{20} O_x$。

一段反应温度 340℃，二段反应温度 260℃。一段入口压力 0.08MPa，二段入口压力 0.06MPa。进入反应器原料气组成（摩尔浓度）：丙烯 10%，循环气 25%，空气 65%。实际组成（摩尔浓度）：丙烯 10%，空气 70.1%，$N_2$17.4%，$CO_2$1.2%，水蒸气 1.3%。

二段入口补充空气和水蒸气，考虑一段入口，氧烯摩尔比为 2.1，水烯摩尔比为 2.0，在这样的条件下，丙烯酸收率高达 88.4%。

3.16.3.2　丙烯进料浓度

三菱化学技术丙烯进料摩尔浓度由原来的 6%提高至 10%（9%～14%），从而减少了所用的惰性气体量和水蒸气量。丙烯浓度提高后，取消了萃取塔和溶剂回收塔，减少了设备。采用增湿空气，使压缩机小型化，而减少水蒸气的用量，意味着提高了急冷塔釜的丙烯酸浓度，因此也减少了精制系统产生的废水量。

Kadowaki 等在美国专利 4873368 中列举了不同的较高的丙烯进料浓度，从原来的 4%～7%（摩尔分数）提高到 7%～15%（摩尔分数）。主要数据如表 3-10 所示。

表 3-10　三菱化学技术参数

项目		1	2	3
原料组成	丙烯(摩尔分数)/%	9	12	14
	水蒸气(摩尔分数)/%	30	10	3
	空气(摩尔分数)/%	61	78	83
	水烯摩尔比	3.3	0.83	0.21
	氧烯摩尔比	1.43	1.37	1.25
一段反应温度/℃		310	310	320
反应压力/MPa		0.1	0.1	0.1
接触时间/s		5.7	5.7	5.7
丙烯转化率(摩尔分数)/%		98.8	98.5	97.3
丙烯醛收率(摩尔分数)/%		79.5	80.2	81.1
丙烯酸收率(摩尔分数)/%		12.1	11.7	9.3
丙烯醛+丙烯酸收率(摩尔分数)/%		91.6	91.9	90.4
丙烯醛+丙烯酸选择性/%		92.7	93.3	92.9
二段反应温度/℃		257	240	
一段催化剂规格组成		$\phi 5mm \times 3mm$		
		$Mo_{12}Bi_5Ni_3Co_2Fe_{0.4}Na_{0.2}B_{0.2}K_{0.15}Si_{24}$		
二段催化剂规格组成		$\phi 5mm \times 3mm$		
		$Mo_{35}V_7Sb_{100}Ni_{43}Nb_3Cu_3Si_{80}$		

反应器入口丙烯浓度的提高，使通过反应器的气体流量减少，催化剂床层的压力降也随之变小，这就可以使反应在较低的压力下进行，从而也降低了设备损耗和公用工程的消耗。

反应器结构见图 3-17。

一段反应器为列管反应器，管板 2 和 3 支撑列管 1，形成管束。每根列管 1 中装填催化剂，上游一段 1A 和装有惰性填料的下游 1B，构成一个反应区和冷却区，在 1A 与 1B 交界处，壳程 4 的空间由隔板 5 分开，这样，壳程分为"围着反应管区 6"和"围着冷却区 7"，各有出入口（8、9 和 10、11）加入加热或冷却介质。出口入布置为使介质与通过列管 1 反应气体同方向流动，使反应区温度平稳。反应

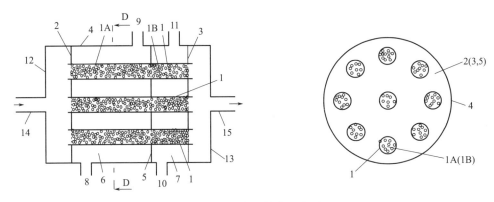

图 3-17　反应器结构示意图

温度 290～340℃，接触时间 3～8s。壳程两端由管板 12 和 13 封端。气体入、出口为 14 和 15。原料丙烯等由入口 14 进入列管 1，进行一段氧化反应，然后迅速冷却由出口 15 送出，配以水蒸气和氧气进入二段氧化反应装置。二段氧化反应装置可以用类似一段的反应装置，但不需要冷却区，反应温度在 230～290℃，接触时间 1～4s。

二段出来的反应气体经冷却到 100～180℃，用冷水吸收得到丙烯酸水溶液，再进行分离提纯，使用萃取法、精馏法和共沸精馏法。

3.16.3.3　丙烯酸精制

目前，使用较多的是共沸精馏分离方法，即用脱水塔和醋酸分离塔的双塔流程来精制丙烯酸，如图 3-18 所示。

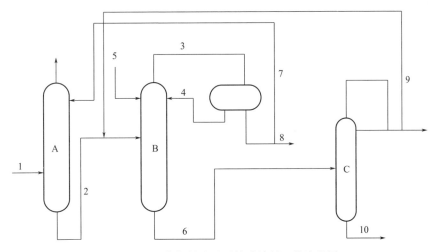

图 3-18　三菱化学公司丙烯酸精制工艺流程图

丙烯氧化后的反应气体经管路 1 送到吸收塔 A，在塔中与经管路 7 送来的以水为主的吸收液接触。吸收液使用的是脱水塔的馏出液，以减少废水的排放。气体中的丙烯酸等组分被吸收下来在塔釜形成丙烯酸水溶液，釜液经管路 2 送至脱水塔 B，共沸脱水塔 B 所使用的共沸剂甲苯从管路 5 送入。脱水塔顶馏分经冷凝形成共沸剂、水、醋酸的混合物，再经过分层，溶剂相经管路 4 返回脱水塔，而大部分水相则经管路 7 作为吸收液回到吸收塔 A。部分水相经管路 8 排出系统以达到水量的平衡。返回脱水塔的共沸剂量取决于水和溶剂的组成，通过共沸溶剂回流量控制塔釜的浓度，比较理想的操作效果是，塔釜物料的水含量 0.05%～0.3%，共沸剂含量 6%～13%。

脱水塔釜物料经管路 6 送入醋酸分离塔 C，在此，所有低沸点杂质均从塔顶出去。提纯的丙烯酸在塔釜经管路 10 送出。塔顶主要馏分为醋酸、溶剂和少量的丙烯酸，经管路 9 循环至脱水塔 B，以回收丙烯酸，不过，这部分物料也可送到另外的系统进行醋酸分离。

在双塔法中，水和醋酸分别用精馏塔分离，这样可以选择最佳的精馏条件和精馏塔，有利于合理利用能源。主要副产物醋酸可以从醋酸分离塔中分离，再者，各塔的塔板数可以相应减少，塔釜温度可以降低。上述塔釜温度均控制在 100℃ 以下，可以减少丙烯酸发生聚合的风险。

共沸溶剂的沸点一般不超过 130℃，可以使用甲苯、环己烷、庚烷、甲基环己烷、异丁醚。它们可以与水和醋酸形成共沸体系。另外，也可用醋酸正丁酯、醋酸异丁酯、醋酸异丙酯、甲基异丁基酮，它们可以与水共沸精馏。共沸剂是丙烯酸的稀释剂，从防止丙烯酸聚合的角度看，在脱水塔釜维持较高的共沸剂浓度是相对有利的。

在精馏塔中，还可以加入阻聚剂，以防止丙烯酸的聚合，如氢醌单甲醚、吩噻嗪，或胺型阻聚剂和铜型阻聚剂，如醋酸铜等。

参 考 文 献

[1] 大森英三. 丙烯酸酯及其聚合物. 朱传棨译. 北京：化学工业出版社，1987.

[2] 大森英三. 功能性丙烯酸树脂. 张育川等译. 北京：化学工业出版社，1993.

[3] Grasselli B K. Catal. Today. 1999，49 (1)：141.

[4] Wada. EP 0900774A1. 1999-03-10.

[5] Kimura. US 6383973B1. 2002-05-07.

[6] Tanimoto. EP 1074538A2. 2001-02-07.

[7] Tanimoto. EP 1125911A2. 2001-08-22.

[8] Tanimoto. US 5739392. 1998-04-14.

[9] Yunoki. EP 1055662A1. 2000-11-29.

[10] Yunoki. EP 1164120A2. 2001-12-19.

[11] Tanimoto. US 6780816B2. 2004-08-24.

[12] Yunoki. US 6657080. 2003-12-02.

[13] 中村大介. CN 1244519A. 2000-02-16.

[14] 中村大介. EP 0987057A1. 2000-03-22.

[15] Sakamoto. EP 0778255A1. 1997-06-11.

[16] Sakamoto. EP 0293224. 1988-11-30.

[17] Tanimoto. EP 0959062A1. 1999-11-24.

[18] Tanimoto. US 6069271. 2000-05-30.

[19] Tanimoto. EP 0778255A1. 1997-06-11.

[20] Matsumoto. US 6407287B2. 2002-06-18.

[21] 松本行弘. CN 1317476A. 2001-10-17.

[22] Ueno. EP 1116709A1. 2001-07-18.

[23] 施罗德. CN 1343195A. 2002-04-03.

[24] Uemura. US 6252110B. 2001-06-26.

[25] Willersinn. US 5426221. 1995-06-20.

[26] Heida. US 6166248. 2000-12-26.

[27] Sakamoto. US 6787001B. 2004-09-07.

[28] Sakamoto. US 5315073. 1994-05-24.

[29] Neumann. US 5364825. 1994-11-15.

[30] Hibst. US 5885922. 1999-03-23.

[31] Hibst. US 6084126. 2000-07-04.

[32] Hibst. US 6124499. 2000-09-26.

[33] Machhammer. US 5817865. 1998-10-06.

[34] Sarumaru. EP 0274681A1. 1988-07-20.

[35] Sarumaru. US 5077434. 1991-12-31.

[36] Kadowaki. US 4873368. 1989-10-10.

[37] 宮本崇史. CN 103664576A. 2014-03-26

[38] Kadowaki. US 4365087. 1982-12-21.

[39] Elder. EP 0990636A1. 2000-04-05.

[40] Elder. EP 1070700A2. 2001-01-24.

[41] Sakakura. US 5910607. 1999-06-08.

[42] Kadowaki. US 4837360. 1989-06-06.

[43] Manhua Mandy Lin. Applied Catalysis A：General，2001：207.

第4章

丙烯酸酯生产技术

4.1 基本原理

4.1.1 化学反应

丙烯酸甲酯（MA）、丙烯酸乙酯（EA）、丙烯酸丁酯（BA）和丙烯酸 2-乙基己酯（2-EHA）四种丙烯酸酯为目前丙烯酸酯工业的最主要品种，其中又以丙烯酸丁酯的产量为最大。

在第 1 章中已叙述了制备丙烯酸的一些方法，其中有些方法同时可以制丙烯酸酯，如丙烯酸乙酯和丙烯酸甲酯。如 Reppe 法中，乙炔羰基化在相应的醇的存在下可以直接得到丙烯酸酯。目前，上述四种最常用的丙烯酸酯一般都采用直接酯化的方法来生产，即丙烯酸与醇在酸性催化剂存在下酯化生成丙烯酸酯。其化学反应如下式所示。

$$CH_2=CHCOOH+ROH \xrightarrow[70\sim80℃]{催化剂} CH_2=CHCOOR+H_2O$$

反应按下述机理进行

$$CH_2=CH-\overset{O}{\overset{\|}{C}}-OH + ROH \rightleftharpoons CH_2=CH-\overset{OR}{\underset{OH}{\overset{|}{C}}}-OH \rightleftharpoons CH_2=CHCOOR$$

其中 R＝CH_3、C_2H_5、C_4H_9，所得产物相应为丙烯酸甲酯、丙烯酸乙酯和丙烯酸丁酯。

酯化反应是一个可逆反应，因此转化率只能在一个平衡值以下，这取决于平衡常数。为提高转化率，可以使一种原料（醇或酸）大大过量。另一方法是移除生成的水，这种方法往往很有效，通常采用蒸馏除水的方法。蒸馏除水往往要添加第三组分作为共沸剂，以提高蒸馏效率。常用共沸剂有苯、甲苯和环己烷等。

在主反应进行的同时，也发生一系列副反应，主要的副反应如下：

（1）丙烯酸生成丙烯酸二聚体和三聚体等

$$2CH_2=CHCOOH \longrightarrow CH_2=CHCOOCH_2CH_2COOH \xrightarrow{CH_2=CHCOOH}$$

丙烯酸二聚体

$$CH_2=CHCOO-CH_2CH_2COO-CH_2CH_2COOH$$

丙烯酸三聚体

（2）二聚丙烯酸与醇反应生成二聚丙烯酸酯

$$CH_2=CHCOOCH_2CH_2COOH+ROH \longrightarrow CH_2=CHCOOCH_2CH_2COOR$$

（3）丙烯酸二聚体和三聚体等与醇经 Michael 加成反应，生成烷氧基齐聚物

$$CH_2=CHCOOCH_2CH_2COOH+ROH \longrightarrow RO(CH_2-CH_2-COO)_nR$$

（4）丙烯酸酯与丙烯酸反应生成下列产物

$$CH_2=CHCOOH+CH_2=CHCOOR \longrightarrow CH_2=CH-COO(CH_2-CH_2-COO)_nR$$

（5）丙烯酸酯与醇反应生成烷氧基丙烯酸酯

例如，丙烯酸乙酯与乙醇反应生成 β-乙氧基丙酸乙酯：

$$CH_2=CHCOOC_2H_5+C_2H_5OH \xrightarrow{加热} C_2H_5-O-CH_2-CH_2-COO-C_2H_5$$

在酯化反应制备丙烯酸酯过程中，当醇过量时，往往会发生以上副反应，使产品收率下降。

（6）丙烯酸酯与水反应生成 β-羟基丙酸酯

$$CH_2=CHCOOR+H_2O \longrightarrow HOCH_2CH_2COOR$$

（7）醇与醇反应生成烷基醚

在丙烯酸与醇进行的酯化反应中，特别是在醇过量较多时，产物中的烷基醚含量就较高。

$$ROH+ROH \longrightarrow R-O-R+H_2O$$

如 $R=C_4H_9$，可生成二丁醚 $C_4H_9-O-C_4H_9$（DBE）。

（8）若原料丙烯酸中含少量醋酸，亦可与醇反应生成烷基醋酸酯

$$CH_3COOH+ROH \longrightarrow CH_3COOR+H_2O$$

如 $R=C_4H_9$，则生成醋酸丁酯；$R=C_2H_5$，则生成醋酸乙酯。

丙烯酸、醇和丙烯酸酯在酯化反应和精制分离过程中，如上所述，易发生聚合反应，生成高沸点副产物。这些高沸点副产物可以在高温下分解成丙烯酸酯、醇和丙烯酸等。在生产中，这些丙烯酸酯、醇和丙烯酸常加以回收利用。

以生产丙烯酸丁酯为例，这些分解反应方程式主要如下：

（1）丙烯酸二聚体分解为丙烯酸

$$CH_2=CHCOOCH_2CH_2COOH \longrightarrow 2CH_2=CHCOOH$$

（2）β-丁氧基丙酸丁酯和水生成 β-丁氧基丙酸和丁醇

$$C_4H_9OCH_2CH_2COOC_4H_9+H_2O \longrightarrow C_4H_9OCH_2CH_2COOH+C_4H_9OH$$

（3）β-丁氧基丙酸分解生成丙烯酸和丁醇

$$C_4H_9OCH_2CH_2COOH \longrightarrow CH_2=CHCOOH+C_4H_9OH$$

（4）β-丁氧基丙酸丁酯分解为丙烯酸丁酯和丁醇

$$C_4H_9OCH_2CH_2COOC_4H_9 \longrightarrow CH_2{=}CHCOOC_4H_9 + C_4H_9OH$$

（5）β-羟基丙酸丁酯分解为丙烯酸、丁醇和水

$$HOCH_2CH_2COOC_4H_9 \longrightarrow CH_2{=}CHCOOH + C_4H_9OH + H_2O$$

（6）β-羟基丙酸分解为丙烯酸和水

$$HOCH_2CH_2COOH \longrightarrow CH_2{=}CHCOOH + H_2O$$

4.1.2　工艺条件对酯化反应的影响

影响酯化反应的工艺条件主要有催化剂、原料比例、反应时间、温度、压力、阻聚剂、带水剂和生成的水的移出等因素。

（1）催化剂　醇和丙烯酸的酯化反应常用催化剂有工业上一直沿用的硫酸，此外还有对甲苯磺酸、甲磺酸、苯磺酸、二甲苯磺酸和萘磺酸等。

如果装置回收设备和循环系统比较完善时，常用硫酸作催化剂，特别是较高级的醇直接酯化时，为了获得合适的反应速率，应首选硫酸作催化剂。但是硫酸兼有酯化和氧化的作用，在发生酯化反应的同时，硫酸的氧化作用使系统中的副反应更为复杂，使聚合反应增加，给反应产物的精馏和醇的回收增加了难度。一般认为，硫酸先与醇发生反应生成 RHSO$_4$，RHSO$_4$ 可能是酯化反应真正的催化剂。在后处理过程中，RHSO$_4$ 需要中和，然后需加大量的水才能将之萃取出来。这样循环返回反应器，就会影响酯化反应。同时也使形成的污水处理难度加大。硫酸对设备的腐蚀性极强，易造成设备故障。

因此，目前硫酸逐渐被其他类型催化剂所取代，主要是磺酸类催化剂。三菱化学公司用对甲苯磺酸和二甲苯磺酸作丙烯酸酯合成的催化剂（US 5386052）。

Celanese 公司采用甲磺酸为催化剂合成丙烯酸酯（US 4814493）。与硫酸相比，用甲磺酸作催化剂的酯化反应副产物少。因为甲磺酸没有氧化性，也就不会生成过氧化物，因而不会促进生成聚合物等的副反应。同时也大大减少了设备的腐蚀，简化了后续的精馏分离工艺。

离子交换树脂，如以聚苯乙烯与磺酸为基础的离子交换树脂，也可用作丙烯酸酯合成的催化剂，一般用于较低级醇类的丙烯酸酯的合成，如丙烯酸甲酯和丙烯酸乙酯，丙烯酸丁酯也可使用离子交换树脂作催化剂。日本触媒公司的专利（CN 1291606A）叙述了离子交换树脂的使用情况。

国内外通常使用美国 Dowex-HCR-W$_2$ 型强酸性阳离子交换树脂作为丙烯酸低级醇酯的催化剂。近年来，大孔径强酸性阳离子交换树脂已在丙烯酸甲酯的工业生产中得到了应用。

例如，使用南开大学化工厂的 D001cc 强酸性离子交换树脂为催化剂，丙烯酸与辛醇的摩尔比为 1∶1，以甲苯为带水剂，在回流反应 1h 后，其酯化率如表 4-1 所示。

表 4-1 催化剂用量对酯化率的影响

每摩尔丙烯酸的催化剂用量/g	5	10	15	20	25
酯化率/%	75.5	88.5	92.5	93.1	93.8

从表 4-1 可见，催化剂用量增加，酯化率增加；要达到较高的酯化率，当催化剂用量增加时，所需的反应时间可以显著缩短。

（2）醇与酸摩尔比 在醇与酸的酯化平衡反应中，要使平衡反应向正方向移动，可以提高反应物醇和酸的浓度。在工业生产中，为了降低成本，往往提高廉价的反应物的浓度，以使较为昂贵的反应物组分得到较充分的反应。在醇酸酯化反应中，一般地，低级醇是较为廉价的组分。在其他条件不变的情况下，提高反应物的浓度，也能使反应速率有相应的增加。例如，以丁醇与丙烯酸为原料，经酯化反应制备丙烯酸丁酯，反应物丁醇过量时，理论上，丁醇浓度越高，丙烯酸反应越完全。但在高温下，过量的丁醇会产生更多的副反应，从而生成更多不希望有的副产物，如丁二醚和 β-丁氧基丙酸酯等。在工业生产中，过量的醇给后系统及醇的回收负荷加大，这样也就会降低产品丙烯酸丁酯的收率。丁醇和丙烯酸比例低时，反应速率低、转化率低，也不经济。一般地，工业生产中丙烯酸与丁醇的摩尔比为（1∶1.3）～（1∶2.0）。

再如，丙烯酸与辛醇经 65min 的酯化反应后，不同摩尔比对酯化率的影响如表 4-2 所示。

表 4-2 醇酸摩尔比对酯化率的影响

辛醇与丙烯酸摩尔比	1.05∶1	1.10∶1	1.15∶1	1.20∶1	1.25∶1	1.50∶1
酯化率/%	90.33	93.05	93.14	93.80	94.44	96.86

增大醇酸摩尔比有利于提高酯化率，但醇酸摩尔比增加到一定值时，对酯化率的影响就不明显了。

但是，Sakakura 等在美国专利 US 5386052 中提出的丙烯酸与醇的摩尔比范围是（1.0∶1.2）～（1.0∶0.8）。也可以是酸过量。

据说酸过量还有利于酯化转化率的提高。例如，丙烯酸与乙醇合成丙烯酸乙酯，酸与醇摩尔比为 1∶2 时，即醇过量，转化率为 80%；而酸与醇摩尔比为 2.1∶2时，即酸过量，转化率可达 90%。酸过量可用于丙烯酸甲酯和丙烯酸乙酯的生产。

（3）反应温度 在反应物浓度一定的条件下，反应温度对反应速率有一定的影响，温度过低，反应速率过慢。

对于平衡可逆反应，温度升高，正逆反应的速率皆会增大。当温度升高到某一数值，再升高温度则逆反应速率大于正反应速率，平衡向逆方向移动，此时反应转化率反而会下降，因此在升温过程中，反应速率会大到一最大值，可视为最佳反应温度。一般可以用求极值的方法计算出最佳温度 T_0。

$$T_0 = \frac{T_e}{1 + \frac{RT_e}{E_1 - E_2} \ln \frac{E_1}{E_2}}$$

其中，T_e 为平衡温度；E_1、E_2 为正、逆反应的活化能；R 为气体常数。

T_e 是转化率 X_A 的函数，因此，对于任一转化率 X_A 则有其对应的 T_e 与 T_0。如丙烯酸与乙醇反应，当转化率 $X_A = 40\%$ 时，最佳反应温度为 70℃ 左右。

当然，实际操作中，反应温度的高低还受到其他因素的制约。温度过高易引起聚合，双烷基醚等副产物也增加。又如在反应器使用初期，若催化剂活性高，可以控制温度稍低于最佳温度，这样可以减少某些副反应产生的副产物的量。当催化剂活性较低时，此时温度不至于导致副产物的增加，则可以适当提高反应温度。

（4）反应时间　物料在反应器中的停留时间是影响转化率的一个重要因素，停留时间越长，生成产物的浓度越接近平衡时的极限浓度。但在工业生产中，停留时间过长是不经济的，而且会导致副产物的增加，降低产物的收率。在连续酯化生产过程中，进料量一定，可以用循环量（包含回收的醇）来控制物料在反应器中的停留时间。如果使用树脂催化剂，在初期，由于催化剂活性较高，为了减少副反应的发生，可以适当提高循环量；而在催化剂树脂使用末期，可以适当减少循环量，以延长反应时间，从而提高物料的转化率。

（5）反应压力　酯化反应是液相反应，因此反应压力对酯化反应的转化率影响不大，只需要在一定压力下，使在反应温度下参加反应的各组分能保持液相状态即可。但是，如果用树脂作催化剂，则压力过大，会使树脂破裂而失效，因而高压会对树脂使用寿命有影响。一般酯化反应在 0.1MPa 以下的压力条件下进行。

（6）阻聚剂　上述已提到丙烯酸及酯在较高的反应温度下易发生二聚、三聚等聚合反应，从而会降低丙烯酸酯的收率，降低产品的质量。因此，常在酯化反应系统及后面精制系统中加入阻聚剂。

常用的阻聚剂有氢醌、氢醌单甲醚、吩噻嗪、对苯醌和甲基蓝等。

（7）反应生成水的移出和带水剂　酯化反应是可逆平衡反应，若不断地把反应生成的水移出反应系统，就会使酯化反应向着正方向进行。一般反应生成的水采用蒸馏的方法移出系统，为了提高效率，常常可以采用添加第三组分带水剂（共沸溶剂）的方法，加入一定量的带水剂可以将反应生成的水以恒沸物的形式移出反应系统。

常用的带水剂有苯、甲苯、环己烷、氯仿和四氯化碳等。

带水剂的用量一般为反应物量的 25%～30%（质量分数）。

酯化反应生成的水也可以不用蒸馏的方法，而采用其他方法移出系统，例如采用膜分离的方法。

4.2 丙烯酸酯生产工艺概述

丙烯酸甲酯和乙酯部分：由丙烯酸的酯化和丙烯酸酯的精馏两部分组成，酯化级丙烯酸在以离子交换树脂为催化剂的情况下，分别与甲醇或乙醇进行液相酯化反应生成丙烯酸甲酯或丙烯酸乙酯，再经过精馏得到最终产品。

丙烯酸丁酯和丙烯酸辛酯部分：丙烯酸丁酯和丙烯酸辛酯分别由丙烯酸与丁醇或辛醇在硫酸为催化剂的作用下，经液相反应制取。

4.2.1 丙烯酸甲酯

(1) 反应系统　丙烯酸、甲醇和回收醇按进料摩尔配比经混合后，再与反应循环液一起预热到一定温度，从反应器顶部进入反应器。一般采用甲醇过量的方法进行操作。反应液经过强酸性阳离子交换树脂催化剂床层后，丙烯酸单程转化率约为40%，反应生成液从反应器底部出口送至酸分离塔。

反应生成液从酸分离塔底部加入，丙烯酸酯、甲醇和水从塔顶蒸出，以气相形式进入脱重组分塔。塔釜液送至脱副重组分塔脱除反应液中的副产重组分，使反应液中的副产重组分保持在较低水平，保证树脂的催化能力。酸分离塔的回流液来自脱重组分塔顶部受液槽和精制系统的脱轻组分塔顶部受液槽。

脱副重组分塔是闪蒸塔，负压操作，其作用是脱除循环液中的副产重组分。来自酸分离塔的釜液与来自精制系统的精制塔的釜液一起从脱重组分塔上部进料，含有丙烯酸、醇及丙烯酸甲酯的轻组分从顶部蒸出，经冷凝器冷凝后进入脱副重组分塔顶部受液槽；塔釜液进入薄膜蒸发器进行高效蒸发，进一步回收其中的丙烯酸，蒸发物返回脱副重组分塔，而残液进入废液槽（薄膜蒸发器釜液槽），一部分作为薄膜蒸发器的循环液，另一部分控制一定流量送往废水处理单元。脱副重组分塔顶部受液槽中的物料一部分作为反应器的循环液，一部分作为一些冷凝器的喷淋液。

来自酸分离塔顶部的气相物料进入脱重组分塔的中下部，丙烯酸甲酯、甲醇、水从顶部蒸出，经冷凝器冷凝后进入顶部受液槽；含有少量的丙烯酸及甲氧基丙酸甲酯的釜液送往废水处理单元。脱重组分塔投入仪表空气用于阻聚。

(2) 精制系统　来自脱重组分塔顶部受液槽的物料经加料冷却器降温后从底部进入萃取塔，来自醇回收塔釜部受液槽的工艺水和脱轻组分塔受液槽的水相一起从顶部进入萃取塔，经过逆向接触，甲醇溶进萃取水从塔釜采出作为醇回收塔的加料。含少量甲醇及少量水的萃余相（粗丙烯酸甲酯）从塔顶采出作为脱轻组分塔的加料。

萃取塔的釜液经醇回收塔加料预热器预热后从中上部进入醇回收塔内，甲醇、水及少量的丙烯酸甲酯经共沸从塔顶蒸出，经塔顶冷凝器冷凝后进入醇回收塔顶部受液槽，作酯化反应原料返回反应器。塔釜液经加料预热器换热后送到醇回收塔釜部受液槽，作为萃取塔的萃取水。

来自萃取塔顶部的萃余相经预热从脱轻组分塔中上部进入塔内，经蒸馏，甲醇及醋酸酯等轻组分，随少量的丙烯酸甲酯和水一起从塔顶蒸出，经冷凝器冷凝和冷却后进入塔顶受液槽。塔顶受液槽内液体经静置分层，下部的水层送往萃取塔作为萃取水，上部酯相一部分经换热后回流到塔内，一部分作为配制阻聚剂的溶剂。釜液送往精制塔。

来自脱轻组分塔的塔釜液从精制塔塔釜进料，经精馏脱除去重组分后从塔顶蒸出，再经冷凝器冷凝后得到丙烯酸甲酯产品，进入产品中间槽。为了防止聚合，在回流中加入阻聚剂，另外，在塔顶部以及冷凝器顶部加含有阻聚剂的喷淋液，塔釜加入仪表空气。

（3）脱臭系统　本装置排出的废气都要经过脱臭塔处理，回收其中的甲醇和丙烯酸甲酯。废气从一号脱臭塔底部进入，从塔顶加入经过降温的甲醇对废气进行洗涤，洗涤液进入醇回收塔的顶部受液槽；醇洗过的废气进入二号脱臭塔底部。来自醇回收塔釜部受液槽的工艺水进入二号脱臭塔顶部，对废气进行水洗，洗涤水作为萃取塔的萃取水，水洗后的废气从塔顶部排出，经罗茨鼓风机输送到废气焚烧炉做无害化处理。

4.2.2　丙烯酸乙酯

（1）反应系统　丙烯酸、乙醇和回收醇按进料摩尔配比混合后，再与反应循环液一起预热到一定温度，从反应器顶部进入。其中乙醇过量。反应液经过强酸性阳离子交换树脂催化剂床层后，丙烯酸单程转化率约为 40%，反应生成液从反应器底部出口送至酸分离塔。

反应生成液从酸分离塔底部加入，酯、醇、水从塔顶蒸出，以气相形式进入脱重组分塔。塔釜液送至脱副产物重组分塔脱除反应液中的副产重组分，使反应液中的副产重组分保持在较低水平，保证树脂的催化能力。酸分离塔的回流液来自脱重组分塔顶部受液槽和精制系统的脱轻组分塔顶部受液槽。

脱副产物重组分塔是闪蒸塔，负压操作，其作用是脱除循环液中的副产重组分。来自酸分离塔的釜液与来自精制系统的精制塔的釜液一起从脱副产物重组分塔上部进料，含有丙烯酸、醇及丙烯酸乙酯的轻组分从顶部蒸出，经冷凝器冷凝后进入脱副产物重组分塔顶部受液槽；塔釜液进入薄膜蒸发器进行高效蒸发，进一步回收其中的丙烯酸，蒸发物返回脱副产物重组分塔，而残液进入废液槽（薄膜蒸发器釜液槽），一部分作为薄膜蒸发器的循环液，另一部分控制一定流量送往废水处理单元。脱副产物重组分塔顶部受液槽中的物料一部分作为反应器的循环液，一部分作为一些冷凝器的喷淋液。

来自酸分离塔顶部的气相物料进入脱重组分塔的中下部，丙烯酸乙酯、乙醇、水从顶部蒸出，经冷凝器冷凝后进入顶部受液槽；含有少量的丙烯酸及乙氧基丙酸甲酯的釜液送往废水处理单元。脱重组分塔投入仪表空气用于阻聚。

（2）精制系统　来自脱重组分塔顶部受液槽的物料经加料冷却器降温后从底部进入萃取塔，来自醇回收塔釜部受液槽的工艺水和脱轻组分塔受液槽的水相一起从顶部进入萃取塔，经过逆向接触，乙醇溶进萃取水从塔釜采出作为醇回收塔的加料。含少量乙醇及少量水的萃余相（粗丙烯酸乙酯）从塔顶采出作为脱轻组分塔的加料。

萃取塔的釜液经醇回收塔加料预热器预热后从中上部进入醇回收塔内，乙醇、水及少量的丙烯酸乙酯经共沸从塔顶蒸出，经塔顶冷凝器冷凝后进入醇回收塔顶部受液槽，作酯化反应原料返回反应器。塔釜液经加料预热器换热后送到醇回收塔釜部受液槽，作为萃取塔的萃取水。

来自萃取塔顶部的萃余相经预热从脱轻组分塔中上部进入塔内，经蒸馏，乙醇及醋酸酯等轻组分，随少量的丙烯酸乙酯和水一起从塔顶蒸出，经冷凝器冷凝和冷却后进入塔顶受液槽。塔顶受液槽内液体经静置分层，下部的水层送往萃取塔作为萃取水，上部酯相一部分经换热后回流到塔内，一部分作为配制阻聚剂的溶剂。釜液送往精制塔。

来自脱轻组分塔的塔釜液从精制塔塔釜进料，经精馏脱除去重组分后从塔顶蒸出，再经冷凝器冷凝后得到丙烯酸乙酯产品，进入产品中间槽。为了防止聚合，在回流中加入阻聚剂，另外，在塔顶部以及冷凝器顶部加含有阻聚剂的喷淋液，塔釜加入仪表空气。

（3）脱臭系统　本装置排出的废气都要经过脱臭塔处理，回收其中的乙醇和丙烯酸乙酯。废气从一号脱臭塔底部进入，从塔顶加入经过降温的乙醇对废气进行洗涤，洗涤液进入醇回收塔的顶部受液槽；醇洗过的废气进入二号脱臭塔底部。来自醇回收塔釜部受液槽的工艺水进入二号脱臭塔顶部，对废气进行水洗，洗涤水作为萃取塔的萃取水，水洗后的废气从塔顶部排出，经罗茨鼓风机输送到废气焚烧炉做无害化处理。

4.2.3　丙烯酸丁酯

（1）反应系统　丙烯酸丁酯装置利用搪瓷反应器，以硫酸为催化剂，反应系统分为酯化反应过程和中和反应过程。

浓硫酸作催化剂的生产工艺采用丁醇过量，以提高丙烯酸的转化率。反应属于间歇式反应。每批反应前，丙烯酸和丁醇（包括回收醇）按一定比例加入反应器，之后加入浓硫酸。加料结束后，向反应器夹套通入 0.2MPa 蒸汽进行预热，当温度达到设定值后，改用 0.6MPa 蒸汽加热。

酯化反应过程中形成的水、丙烯酸丁酯和原料丁醇以共沸物形式进入脱水塔塔底，经与塔顶加入脱水塔受液槽上层酯相物料逆流接触，从塔顶蒸出，经冷凝器冷凝后进入脱水塔受液槽。

冷凝液在脱水塔受液槽经分离后，酯相作为脱水塔的回流，水相进入工艺水槽。

酯化反应结束后反应液排到中和槽，40%的 NaOH 水溶液和来自工艺水槽的水在管道混合器混合稀释后加入到中和槽内。作为催化剂使用的全部硫酸（H_2SO_4）以及未反应的丙烯酸等被完全中和，中和液的 pH 值控制为 9 以上。经分析检验后中和液用输送泵送往分离槽，在分离槽内物料分为酯相和水相，酯相进入酯相槽，水相进入水相槽。

（2）精制系统　来自酯相槽的粗丙烯酸丁酯物料与脱碱塔循环液混合后加入塔底，脱水塔受液槽中的水相作为萃取剂经输送泵从脱碱塔顶部加入，通过逆向接触，进料中的碱进入水中从塔底排出进入水相槽，脱碱之后的物料从脱碱塔上部采出进入脱轻组分塔加料槽。

来自水相槽的废水经加料预热器预热后从醇回收塔顶部加入，经蒸馏含有丁醇、丙烯酸丁酯和水共沸物从塔顶馏出，经冷凝器冷凝后进入醇回收塔顶部受液槽分层，上部酯相送往脱轻组分塔顶部受液槽，水相进入工艺水槽。塔釜液经与进料换热后排往废水处理单元碱性废水储槽。

脱轻组分塔的目的是将来自酯相槽的粗丙烯酸丁酯中含的丁醇及水蒸出。来自脱轻组分塔加料槽的粗丙烯酸丁酯经换热后从中部进入脱轻组分塔，经过精馏丁醇、水和部分丙烯酸丁酯从塔顶蒸出，冷凝后进入脱轻组分塔塔顶受液槽，除回流外，大部分送回到酯化反应器继续使用，少量作为配制阻聚剂的溶剂。塔釜液为丙烯酸酯和一些高沸点物，与进料换热后加入精制塔塔底。

精制塔只有精馏段，没有提馏段。脱除了醇、水等的脱轻组分釜液在精制塔中精馏，丙烯酸丁酯从塔顶馏出，经塔顶冷凝器冷凝加入丙烯酸丁酯产品中间槽。塔釜液用计量泵输送到回收系统回收其中的丙烯酸丁酯。丙烯酸丁酯的质量控制指标为：色相≤10，MEHQ＝(50±5) mg/kg，H_2O≤0.05%（质量分数，下同），纯度≥99.7%，丁醇≤0.1%，酸度≤0.005%。

（3）回收系统　精制塔塔釜液在蒸发器中闪蒸，由蒸发器顶部蒸出的丙烯酸丁酯经冷凝器冷凝后送到酯相槽，蒸发器回收不了的残液排到废油槽。

4.2.4　丙烯酸 2-乙基己酯

丙烯酸 2-乙基己酯的传统生产工艺与上述丙烯酸丁酯相同，丙烯酸及酯产品生产发展的初期，许多生产厂家的丙烯酸丁酯和丙烯酸 2-乙基己酯两种产品采用一套装置轮流切换生产。传统工艺生产过程中需要使用有机溶剂苯作为共沸剂进行产品丙烯酸 2-乙基己酯的提纯，增加了生产过程的废水排放量。随着工艺技术的进步，人们开发出了无苯生产丙烯酸 2-乙基己酯的工艺，下面介绍的是这种环保的无苯生产工艺，无苯工艺分两个系统，即反应系统和精制提纯系统。

（1）反应系统　首先往反应器中加入原料醇，反应器液位达一定量后再加丙烯酸和阻聚剂，加料过程中控制各物料的流速在规定范围内。同时启动硫酸泵，将硫酸输入硫酸计量槽。确认丙烯酸、2-乙基己醇、阻聚剂在规定时间内加料完毕。确认反应器液位正常后，反应开始。开反应器搅拌。先加入阻聚剂，再加入硫酸，开始升温。升温过程中通过反应器温度、生成水增加梯度调整加热蒸汽的量，反应器温度接近90℃时，调整反应器压力，直至反应器温度达到115℃，反应生成水量达到规定值，停止蒸汽加热。30min后，将反应器压力调节至常压，停止搅拌，停止阻聚剂加入。将反应器中物料排至中和槽。

（2）精制提纯系统　反应物料排至中和槽后，进行中和处理，然后进入脱水塔进行脱水处理，水分从脱水塔的塔顶馏出，塔釜物料中的水含量控制在1.0%（质量分数）以下。塔釜物料经脱轻组分塔和脱重组分塔的精馏过程，分别除去轻、重组分杂质，即得到所需的丙烯酸2-乙基己酯产品。

参 考 文 献

[1]　Sakakura Yasuyuki. US 5386052. 1995-01-31.
[2]　Jawaid. US 6172258 B1. 2001-01-09.
[3]　松本初. CN 1342640 A. 2002-04-03.
[4]　Iffland. US 5945560. 1999-08-31.
[5]　Jawaid. US 6180821 B1. 2001-01-30.
[6]　Dougherty. US 4814493. 1989-03-21.
[7]　Burming. US 4999452. 1991-03-12.
[8]　奈斯特勒. CN 1133614C. 2004-01-07.
[9]　伯尔兹. CN 1137079 C. 2004-02-04.
[10]　Machhammer. US 5817865. 1998-10-06.
[11]　Dougherty. US 4507495. 1985-03-26.
[12]　Exner. US 5900125. 1999-05-04.
[13]　Aichinger. US 5910603. 1999-06-08.
[14]　Aichinger. US 6320070. 2001-11-20.

第5章

丙烯酸的应用

丙烯酸属于功能性单体，具有双键和羧基，因而有许多用途。2005 年，我国有 75% 左右的丙烯酸用于酯化，合成丙烯酸甲酯、丙烯酸乙酯、丙烯酸丁酯、丙烯酸 2-乙基己酯等各种烷基酯及丙烯酸羟基酯、多官能团酯等；约 25% 左右的丙烯酸作为聚合级产品使用，主要用作合成超吸水性聚合物、分散助剂、阻垢剂、絮凝剂、助洗剂、油田化学品以及乳液聚合、溶液聚合中的酸性单体。到 2015 年，上述 75% 的比例下降至 60%，25% 的比例相应上升至 40%，未来我国用于酯化的丙烯酸的比例还将进一步下降。

5.1 超吸水性聚合物

超吸水性聚合物（superabsorbent polymer，SAP）是一种吸水量可达自身质量几百倍至一千多倍的新型功能性高分子材料。由于其分子结构可以有一定的交联度，分子网络内的水分不易用简单的机械方法挤压出来，因而具有很强的保水性。近 20 年来高吸水性聚合物在卫生用品材料等许多方面得到广泛的应用，产量快速增长。

20 世纪 50 年代，Goodrich 公司就开发出了交联聚丙烯酸生产技术。在此期间，Paul J. Flory 建立了交联的高分子电解质吸水性聚合物的粒子网络吸收理论，为吸水聚合物的发展奠定了理论基础。

1961 年美国农业部北方研究所 C. R. Russell 等从淀粉接枝丙烯腈开始研究超吸水性聚合物的合成。1973 年 UCC 公司用超吸水性聚合物作为土壤保水剂，而后将其应用扩展至农业园艺的苗木培养等方面。早在 1966 年已经有人提出吸水性聚合物作为液态贮存材料在个人卫生产品中的应用，最早把超吸水性聚合物用于卫生材料方面的国家是日本。1978 年在日本超吸水性聚合物完成工业化。1979 年首先由三洋化成工业公司成功地将超吸水性聚合物添加至妇女卫生巾中。三洋化成工业公司于 1979 年在日本的名古屋建立了年产 1000t 超吸水性聚合物的工厂，产品销售至欧美各国。

此后，国民淀粉公司、阿托化学公司、日本触媒公司、花王公司、住友精化公司、昭和电工公司、日本制铁公司、德国 Stockhausen 公司和法国 Atochem 公司等相继用不同的交联方法制成了丙烯酸聚合物。

1983 年超吸水性聚合物应用于婴儿尿布。

由于吸水性聚合物吸水后形成的凝胶有一定的强度，并且较为柔软，与皮肤接触更为舒适，对生物无刺激作用，同时吸氨性好，对尿素酶的分解有一定的抑制作用，故适合应用于卫生巾和尿布（裤）等卫生用品。因此，其在 20 世纪 90 年代发展迅速。1985 年全球生产公司只有 13 家，至 1995 年生产公司增至 50 家。目前，超吸水性聚合物产量约 90% 的用于卫生用品，尤其是用于婴儿尿布（裤）。

5.1.1 超吸水性聚合物的类型

超吸水性聚合物发展迅速，种类繁多。一般由原料来源及合成方法来分类，也可从其不溶性、亲水性方面或从产品的形态方面来分类。

按原料来源大致可分为三大系列：淀粉接枝系列、纤维素系列和合成聚合物系列。

淀粉接枝系列中，有淀粉接枝丙烯酸盐、淀粉/丙烯酸/丙烯酰胺接枝共聚物、淀粉/丙烯酸/丙烯酰胺/顺丁烯二酸酐接枝共聚物和淀粉黄原酸盐/丙烯酸盐共聚物等。

纤维素系列有纤维素（或 CMC）接枝丙烯酸盐、纤维素黄原酸化接枝丙烯酸盐和其他纤维素类等。

合成聚合物系列分为聚乙烯醇系、聚丙烯酰胺系、聚氧乙烯系和丙烯酸盐系等。丙烯酸盐系有聚丙烯酸盐均聚物、丙烯酸/丙烯酰胺共聚物、丙烯酸酯/醋酸乙烯酯共聚物、聚乙烯醇/丙烯酸酯共聚物和甲基丙烯酸羟乙基酯共聚物等。

按超吸水性聚合物产品的形态可分为粉末状、纤维状、片状、膜状、发泡体、乳液状和圆颗粒状等。最常见的形态是白色粉末状，类似白沙子或白糖，但一遇到水，就与沙子不一样了。溶液聚合丙烯酸盐和淀粉接枝丙烯酸盐的最终产品大多为粉末状。而反相悬浮聚合的丙烯酸盐可得到颗粒状的产品。由于粉末状产品易起粉尘，污染环境，近年来有开发片状和纤维状产品的趋势。乳液状产品易与其他聚合物共混制造出有特殊用途的产品。

按合成方法分类，目前生产超吸水性聚合物分为水溶液聚合（生产量最大）和反相悬浮聚合，此外尚有其他类型的聚合方法。

目前卫生用品所用的超吸水性聚合物大部分是聚丙烯酸盐，主要是聚丙烯酸钠盐，其次是聚丙烯酸钾盐，少数是丙烯酸淀粉接枝和丙烯酸共聚物。

另外也有聚丙烯腈水解物类和淀粉接枝丙烯腈水解物类。

由于淀粉类超吸水性聚合物是由网络结构和极性吸水基团组成的，吸水后凝胶强度较低，在吸水状态下还会发生缓慢的水解，尤其在光照和加热情况下容易出现凝胶溶解现象，因此淀粉类超吸水性聚合物的应用受到了一定的限制。

5.1.2 超吸水性聚合物的特点

典型的丙烯酸超吸水性聚合物是轻度交联和部分中和的丙烯酸盐。产品形态为白色粉末状，具有极高的吸水能力。加入水以后，瞬间吸水膨胀，使整个水溶液具有凝胶化性质，1g 聚合物可吸水分达 1000g 以上。

超吸水性聚合物是高分子电解质，吸液能力受到盐及 pH 值的影响。能吸收纯水 1000g/g 的聚合物，吸收 1%盐水时，其吸水能力只有 50～70g/g，吸尿液的能力在 20～40mL/g 之间。而溶胀的聚合物有一定的保水性，在一定的压力下吸收的水分仍可大部分保留下来，这与木浆的保水性有较大的区别，也因此在过去十多年中，取代木浆用于婴儿尿布（裤）及其他卫生用品，促使了超吸水性聚合物的迅速发展，其产量得到了大大的提高。从表 5-1 可见，丙烯酸盐性能较好，因此其产量最大。

表 5-1　超吸水性聚合物的特性

产品组成	产品形态	吸水倍数	吸水速度	吸水凝胶压碎强度	干燥物耐热性	湿物耐热性	抗紫外线性	与其他树脂的相容性
聚丙烯酸盐	粉末、球状	300～1000	快	弱	优	中	中	差
醋酸乙烯-丙烯酸酯共聚物	球状	500～700	中	强	中	优	中	优
丙烯酸-淀粉接枝共聚物	粉末	300～800	快	弱	差	差	差	差

5.1.3 超吸水性聚合物生产状况

5.1.3.1 国外生产状况

自从日本和西方工业化国家首先将超吸水性聚合物用于生产纸尿布以来，超吸水性聚合物不断地成功添加到妇女卫生用品和婴儿纸尿裤中，这些卫生用品很快在日、美、欧市场流行，从此打开了 SAP 的应用市场。与此同时很快拓展到了其他应用领域。目前，卫生用品已经成为超吸水性树脂市场的拉动力量，占总需求的 90%以上，其余则用于制备各种吸水剂，并且这种市场结构已经维持了相当长一段时间。SAP 生产能力和产量逐年增加。1980 年全球 SAP 的生产能力不足 0.5 万吨/年，1995

年达到75万吨/年，到2004年达到147万吨/年，2015年已增至381万吨/年。预计到2020年可达454万吨/年以上。

产量方面，全球SAP产量1989年为20.7万吨，1996年为84.6万吨，2000年为102万吨，2004年为147万吨，2015年为230万吨。

表5-2是世界SAP生产能力及其预测。

表5-2　世界SAP生产能力及其预测　　　　　　　　　　单位：万吨/年

年份	1980	1986	1989	1992	1994	1995	1996	1998	2000	2001	2004	2010	2015	2020
生产能力	0.5	5.5	24.6	43.6	58.0	75.6	85.6	90.2	112	125	147	160	381	454

近年来，SAP厂商面临激烈的竞争，均在努力降低生产成本。同时，在行业中进行了一些重大的并购和整合。赢创公司于2006年收购陶氏化学的SAP业务后超过BASF公司成为全球第一大SAP生产企业，但之后被日本触媒化学公司反超。Tasnee公司、Sahara公司和赢创公司三家合资在沙特朱拜勒配套兴建8万吨/年的SAP装置于2015年投产，使得赢创公司跃居世界第一SAP生产厂商。至2015年赢创公司SAP的生产规模为57.5万吨/年。

如表5-3所示，按产能排序，世界前7位SAP生产厂商中，排在第二位的是日本触媒化学公司。近年来，日本触媒化学公司一直是世界第一位的SAP生产商。2012年9月29日，日本触媒化学公司位于日本姬路市SAP工厂的丙烯酸储罐发生爆炸并引发大火，致使姬路市的工厂停产。直到2013年6月，日本触媒化学公司才获得政府批准，重新启动其姬路的32万吨/年SAP装置。2013年10月，日本触媒化学公司在印度尼西亚芝勒贡（Cilegon）9万吨/年的SAP联合体装置投产。至2015年日本触媒化学公司SAP的生产规模为56万吨/年。

表5-3　2015年世界七大SAP生产公司生产能力排名

排名	厂商	产能/（万吨/年）
1	赢创公司	57.5
2	日本触媒化学公司	56
3	BASF公司	53.7
4	韩国LG化学	34
5	日本住友化学公司	32
6	日本San-Dia公司	28
7	台塑公司	21
合计		282.2

BASF公司于1993年进入SAP市场，于2000年6月并购了Amcol国际公司旗下Chemdal的SAP业务，包括在美国和泰国的生产装置。继而收购了科莱恩公司的SAP装置，在欧洲、南美和泰国建厂，在比利时的Antwerp有年产12万吨

的 SAP 装置，供给欧洲市场。2015 年，BASF 公司在巴西新投产的 SAP 装置产能为 6 万吨/年。至 2015 年 BASF 公司 SAP 的总生产规模为 53.7 万吨/年。

从地区角度来看，SAP 生产主要在美国、欧洲、日本，如表 5-4 所示。最大消费市场是卫生用品领域。从前表可以看出，20 世纪 90 年代 SAP 生产迅速发展，尤其是 1993～1995 年期间，产量增加较快。其主要推动力是纸尿布（裤）向薄型转换。1991 年薄型纸尿裤首先由日本的 Unicharm 公司生产，接着 1993 年 P ＆ G 和 Kimberly-Clark 也在美国生产薄型纸尿裤。这一转换使同样纸量的纸尿裤需要 SAP 量几乎成倍增加。随后几年，世界范围 SAP 发展有所减缓，其原因是欧洲、美国和日本 SAP 消费市场已基本处于饱和状态。因此，目前主要 SAP 生产厂商都在拉丁美洲、东南亚和中国等地区发展 SAP 业务，在这些地区建设的 SAP 装置都已投入生产，这些地区将支撑今后一段时期 SAP 的进一步发展。

表 5-4　2015 年世界主要地区 SAP 生产能力　　　　单位：万吨/年

国别或地区	生产能力	主要生产公司
美国	55.7	日本触媒，赢创公司，BASF
欧洲	56.7	日本触媒，赢创公司，BASF，住友化学
日本	62.4	日本触媒、住友化学、San-Dia 聚合物

SAP 的主要生产国家为日本、美国、法国、德国和韩国等。

表 5-5 列出了美、日、欧的 SAP 产品消费结构。

表 5-5　美、日、欧 SAP 消费结构及其预测　　　　单位：万吨

年度	美国				日本				欧洲			
	2000	2005	2012	2015	2000	2005	2012	2015	2000	2005	2012	2015
纸尿布（裤）	24.2	27.6	30.1	31.7	4.8	5.0	8.9	9.2	17.0	22.0	22.2	23.8
成人失禁用品	1.6	1.8	8.8	9.3	—	—	5.8	6.0	2.0	3.0	5.6	6.0
生理卫生用品	2.0	2.3	2.1	2.2	1.8	2.5	0.9	1.0	1.0	1.5	0.9	0.9
其他	1.1	1.2	2.6	2.8	0.9	1.5	1.7	1.8	1.5	2.5	1.2	1.3
合计	28.9	32.9	43.6	46	7.5	9.0	17.3	18	21.5	29.0	29.9	32

全球 SAP 需求 1999 年、2000 年、2001 年、2012 年和 2015 年分别为 98 万吨、106 万吨、115 万吨、190 万吨和 230 万吨。以 2015 年为例，北美地区占 20%，欧洲地区占 14%，亚太地区占 45.5%，拉美地区占 5%，其他地区（中东欧和非洲等）占 15.5%。北美、欧洲和日本等发达地区 SAP 增长率为 2% 左右，亚太、中东欧和拉美等其他地区的年增长率为 4%～11%。SAP 的最大应用领域为卫生及个人清洁用品。

5.1.3.2　国内生产状况

国外 SAP 厂商根据中国的众多消费人口和中国经济的快速发展看到了 SAP 在

中国巨大的潜在市场，国外厂商纷纷在中国建设 SAP 装置。

日本触媒公司在江苏张家港建设 3 万吨/年 SAP 装置，于 2004 年投产。日本 San Dia Polymer 公司在江苏南通建设一套 3 万吨/年的 SAP 装置，于 2005 年投产。2006 年 3 月，San Dia Polymer 公司开始进行二期项目的扩建，2007 年 7 月，二期项目建成投产，SAP 产能达到 6 万吨/年。2005 年 3 月，中国台湾塑胶工业（开曼）有限公司在浙江省宁波市建设 3 万吨/年 SAP 装置，于 2007 年 12 月建成投产。

2005 年之后，随着上述企业纷纷在中国建厂投产，使得中国超吸水性树脂的生产发展速度异常迅猛。到 2015 年，中国已经有 20 多家企业生产 SAP，产能达到 125 万吨/年。

表 5-6 是中国 SAP 主要生产商。

表 5-6　2015 年中国十大 SAP 生产公司

排名	厂商	产能/（万吨/年）
1	宜兴丹森科技有限公司	26
2	三大雅精细化学品（南通）有限公司	23
3	泉州邦丽达科技实业有限公司	13
4	台塑吸水树脂（宁波）有限公司	9
5	山东诺尔生物科技有限公司	7
6	扬子石化-巴斯夫有限责任公司	6
7	日触化工（张家港）有限公司	3.5
8	浙江卫星石化股份有限公司	3
9	烟台万华集团	3
10	上海华谊丙烯酸有限公司	2
合计		95.5

国内 SAP 在卫生材料方面的消费结构见表 5-7。

表 5-7　国内卫生用品市场 SAP 消费结构

年份	卫生巾		婴儿纸尿裤		成人失禁用品		SAP 总消费量/t
	消费量/亿片	SAP 消耗/t	消费量/亿片	SAP 消耗/t	消费量/亿片	SAP 消耗/t	
1998	273	2866	5	3250	—	—	6116
1999	295	2950	7.5	4500	0.9	315	7765
2000	315	4095	9.5	5700	1.03	360	10155
2001	330	5280	11	8400	1.19	416	14100

年份	卫生巾		婴儿纸尿裤		成人失禁用品		SAP 总消费量/t
	消费量/亿片	SAP 消耗/t	消费量/亿片	SAP 消耗/t	消费量/亿片	SAP 消耗/t	
2002	351	7120	11.2	8078	1.22	427	15625
2003	365	9789	14	10920	—	—	20709
2005	388	10242	20.7	16560	1.8	1098	27840
2007	662	26600	77.5	75500	3	9000	111100
2008	721	42750	95.7	94400	4	5300	142450
2009	776	46400	118.5	119000	4.8	5300	170700
2010	824	50000	146.7	146000	7.4	8700	204700
2011	880	53000	178.7	175900	10	11800	240700
2012	935	57700	204.1	202900	12.1	14000	274600
2013	965.9	58400	227.1	223000	17.11	17900	299300

近年来，国内消费水平与国外的差距在缩小。如表 5-7 所示，2003 年国内卫生巾消费量 365 亿片，市场渗透率为 57.3%（按育龄妇女平均使用片数计算），而发达国家为 90%。2013 年国内卫生巾消费量 965 亿片，市场渗透率为 91%，已达到发达国家水平。

1998 年国内婴儿纸尿裤消费量为 5 亿片，同年日本消费量为 69 亿片，差距甚大。2003 年国内消费 14 亿片，市场普及率也仅为 3.95%（按育龄妇女平均使用片数计算），与发达国家 80%～90% 以上的普及率差距极大。2013 年国内婴儿纸尿裤消费量 227 亿片，市场渗透率增至 47%，仍有较大发展空间。根据国家统计局的信息，2002 年以后，中国每年约有 1500 万～1700 万新生儿出生，2012 年我国新生儿出生率上升至 12.1%，国内人口出生率一直处于上升态势。两孩政策放开后，预计将迎来新一轮的生育高峰，对于 SAP 消费市场的发展是一个新的促进因素。

目前，普通纸尿裤平均每片含 5g SAP，薄型纸尿裤则含 10g SAP。发达国家每片含 SAP 多达 16g。薄型化纸尿裤将使 SAP 用量成倍增加。

同时，中国老龄化问题也日趋严重。据相关部门预计，今后 50 年，中国老年人口将以年均 3.2% 的速度递增。到 2040 年，中国 60 岁以上老人将占总人口的 26%。老年人口的剧增让老年人的生活照料问题日益凸显。我国成人失禁用品市场处于发展初期，由于基数低，近年增长率很高。随着中国经济发展、社会进入老龄化以及老年消费者可支配收入的提高、观念的转变，成人失禁市场将持续高速增长，具有很大的发展潜力。由此可见，婴儿和老年人口结构和渗透率的提升，将带动婴儿纸尿裤和成人失禁用品市场的增长。这样的消费面，势必会推动我国 SAP 市场的快速发展。

5.1.4　超吸水性聚合物技术发展趋向

20世纪90年代，纸尿片的薄型化发展，促进各主要生产厂商为满足薄型化的要求开发了新产品。如日本触媒化学公司、日本东亚合成公司都在改进生产技术，使聚合在最佳条件下进行。生产的产品可以满足用户一系列的严格要求。

日本三菱化学也很重视性能研究和技术开发，在反相悬浮聚合的基础上进行改进，在提高生产率的同时，除了生产球形聚合物外，还生产椭圆形和多孔型聚合物粒子，是世界上第一家实现多孔聚合物工业化的企业。与现有聚合物相比，其产品有优异的初期吸水性，可以开发更多的应用领域。目前已开始销售至部分用户，得到了初步的好评。

日本住友精化的反相悬浮聚合产品，聚合物的粒径分布、吸水速率及保水能力均可按用户要求进行控制。其新加坡生产的产品大量销往中国国内，产品受到用户的好评。

SAP应用开发有几个重要的方面：SAP纤维、SAP泡沫和SAP颗粒成型技术。英国 Tech Absorbent 公司和加拿大 Camelot Superabsorbents 公司均建有 2000 吨/年的 SAF 生产装置。日本触媒化学公司也正在开发 SAF，目前成本还较高。但是，SAF可以直接使用，减少工厂粉尘及环境污染。SAF密度高，较粉状 SAP 大约可节约20%～30%。

5.1.5　水溶液聚合生产工艺

工艺生产采用的丙烯酸聚合的工艺路线主要有（水）溶液聚合工艺、反相悬浮聚合工艺和丙烯酸淀粉接枝工艺。此外，悬浮聚合、乳液聚合、反相乳液聚合和反相悬聚等工艺也有被采用。丙烯酸聚合物也可以由本体聚合法得到，但因聚合放热和聚合速率高，工业生产难以实施而一般不采用。当前世界产量100多万吨的超吸水性树脂中，绝大部分是丙烯酸盐的聚合物，且主要是丙烯酸钠盐，少量为丙烯酸钾盐。多数采用溶液聚合工艺路线，其中主要是水溶液工艺路线，其次是反相悬浮聚合。此外，丙烯酸与淀粉接枝聚合也是发展较早而具有规模生产的方法。其他工艺路线有的在研究阶段，有的生产规模不大。丙烯酸（钠）水溶液聚合方法可以是批次生产，也可以是连续聚合生产。单体丙烯酸经碱溶液中和后，与引发剂和交联剂等一起，在一定的温度下进行聚合反应。

5.1.5.1　生产原理

超吸水性丙烯酸聚合物是以丙烯酸（或部分中和的丙烯酸）为原料，在引发剂过硫酸钠引发下，在一定温度下（30～80℃），与交联剂（如乙二醇二丙烯酸酯）一起通过聚合反应制成具有一定交联度的超吸水性聚合物。聚合物经分离和干燥成粉末状产品。

$$CH_2{=}CHCOOH + 0.7NaOH \xrightarrow{\text{水中}} CH_2{=}CHCOO(Na)_{0.7} \xrightarrow{Na_2S_2O_8}$$

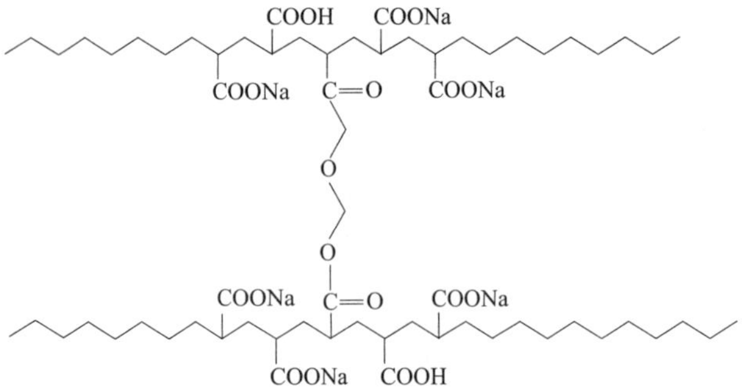

聚合单体主要是丙烯酸，也可用淀粉与丙烯酸进行接枝聚合，还可以加第二单体，如丙烯酸酯类、苯乙烯、醋酸乙烯酯等。多官能第二单体作交联剂在以下叙述。

5.1.5.2 水溶液法生产 SAP 简单流程

水溶液聚合生产 SAP 流程方框图如图 5-1 所示。

其中原料配备需 4h，聚合反应需 0.1～1h，干燥需 5h，后处理和包装需 2h。

5.1.5.3 水溶液聚合工艺简述

水溶液聚合工艺主要分为三个部分：原材料准备和丙烯酸中和、聚合过程、干燥与后处理（包括造粒、粉碎、干燥、后处理和包装等工序），如图 5-1所示。

（1）丙烯酸单体准备和丙烯酸中和 把去离子水、高纯丙烯酸和氢氧化钠依次加到中和罐中，氢氧化钠要缓慢加入，以调节溶液的 pH 值。物料进中和罐的温度为 10～20℃，应通冷冻盐水，以控制物料在 0℃ 左右。中和过程需 3～4h。

（2）聚合过程 中和罐中的物料用泵输入聚合反应器，同时用高纯氮由反应器底部对反应器进行吹扫，目的是除去物料中的氧气，防止氧气在聚合过程中起阻聚作用，氧气含量应不超过 0.5mg/kg（一般为 0.3mg/kg）。高纯氮气的吹扫还可以起着搅拌的作用，使物料混合得更均匀。引发剂和交联剂由各自的计量罐中加入至反应器中。引发剂罐的温度由盐水进行控制。

聚合反应开始后，停止吹扫氮气，反应温度控制在 80～95℃ 之间，反应约 2h。然后在反应器中再熟化 2h 后出料。

（3）干燥与后处理

① 预粉碎与造粒。聚合物由反应器送至预粉碎机，物料经预粉碎后，进入造粒机进行造粒。在此过程中应加一定量的助剂，使粒子表面变硬，以便更好造粒。造粒后的物料进入干燥器。

② 干燥。来自造粒机的物料含水约 60%。用流化床式干燥器对物料进行二级

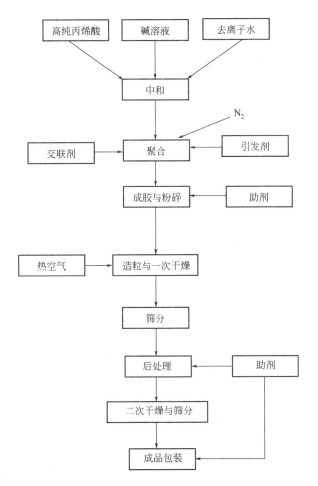

图 5-1　溶液聚合流程图

干燥，然后进行筛分。干燥器热源用 150℃ 的热空气循环供给，由吸风机和排风机来完成。过细物料由旋风分离器和粉尘捕集器加以回收，有的工艺可返回前面工序循环使用。

③ 筛分。由干燥器出来的干燥物料通过气动装置进入旋风分离器，然后进入筛分机，产品分为三部分，过粗的产品经粉碎后再筛分，超细产品返回循环使用，或作其他用途。粒度合格的物料进入中间储罐，并由气动装置送往产品罐。

④ 后处理及包装。合格粒度物料加助剂，和其他化学品在带搅拌的后处理器中进行改性处理，经处理后的产品再进行筛分，筛分后的成品进入包装程序。

5.1.5.4　原料与辅料的准备

生产原料与主要公用工程消耗如表 5-8 所示（其对应的生产能力为 1 万吨/年，年操作时间为 8000h）。

表 5-8   主要原料与公用工程消耗

物料	单位	小时耗量	年用量	备注
高纯丙烯酸	t	0.96	7700	纯度>99.7%
烧碱	t	0.41	3300	
辅料	t	0.005	4.0	
工艺脱盐水	t	3.25	26000	
循环冷却水	t	53.8	430000	
新鲜水	t	2.0	16000	
蒸汽	t	11.6	92000	
氮气	m^3	38.8	310000	纯度>99.997%
压缩空气	m^3	325	2600000	
电	度	850	6120000	

丙烯酸单体的规格：

外观	透明溶液	MEHQ	<200mg/kg
颜色	<APHA20(10%溶液)	二硫化碳	<10mg/kg
纯度	>99.7%	糠醛	<1.5mg/kg
含水量	<3000mg/kg	苯甲醛	<10mg/kg
二聚体	<1500mg/kg	丙烯醛	<5mg/kg

（1）丙烯酸单体   丙烯酸分子结构中有双键和羧基，因而在一定条件下，可以用碱中和部分或全部的羧基，可以聚合生成聚丙烯酸（盐）。在工艺过程中同时加入适量的交联剂，交联剂可以是多官能单体，也可以是丙烯酸分子中未被中和的羧基。依照应用目的的不同，可以得到某种程度交联的具有超吸水性性能的丙烯酸盐聚合物。

丙烯酸单体准备工作的好坏，直接影响到以后的聚合和后处理各工艺过程，尤其是聚合反应过程。丙烯酸单体的纯度、使用时配制的浓度、用碱中和的中和度都会影响最终产品的性能。

用于制备卫生用品的超吸水性聚丙烯酸盐的原料丙烯酸为高纯丙烯酸。由于聚合物要与人体接触，因此对原料的杂质要求较为严格，在制备丙烯酸的过程中，最后必须脱除微量的醛类，以避免不利的副反应和对人体皮肤产生有害作用。一般高纯丙烯酸的微量杂质包括二聚体和若干 10^{-6} 级的其他物质。

丙烯酸在贮存过程中，会缓慢生成二聚体，即一个丙烯酸分子中的羧基与另一个丙烯酸分子中的碳-碳双键产生密歇尔加成反应，生成 β-丙烯酰氧基丙酸，如下式所示。

$$HOOC—CH=CH_2 + HOOC—CH=CH_2 \longrightarrow HOOCCH_2—CH_2—O—CO—CH=CH_2$$

丙烯酸原料中的二聚体，可以采用加热的方法进行处理，在 $150\sim200$℃，丙烯酸在蒸发过程中，二聚体可以按密歇尔加成反应的逆反应（即分解反应）

进行，使二聚体分解为丙烯酸。如在 200℃ 时，1～2min，分解反应即可完成，一分子的二聚体可生成二分子的丙烯酸。此外，有这样的实例，丙烯酸单体在进入聚合阶段之前，先进行蒸馏提纯，以除去阻聚剂和二聚体，并阻止 β-羟丙酸（β-HPA）的生成。不过这样就要增加工艺步骤、增加设备和消耗更大的能源。采用强碱中和的办法也可分解二聚体，例如在连续聚合工艺中，可将丙烯酸缓慢加至氢氧化钠溶液中，此时丙烯酸在 100% 被中和的状态，从而使二聚体被分解。

在进入聚合阶段以前，丙烯酸单体可以先用碱进行中和，中和的程度直接影响聚合物产品的吸水性能。陈育宏等对丙烯酸中和度（摩尔分数）与其聚合物吸水性的关系做了研究，如图 5-2 所示。

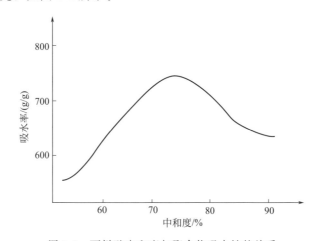

图 5-2　丙烯酸中和度与聚合物吸水性的关系

中和度从 15% 至 75%，吸盐水性能逐步提高。Yarbrough 等认为，中和度在 50% 以上较为理想。中和度 15%～45%，吸血液性能基本不变，45% 以上有所下降，所以单独考虑对血液的吸收，则中和度相对可以低一些。

一般考虑用于尿布的吸水性聚合物，丙烯酸中和度在 60%～90%。中和度超过 90%，聚合物中剩下的羧基比较少，增加了交联剂对之交联的难度，以致得不到所期望的交联结构；中和度低也增加聚合的难度，丙烯酸容易爆聚，其结果会使聚合物分子量下降，后处理难度也增大。吸水聚合物用于卫生材料与人体皮肤接触，其 pH 值也应限制在安全范围内。

碱的类型要求并不很严格，包括氨、有机胺、碱金属和碱土金属氢氧化物均可使用。

如使用 LiOH、NaOH 和 KOH 时，当丙烯酸得中和度为 75% 时，30min 的吸收血液量分别为 42g/g、33g/g 和 32g/g，吸盐水量分别为 39g/g、36g/g 和 33g/g。可见使用氢氧化锂较好。但是氢氧化钠价格较低，最为经济，因而用氢氧化钠中和丙烯酸最为普遍。

也有专利文献中用两种碱进行中和的，其中一种与丙烯酸中和为吸热反应，如碳酸铵或氢氧化铵；另一种碱中和丙烯酸反应为放热反应，如氢氧化钾。这样以一定比例的两种碱对丙烯酸进行中和，可以使吸热和放热反应达到平衡，中和反应器就不必装有对反应液进行冷却的设施。

中和步骤可按如下程序进行：第一步，丙烯酸用碱中和，中和度为75%～100%（摩尔分数，下同），中和过程中始终保持中和度在75%以上，最好在85%以上，温度控制在20～50℃，以防止其他反应的发生而生成杂质。第二步，再加碱，使中和度在100.1%～110%之间。第三步，放置1min至2h（如10min），目的是使丙烯酸中所含的二聚体充分水解，以减少产品的残余单体量。时间太短，达不到使产品中残留单体减少的目的，时间过长也没有进一步的效果。这一步的温度也控制在20～50℃之间，此时的pH值为13.9，一般认为pH值在12以上可以使二聚体有效分解。第四步，加丙烯酸再调节中和度在20%～100%范围内。

（2）交联剂　少量的交联剂对超吸水性聚合物的改性起着很重要的作用，它可以改善SAP的溶胀性和其他机械性能，在聚合过程中，交联剂也影响可溶性聚合物的生成。

参与共聚合反应的交联剂有二官能度、三官能度、四官能度等。如 N,N'-亚甲基双（甲基）丙烯酰胺（MBAA）、（多）乙二醇（甲基）丙烯酸酯（EGDA）、新戊二醇二丙烯酸酯（NPGDA）、2-亚乙基三胺-双丙烯酰胺、聚乙烯二醇二丙烯酸酯、甘油三（甲基）丙烯酸酯、三羟甲基丙烷三（甲基）丙烯酸酯（TMPTA）、三烯丙基胺、三烯丙基氰尿酸酯、四烯丙基乙烷、四羟甲基甲烷四丙烯酸酯（TMMTA）、多乙二醇（$n=4,9,14$）二丙烯酸酯（4EGDA、9EGDA 和14EGDA）等。

不同类型的交联剂对SAP吸水性的影响不一样，这取决于交联剂与单体丙烯酸的竞聚率、交联剂的分子量和交联剂在聚合体系中的溶解性。

图5-3为交联剂溶解度与其交联时得到的聚合物的最大吸水性的关系。交联剂的溶解性与吸水率呈线性关系。MBAA溶解度最大，交联所得的SAP吸水率最高。而多乙二醇二丙烯酸酯9EGDA和14EGDA吸水率下降，这与溶解度不呈线性关系，可能是由于交联剂分子量过大所致。

交联剂用量一般为丙烯酸单体的0.001%～5.0%（摩尔分数），最好为0.01%～0.2%（摩尔分数），以便使产品具有较理想的溶胀能力。交联剂用量大，交联密度高，产品增黏性大，吸水性低。交联剂用量超过5.0%，则吸水率太低，难以应用。交联剂用量低于0.001%时，虽然吸水率高，但是水可溶性成分太多以致无法使用。

图5-4为聚合反应中聚乙二醇二丙烯酸酯（PEGDA）二官能度交联剂的用量与吸水能力之间的关系。当交联剂PEGDA含量（质量分数）从0.02%增加至0.4%时，聚合物吸水能力下降60%以上。

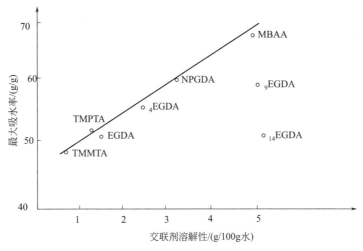

图 5-3　共聚交联剂的溶解度与吸水性的关系

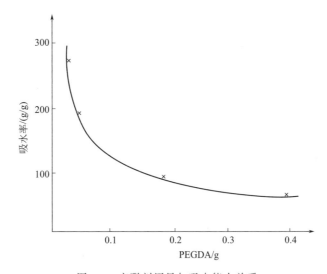

图 5-4　交联剂用量与吸水能力关系

其他交联剂有醇类与醚类交联剂，如（多）乙二醇、二乙二醇、聚甘油、丙二醇、二乙醇胺、乙二胺、三羟甲基丙烷、季戊四醇、多乙二醇二缩水甘油醚、（聚）丙三醇多缩水甘油醚等。这些交联剂可以用于聚合反应的后处理，在后处理过程中与聚丙烯酸（盐）进行后交联反应。这将在后处理章节中叙述。

（3）引发剂　引发剂的种类和用量会直接影响聚合反应速率和产品的质量，根据自由基反应机理可分两大类：热分解引发和氧化-还原体系引发。丙烯酸含有双键，用于乙烯基型聚合的引发剂原则上均可应用于丙烯酸的聚合。通常使用的水溶性引发剂，如过氧化物、过硫酸盐和亚硫酸盐等三类氧化-还原引发剂均可使用。最常用的有过硫酸铵、过硫酸钾、过氧化氢、亚硝酸铈铵盐、过氧化氢-硫酸亚铁、过硫酸盐-亚硫酸（氢）钠等。

以热分解引发剂过硫酸盐为例，一个过硫酸盐分子可以分解成两个硫酸根自由基：

$$S_2O_8^{2-} \longrightarrow 2SO_4^- \cdot$$

在用过硫酸钠作引发剂时，其分解速率和机理与 pH 值及温度有关，温度升高，分解速率加快。pH 值小于 2 时，其分解是按酸催化机理进行的，而不是分解生成自由基。从 pH 值 4 到 13，分解遵循自由基历程，分解速率因 pH 值不同而不同。当 pH 为 7 时，分解速率最高。当 pH＝4 时，分解为自由基的活化能为 140.2kJ/mol。在丙烯酸的存在下，可以诱导、促进分解，分解速率可以增加 2～7 倍。丙烯酸的中和度为 65％时，3.38％的水溶液中过硫酸钠的分解活化能为 94.6kJ/mol。

氧化-还原引发剂的引发温度较低，20～25℃即可。一方面，反应温度低，整个聚合放出的热量也低，易于移出热量；另一方面，反应温度低，链转移反应也会减少。链转移反应常常使平均分子量下降。在选择引发剂时，一般应使所选引发剂的生成自由能和活化能较低，以使聚合反应在温度较低的情况下进行，使聚合反应易于控制，也有利于聚合物性能的稳定。几种引发剂的活化能如下：

过硫酸钾：$S_2O_8^{2-} \longrightarrow 2SO_4^- \cdot$　活化能　140.3kJ/mol

过氧化氢：$HOOH \Longrightarrow 2 \cdot OH$　活化能　217.7kJ/mol

异丙苯过氧化氢：　活化能　125.6kJ/mol

过氧化氢-氯化亚铁：　$HOOH + Fe^{2+} \longrightarrow HO \cdot + Fe^{3+} + OH^-$　活化能 39.4kJ/mol

过硫酸钾-亚硫酸氢钠：$S_2O_8^{2-} + HSO_3^- \longrightarrow SO_3^- \cdot + SO_4^{2-} + HSO_4^-$　活化能 41.87kJ/mol

引发剂用量为不饱和单体总量的 0.001％～2％（摩尔分数），最好是在 0.01％～1％（摩尔分数），可以一次加到反应体系中，也可以逐步或分批加入反应体系中。

5.1.5.5　聚合过程

（1）聚合反应　丙烯酸水溶液聚合为自由基反应历程，遵循一般乙烯类单体自由基加成聚合原理，聚合过程由引发剂引发、链增长和链终止等步骤组成，这方面有许多可供参考的文献，在此只简单提出其结论。

链引发：引发剂有过氧化物和偶氮化合物两大类。

$$I \longrightarrow 2R \cdot \quad （速率常数为 k_d）$$

$$2R \cdot \longrightarrow M_1 \cdot$$

链增长：　$M_1 \cdot + M \longrightarrow M_2 \cdot \cdots\cdots\cdots \longrightarrow M_n \cdot$（速率常数为 k_p）

链终止：$M_m \cdot + M_n \cdot \longrightarrow P_{m+n}$　耦合终止（速率常数为 k_t）

$$M_m \cdot + M_n \cdot \longrightarrow P_m + P_n$$　歧化终止（速率常数为 k_t）

每个活化中心从引发剂终止所消耗的单体数定义为动力学链长 V

$$V = \frac{k_p[\mathrm{M}]}{2fk_dk_t[\mathrm{I}]^{1/2}}$$

动力学链长与引发剂浓度的平方根成反比，聚合物分子量为 M_n，$V <$ $M_n < 2V$。

自由基聚合往往伴有链转移反应，自由基可向单体、引发剂、溶剂和链转移剂等转移，可利用链转移剂控制聚合物的分子量。

影响聚合反应的因素有单体性质、pH 值、单体浓度（溶液聚合时）、温度和阻聚剂等。

丙烯酸单体聚合是放热反应，丙烯酸的聚合热为 68.6kJ/mol（25℃），所以首先要考虑控制合适的温度。

聚合速率与温度的关系服从 Arrhenius 公式 $k = Ae^{-E/RT}$，$k = k_p(k_d/k_t)^{1/2}$。温度升高，聚合反应速率增大。引发剂的活化能低可以显著提高反应速率，如氧化-还原体系引发剂，聚合可在较低温度下进行，而仍能保持较高的反应速率。因此选择合适的引发剂是很重要的。反应温度高，反应速率提高，而聚合物的分子量下降，分子量分布不均匀；反应温度过低，则聚合物难以交联，聚合物的吸水性能将受到影响。因此选择合适的反应温度很重要，一般反应温度在80～100℃之间。

① 单体溶液浓度的选择。丙烯酸溶于水，在水溶液系统中聚合，水可视作一种特殊溶剂，既经济，又稳定安全。在水溶液聚合体系中，水的潜热和聚合溶液的量有关，水量大（丙烯酸溶液浓度低）则系统的聚合温度可以降低，也就是说，选择不同的单体丙烯酸的浓度，可以控制反应体系的温度。但单体浓度过低，生产效率下降。

为了强化生产，可以用单体丙烯酸浓度较高的体系，但这样反应温度就较高，引发速率也较高，到反应后期，单体浓度下降以后，可能产生较低分子量的聚合物和过低交联度的聚合物，从而影响到产品的使用性能。

丙烯酸不中和进行聚合，选用单体丙烯酸的浓度一般在 15％～30％（质量分数）。对于部分中和的丙烯酸，聚合时单体浓度可选于 25％～45％（质量分数）。

② pH 值对丙烯酸聚合的影响。许多人对丙烯酸水溶液聚合作了大量的研究工作。Kabanov 等对不同 pH 值对丙烯酸聚合作出了结论，认为不同 pH 值下，聚合速率不一。pH 值较低时（pH 值为 1～6），随着 pH 的上升聚合速率逐渐下降；pH 值为 6～7 时，聚合速率最低；pH 值为 8～11，聚合速率又不断增大；pH 值在 11 附近聚合速率较高；pH 值为 11～14，聚合速率又下降。

（2）聚合过程　丙烯酸（钠）水溶液经聚合过程生产的聚丙烯酸（钠）是水溶胶状或橡胶状的半固体溶胶。聚合过程为放热反应过程，因此要求聚合反应器能充分均匀混合各种原辅料及生成的聚合物，同时要有良好的撤热功能，把聚合产生的热量从反应物中移走，以保证体系温度的恒定。再者，在有交联剂存在下的聚合，一旦形成高分子量和交联的聚合物凝胶，则很难再使体系混合均匀，必须有另外的措施加以解决。要有相应的反应设施。为此聚合实施方法有槽（盘）式法、喷雾法、转鼓风法、传送带法和搅拌（或捏和）反应器法等。

① 槽式法。有关专利描述了该法的生产。聚合过程是在一个近于绝热的状态下进行的。因此反应温度的控制极为重要。首先把丙烯酸等单体加入反应器中，通氮气鼓吹溶液，至氧含量在0.0001％以下，温度在10℃以下，加入引发剂，经较短诱导期开始引发反应（反应引发温度范围为5～20℃）。聚合反应经2h，温度峰值达到65～70℃（一般峰值不可超过90℃），聚合时间取决于单体浓度、引发剂种类和用量以及反应器的大小和保温状况等因素。反应大约经1～2h，温度达到峰值，在此温度下（波动不可超过10℃，最好不超过5℃）保温3h（一般为1～12h，以确保反应完全），使产物中残余单体在0.1％以下。

单体质量浓度应控制在25％～50％（最好为30％～45％），通过单体浓度的选择，可以适度控制聚合反应的温度。体系中水量与单体量的比例增大或减小，可使体系温度相应降低或升高。

聚合后的溶胶用切片机加以切片并进行粉碎。

有文献介绍，单体质量浓度低于25％时，要得到高分子量的交联聚合物比较困难，而且水合的胶状聚合物比较软、比较难以处理。

【例1】美国专利4286082中用方形密闭槽（盖可以打开），材料为SUS304，内衬聚四氟乙烯薄膜。

将43％（质量分数）丙烯酸钠和表面活性剂置于槽中，在氮气氛围下，加热到40℃，然后加过硫酸铵和亚硫酸氢钠，反应缓缓进行，并放出热量。反应时间在2～5h，温度55～80℃，得到胶状聚合物，再通过单螺杆挤出机形成直径2mm的胶条，切割后在180℃干燥。

【例2】日本专利特开平8-73518（1996）介绍，反应器及聚合物胶体切割干燥如图5-5所示。

② 传送带式反应器。已有若干专利文献中，制备SAP的聚合反应在特定设计的传送带上进行，传送带可以装有加热/冷却设备，可以安装不同的转动轮使传送带形成一定的形状，如加单体的反应开始区可成槽形，到反应结束区可平展为平面形。传送带可以用橡胶、塑料、钢材及其复合材料制成，宽可达几米。在传送带上反应的聚合物胶料厚度可在8～12cm，传送带的移动速度为5～12cm/min。热量可以散发到周围环境中，以达到移除反应热的目的。

单体也如槽（罐）式法一样予以中和（中和度55％～80％），单体浓度为30％～45％，然后脱除其中的氧。所用引发剂可以是氧化-还原体系、光引发剂、热引发剂和复合引发体系。引发剂也是混合好以后加到中和的单体中，再与单体一起加到传送带上的。整个传送带系统可以置于一个封闭室内，可以通氮气或二氧化碳来隔绝空气。

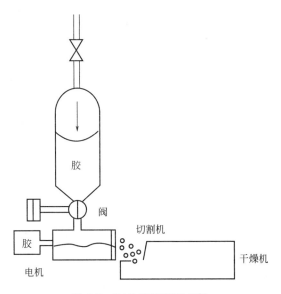

图 5-5　SAP 胶切割和干燥

　　传送带可以加热与冷却，可以辅助控制聚合温度。聚合温度在 10～120℃ 之间。有一项专利叙述了单体由计量阀以 2.0kg/min 由喷头喷至传送带上，单体浓度为 35.5％，传送带开始反应区位置高，后面位置低，可以靠重力使反应物料往前移动。物料进入传送带时温度为 10℃，传送带速度为 20.8cm/min，反应区有氮气保护，在前面四分之一区，温度升至 40℃，中间反应区温度最高 96℃。

　　图 5-6 为传送带式反应器示意图。

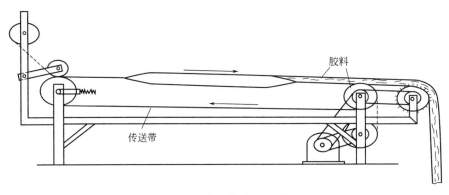

图 5-6　传送带式反应器

　　传送带宽 1.2m，长 20m，每小时生产 SAP 胶条 3000～4080kg。传送带速度为 65～80cm/min。聚合反应时间为 25～30min。

　　另一个例子，单体是丙烯酸，用氢氧化钾和氢氧化铵作中和剂，N,N'-甲基双丙烯酰胺为交联剂，过硫酸铵-亚硫酸铵为氧化-还原引发剂，偶氮（2-脒基丙烷）氯化氢为热引发剂配合使用，可以使聚合物单体残留量减小至 0.1％ 以下，甚至达到 0.02%以下，最佳值 0.01%以下。

③ 带有搅拌器的反应设备。随着过程的发展，生成的 SAP 为橡胶状半固体产物，使体系黏度增大，所以要在反应器中加搅拌器。一方面要控制反应温度的峰值，借搅拌更充分与反应壁传热；另一方面要用搅拌器把半固体状的胶状产物撕裂成小片或小块（粒子），这种小粒子的大小大致在几毫米至几厘米，取决于搅拌形式和搅拌效果以及反应器的型式。

把溶胶经搅拌撕剪成小颗粒有许多方便的地方。工业上反应器体积有几十立方米，成小粒子易于大生产的处理，由于小粒子比表面大，易于体系的传热，改善体系的冷却效果，较小的粒子对随后的干燥处理也有利。

目前已有多种带搅拌的聚合反应器类型应用于 SAP 的聚合。有立式搅拌反应器，也有卧式搅拌反应器，可以批量聚合生产，也可以连续聚合生产。

有一专利文献中叙述的反应器用一般的立式搅拌，经中和（65%）的丙烯酸加三羟甲基丙烷三丙烯酸酯为交联剂，过氧化氢与过硫酸钠为引发剂。

卧式搅拌反应器报道较多，有单一搅拌轴的搅拌器，也有多个搅拌轴的搅拌器，如图 5-7 和图 5-8 所示。

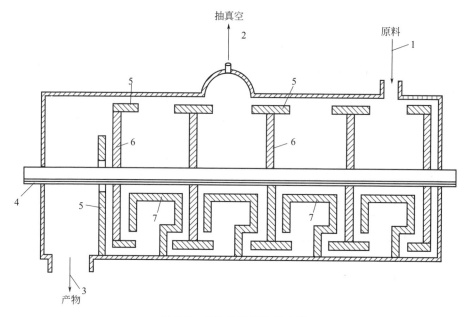

图 5-7　单轴多臂搅拌反应器

图 5-7 为单轴多臂搅拌反应器，长径比为（3:1）～（20:1），搅拌叶为推进型分布于轴上，搅拌叶与反应器内壁之间距离（间隙）的设计很重要，在聚合期间要阻止聚合物沉积于反应器的内壁。单体由入口 1 进入反应器，聚合物溶胶从出口 3 引出。2 为抽真空口，4 为搅拌轴，5 为搅拌棒，设计为搅拌聚合液体沿轴向推向出料口，6 为转盘，7 为带法兰的反钩，以使生成的聚合物溶胶从转盘和搅拌棒上刮下来。

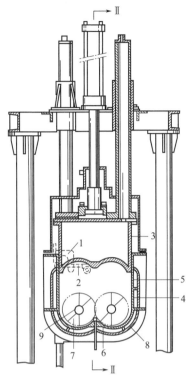

图 5-8 双轴双臂型搅拌反应器

图 5-8 为双轴双臂型搅拌反应器，两个搅拌轴互相平行，转动方向相反，搅拌转动有很高的扭转力矩，搅拌轴与轴上转动的转臂有 Z 字型、S 字型、σ 型、螺旋型、鱼尾型和橡胶混炼用的密闭混合器等。图中反应器 5 上有单体入口 1、吹扫氮气入口 2、排气口 2′（未示出）、夹套 4，由压盖 3 保持反应器内的气密性。搅拌轴为 8 和 9，旋转臂为 6 和 7，反复对聚合物溶胶施以剪切力。压盖 3 连有液压系统，使压盖可以上下移动。转臂材料为不锈钢，由于聚合物溶胶的黏度较高，转臂的圆周速率为 0.1~5m/s。

反应温度控制在 40~95℃。温度低于 40℃ 时，由于聚合物溶胶黏度大，难以搅拌；温度超过 95℃，系统会因为水沸腾起泡多而达不到有效的剪切混合。实际聚合反应时间为 35~60min。待聚合完成后，用液压使压盖 3 升起，把聚合物溶胶倾倒出来，送至下一工序。

聚合反应过程中，通过搅拌剪切力对聚合溶胶的作用，也可以在如下的物质存在下进行：可溶性聚合物、除臭剂、香料、植物生长促进剂、杀菌剂、防霉剂、消泡剂、颜料、填料、染料、活性炭以及亲水性短纤维等材料，视 SAP 的用途而可以适当添加上述某些材料。

为了防止聚合物黏结于搅拌和反应器内壁，聚合反应器内壁要求粗糙度较低，有的应用例在内壁涂以聚四氟乙烯等材料，以减少结垢现象。

聚合反应生成SAP可以在纤维材料、织物、表面多孔材料以及泡沫材料中进行，以满足某些特定领域的要求。

5.1.5.6 干燥和造粒工艺

（1）干燥 水溶液聚合的SAP溶胶含有大量的水，要进行干燥必须先除去大部分的水。上述提到的聚合的单体浓度在 $16\%\sim45\%$（质量分数），即1kg溶胶要除去 $2\sim5$kg的水，最终干燥后的SAP含水量在 $1\%\sim5\%$（质量分数）。这样，干燥过程必须消耗大量的热能。如何提高干燥速度，使干燥过程比较经济合理，与许多因素有关。干燥速度首先与干燥器的设计有关，也与SAP溶胶的性能相关，如水分在SAP溶胶中的扩散速度，溶胶的颗粒大小和空隙率和均匀性等。工业上一般用的干燥器也适用于SAP的干燥。除上面工艺简述中提到流动床干燥外，还有全循环传送带式干燥机和转鼓干燥机也都用于SAP的干燥生产过程中。

在干燥过程中，SAP中的未反应的丙烯酸（盐）在热引发剂如过硫酸盐等的存在下可以通过自由基聚合历程进一步转化为聚合物。使未反应的单体从 $0.3\%\sim3\%$ 降至工业应用所需的范围 $0.02\%\sim0.1\%$。如何降低残留单体量的文献较多，涉及的影响因素较多，下述这些因素都可能影响残留单体的含量：生产温度、水含量、聚合物的玻璃化转变温度、所有反应物质的扩散系数、单体、引发剂、聚合物链、SAP胶粒度及其分布等。

在干燥工序中，应注意聚合反应还可能继续进行，有时对SAP产品的残留单体含量起着至关重要的作用。前面已说到单体中二聚体对产品中残留单体的影响。在干燥过程中，引发剂的量和聚合物中水分含量都有极大的改变，这样就会影响聚合物中剩余单体的聚合速率。Irie等提出，干燥过程中必须控制空气的湿度，使聚合物不至于干燥得过快，这样可以延长聚合反应时间，从而降低最终SAP产品的残余单体含量。

同时要注意过高的温度可使SAP链上的羧基产生脱羧反应形成酸酐：

有人在把聚丙烯酸加热到110℃，在红外光谱上就能观察到酸酐基团的生成。在250℃时，经10min，SAP中也会生成酸酐基团。一般认为225℃以上，SAP就可能产生脱羧反应，生成酸酐基团。

（2）造粒 有些工艺中干燥后的SAP胶是粒状，有的是片状，也有的是饼状，大小不一，通常还不能满足应用要求。还需要作进一步的处理，如粉碎、磨细和过筛等，使粒度分布达到 $200\sim800\mu m$ 的范围（有的提出粒度范围在 $400\sim700\mu m$）。$200\mu m$ 以下或 $1000\mu m$ 以上均不可超过 16%。目前 $100\sim150\mu m$ 以下的超细粒子在产品中，用户已不能接受。现已有一套标准的筛分分析方法（ASTM）用于SAP的粒度分布测试。

用于婴儿尿布（裤）的 SAP 要求有较窄的粒度分布，可以用二步法粉碎、研磨、过筛，筛上留下较大的粒子可以返回研磨，小于 $200\mu m$ 的超细粒子可以循环返回前面的工序使用。第一步粉碎研磨要求可以比较低一些，第二步研磨粉碎要求较为严格，要求产生的超细粒子尽量得少。

5.1.5.7　后处理

各种方法生产的 SAP 粒子，整个颗粒的交联可以认为是均匀的，若直接应用，例如用于纸尿布上，还是有问题的。SAP 遇尿液后吸收有一个过程，会有少量尿液留于表面，这些尿液与皮肤接触就会使人感觉不舒适。因此，为了增加 SAP 颗粒的表面积应减小 SAP 颗粒的直径或改变 SAP 的颗粒形状（如制成雪花状）。粒径的减小，产生了"鱼眼"（白点）的问题，使吸收速度变慢。作成雪花状的 SAP，吸水速率有所增加，但也不充分，且达到平衡状态的吸水量变小。因为一般作成雪花状的 SAP 的分子量较低，吸收能力下降。

最先解决上述问题的方法是对 SAP 粒子进行表面处理，使 SAP 颗粒表面层交联，形成一个比颗粒芯更硬的壳层。这样就改进了 SAP 的吸水性和分散性。用多官能有机化合物作为交联剂，使颗粒表面的聚丙烯酸具有较大的交联密度。这样在与液体接触溶胀的初期就不会封堵液体，使液体可以在整个 SAP 粒子之间较自由地流动，为溶胀增加可以利用的有效表面积，因而也增加溶胀速率。

交联剂分子中至少应用两个可与 SAP 的羧基起反应的官能基团，最常用的是多元醇，与 SAP 链上的羧基反应生成酯键。其他交联剂有多缩水甘油醚、多官能氮杂环丙烷、多官能胺类和多异氰酸化合物等。如乙二醇作交联剂时，交联反应如下：

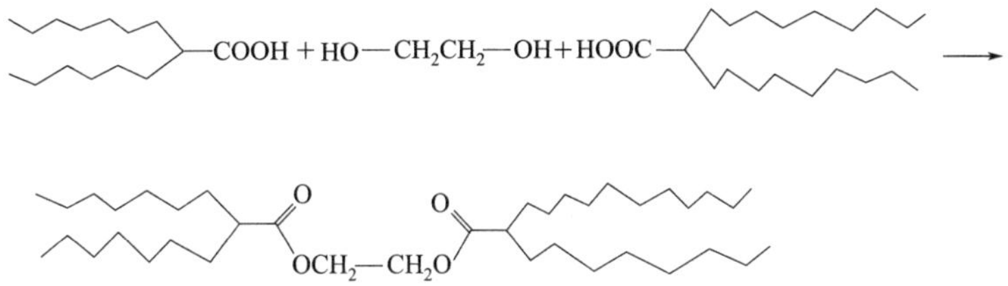

SAP 与交联剂的混合可以在搅拌机中进行，许多类型的搅拌机均可使用。如高速搅拌（3000r/min），可事先用少量溶剂对交联剂进行分散，甚至也可以不用溶胶分散。交联温度在 90～300℃，但 250℃以上聚丙烯酸可能氧化或脱羧而降解。如用乙二醇二缩水甘油醚，因环氧基较活泼，交联反应温度在 140℃，时间为 30min。而与反应活性较低的乙烯碳酸酯交联，反应温度在 180℃，需 1h；反应温度在 215℃，需 15min。

合适的加热设备可以是流动床干燥器、红外干燥器和转盘干燥器等。如流动床干燥器中，把热空气送至 SAP 粒子中，气流速度足以使 SAP 悬浮起来。

实验证明，用水或醇先把交联剂稀释后再进行交联反应产生的鱼眼，比不稀释交联剂时为少，而且能保证承载下的吸水率，如表 5-9 所示。

表 5-9　亲水性溶剂对表面处理的 SAP 性能的影响
（加 0.2% 甘油，在 200℃时，15min）

溶剂组成 [水/正丙醇(质量比)]	溶胀率 /(g/g)	吸水率 /(g/g)	溶剂组成 [水/正丙醇(质量比)]	溶胀率 /(g/g)	吸水率 /(g/g)
原始材料	39.0	9.0	30/70	28.8	29.3
0/100	36.4	23.2	40/60	30.5	29.3
10/90	35.0	21.6	50/50	29.3	28.6
20/80	34.7	29.0			

从表中数据可以看到，从溶胀率和承载下的吸水率综合考虑，用水和正丙醇比例为 3：7 稀释甘油进行表面处理的 SAP 性能最佳。如果用亲水性更强的溶剂甲醇，则水的用量可以下降。当然稀释交联剂的溶剂也影响处理后的 SAP 的性能。交联剂量太低，覆盖粒子表面不完全，会导致承载下溶胀时增加胶的封堵现象。交联剂量太低，还使粒子表面不能形成较硬的交联层，也不能阻止封堵现象。从承载的数据也可以说明，交联剂也有部分穿透到粒子内部，这就不仅仅是在表面交联，这样可以保持承载下 SAP 的吸水率，所以对交联剂分散的控制是很关键的。

其他的交联剂，如醋酸铝、碳酸乙酯、乙二醇二缩水甘油醚也有类似的结果，不仅在 SAP 表面层交联，也可深入到 SAP 粒子的内部。

多价金属粒子交联剂可以在后处理交联中使用，以改进 SAP 的吸收性能。如聚丙烯酸可与二价金属离子络合生成螯合物，如氯化铝、醋酸铝、硫酸铝、氯化钙和硫酸镁等。

用金属离子作交联剂对吸水率的改善效果一般，金属离子交联剂增加到 2%（质量分数）时，吸水率也随之增高，但是超过 3%（质量分数）时，吸水率不再增加。

用铝离子对聚合物作表面处理，首先于 1977 年由 Ganslaw 等提出。主要是改进吸水的渗透性，用醇-水混合物把铝化合物溶解。用铝离子作交联剂可以改进承载下的吸水率。如用 10 份硫酸铝水溶液使 1 份 SAP 溶胀，然后放置于室温下，经一定时间后在 165℃热空气中干燥。

季铵盐也可以用来作表面处理的交联剂，以改进吸水率和吸水量。

在生产中为了减少超细 SAP 粉末（10μm 以下）的生成，可以采用表面交联的方法，或者采用添加适量液体添加剂的方法。如果使用液体添加剂，可以在成品包装前加入非活性的添加剂，以降低 SAP 粉尘量，这种非活性的添加剂也可以在 SAP 后处理前与表面交联剂一同加入。

SAP 易于吸收湿气，在潮湿环境内，若暴露于空气中，经几个小时后即会结块而不能流动。去除湿气可以避免这个问题，但在潮热地区 SAP 生产厂和纸尿布生产厂的除湿并不容易做到。因此可添加一些助剂以降低 SAP 的吸湿速度。例如，可以添加油性添加剂作为吸湿物质，二氧化硅与多元醇相配合可作为 SAP 粒料的流动助剂，季铵盐表面活性剂也可作为防结块助剂。

5.1.6　反相悬浮聚合生产工艺

有关反相悬浮聚合的技术，公开的专利文献，如美国专利，数量很有限，而且多数为实验规模。大规模生产的技术尚未公开发表。目前日本住友精化公司拥有反相悬浮聚合技术，在日本国内有生产装置，在新加坡也有一套 2.7 万吨/年的超吸水性聚合物装置。同时，法国的 Elf Atochem 公司有万吨级装置，采用的也是日本住友精化公司的技术。日本花王公司万吨级以上的 SAP 生产装置，也采用的是反相悬浮聚合技术，产品已用于纸尿裤的生产中。日本制铁化学工业公司也有反相悬浮聚合工艺路线，用于生产超吸水性聚合物。

反相悬浮聚合是水溶性的单体（如丙烯酸）分散于有机溶剂连续相中的单体液滴内进行的聚合反应。有机溶剂一般为脂肪烃或者芳烃。这种分散从热力学和动力学角度来说是不稳定的，因此要有强烈的搅拌装置和低亲水亲油平衡值（HLB＝3～6）。硬脂酸作保护胶，在单体液滴和有机相之间形成电中性层，以防止单体液滴聚结。单体液滴的尺寸一般为 1～100μm。一般地，表面活性剂的量是油相的 2%～5%（质量分数），在临界胶束浓度（CMC）以下。

聚合反应一般由引发剂化学引发，可用偶氮类或过氧化物类引发剂，为自由基反应历程，引发剂可以在分散相（水相）或在连续相（油相）中。如果用水溶性引发剂，则每个单体液滴含有所有反应物种，像一个微小孤立的反应器一样，按水溶液反应历程在单体液滴中进行，经历了单体引发、链增长和链终止等历程。油溶性引发剂常常有较好的热稳定性和反应可控制性，因而普遍被采用。

5.1.6.1　工艺实例

（1）分散相配制　按计量称取氢氧化钠水溶液，在有冷却的条件下滴加至丙烯酸中，以获得部分中和的丙烯酸单体，中和度 75%，单体浓度 46.5%（按水计）。然后计量的引发剂过硫酸钾在吹氮的状态下加到上述单体溶液中，得到清澈透明的混合液体。

（2）连续相配制　甲苯选作有机相，计量加入 Span 80，脱水山梨糖醇单甘油酯为表面活性剂，浓度为 0.33%（按有机相计），加热至 50℃，液体中通氮气 15min。

然后将配制（溶解、计量）好的油溶性交联剂乙二醇二丙烯酸酯加至连续相中，交联剂用量为0.05%～4.5%（按丙烯酸计）。

连续相与水相的比例为3∶1。

（3）聚合过程　反应器装有冷凝器、加料漏斗、搅拌和温度计。反应器通氮加热至80℃，将连续相液体置入反应器中。以一定的速度滴加单体至连续相中，以确保等温聚合。搅拌速度为400r/min。静置1.5h，以使单体充分聚合。用甲醇将水从聚合物中除去，在50℃干燥24h。

粒径是关键参数，上述所得是粒径为300μm（一般希望粒径大于200μm）的珠状聚合物。

连续相介质的选择主要考虑费用、是否易于除去、可否循环使用以及安全等因素。惰性的疏水性有机溶剂可用作连续相，如正戊烷、正己烷、正庚烷和正辛烷等脂肪烃，环烃如环己烷、环辛烷、甲基环己烷、十氢化萘以及它们的衍生物，芳烃如苯、甲苯、乙苯、二甲苯以及它们的衍生物，卤代烃如氯苯、溴苯、四氯化碳和1,2-二氯甲烷等，这些溶剂可以单独使用，也可以两种或多种混合使用。较常用的有正己烷、环己烷、正庚烷、甲基环己烷、甲苯、二甲苯和四氯化碳等。

溶剂和单体的比例在（1∶1）～（5∶1）之间，原则上要求分散稳定，以利于从体系中移除反应产生的热量和控制反应温度。

对于引发剂的选择，作为自由基聚合的引发剂均可在此应用，并无特殊要求，但多用水溶性引发剂，如过硫酸盐（钾、钠、铵盐）、过氧化物（如过氧化氢、叔丁基过氧化氢、异丙苯过氧化氢）和偶氮类。也可以是两种或两种以上引发剂，如氧化-还原引发体系。还原剂可以使用亚硫酸盐、L-抗坏血酸和亚铁盐等。

引发剂浓度增加时，被引发的单体液滴数目增加，所得的聚合物粒径变小，比表面增加，吸水率升高。但引发剂浓度过高时，聚合反应激烈，聚合物小粒子易黏结而引起爆聚，导致吸水率下降。如图5-9所示，引发剂用量高于0.055%时吸水率下降。

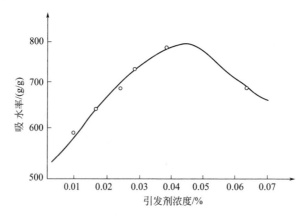

图 5-9　引发剂用量对吸水率的影响

对于适当的交联剂的选择，可以改进吸水聚合物的强度，交联剂的用量一般为单体量的0.005%～1.0%（摩尔分数）。可以参考水溶液聚合所用交联剂。交联剂的主要类型有多元醇二（或三）（甲基）丙烯酸酯及酰胺类，如乙二醇二丙烯酸酯、乙二醇二甲基丙烯酸酯、二乙二醇二丙烯酸酯、二乙二醇二甲基丙烯酸酯、丙三醇二丙烯酸酯、丙三醇二甲基丙烯酸酯、多乙二醇二丙烯酸酯、多乙二醇二甲基丙烯酸酯、N,N'-亚甲基双丙烯酰胺等。交联剂可以在聚合过程中同时加入。

作为聚合物表面处理的交联剂，也可参见水溶液聚合的后处理工艺。

交联剂用量与聚合物吸水性能的关系如图5-10所示。当交联剂浓度小于0.016%时，随交联剂用量的增加，聚合物网络趋于完善，吸水性能提高；当浓度在0.016%以上时，随交联剂用量的增加，吸水性能下降；交联剂浓度超过0.018%之后，交联密度过大，主链亲水基团减少，吸水性能快速下降。

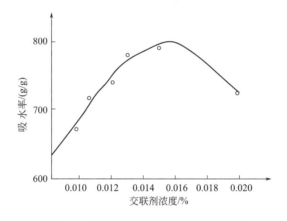

图5-10 交联剂用量对吸水性能的影响

聚合体系中的悬浮剂应选用HLB＝2～16范围内的物质，可选用的物质有：山梨糖醇脂肪酸酯、山梨糖醇单硬脂酸酯、山梨糖酸酯、山梨糖单硬脂酸酯、山梨糖棕榈酸酯、山梨糖单月桂酸酯，还可用蔗糖脂肪酸（如硬脂酸、棕榈酸、月桂酸和油酸）酯，每个蔗糖单元的酯基数量可以为单、双或三，如蔗糖三硬脂酸酯、蔗糖双硬脂酸酯、蔗糖单硬脂酸酯，其HLB值在2～16范围内。

当HLB＝2～6时，聚合物呈珠状；当HLB＝6～16时，聚合物呈粒状。HLB＞16则难溶于烃类。

悬浮剂用量为0.05%～15%。用量过低，体系不稳定；用量过高则不经济。

其他的悬浮剂可参见下述悬浮剂与聚合物粒子形态部分。

5.1.6.2 悬浮剂与聚合物粒子形态

聚合物的平均粒径d的表述，由R. Arshady提出：

$$d = kD_v \eta_m \gamma R/(D_a \eta_c C_s N)$$

式中，k为与设备装置相关的常数；D_v为反应器直径；D_a为搅拌直径；η_m

为单体相的黏度；η_c 为连续相的黏度；γ 为连续相与单体相之间的界面张力；R 为单体相与连续相的体积比；C_s 为悬浮剂的浓度；N 为搅拌速度。

体系确定后，单体液滴和最终聚合物粒子的大小取决于悬浮剂的种类和用量，以及搅拌的强度。悬浮剂用量大，搅拌强度高，则聚合物粒径小。而一般用户要求聚合物粒径较大，搅拌则不能太强烈，悬浮剂用量较少。但这些因素都要以聚合物粒子不聚结为前提。搅拌速度过慢，单体液滴及聚合物粒子在体系中流动的速度就慢，就增加了碰撞的时间，因而易于聚结，以致最终使体系悬浮失败。小规模的反应器，搅拌速度在 $200 \sim 400 r/min$。

如果设备与搅拌速度等确定后，聚合物粒子大小就取决于悬浮剂的类型与用量。

例如，用较低分子量的山梨糖醇单硬脂酸酯（或单油酸酯），聚合物粒径为 $10 \sim 100 \mu m$。使用多乙二醇二硬脂酸酯（或二油酸酯），用量为连续相的 $1\% \sim 2\%$（质量分数），用这些低分子悬浮剂，聚合物平均粒径一般在 $200 \mu m$ 以下。用山梨糖醇单月桂酸酯，聚合物粒径为 $100 \sim 500 \mu m$，但反应时聚合物结壁严重。

较高分子量的悬浮剂可以得到较大粒径的 SAP 聚合物，如乙烯-马来酸酐共聚物、α-烯烃-马来酸酐共聚物、乙烯纤维素、月桂酸-甲基丙烯酸酯-丙烯酸共聚物、纤维素酯类（乙酸酯、丙酸酯和丁酸酯）等，用这些悬浮剂可得聚合物粒径 $200 \sim 350 \mu m$。

用疏水的煅制二氧化硅、膨润土等作悬浮剂，可得聚合物粒径 $400 \sim 1000 \mu m$。

反相悬浮聚合能制备各种形态的 SAP，最普通的是球形，单个粒子表面能最低。如用于卫生用品，球形粒子易滚动，给加工带来不便，而低表面能导致吸水率低。因此，要求改变粒子形态。

其中一个方法是使单体水溶液与连续相在恒沸下使水从聚合物中蒸出，而在产品粒子中留下空隙，这样可提高吸水率。

另一种方法是把较小的粒子聚结为较大的粒子。初始粒子可以就地预先制成，或在另一反应器制成。将种子粒子分散于连续相中，然后再继续加单体混合物进行聚合反应。也可以把单体溶液加至已经干燥的分散于连续相的聚合物体系中，然后共沸蒸馏除去水分。由于原先粒子表面吸收了聚合物而变得黏稠，便产生了聚结。

在另外的资料中，Kimura 等制备了非球形的 SAP。

调节单体溶液的黏度在 $15 \sim 5000 mPa \cdot s$（最好是 $20 \sim 3000 mPa \cdot s$），可以得到球状聚合物，粒径为 $150 \sim 400 \mu m$，粒径分布窄。当单体溶液黏度在 $5000 \sim 20000 mPa \cdot s$ 时，聚合物为球形和非球形的混合物。黏度超过 $20000 mPa \cdot s$，只可得到非球形聚合物。黏度大于 $1000 Pa \cdot s$ 时，这样的黏度很难配制处理到反应器中。单体溶液黏度在 $5 \sim 1000 Pa \cdot s$ 时，非球形的聚合物像香肠一样，粒子的长径比在 $1.5 \sim 20$ 范围内，聚合物粒子长度在 $100 \sim 10000 \mu m$ 之间。

能使单体溶液增稠的增黏剂的主要品种有羟乙基纤维素、羟丙基纤维素、甲基纤维素、羧甲基纤维素、多乙二醇、聚酰胺、聚酰亚胺、聚丙烯酸、部分中和的聚丙烯酸、交联的聚丙烯酸、部分中和并交联的聚丙烯酸、糊精 [$(C_6H_{10}O_5)_n$] 和精氨酸钠等。

还有其他粒子形态的聚合物，如回旋状等。

5.1.6.3 反相悬浮聚合的主要优缺点

第一，与水溶液聚合比较，反相悬浮聚合可以用较高浓度的单体溶液，因为连续相与聚合物粒子紧密接触，便于从聚合物粒子移除反应产生的热量。但是，单体和连续相的比例为1∶1或更低，使这一优点大为逊色。

第二，悬浮聚合后处理工艺较简单，不用再粉碎和造粒，干燥也是比较有效的。不过要对溶剂进行回收处理等，这一点不如水溶液聚合来得经济和方便。

第三，反相悬浮聚合可以得到所期望的SAP粒子大小和形状，粒子表面积大，这是水溶液聚合难以达到的。

5.1.7 超吸水性聚合物的应用

超吸水性聚合物有许多独特的性能，它能吸收成百上千倍自身质量的水分。由于分子的交联结构，分子网络吸收的水不会被简单的物理方法挤出，因此具有很强的吸水性，吸水率高、保水性强、吸水速度快、膨胀力大、凝胶化力大、增稠和增黏性强以及具有弹性，因而在日常卫生用品、农业、工业、土建和医疗卫生等许多行业和领域中得到广泛的应用。

5.1.7.1 卫生材料用品方面的应用

超吸水性聚合物应用量最大的是在个人卫生用品方面。其中按用量大小次序为婴儿纸尿布（裤）、儿童训练裤、成人失禁用品和妇女卫生巾。由于SAP具有吸收率高、吸液量大、保液性好、安全、无毒和重量轻等特点，因而卫生用品生产厂家把其添加于婴儿纸尿裤、成人失禁垫、医用衬垫、宇航员尿袋等用品之中。这些卫生用品中，SAP用量最大的是婴儿纸尿裤，约占超吸水性聚合物卫生用品用量的90％以上。

（1）婴儿纸尿裤 在过去的三十年中，婴儿纸尿布（裤）变化很大，但是三部分基本设计组成仍在延续，即吸水的芯层是介于多孔的面层和不会渗透的底层之间。如图5-11所示，面层靠着婴儿的皮肤，帮助芯层免于吸液后被撕破，既能使尿液顺畅通过，又要使尿液不能滞留于婴儿皮肤表面附近，一般用多孔的疏水材料，如聚酯或聚丙烯无纺布。底层亦要求为疏水物质，能保持婴儿的衣服干燥，但不是多孔状的，如聚丙烯薄膜。芯层吸收尿液并把尿液分散于整个芯层，在婴儿体重压力下能使尿液保留于芯层。

早期纸尿布的芯层是用多孔皱纹纸，尿液滞留于纸纤维之间的间隙，要吸收较大量的尿液，则要求芯层这种间隙要多，也就是要增厚芯层，但婴儿腹股之间的面

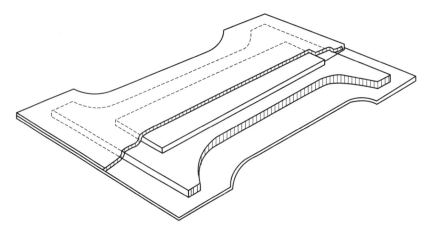

图 5-11　纸尿布芯层示意图

积是有限的。后来在芯层加了超吸水性聚合物，纸尿布的贮液能力就大为改观，这主要是由于 SAP 的优良的保持尿液能力，SAP 在 1～5kPa 压力下能保留自身重量 30 倍以上的尿液。SAP 吸尿后溶胀成有弹性的固体状态，阻止尿液漏到婴儿的皮肤上和衣服上。SAP 与绒毛浆（木质纤维）以 1～10 倍的比例混合作成芯层，初期聚合物占芯层重 12％，后来可达 60％以至更高。

早期（20 世纪 80 年代）所用的 SAP 的交联度较低，吸液溶胀后比较软，并且变形，膨胀到绒毛浆的间隙及 SAP 粒子中去，孔隙减少变小，使进一步吸液受阻。为了解决这些问题，研究者对 SAP 的合成做了大量研究和改性，如增加交联度等，同时对芯层的加工工艺进行改进，例如在婴儿尿出的地方增加 SAP 的密度，这样利于把尿吸到整个芯层。

在 20 世纪 90 年代初期，超薄型纸尿裤问世，尿裤芯层的纤维素绒毛浆减少了一半，吸液芯层 SAP 浓度更高，纸尿布可以制成更薄，并加一层尿液分布层的无纺布以改进尿在吸液芯层的分布，这层无纺布置于多孔面层和吸液芯层之间，此尿液分布层吸液能力比绒毛浆和 SAP 都低，并且密度低，可以使尿液很快分布于芯层，可以用交联的纤维素纤维或无吸收无纺布。例如聚丙烯纤维，具有足够的孔隙使尿液自由通过。

为了保持总的吸液能力，超薄型的尿布 SAP 用量是原来的一倍，纤维素绒毛浆含量少了，溶胀的 SAP 粒子间的纤维减少，而仍需解决抵御胶被封堵问题，就需增加 SAP 粒子的模量，最常用的方法是把 SAP 粒子作成交联密度有梯度的聚合物，在粒子表层交联密度比在粒子中心高，即前述的干燥后处理工艺，密度较低的粒子中心部分能保证较自由溶胀，面层交联密度较高也可改善 SAP 承压下的吸收性能。

总之，通过多年的开发，目前婴儿纸尿裤已发展到很成熟的阶段，具有吸收性好、不漏液、舒适和安全等优点。

（2）生理卫生用品　超吸水性聚合物用于个人卫生用品，最早是在日本用于妇女卫生巾中。婴儿尿液含盐和尿，是黏度很低的水溶液，而妇女卫生用品要吸收的液体更为复杂，为更黏的水、盐和细胞的混合物，其中细胞很大，难于扩散到SAP网络结构中去，而只吸收于SAP粒子的表面，因此所用SAP与婴儿尿布的有所不同。用表面活性剂涂于SAP粒子表面可以改进SAP对血液的分散性。也有用氢氧化钾和氢氧化锂对丙烯酸进行中和而用于妇女卫生材料的SAP。

生理卫生用品的构成是以吸液材料为中心的吸液层，以及由粉碎底浆、吸水纸和SAP构成的吸水层。最初是用两张吸水纸之间装填SAP，经压花加工制备成薄片，然后把此薄片嵌入卫生巾中。目前有种种改进，但此法还在应用。

（3）成人失禁材料　超吸水性聚合物也用于成人失禁产品以吸收尿液，所以与婴儿尿布用的SAP类似，不过成人的尿量和流速皆大于婴儿的，用品承受的压力也要比婴儿的大。所以快速溶胀型SAP适宜在成人失禁用品中应用。一种方法是制成不同样式、多层的吸收垫，如轻型垫、重型垫、床垫和短裤等。SAP要快速溶胀可以采用较小粒径的SAP（较大比表面），也可用较小粒径SAP聚结的多孔性SAP。

5.1.7.2　农业林业和园艺

超吸水性聚合物在农林和园艺方面的应用已取得了较为显著的成效。如农业方面用于土壤保水和种子包衣等。

在土壤中加入0.1％～0.3％的超吸水性树脂，可以改善土壤团粒结构和增加土壤的透气性，既可以使土壤保湿期延长，又可以加长作物发芽成活时间，促进作物的生长。在这方面有大量的研究和报道，如土壤中加0.1％的超吸水性聚合物，可使西红柿产量增加2倍。农田抗旱用多官能种子包衣剂，能使玉米增产10％～15％，豆类增产10％～13％，甜菜类增产14％～23％。所谓种衣剂是指在干燥或润湿状态下的植物种子用含有黏结剂的农药或化肥组合物包覆，使之成为一定功能的保护层，这过程称作种子包衣，包在种子外的包覆层称作种衣剂。种衣剂含有农药、化肥、微量元素、植物生长激素、胶体分散剂和水等，含有3％～4.5％的超吸水性聚合物。种衣剂是20世纪30年代由英国Lermain种子公司首先用于谷类种子的。20世纪80年代包衣的棉种已应用于实际耕种。美国和澳大利亚都用于棉花和花生的种植。我国也有种衣剂的生产装置，为我国推广和应用水稻直播种衣剂提供了有利条件。

超吸水性聚合物在农业市场中的消费占有较大份额。在花卉栽培园艺方面，用超吸水性聚合物后，花卉、树木、灌木、挂篮等的浇水量和浇水频度均可减少。在苗圃中，常常要求使用无土栽培，避免从土壤中给植物带来病害，并要求重量轻，用超吸水性聚合物能满足这些要求，并能增加保水时间。种植苗木，使用超吸水性聚合物可使成活率提高18％～50％。

在农田中施用化肥，可以将超吸水性聚合物与化肥混合，化肥可以进入聚合物溶胶。如尿素和硝酸钾，尿素为非离子化合物，释放速度不一样，丙烯酸盐对一般盐类（如硝酸钾）有很大的容忍度，因此可以作成浓度较高的化肥。这种经超吸水性聚合物混合的化肥，施于土壤中，可以在农田里缓慢释放化肥，使植物生长过程中吸收营养肥料更加均衡。遇雨天释放化肥，晴天化肥又可溶胀于超吸水性聚合物颗粒中。沙漠地区绿化可以用超吸水性聚合物吸水植物，然后长时间向植物均衡供给营养成分和水分，以满足植物的生长需要。

埃及和日本正在合作推进一项利于超吸水性聚合物绿化沙漠的计划，并建成保水剂装置，于1994年投产，成为"沙漠变绿洲"的物质基础。

超吸水性聚合物也可添加在草皮中，具有高价值的草地中即可添加超吸水性聚合物进行养护。例如高尔夫球场、草皮生产基地和田径场等，这些地方植皮生长和健康是至关重要的，保养费用是高昂的。添加超吸水性聚合物后可以降低维护费用，同时可以改善运动场地的耐久性。

用超吸水性聚合物可以在防腐布上种植形状各异、面积大小不同的草坪，为美化、绿化和净化城市环境起作用。随着人们生活水平的提高，越来越多的城市会追求美化、绿化，超吸水性聚合物在这方面的应用前景良好。

5.1.7.3 电缆和电气方面

电缆包覆中加入超吸水性聚合物可以提高电缆的安全性和延长使用寿命，可以避免电缆受潮而降低可靠性。

超吸水性聚合物的溶胀性能可以用来保护电力电缆和通讯电缆免受水的侵害。目前这方面的应用正在扩大，尤其是在光纤电缆方面，市场前景很好。可以把超吸水性聚合物和聚合物胶黏剂混合后，铺于无纺布上制成防水带，包覆于电缆上，防止水分侵害电缆；也可以把超吸水性聚合物和丁基橡胶及溶剂配成涂料，然后涂于聚酯带上。

如图5-12所示为光纤电缆。电缆芯有一条或多条光纤在塑料管（称为芯管）中间，外面是套管，芯管与套管之间是一层防水层，含有超吸水性聚合物。

如果外套管有裂痕或破损，水就会进入防水层，其中超吸水性聚合物就会溶胀并密封住受损部位，阻止水分穿透进入电缆。

据Stockhausen公司介绍，用超吸水性聚合物作防水处理的电缆成本低，并且性能等同或优于传统处理方法。

在碱性电池中，为了防止铅氧化物粉末的沉降，采用的是添加分散剂的方法。以前采用交联淀粉或天然高分子增稠剂作凝胶剂，现在可以用超吸水性聚合物作凝胶剂，凝胶特性更佳。

5.1.7.4 医药和农药方面

近年来，SAP凝胶在医疗方面的应用取得了明显的进展。研究表明，高吸水凝胶可抑制血浆蛋白质和血小板的黏着，使其难以形成血栓。把尿激酶等活性酶固

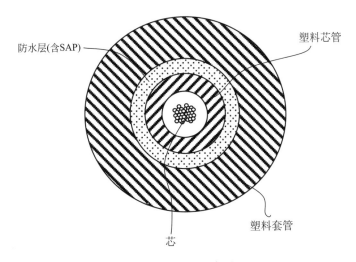

防水层(含SAP)　　　　　　　　　　　　塑料芯管

塑料套管

芯

图 5-12　SAP 在电缆中的应用示意图（US P5163155）

定在凝胶表面，则能溶解初期形成的血栓，为研究抗血栓剂提高了新的途径。

在湿布药剂中，添加超吸水性聚合物作增稠剂，可使药剂含水量提高，保水性也提高，可以提高药物释放的效果。

超吸水性聚合物具有遇水膨胀成凝胶的特性，在其分子网络结构中，水溶性的药品或农药可以以溶液的形式逐步地缓慢地释放出来。非水溶性的药品很难加到亲水性体系中，而凭借超吸水性聚合物与表面活性剂则可解决这一难题。超吸水性聚合物在其网络结构中可吸收疏水性的表面活性剂，这样就可以增加疏水性药品在超吸水性聚合物中的溶解度。在含有药品的超吸水性聚合物的溶胀过程中，可以缓慢释放药品。

把超吸水性聚合物包于无纺布中，可迅速吸收创伤部位的出血和体液，起到防止化脓保护伤口的作用。

在牙科中，超吸水性聚合物可以用作唾液吸收材料，在填充物中加入少量超吸水性聚合物，可以增加其密封性。在外科污物中添加超吸水性聚合物，可使其快速吸收液体，使污物变硬，易于处理。

此外，超吸水性聚合物还可以用作人工肾脏过滤材料、血液吸收材料、避孕药剂载体等。

5.1.7.5　土建建筑工业

土建建筑工业方面，控制水是很重要的操作。超吸水性聚合物在这方面可以有很多用途。超吸水性聚合物吸水后膨胀，利用其膨胀性，可以密封阻断水分的进一步进入。用热塑性弹性体，如乙烯-醋酸乙烯聚合物或氯化橡胶与超吸水性聚合物混合而成的密封材料，已用于建筑构件的粘接上，还可以作建筑上水泥结构件之间的密封连接。如果在连接处留下一些缝隙，超吸水性聚合物就会吸收渗漏的水分而膨胀填满缝隙，阻止水分通过连接处渗漏。同样，管件的连接处使用添加有超吸水性聚合物的垫圈，也能因其膨胀而使管件连接处形成紧密的密封。这些都在英法海底隧道施工中得到了应用。同样，在河流、水库、堤坝和矿井等防水堵漏工程抢险中，用含有超吸水性聚合物的堵漏剂，可以大大提高安全性。

超吸水性聚合物可以作水泥添加剂，可以做成土壤稳定剂。在做建筑基础时，超吸水性聚合物与水泥及其他材料混合制成土壤稳定剂，可以吸收周围土壤中的水分，形成较坚硬的表面，然后放置建筑基础。水泥浆中现场添加超吸水性聚合物，可增加水泥的黏度，改进水泥浆的流动性。$1m^3$ 水泥浆添加 2kg 超吸水性聚合物即可以得到满意的结果。还可以改进水泥的强度和硬度。

建筑材料中，添加有超吸水性聚合物的聚氯乙烯制成的板材，可作为防露水板材，在天花板下涂以含超吸水性聚合物的涂料，可以防结露。

此外，超吸水性聚合物在室内应用中，可以控制空气湿度，避免因湿度高而对天花板或墙板造成的破坏。

5.1.7.6　食品包装方面

利用超吸水性聚合物吸收并贮存液体的特性，对运输和贮存时可能会受潮或本身会溢流的食品，用含有超吸水性聚合物的复合材料进行包装，可以确保其安全。超吸水性聚合物与薄膜或无纺布组合，可以加工成各种吸液衬里材料，用以包装肉类食品、海鲜、冷冻的新鲜食品、水果和果汁等，可以使食品保持清洁外观，取出食品时，袋中不存留液体，使食品保持新鲜而提高商品价值。飞机和运输包装箱若衬有此类吸收材料，则可吸收流出的液体，保持容器内的清洁。若粉状超吸水性聚合物不宜与食品接触，可以将超吸水性聚合物压在两层纸或无纺布之间，做成吸收垫，比以往使用硅胶吸收能力更强。

此外，超吸水性聚合物也可以用于危险品、化学品、花卉和植物等的包装和运输。例如，超吸水性聚合物的平衡吸湿性，即在高温度下放湿、在低温度下吸湿的性能，在运输果品、食品、谷物中，特别是在海上运输中具有特别的作用。因为海上运输中，温度变化剧烈，容器内容易结露。以前采用硅胶防结露，单硅胶无"呼吸"作用，且吸水能力有限，现采用含超吸水性聚合物的胶黏剂材料，将之固定于无纺布上，可以方便地贴在容器内，如容器顶部，效果很好。

5.1.7.7　其他应用

(1) 石油开采　石油开采需要大量能迅速凝胶化的堵水剂，过去一般采用聚丙烯酰胺，在水中含量达到 10% 才能凝胶化，而使用超吸水性聚合物只需 0.5% 的含量即可快速凝胶化，装置性能与效果也得到了提高。我国在这方面的需求很大。

(2) 消防灭火　由于超吸水性聚合物吸水不吸油，因此可以用作油水分离剂和灭火剂等。德国 Degussa 公司研制的 firosorb 灭火剂是一种新型的含有超吸水性聚合物的灭火助剂。这种灭火剂具有很好的防火和灭火性能，它的吸热能力是水的 5

倍,使用这种灭火剂不仅可以减少50%的用水量,而且还可缩短灭火时间。

(3)人造雪 日本松下兴产公司利用超吸水性聚合物吸收上百倍水后冷冻成胶状如雪花一样的人造雪,并建成人造滑雪场,这种人造雪没有天然雪的松散感觉,用手触摸如天然雪一样又软又冷。东京附近有这种滑雪场,其环境温度可以比单独用水造雪的雪场高10℃以上,使滑雪更为舒适。

(4)化妆品 在化妆品中加入超吸水性聚合物作增稠剂,可以保持化妆品长期润湿,其效果优于相应胶乳。若在扑面粉中加入超细粉超吸水性聚合物,这种粉因吸潮而黏着于皮肤表面,有延长使用期的效果。

(5)污水处理 污水处理工艺中,添加超吸水性聚合物可以使污水增稠或变硬,便于利用处理。

(6)涂料领域 船底防污涂料是在船吃水下部涂的含有氧化亚铜和有机锡等防污剂的合成聚合物涂料,以减少海生物在吃水线下方的附着,添加一定量的超吸水性聚合物可以缓解防污剂的析出,因而延长涂料的使用寿命。

上述超吸水性聚合物在工农业及日常用品等方面的应用,以及其他各个领域的应用及需求仍在不断地发展。

5.2 丙烯酸的其他应用

5.2.1 减水剂

高效减水剂是指在保持混凝土坍落度基本相同的条件下可大幅度减少拌和用水量的外加剂,其在混凝土配制中的作用主要有:①在不改变混凝土组分的条件下,改善混凝土工作性;②在给定工作条件下,减少水灰比,提高混凝土的强度和耐久性;③在保证混凝土浇筑性能和强度的条件下,减少水和水泥用量,减少徐变、干缩、水泥水化热等引起的混凝土初始缺陷;④降低混凝土施工工作强度,提高施工速度;⑤扩大混凝土的使用范围,尤其是生产高强、高性能混凝土和高流动度自密实混凝土。随着科技的发展、混凝土应用种类的增多和人们对混凝土性能要求的不断提高,包括减水剂在内的混凝土外加剂,已成为现代施工作业中不可缺少的组分。

具有梳形分子结构的聚羧酸系高效减水剂减水率高、保坍性能好、掺量低、无污染、缓凝时间短、成本较低,适宜配制高强、超高强混凝土以及高流动性及自密实混凝土,因而成为国内外混凝土外加剂研究开发的热点。

2015年中国混凝土外加剂总产量达1380万吨,其中减水剂852万吨。在852万吨减水剂中,聚羧酸型高效减水剂622万吨,占比73%,其他27%为木质素磺酸盐减水剂（ML）、萘系减水剂（SNF）、磺化蜜胺树脂系减水剂（SMF）以及氨基磺酸盐系减水剂（ASP）等产品。聚羧酸型高效减水剂占全部减水剂的比例，2011 年为 37%，2013 年为 52%，上升是很快的。

按照减水型与保坍型聚羧酸减水剂的使用量为 7∶3 计算，平均每合成 1 吨聚羧酸减水剂（20% 固含量）需要 25kg 丙烯酸，则 2011 年、2013 年和 2015 年国内聚羧酸减水剂生产所消耗的丙烯酸分别为 6.0 万吨、12.4 万吨和 15.6 万吨。

聚羧酸系高效减水剂是一类含羧基（—COOH）的高分子表面活性剂，其分子结构呈梳形，主链系由含羧基的活性单体聚合而成，侧链系则通过含功能性官能团的活性单体与主链接枝共聚得到。根据主链上设计的大单体（在分子结构中摩尔分数大于 50%）结构单元的不同，一般将聚羧酸系高效减水剂分为聚丙烯酸盐（或酯）类、聚马来酸（酐）类、聚（甲基）丙烯酸（酯）和马来酸共聚物类等。

聚丙烯酸系高效减水剂的合成方法大致分为：可聚合单体直接共聚法、聚合后功能化法、原位聚合与酯化接枝法三类。

（1）可聚合单体直接共聚法及其特点　先制备具有聚合活性的大单体，然后将一定配比的单体混合在一起直接采用溶液聚合而得成品。此工艺虽然简单，但是先要合成大单体，分离提纯过程繁琐，成本较高。日本触媒公司已经用短链甲氧基聚乙二醇甲基丙烯酸酯、长链甲氧基聚乙二醇甲基丙烯酸酯和甲基丙烯酸三种单体直接共聚合成了一种坍落度保持性良好的混凝土外加剂。张荣国等采用的方法是，先向反应器中加入丙烯酸、聚乙二醇及一定量的其他助剂，于 100～120℃ 下进行酯化反应，制得可聚合大分子单体，再将上述可聚合大分子单体、丙烯酸、甲基丙烯磺酸钠按比例在水溶液体系中进行自由基共聚反应，在 60～80℃ 反应 3～5h 后冷却至室温，用 NaOH 溶液调节 pH 至 7～9，得到聚丙烯酸高效减水剂产品。性能测试表明该减水剂掺量为 0.35 时，减水率达 21.3%，90min 坍落度几乎无损失。

（2）聚合后功能化法及其特点　利用现有聚合物进行改性，一般采用已知分子量聚羧酸，在催化剂作用下与聚醚经酯化反应进行接枝，但是现成的聚羧酸产品的种类和规格有限，其组成和分子量调整比较困难；聚羧酸和聚醚的相容性不好，酯化实际操作比较困难；同时，酯化反应过程中，不断有水的生成，导致相分离。Grace 公司用烷氧基胺作反应物与聚羧酸接枝［H_2N-$(BO)_n$-RBO 代表氧化乙烯基团，n 为整数，R 为 C1～C4 烷基］，聚羧酸在烷氧基胺中可溶，故酰亚胺化彻底。反应时，胺反应物加入量为—COOH 摩尔数的 10%～20%，通过两步反应：反应混合物先高于 150℃ 反应 1.5～3h，降温至 100～130℃ 后加入催化剂再反应 1.5～3h 即可得所需产品。

（3）原位聚合与酯化接枝法及其特点　以聚醚作为羧酸类不饱和单体的反应介质，克服了聚合后功能化法的缺点。该反应集聚合与酯化于一体，这样避免了聚羧酸与聚醚相容性不好的问题，工艺简单，生产成本低，可以控制聚合物的分子量。但是分子设计过程比较复杂，主链一般也只能选择含羧基基团的单体，而且这种接枝反应是个可逆平衡反应，反应前体系中已有大量的水存在，造成其接枝度不高，且过程很难控制。如 Tshwal 等把丙烯酸单体、链转移剂、引发剂的混合液逐步滴加至装有分子量为 200 的甲氧基聚乙二醇的水溶液中，在 60℃ 反应 45min 后，升温至 120℃，在氮气保护下不断除去水分，而后加入催化剂升温到 165℃，反应 1h，进一步接枝得到成品。

近年来，我国重点建设项目众多，急需高性能混凝土技术。作为重要的水泥外加剂，聚羧酸系高效水泥减水剂是高性能混凝土生产过程的关键成分，目前已在国内大型工程中大量应用，如杭州湾跨海大桥、苏通大桥、上海磁悬浮列车轨道等混凝土工程都使用了聚羧酸系高效水泥减水剂。国外生产此类产品的知名化学公司如格雷斯公司、花王公司、马贝集团等纷纷进入中国市场；国内企业如武汉浩源化学建材有限公司、四川柯帅外加剂有限公司、江苏博特新材料有限公司等已有聚羧酸系高效水泥减水剂产品在工程中得到应用。聚羧酸系高效水泥减水剂有着广阔的应用前景，将进一步朝着高性能、多功能化、生态化、国际标准化方向发展。

5.2.2 助洗剂

助洗剂主要是指那些与去污有关、增加洗涤特性功能的辅助成分，分成无机、有机和高聚物三大类。广义上讲，合成洗涤剂中除了表面活性剂外，对洗涤起辅助作用的组分都可称之为助洗剂。狭义上的助洗剂是指在合成洗涤剂中起螯合或分散作用，并对洗涤有一定帮助的助剂。通常使用的助洗剂有三聚磷酸钠、4A 沸石、层状硅酸钠、柠檬酸钠、氮川三钠、高分子类聚合物等。而高分子类聚合物中使用最多的就是丙烯酸类聚合物及其共聚物。

自 20 世纪出现合成洗涤剂之后，助洗剂的变革经历了几个阶段。最早是采用纯碱、硅酸盐为助剂，通过沉淀来软化水质；后来使用磷酸三钠来软化水质。这些方法都存在明显的缺陷——沉淀过多，织物上积垢严重，影响织物寿命和穿着效果。自 20 世纪 40 年代后期起，三聚磷酸钠以其螯合力、抗沉淀分散作用和洗涤增效作用等优点被广泛应用到合成洗涤剂中，并一直沿用到今天，仍被视作洗涤剂的"黄金助剂"。1970 年，在日本爆发了对合成洗涤剂工业影响深远的"琵琶湖事件"，发现湖内水质发生严重的富营养化问题；同期在欧美国家也相继发生类似现象。经过专家论证，水体中的磷酸盐含量过高是罪魁祸首。一时间，合成洗涤剂成为众矢之的。因为在当时的合成洗涤剂中，三聚磷酸钠的含量约占 40%～60%。为此，各国先后制定了相关的限磷、禁磷法规。在美国和欧洲北部都已完成用含沸石和聚丙烯酸盐的洗涤剂取代含磷洗涤剂，而在欧洲南部国家含磷洗衣粉目前仍在使用。在寻找代磷助剂的过程中，4A 沸石脱颖而出，而丙烯酸类高分子聚合物可以其高效的分散力来弥补 4A 沸石为主的助剂体系分散力不足的弱点，也逐渐被人们所认识，聚羧酸盐类高分子聚合物最早是在 1970 年引入到洗涤剂配方中。随着近几年国内无磷粉的发展，对丙烯酸类聚合物的需求越来越大，对此类聚合物的研究也是越来越多。它在洗涤剂中有许多优异性能，如：分散悬浮污垢及无机盐；良好的抗再沉积性；增强一次去污力；改善多次洗涤性能；螯合 Ca^{2+}，Mg^{2+} 等。因此，引起了洗涤剂配方设计者的重视，而得到广泛应用。然而，由于聚丙烯酸盐不易生物降解和市场价格偏高，加上部分地区对禁磷还有不同的政策，使得其应用受到了一定的限制。

5.2.2.1　丙烯酸类助洗剂的结构

高分子聚合物由一种或几种单体聚合而成。同样的单体通过不同的聚合工艺可以得到结构上差别很大的聚合物，从而得到一系列性能不同的聚合物。通常作为助洗剂的聚羧酸类聚合物有以下通式。

$$\left[\begin{array}{cc} X & Y \\ C & C \\ Z & COOH \end{array}\right]_n$$

上述结构中 X＝Y＝Z＝H，即都是氢原子时，为聚丙烯酸（盐）聚合物。

$$\left[CH_2-\underset{COOH}{CH}\right]_n$$

丙烯酸（盐）聚合物结构是羧酸（盐）聚合物中羧基密度最低的一种。

若是 Z＝COOH，X＝Y＝H，则为聚马来酸（盐）聚合物。

$$\left[\begin{array}{cc} H & H \\ C & C \\ HOOC & COOH \end{array}\right]_n$$

该结构中羧基密度就比丙烯酸（盐）的大。

Paolozini 在其专著中对聚合物的羧基密度作了详细的分析。若以不同比例的丙烯酸与马来酸共聚，则可以得到不同羧基密度的聚合物。如果丙烯酸与乙烯共聚，则聚合物结构中羧基密度比聚丙烯酸（盐）更低。

因此，通过丙烯酸和不同电荷密度的单体共聚，可以得到主链上平均电荷密度无限多的变化，而主链上电荷密度（或者羧基密度）是决定聚合物性能特征的关键因素。

在洗涤剂中，助洗剂的效果即羧酸根与金属离子的螯合能力，似乎是羧基密度较高时助洗剂更为有效。比如在重金属离子含量较高的场合（钙镁离子超过常量），富含羧基的聚合物助洗效果会更佳。

改变性能的另一个重要因素是聚合物分子量，同样单体经不同的聚合工艺，可以得到分子量差异很大的聚合物，而分子量不同的聚合物，其性能也不同（参见表 5-10）。

表中聚合物的螯合常数的对比说明丙烯酸均聚物分子量越大，对钙镁离子的螯合能力越强。丙烯酸与马来酸共聚物中，马来酸占 50％的比占 30％的螯合常数高，说明羧基密度高，螯合常数高。同时与丙烯酸均聚物相比，分子量为 70000 的共聚物比分子量更高的均聚物螯合常数要高出好多倍。

表 5-10　不同分子量聚丙烯酸的性能对比

聚合物	分子量	螯合常数(对 Mg)	螯合常数(对 Ca)
聚丙烯酸	1200	2×10^3	4×10^3
聚丙烯酸	15000	3×10^3	4×10^3
聚丙烯酸	250000	3×10^3	8×10^3
聚丙烯酸/马来酸 70/30	70000	2×10^4	2×10^4
聚丙烯酸/马来酸 50/50	50000	1×10^5	6×10^5

已投入生产和应用的丙烯酸类助洗剂有丙烯酸均聚物和马来酸酐-丙烯酸共聚物，它们的结构示意图如图 5-13 所示。

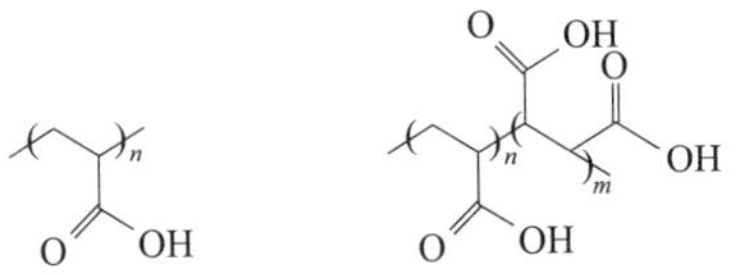

图 5-13　常见聚羧酸盐类高分子聚合物的结构示意图
左：丙烯酸均聚物；右：马来酸酐-丙烯酸共聚物

从结构图中可以看到，丙烯酸均聚物以不同分子量来区分；马来酸酐-丙烯酸共聚物的结构中则有三个特点：分子量——表征聚合程度、共聚配比——反映了不同的电荷密度、聚合规律性——聚合反应的控制程度的体现。而结构上的差异就决定了高分子聚合物性能上的差别，如：电荷密度影响着聚合物与表面的相互作用、吸收与脱附作用，与阳性可溶离子的相互作用，聚合物-离子复合物的溶解性等。

一般作为助洗剂的丙烯酸均聚物分子量在 2000～10000；马-丙共聚物的分子量在 8000～100000，共聚配比在 （1∶1）～（1∶4）（马来酸酐∶丙烯酸）。这些聚合物一般都被制成部分中和的产品，在确定了共聚配比后，可以通过先聚合后（用碱液）中和或先（用碱液）中和后聚合两种工艺制得。需要注意的是控制聚合反应的温度、时间以及聚合反应的引发剂、链转移剂等的加入量和时机，这样才能得到分子量适中、聚合规律较好、适宜作为助洗剂使用的聚合物。

5.2.2.2　聚羧酸盐类高分子聚合物的结构与性能的关系

用于洗涤剂中的聚羧酸盐类高分子聚合物的自身性能主要体现在三方面，即 $CaCO_3$ 结晶抑制能力、颗粒分散能力和 Ca^{2+}、Mg^{2+} 螯合能力。这些性能应用在实际洗涤过程中主要体现在三方面，即织物纤维的抗灰分沉积、防止污垢再沉积能力和黏土污垢去除能力。

（1）结晶抑制能力和织物的抗板结能力　在洗涤过程中，洗涤剂中的 CO_3^{2-} 和水中的 Ca^{2+} 等结合形成 $CaCO_3$ 晶粒，并会向织物表面沉积，$CaCO_3$ 晶粒会进入织物纤维的网状结构，长时间会造成织物的板结，穿起来会很不舒服，因此必须要减小这种趋势。而使用高分子聚合物就是有效的解决办法。高分子聚合物是通过以下机理来解决这个问题的：抑制 $CaCO_3$ 结晶的生长，即尽量减少 $CaCO_3$ 结晶的生成，或即使生成 $CaCO_3$ 晶粒，也要使它的晶粒较小，易于悬浮在水中。所以高分子的结晶抑制能力直接对应着织物纤维的抗灰分沉积能力。下面将讨论这两种性能。

a. 结晶抑制作用。聚合物链上含有大量的活性基团，并且通过活性基团被吸附固定在晶体表面，从而造成一种晶格畸变和连续晶体抑制。所以链上电荷密度和分子量对结晶抑制作用有很强的影响。

用 $CaCO_3$ 分散能力来表征高分子聚合物的结晶抑制能力。每克聚合物所保持胶体态（$200\mu m$ 以下）的 $CaCO_3$ 量为 $CaCO_3$ 分散能力 CCDC。如果聚合物链足够长，则 CCDC 主要取决于阴离子基团（如羧酸根）之间的距离。间距越小，分散力越高；如果分子太短（<2000），它就会失去部分聚电解质的性质，而更像一个低分子量电解质。因此 CCDC 与聚合物的分子量、电荷密度有很大的关系。实验室中可快速简便地检测 CCDC，方法如下：

称取折纯 1g 的聚合物，加入水稀释至 100mL，加入 10mL 的 10% Na_2CO_3 溶液，温度为室温，调节 $pH=11$，用已标定的 0.1mol/L 乙酸钙溶液滴定，滴定过程要求滴加速度缓慢（约 1mL/min），振荡充分，以目视能看到 $CaCO_3$ 混浊开始为反应终点，通过消耗乙酸钙的量可计算得到聚合物的 CCDC。这个实验过程证明了 CCDC 可以表征高分子的结晶抑制作用，当滴定开始时，Ca^{2+} 加入到体系中，立即与 CO_3^{2-} 结合生成 $CaCO_3$ 沉淀，因为体系中有高分子存在，它会抑制 $CaCO_3$ 晶体的生成，使晶体的粒径保持在 $200\mu m$ 以下（目视不可见），随着 Ca^{2+} 的增加，$CaCO_3$ 的量也在增加，在达到 CCDC 点时，出现了粒径大于 $200\mu m$ 的 $CaCO_3$ 晶粒。实验数据见表 5-11。

表 5-11　CCDC 与聚合物结构的关系

高分子	CCDC /(mgCaCO₃/g 高分子)	高分子	CCDC /(mgCaCO₃/g 高分子)
$M=1200$PAA	80	$M=40000$PAAMA（电荷密度 66.7%）	310
$M=3000$PAA	140	$M=40000$PAAMA（电荷密度 62.5%）	280
$M=25000$PAA	130	$M=40000$PAAMA（电荷密度 60%）	270
$M=20000$PAAMA（电荷密度 75%）	290	$M=40000$PAAMA（电荷密度 60%）	270
$M=40000$PAAMA（电荷密度 71.4%）	320	$M=70000$PAAMA（电荷密度 60%）	260

表 5-11 的数据表明：同样的化学组成，分子量越小，CCDC 越高（分子量在 2000 以下，CCDC 较低）；较高的电荷密度，有较高的 CCDC（当 MA 含量过高时，由于空间位阻效应，CCDC 反而降低）。

b. 织物抗灰分沉积能力。聚合物的结晶抑制能力，应用到洗涤过程中，直接影响织物抗灰分沉积能力，而从上面我们看到，结晶抑制能力优秀的聚合物，即 CCDC 较高的聚合物，可以减少 $CaCO_3$ 晶体的生成，并且可以使晶体悬浮在水中，减弱其向织物纤维表面沉积的趋势，因此其在织物上的灰分沉积也少。

应用实验如循环洗涤实验也证实了这一理论，具体的实验方法见表 5-12。

表 5-12　循环洗涤方法

去污机	T-O-T 型去污机(80 转)	洗涤浓度	8g/L
温度	20～45℃	浴比	约 80∶1(500mL∶6.25g)
水硬度	250mg/L(Ca^{2+}∶Mg^{2+}＝3∶2)	织物	纯棉白毛巾
洗涤时间	30min	灰分测定	800℃马弗炉焚烧织物得到灰分
洗涤次数	10 次	焚烧时间	120min

实验选用纯碱配方，配方见表 5-13。

表 5-13　实验配方

LAS	15	水玻璃	3
AEO-9	2	元明粉	43
纯碱	33	高分子(纯)	1.0

实验结果见图 5-14。

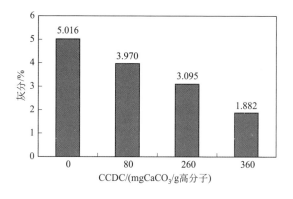

图 5-14　循环洗涤实验结果

（2）颗粒分散和黏土污垢去除、分散能力　当洗涤剂中无其他助剂时，即聚合物的所有活性羧酸基基团都与 Ca^{2+} 相连时会生成聚羧酸钙沉淀，但实际上并不存在这种情况。因为实际洗涤时有相对大量的 STPP、4A 沸石等助剂存在，聚合物只是部分羧基与 Ca^{2+} 相连。聚合物上有足够的羧酸根基团仍以离子态存在，以保持聚合物在水中的溶解度，而聚合物通过部分活性基团可吸收在负电性的表面，如果它另外的活性基团没有被阳性离子所饱和，就可以提供斥力抵抗其他也覆有聚合物分子的固体颗粒，从而起到了分散、去除污垢的作用。因此聚合物的颗粒分散力直接影响它的黏土污垢去除、分散能力。而聚合物和 CO_3^{2-} 存在竞争关系，即二者均可以与 Ca^{2+} 结合，这取决于环境因素：温度、pH、样品浓度等。而在实际洗涤条件下，有大量的其他助剂，如 STPP、4A 沸石、Na_2CO_3 等，用来螯合 Ca^{2+}、Mg^{2+}，所以此时聚合物的羧酸基团并没有全部与 Ca^{2+} 相连，仍含有大量的羧酸根基团，可在极性的表面形成化学吸附，从而提高了表面的负电性与颗粒分散能力。这种吸附作用见图 5-15。

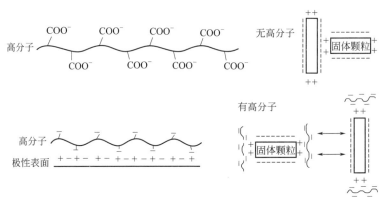

图 5-15　高分子在极性表面上的吸附及分散作用

因此对均聚物来讲，黏土去除能力主要与吸附速率及吸附程度有关，而这两项指标直接相关于分子量，而对共聚物来讲，不但相关于分子量，而且相关于电荷密度。

测试条件：T-O-T 立式去污机，45℃洗涤，水硬度 0.02%，洗涤剂浓度 0.5%，洗涤剂中聚合物浓度为 2.5%，自制黏土污布。

在 PAA 均聚物中，分子量为 4500 时，由于吸附速率很高，且吸附程度也较高，因此黏土去除达到最高值，此后随着分子量升高，吸附速率下降，所以去除黏土污垢能力下降。因此随着分子量的增加，黏土污垢去除能力下降。电荷密度的增加有利于黏土污垢去除，例如在 45% 去除的曲线上，MA 比例占 10% 的聚合物尽管分子量大于 MA 占 5% 的聚合物，但因其电荷密度较高，所以可保持同样的去污率。

（3）Ca^{2+}、Mg^{2+} 螯合能力　在洗涤剂中起主要作用的是表面活性剂，但某些表面活性剂（如 LAS 等）会与水中的 Ca^{2+}、Mg^{2+} 结合，从而失去表面活性，降低去污效率。因此在助剂体系中，必须要有能够螯合 Ca^{2+}、Mg^{2+} 的助剂。聚羧酸盐类高分子聚合物由于在侧链上有大量的羧酸根基团，因此有很强的 Ca^{2+}、Mg^{2+} 螯合能力。它键合 Ca^{2+} 大部分是一种区域性键接，而小部分是格点键接，也就是说，反离子（Ca^{2+}，Mg^{2+}）大部分与带电的聚合物球体结合，少部分与特定的羧酸根基团结合。因此，对于聚合物的螯合作用，起决定性因素的是它的链上电荷密度，而分子量所起的作用较小。

Ca^{2+}螯合力的测定方法如下：室温下取折纯 0.5g 高分子溶于水，稀释至 100mL，移取 25mL 加入锥形瓶，加入 0.2g 的 2％草酸钠溶液及氨缓冲溶液调节 pH＝10.5，滴加已标定的 0.1mol/L 乙酸钙溶液，滴定过程要求滴加速度缓慢（1mL/min），充分震荡，以目视可见浑浊点为滴定终点，通过消耗乙酸钙的量计算高分子的 Ca^{2+}螯合力。分子量及电荷密度对聚合物螯合力的影响见表 5-14。

表 5-14　螯合力与高分子结构的关系

高分子	螯合力/(mg/g)	高分子	螯合力/(mg/g)
M＝1000PAA	190	M＝70000PAA/MA（电荷密度 60％）	380
M＝2000PAA	250		
M＝4500PAA	330	M＝30000PAA/MA（电荷密度 62.5％）	440
M＝40000PAA	340		

由表 5-14 可以得到关于螯合力与聚合物结构关系的以下结论：对于同样的化学组成，如均聚物，较高的分子量即有较高的对阳离子的相互作用（螯合力）；电荷密度越高，螯合力越高。例如：分子量 30000 的 PAA/MA（电荷密度 62.5％）共聚物因其电荷密度高于分子量 70000 的 PAA/MA（电荷密度 60％）共聚物，尽管分子量较小，但螯合力仍高于后者。

但是有较高螯合力的聚合物，并不一定意味着在洗涤剂中有较好的性能，因为受成本限制，在洗涤剂中聚合物只占配方的 1％～3％，含量较小，不可能仅凭聚合物螯合掉所有的 Ca^{2+}、Mg^{2+}。因此在洗涤剂配方中必须有其他大量的、廉价的助剂起主要螯合作用，在有磷粉中是 STPP 和 Na$_2$CO$_3$，在无磷粉中是 4A 沸石和 Na$_2$CO$_3$。由此看来，在洗涤剂中使用聚合物，主要并不是应用它的螯合能力，而是它的结晶抑制能力和颗粒分散能力，以提高织物的抗灰分沉积能力、污垢去除及分散能力。

通过以上讨论，我们可以得到这样的结论：在洗涤剂中使用的聚羧酸盐高分子聚合物的某些性能对结构的要求是相对的，甚至是不可调和的。例如我们可以将聚合物的螯合力最大化，但不能同时将聚合物的结晶抑制能力最大化。如果同时在洗涤中需要高的螯合力和结晶抑制力，有以下两种解决方法：其一是使用两种聚合物的混合物，一种螯合力最优，另一种结晶抑制力最优；其二是使用一种聚合物，它分别具有较高的螯合力和结晶抑制力，但需要加大用量，因为这种聚合物的螯合力和结晶抑制力均不是最优的。

当然我们可以考虑使用一种分子量适中且分子量分布较宽的共聚物来解决以上问题，而实际生产中也常用这种方法来解决问题，以提高劳动生产率。

5.2.2.3 丙烯酸类助洗剂的应用

在洗涤剂中使用丙烯酸类高分子聚合物助洗剂，可以在多方面提高洗涤剂的应用效果。一般洗涤剂性能的提高主要体现在以下几个方面：

① 改善洗衣粉料浆的流动性；
② 提高洗衣粉粉体的表观性能；
③ 提高污垢去除能力；
④ 改善洗衣粉的抗灰分沉积性能；
⑤ 提高洗涤剂的抗污垢再沉积性能。

我们在讨论这些应用效果的同时，具体分析一下是高分子助洗剂的哪些基本性能带来的这些好处。

改善洗衣粉料浆的流动性：由于高分子助洗剂具有很好的对固体颗粒的分散悬浮性能，可以使洗衣粉的料浆保持较好的分散度与均一性，从而降低洗衣粉料浆的黏度，改善洗衣粉料浆的流动性。这种改变可以在同样的料浆固含量的前提下，提高设备的搅拌效率和泵送能力，从而提高生产效率；也可以维持原来的料浆黏度（流动性），提高料浆的固含量，增加干燥器的工作效率，提高生产效率。通过对洗衣粉料浆的改善，既可以提高设备的生产效率，又可以降低能耗，一举两得。实验结果表明：相同结构的高分子助洗剂，分子量低的对料浆改善的效果要好于分子量高的；相同分子量的高分子助洗剂，均聚物对料浆改善的效果要好于共聚物。

提高洗衣粉粉体的表观性能：由于高分子助洗剂具有很好的对固体颗粒的分散悬浮性能，使洗衣粉的料浆保持较好的分散度与均一性，从而使喷出的洗衣粉颗粒均匀，整体白度有所改观。另外，由于水溶性高分子本身的胶黏特性，可以在喷粉过程中最大限度地减少细粉，同时可以增加洗衣粉的颗粒强度。

提高污垢去除能力：去污力是洗衣粉最基本和最主要的性能指标。在洗衣粉配方中加入高分子助洗剂后，因其优秀的钙镁离子螯合能力、固体颗粒分散悬浮能力，可以显著提高洗衣粉的污垢去除能力。在实际洗涤条件下，有大量的其他助剂，如 STPP、4A 沸石、Na_2CO_3 等，用来螯合 Ca^{2+}、Mg^{2+}，所以此时高分子助洗剂的羧酸基团并没有全部与 Ca^{2+} 作用，仍含有大量的活性羧酸根基团，可在极性的表面形成化学吸附，从而提高了织物表面与污垢表面的负电性，提高了对污垢颗粒的去除效果。这些作用的效果受温度的影响很小，使得使用了高分子助洗剂的洗涤剂在常温下还可以保持很好的污垢去除能力。通过大量的实验表明，在国标 GB 13174—2003 的测试条件下，添加 $1\%\sim1.5\%$ 的高分子助洗剂可以提高洗涤剂 $10\%\sim20\%$ 的去污力。

改善洗衣粉的抗灰分沉积性能：在洗涤过程中，洗涤剂中的 CO_3^{2-} 和水中的 Ca^{2+} 等结合会形成 $CaCO_3$ 晶粒，并会向织物表面沉积，$CaCO_3$ 晶粒会进入织物纤维的网状结构；同时硅酸盐、磷酸盐等也可以与 Ca^{2+} 等结合生成沉淀；还有洗衣粉中本身就有的一些水不溶性物质（如 4A 沸石）也会在洗涤过程中向织物上沉积。长时间后这些沉积物就会在织物上板结，造成织物发硬、变脆，影响织物的正常穿着。要减小这趋势，使用丙烯酸类高分子聚合物是有效的解决办法。丙烯酸类高分子聚合物的碳酸钙分散力（$CaCO_3$ 结晶抑制能力、CCDC）直接抑制了碳酸钙晶体的形成，减少了碳酸钙对织物板结的影响；同时高分子聚合物对固体颗粒的分散悬浮能力可以有效防止其他类型的可沉降物质在织物上的沉积，进一步提高洗涤剂的抗灰分沉积性能。通过实验，我们了解到不同类型的洗衣粉所形成的灰分中，碳酸钙都是其主要组成。因此，在洗涤剂中应用时，高分子助洗剂对碳酸钙晶体的抑制能力（碳酸钙分散力、CCDC）的大小就直接影响洗涤剂抗灰分沉积性能的好坏。使用 1% 适当的高分子助洗剂，可以有效抑制 50%～80% 的灰分沉积。

提高洗涤剂的抗污垢再沉积性能：在洗涤过程中，被洗涤下来的污垢在自身亲和力及水分子的作用下，小块污垢之间相互聚集，形成一定的污粒后，由于重力及织物表面自由基的影响，开始向织物表面沉降，这就是洗涤过程中的污垢再沉积。污垢再沉积的结果使得织物表面在干燥后显得灰暗，白色织物发灰，有色织物色泽不正、发暗。由于丙烯酸类高分子聚合物具有较强的对固体颗粒的分散悬浮能力，应用在洗衣粉中时，它可有效阻止小块污垢的聚集，使得小块污垢分散、悬浮在洗涤液中，从而使污垢向织物上再沉积的概率降低。高分子聚合物在污垢表面作用的同时，同样会在织物表面发生作用，使污垢与织物之间的斥力增强，也有效地抑制了污垢的再沉积。一般使用 0.5%～1% 的高分子助洗剂，洗涤剂的抗再沉积性能可以与使用 1%～2% 的抗再沉积剂羧甲基纤维素（CMC）相当或更好。

5.2.2.4　聚合工艺与设备示意

水溶液聚合法制备聚丙烯酸钠一般有两种方法：一是用 NaOH 中和丙烯酸，得到丙烯酸钠，然后进行聚合反应，得到聚丙烯酸钠。另一种工艺为首先制取聚丙烯酸，然后再中和成聚丙烯酸钠。当然在这两种聚合工艺中，引发体系、pH 值、反应温度、单体浓度、纯度等都将影响聚合反应速率、分子量和分子量分布。并且其反应进行的特点也遵循高分子聚合反应的规律。

前者：

$$n\mathrm{CH_2{=}CH(COOH)} + \mathrm{NaOH} \longrightarrow n\mathrm{CH_2{=}CH(COONa)} \longrightarrow \left[\mathrm{CH_2{-}CH(COONa)}\right]_n$$

值得注意的是前面中和反应须控制在较低的温度下进行，因为丙烯酸属于活泼单体，中和反应放热大，容易使体系温度升高，会导致丙烯酸发生聚合反应。

后者：

$$n\mathrm{CH_2{=}CH(COOH)} \longrightarrow n\mathrm{CH_2{=}CH(COOH)} + \mathrm{NaOH} \longrightarrow \left[\mathrm{CH_2{-}CH(COONa)}\right]_n$$

助洗剂生产工艺流程图见图 5-16。

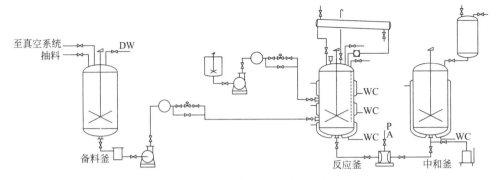

图 5-16　助洗剂生产工艺流程图

①　在装有搅拌器、回流冷凝器、温度计的带夹套的反应釜中，加入去离子水及丙烯酸，开动搅拌，滴加 NaOH 水溶液，维持中和温度低于 30℃，直至 pH=6~7，完成中和反应。

②　在另一相同装置的反应釜中，加入一定量的水、链转移剂或还原剂，开动搅拌，加热至一定的温度，开始分别滴加上述丙烯酸钠和引发剂的水溶液，2~3h 滴加完毕，再保温一段时间。反应结束后，蒸出链转移剂，回收利用。冷却至40~50℃，出料（如果是滴加丙烯酸单体，则缓慢滴加 NaOH 水溶液，中和至 pH=7~8），得到淡黄色黏稠的聚丙烯酸钠溶液。

5.2.3　分散剂

丙烯酸类聚合物是一种水溶性高分子，其分子中含有亲水和疏水基团，又可以视作高分子表面活性剂，具有一定的表面活性，可以降低水的表面张力，有助于水对固体颗粒的润湿。在含有固体颗粒的水体系中，丙烯酸类聚合物的部分羧基通过多价的阳离子（如微量的 Ca^{2+}、Mg^{2+}、Fe^{3+} 等）的"桥接"作用，吸附到带负电性的颗粒粒子表面，也可以直接吸附到带正电性的颗粒粒子表面，增大了颗粒粒子之间的电动电势，使颗粒粒子得到有效的悬浮分散；另一方面，作为水溶性聚合物，丙烯酸类聚合物在水相中分子链充分舒展，吸附到颗粒表面后，可以在颗粒粒子之间形成较强的空间位阻，从而更好地分散悬浮颗粒粒子，使整个体系更稳定。这一特点有利于颜料、填料、黏土等物质在水中分散。一般用作分散剂的丙烯酸类聚合物有：分子量在 800~10000 之间的聚丙烯酸（钠），分子量在 1000~40000 之间的马来酸酐-丙烯酸共聚物，分子量在数千到数万的低分子量的丙烯酸-丙烯酰胺共聚物、丙烯酸-甲基丙烯酸共聚物、丙烯酸-丙烯酸酯类共聚物以及丙烯酸与其他单体间的多元共聚物等。

丙烯酸类聚合物用作分散剂，其应用领域也很广泛。在洗涤剂中可用作抗灰分沉积剂、污垢悬浮剂；在水处理领域可用作阻垢分散剂；在石油生产领域可用作钻井、酸化、压裂等方面的辅助分散剂，提高采油效率；在纺织领域可用作煮漂等工序的螯合分散剂；在造纸、涂料领域可用作颜填料的悬浮分散剂、粉体研磨加工的助磨剂等。

石油生产领域：在石油生产过程中，钻探工程需要使用大量的泥浆。在使用螺旋钻钻井时，随着钻头的深入、钻杆的加长，不断泵入泥浆，使油井润滑和钻头清净，泥浆再返回循环使用。在泥浆的制备时，使用各种成分的黏土，加入聚丙烯酸钠盐或丙烯酸类共聚物作分散剂，使得制好的泥浆具有较好的润滑性，可以防止卡钻，并可提高钻速。同时，丙烯酸类聚合物还可以防止泥浆的流失，保持其组分的稳定性，以利于泥浆的循环使用。另外，丙烯酸-丙烯酰胺共聚物还在油井的酸化过程中被添加到酸化液中，使酸化液在较高的温度下保持长时间不失效。在水力压裂中，一般使用相对密度较高的如石英砂、玻璃粉等组成悬浮的压裂液，这也需要使用丙烯酸类聚合物来分散稳定这些悬浮液，同时调节压裂液的黏度，提高压裂液的使用效率。

造纸工业：在铜版纸的生产中，需要使用涂饰剂。涂饰剂中含有大量的白土、碳酸钙、钛白粉等无机颜填料，为了使这些颜填料的颗粒分散均匀而不凝聚，一般需要加入聚丙烯酸钠分散剂。聚丙烯酸钠不仅能很好地分散悬浮这些颜填料，改善涂布性能，还能提高涂布纸的耐水性和表面光泽，使其耐晒不变色。其用量一般为颜填料的 $10\% \sim 25\%$。

纺织工业：聚丙烯酸钠、马来酸酐-丙烯酸共聚物及丙烯酸-丙烯酸酯类共聚物等丙烯酸类聚合物可以作为螯合分散剂应用到纺织工业中。用于退浆、煮练等工序中，可消除水中的钙、镁、铁等金属离子对产品质量以及加工过程的影响，分散悬浮污垢和杂质，提高煮练和洗涤效果；用于漂白工序，可以稳定氧漂体系，显著提高白度，消除黄斑现象；用于染色、活性印花或染色后的净洗工序，以其对染料优异的分散络合能力，有利于染料的均匀上染，也可去除浮色，防止染料串色形成色斑；用于皂洗工序，可以抑制设备内钙皂沉淀物的生成，对纤维有一定的保护作用，有效防止纤维强度受损。其添加量视不同工序而定，一般为 $0.5\% \sim 3\%$。

涂料工业：目前，环保型乳胶漆已成为涂料市场的主流产品。水性乳胶漆（水性涂料）的生产，是将大量的滑石粉、粉末碳酸钙、钛白粉等均匀分散在由乳液、水等组成的水相中。要将占涂料总量 $15\% \sim 50\%$ 的固体稳定悬浮分散在体系中，就需要高性能的悬浮分散剂。基于丙烯酸类聚合物高效的对颜填料粒子的分散悬浮性能，其成为涂料分散剂的首选。使用了丙烯酸类聚合物作为分散剂后，可以明显地改善颜填料粒子的表面性质，提高其亲水性，使得颜填料粒子充分均匀地分散在乳胶漆粒子之间。另外，也有一些丙烯酸类聚合物可以用作助磨分散剂，保证颜填料在高固含量下可以顺利进行研磨加工，然后再与乳液调配成不同固含量的乳胶漆。一般涂料分散剂的添加量是相对颜填料总量的 $0.3\% \sim 2\%$。

当然，丙烯酸类聚合物作为分散剂，还可以应用到其他领域中。例如，在乳液聚合中，有时需要用到保护胶体，聚丙烯酸盐可以用作保护胶体，乳胶粒子表面吸附了丙烯酸聚合物分子而带有负电荷，从而使乳胶粒子之间由于存在静电斥力而彼此分割形成相当稳定的乳胶体系。此时，聚丙烯酸铵类的分散剂就相当有效。

5.2.4 防垢剂

能防止和消除油脂类、金属氧化物类、泥沙、淤泥等污物的助剂称防垢剂，其主要成分有分散剂、螯合剂、表面活性剂类。防垢剂用于工业循环冷却水系统、锅炉、导热管、离子交换树脂和过滤介质、织物等。

丙烯酸类聚合物作为阻垢分散剂引入水处理领域，自 20 世纪 70 年代以来逐渐由均聚物演变成二元共聚物，并进一步开发了三元共聚物、四元共聚物等，这是 80 年代以来研究开发中最活跃的领域。到目前为止，丙烯酸类聚合物的开发可归纳为以下几类：（1）丙烯酸均聚物，其主要性能是对碳酸钙有抑制分散作用。（2）二元共聚物，丙烯酸/马来酸酐或丙烯酸/丙烯酸羟烷基酯共聚物等，除能抑制碳酸钙外，还有优良的抑制磷酸钙垢的能力。（3）带强酸性基团的二元共聚物；丙烯酸/2-丙烯酰胺/2-甲基磺酸共聚物及丙烯酸/3-烯丙醇基-2-羟基丙基磺酸共聚物等。能阻磷酸钙、磷酸钙垢，对锌离子有稳定作用，对氧化铁和黏泥分散性能好。（4）新型三元或四元共聚物：丙烯酸/磺酸/非离子三元共聚物，丙烯酸/丙烯酰胺/丙烯酸羟烷基酯共聚物等。主要特点是价格低，性能好，有的还有特殊作用，如能稳定锰离子等，主要是阻垢，甚至可参与缓蚀。目前我国在含磺酸基共聚物的开发上进展较大，对含磷聚合物的开发也初见成效。

在锅炉水处理和冷却水处理中，已经大量使用聚丙烯酸及其盐类作为分散剂，主要用来防止结垢，以保证传热和设备的正常运转。循环使用的冷却水在运行中不断蒸发，含盐量不断增加，在与空气接触中还导致含氧量提高，微生物进入。这就造成冷却水系统的三大弊病：结垢、腐蚀、菌藻滋生。而对结垢解决效果最好的就是丙烯酸类聚合物。用作阻垢分散剂的聚丙烯酸的分子量一般在 2000～5000，通过螯合、分散、歪曲晶格和成膜再脱落效应来实现其阻垢分散作用。通常使用的量在 $2～10 \mu g/g$。

磷酸盐在水处理中使用较多，在有效地软化了水质的同时，也带来了磷酸钙垢的问题。聚丙烯酸及其盐类对磷酸钙垢的抑制效果不佳。为了弥补这一不足，我们可以采用丙烯酸类共聚物来作为阻垢分散剂。丙烯酸/丙烯酰胺共聚物对磷酸钙垢的阻垢率是聚丙烯酸的两倍以上，还能分散氧化铁、泥土、淤泥等。一般使用的此类共聚物的分子量在 10000 左右。丙烯酸/丙烯酸羟乙酯共聚物、丙烯酸/丙烯酸羟丙酯/丙烯酸羟基多亚丙基氧酯的三元共聚物等对磷酸钙垢的分散效果更好，对水中的二氧化硅、氧化铁沉积分散效果明显。

近年来，丙烯酸类磺基聚合物发展势头强劲，在水处理工业的应用也越来越多。低分子量的丙烯酸与 2-丙烯酰胺基-2-甲基丙磺酸（AMPS）的多元共聚物是其中的代表。由于分子结构中含有阻垢分散性能的羧酸基，且含有强极性的磺酸基，能提高整体钙容忍度，当与有机磷复配时，能保证水系统中有足够的有机磷，以提高整体缓蚀及阻垢性能；另外，对磷酸钙垢及锌垢有卓越的阻垢能力，对三氧化二铁有良好的分散能力，特别适合于高碱度水质，是实现高浓缩倍数运行的良好阻垢分散剂。

丙烯酸/磷酸共聚物对于水中的成垢因子有较好的分散性，对碳钢有良好的缓蚀作用，对系统中的老垢有明显的消溶作用，热稳定性好，配伍性好，可以在各种水质的稳定处理中应用。丙烯酸-丙烯酸酯-磷酸-磺酸盐共聚物为丙烯酸与几种单体的四元共聚物，兼有磷羧酸与磺酸盐类聚合物的一般性能，其分子链上同时含有强酸、弱酸非离子基团，因此在高温、高碱度、高硬度水质条件下对铁氧化物、磷酸盐、碳酸盐等成垢因子具有优良的分散作用，与其他助剂的配伍性亦好，可以用于各行业的工业循环冷却水的阻垢缓蚀处理。这些丙烯酸类聚合物都是水处理领域具有发展前景的防垢剂。

5.2.5 絮凝剂

丙烯酸类聚合物中含有大量的羧酸根，这些羧基能吸附于水中悬浮的固体粒子，在这些固体粒子间形成"桥梁"的作用而形成大的凝聚体。作为絮凝剂的丙烯酸类聚合物，其分子量一般在百万以上，属于阴离子型絮凝剂。比起普通的无机盐絮凝剂如硫酸铝、聚合铝、明矾等，丙烯酸类高分子絮凝剂有用量少、反应快、效率高的优点。

丙烯酸类聚合物絮凝剂的絮凝机理，简单地说可以分为化学因素和物理因素。化学因素是大量的羧酸根造成强大的负电场，使悬浮粒子的正电荷丧失，成为不稳定粒子，然后这些不稳定粒子聚集凝聚。物理因素是指通过高分子的长链的架桥、吸附作用，使小粒子聚集变为絮团，实现絮凝。当聚合物絮凝剂使用适量时，絮凝的效果是显著的。但当聚合物絮凝剂的用量过多时就会表现出相反的分散作用。这个过程的作用模型可以用图 5-17 来说明。

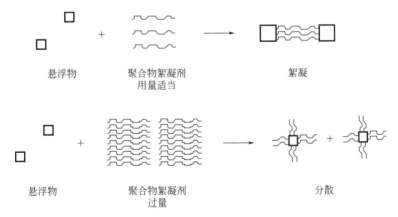

图 5-17　聚合物絮凝剂造成的凝聚和分散效果模型

丙烯酸类聚合物用作絮凝剂，可以在以下很多方面得到应用。

食品工业：聚丙烯酸钠在食品工业的废水处理和有效成分的回收方面已经得到很好的应用。在鱼、肉、豆制品、奶制品加工厂中，排出大量含有很多蛋白质的废水，既造成浪费又污染环境。在这些废水中加入适量的聚丙烯酸钠絮凝剂，使其中的蛋白质絮凝沉降，就可以回收大量的蛋白质。经过处理的废水再排放，可以减少对环境的污染，回收的蛋白质可以制成动物饲料。

土壤改良：以 0.02%～0.3% 的剂量将丙烯酸类聚合物絮凝剂加入土壤中，可以使土壤的团粒结构增加，促使土壤中空气流通，增加土壤的保水能力，有利于植物吸收养分，减少土壤的流失。

澄清操作：使用丙烯酸类聚合物絮凝剂可以澄清许多含有悬浮颗粒的液体，澄清后积聚的物质可以通过过滤、沉降分离等方法除去。天然水的澄清、造纸工业废水的处理、城市生活污水的处理等都是很好的应用方向。

冶金选矿：可以将不易分离的矿物制成水悬浮体系，再利用丙烯酸类聚合物絮凝剂的絮凝作用，将矿物和杂质分离，大大提高选矿效率。

实际上，丙烯酸类聚合物絮凝剂还可以应用到很多领域，含有阳离子性物质、泥土类颗粒等的悬浮体中的沉降、絮凝，都可以使用这类絮凝剂。

5.2.6　增稠剂

丙烯酸类聚合物是一种水溶性高分子，它可以使别的水溶液或水分散体的黏度增加。这种增稠作用包括两方面的内容：一方面是通过自身的黏度，增加了水相的黏度，水相的黏度和聚合物的浓度存在一定的函数关系；另一方面是丙烯酸类聚合物和水中的分散相、水中的其他高分子化合物发生作用，这种作用使增稠效果大大高于聚合物自身黏度所导致的增稠效果。丙烯酸类聚合物作为增稠剂可以广泛地用于需要提高水溶液或水分散体系的黏度的场合。

乳胶增稠剂：乳胶是由高分子化合物分散在水中而得的。为了贮存的稳定、使用的方便，要求乳胶有一定的黏度。黏度不够，乳胶在贮存期间容易分层、沉淀，在涂刷时容易产生流挂等弊病。聚丙烯酸及其钠盐是很好的乳胶增稠剂。聚丙烯酸及其钠盐使水相变黏，同时聚丙烯酸大分子链可以吸附几个乳胶粒子而形成三维网状结构，从而增加乳胶的黏度。从这里可以看到，作为增稠剂的聚合物，其分子量应该较高。实际上，随着分子量的增加，聚丙烯酸对乳胶的增稠效果增加。但即使是小分子量的聚合物，虽然对水相的黏度贡献不大，对某些乳胶的增稠却十分有效。这是因为丙烯酸类聚合物增稠剂与乳胶中的组分如乳化剂、黏土、颜填料等物质发生物理的或化学的作用，这种作用使聚合物及固体颗粒相互作用而产生假聚，使体系具有很高的黏度。

水性涂料：乳胶漆就是一种水性涂料，是将颜填料等固体分散在乳液中制得的。作为涂料，就需要适宜的黏度以利于贮存和使用，这就为增稠剂提供了用武之地。使用丙烯酸类聚合物作涂料增稠剂，可以有效控制乳胶漆的黏度，减少其在贮存期间黏度的漂移。同时，对乳胶组分的稳定性也有提高。在乳胶漆的制备过程中，需要先将颜填料研磨成水浆，然后再与乳液混合。颜填料水浆的研磨，也需要一定的黏度，加入丙烯酸类聚合物增稠剂，就可以提高水浆黏度，有利于提高研磨效率，防止颜填料粒子的再絮凝和沉淀。

水体增稠：在一些特殊的场合，需要使用不燃的水性流体作为力的传递可开启机械。这些不燃的水性流体需要良好的润滑性和一定的黏度。为了控制它们的黏度在要求的范围内，应加入水溶性的丙烯酸聚合物增稠剂。

其他应用：丙烯酸类聚合物增稠剂的应用范围很广。在饲料中添加适量的聚丙烯酸钠，增加食物的黏度，可以有效地延长食物在胃中的滞留时间，保护动物的胃黏膜，降低家畜胃溃疡的发病率。洗涤剂、化妆品工业中，丙烯酸类聚合物可以在洗衣膏中用作膏体的稳定剂，液体洗涤剂的增稠剂，牙膏、剃须膏、洗发露、沐浴露、润肤霜等的增稠剂，几乎所有日常生活中见到的膏体、液态产品中都可以见到丙烯酸类聚合物作为增稠剂、稳定剂的影子。

丙烯酸和丙烯酸甲酯/丙烯酸乙酯的共聚物可以作为各种家庭装潢用织物背面涂料的增稠剂，丙烯酸甲酯与丙烯酸的共聚物还可以作为地毯背胶的增稠剂。在乳液聚合中提高丙烯酸的加入量，当用氨水或碱中和后，可以有效地提高乳液的黏度，丙烯酸的增稠性比甲基丙烯酸高。

参 考 文 献

[1] 佳虹. 中国化工信息，2014，(47)：13.

[2] Siemer. US 5，185，024. 1993-02-09.

[3] Shen J. J. US 5，163，115. 1992-11-10.

[4] Pratt. US 5，026，363. 1991-06-25.

[5] Phan. US 5，451，452. 1995-09-19.

[6] Evers. US 5，300，358. 1994-04-05.

[7] 朱燕. 中国化工信息，2014，(14)：15.

[8] 朱燕. 中国化工信息，2014，(16/17)：6.

[9] Faulks. US 5，356，403. 1994-10-18.

[10] Wanek. US 5，294，478. 1994-03-15.

[11] 增田房羲. 丙烯酸化工，1995，8 (1)：37.

[12] 邹新禧. 超强吸水剂. 第2版. 北京：化学工业出版社，2002.

[13] 周爱林. 化工时刊，1998，12 (10)：7.

[14] 刘延伟. 中国化工信息，2000，(20)：9.

[15] Ivan Lerner. CMR，1999-12-6：15.

[16] Jamie G L. Acrylic Acid and Esters CEH，2004.

[17] 郑延成等. 精细石油化工，1999，(5)：34.

[18] 薛景云. 化学与黏合，1985，(3)：180.

[19] 陈育宏等. 科技进展，2001，(12)：26.

[20]　仇维执等. 化工时代，1999，13（9）：10.

[21]　Askari F. etal. J. Appl. Polym. Sci. 50：1851.

[22]　樊爱娟等. 上海化工，2000，（8）：18.

[23]　商淑瑞等. 塑料科技，2000，（6）：36.

[24]　本田. CN 1096774. 1994-12-28.

[25]　张荣国等. 化工科技市场，2006，29（9）：42-44.

[26]　Miyake. US 5，079，034，1992-01-07.

[27]　Yooda. US 5，332，434. 1994-07-26.

[28]　程天朝，李琼. 国外建材科技，2008，29（5）.

[29]　陈育宏等. 化工时刊，2001，15（12）：26.

[30]　李平. 精细石油化工，1998，（1）：20.

[31]　闫辉等. 化工科技，2001，9（5）：4.

[32]　Tsuneo Tsubaleimoto. US 4，666，983. 1987-05-19.

[33]　Sumiya T S. EP 0496067A2. 1992-07-29.

[34]　Irie. EP 0574260 A1. 1993-12-15.

[35]　Hatsuda T. EP 0450922 A2. 1991-10-09.

[36]　Shimomura T. EP 0372706 A2. 1990-06-13.

[37]　Sandra M. US 5，241，009. 1993-08-31.

[38]　高田耕一. 特开平 8-13518，1996.

[39]　Thomas C. US 5，075，344. 1991-12-24.

[40]　Tsubakimot. US 4，286，082. 1981-08-25.

[41]　Chmelir. US 4，857，610. 1989-08-15.

[42]　Chamber. US 5，145，906. 1992-09-08.

[43]　Alexander. US 4，985，518. 1991-01-15.

[44]　Nowakowsky. US 4，769，427. 1988-09-06.

[45]　Hennig. US 4，729，877. 1988-03-08.

[46]　Jerry J. US 3，732，193. 1973-05-08.

[47]　Kimura. US 4，985，514. 1991-01-15.

[48]　Irie. US 5，275，773. 1994-01-04.

[49]　Irie. EP 0454497 A2. 1991-10-30.

[50]　Irie. EP 0508810 A2. 1992-10-14.

[51]　William A. EP0248963 A2. 1987-12-16.

[52]　Takumi. EP 0450923 A2. 1991-10-09.

[53]　Masuda. US 4，076，663. 1978-02-28.

[54]　Takeda. US 4，525，527. 1985-06-25.

[55]　Chmelir. US 5，264，471. 1993-11-23.

[56]　Takahashi. US 5，369，148. 1994-11-29.

[57]　Woodrum. US 5，350，799. 1994-09-27.

[58]　Graham. US 5，342，899. 1994-08-30.

[59]　Woodrum. EP 0463388 A1. 1992-01-02.

[60]　Katsuhiro. EP 0496594 A2. 1992-07-29.

[61]　Yorimichi. EP 0605150A1. 1994-07-06.

[62]　Mertens. US 6，831，142. 2004-12-14.

［63］ Daniel. US 6，831，122. 2004-12-14.

［64］ Hosokawa. US 6，703，451. 2004-03-09.

［65］ Wilson. US 6，716，929. 2004-08-06.

［66］ Bailey. US 5，122，544. 1992-06-16.

［67］ Bailey. US 4，970，267. 1990-11-13.

［68］ Mitchell. US 6，803，107. 2004-10-12.

［69］ Saeki. US 5，977，273. 1999-11-02.

［70］ Kitamura. US 4，367，323. 1983-01-04.

［71］ Yamasaki. US 4，459，396. 1984-07-10.

［72］ Nakamural. US 5，180，798. 1993-01-19.

［73］ Nakamural. US 4，683，274. 1987-07-28.

［74］ Sun. US 6，743，391. 2004-06-01.

［75］ Sun. US 6，841，229. 2005-01-11.

［76］ Kimura. US 5，026，800. 1999-06-25.

［77］ Kimura. US 5，244，735. 1993-09-14.

［78］ Goldman. US 5，061，259. 1991-10-29.

［79］ Noel. US 5，439，458. 1995-08-08.

［80］ Jackson. US 5，350，370. 1994-09-27.

［81］ Young. US 5，318，554. 1994-06-07.

第6章

丙烯酸酯的应用

丙烯酸酯的应用领域主要有胶黏剂、涂料、纺织、塑料、皮革、造纸和其他领域。2011年和2015年我国丙烯酸酯单体应用领域分布参见表6-1。

表6-1　2011年和2015年国内通用丙烯酸酯单体应用领域分布情况 单位：%

应用领域	2011年	2015年
胶黏剂(主要包括压敏胶带、商标贴、广告贴和保护膜胶带)	38.9	39.4
涂料(主要包括建筑涂料和建材)	31.9	31.0
纺织(纺织及纤维加工)	19.2	19.7
塑料(塑料加工)	5.3	5.3
皮革(皮革加工)	3.2	3.0
造纸(纸加工行业)	0.7	0.8
其他行业	0.8	0.8
合计	100	100

本章基本上按照应用领域的占比大小顺序介绍丙烯酸酯在各个领域的应用情况。

6.1　丙烯酸酯胶黏剂

丙烯酸酯胶黏剂主要以丙烯酸甲酯、丙烯酸乙酯、丙烯酸丁酯和丙烯酸2-乙基己酯作主体，并与其他不饱和烯烃类单体（如甲基丙烯酸酯、苯乙烯、丙烯腈或醋酸乙烯）共聚而成。

丙烯酸酯胶黏剂具有良好的耐水性，对疏水表面材料也有优良的粘接性。比橡胶类胶黏剂的耐大气老化性能更优良，使用方便。胶液有乳液、无溶剂液体和溶液三种形态。

2015 年我国胶黏剂总产量 687 万吨，其中丙烯酸酯胶黏剂 299 万吨，占比43.5％，可见丙烯酸酯胶黏剂在我国经济发展和人民生活中非常重要。

我国乳液型丙烯酸酯压敏胶黏剂生产企业情况：全国有近 100 家生产企业。重要的生产企业有福建友谊胶粘带集团有限公司、浙江永和胶粘制品股份有限公司、无锡市北美胶粘制品有限公司、佛山市顺德区德粘堡实业有限公司、山东美华塑胶包装有限公司、广州宏昌胶粘带厂、义乌市长法塑胶有限公司、东莞市伟捷包装实业有限公司、福建友达胶粘制品有限公司、永大（中山）有限公司、佛山市亿达胶粘制品有限公司、万州（上海）胶粘制品有限公司、上海环城包装制品有限公司、南通金旺胶粘制品有限公司、中山富洲胶粘制品有限公司、中山市皇冠胶粘制品有限公司等。

我国溶剂型丙烯酸酯胶黏剂生产企业情况：全国约有 60 家生产企业。重要的生产企业有长兴化学工业（中国）有限公司、广州番禺润亿化学工业有限公司、上海鸿硕科技实业有限公司、中山市骏盛胶粘纸塑制品有限公司、东莞宏德化学工业有限公司、中山市皇冠胶粘制品有限公司、江阴美源实业有限公司、广州南方树脂有限公司、永大（中山）有限公司、永一胶粘（中山）有限公司、广州宏昌胶粘带厂、北京东方亚科力化工科技有限公司、三信化学（上海）有限公司、中山富洲胶粘制品有限公司、联冠（中山）胶粘制品有限公司、靖江市亚华压敏胶有限公司等。

我国水性丙烯酸酯复膜胶黏剂生产企业情况：全国约有 60 家生产企业。重要的生产企业有上海奇想青晨新材料科技股份有限公司、宁波阿里山胶粘制品科技有限公司、四川远见实业有限公司、武汉市艾迪亚科技有限公司、山东华诚高科胶黏剂有限公司、山东青州日月化工有限公司、无锡远见精细化工有限公司、宏峰行化工（深圳）有限公司、东莞宏德化学工业有限公司、温州金海岸化工有限公司、上海神乐胶粘材料有限公司、北京明龙粘合剂厂、青州市华利包装材料有限公司、四川蜀华恒盛化工有限公司、河南宇蓝科技有限公司、东莞市凯迪克高分子材料有限公司等。

本章将重点叙述溶液型和乳液型丙烯酸酯压敏胶黏剂以及丙烯酸酯在不同领域的胶黏剂中的应用。

6.1.1　丙烯酸酯压敏胶黏剂

6.1.1.1　概述

压敏胶黏剂，就是对压力敏感的胶黏剂。是一类无需借助于溶剂、热量或其他手段，只需施以轻度指压，便可与被粘物紧密粘接的胶黏剂。这种对压力敏感的粘接性能是其最基本的特性，也是不同于别类胶黏剂的显著标志。

虽然压敏胶黏剂可以直接用于一些材料和物品的粘接，但绝大多数情况下都是将压敏胶黏剂涂布于塑料薄膜、织物、纸张、金属箔片或多孔的片材上，制成胶黏带或胶黏标签的压敏胶黏制品来使用。这些制品具有黏之容易、揭之不难、剥而不损，并在较长时间内胶层不会干涸的特点。压敏胶黏剂的这种特点使之通常也被称为不干胶。正因为此，压敏胶黏制品具有非常广泛的应用领域。如：办公和包装用的胶黏带；涂装和刻蚀用的遮蔽带；电工和电器用的绝缘带；各种镜面的保护带以及各种压敏标签等。

压敏胶黏剂的种类很多，分类方式也很多。我们可以从它的主体成分、形态以及聚合物的交联与否等方面来分类：

① 按主要成分分类：可分为弹性体型压敏胶黏剂（包含天然橡胶、合成橡胶及热塑性弹性体）和树脂型压敏胶黏剂（其树脂包括聚丙烯酸酯、聚氨酯、聚氯乙烯及聚乙烯基醚等）；

② 按其形态分类：可分为乳液型压敏胶黏剂、溶剂型压敏胶黏剂、水溶液型压敏胶黏剂、热熔型压敏胶黏剂和压延型压敏胶黏剂；

③ 按其主体聚合物分类：可分为交联型压敏胶黏剂（还可细分为加热交联型、室温交联型和光交联型等）和非交联型压敏胶黏剂。

压敏胶黏制品的分类、主要用途、性能要求和所用压敏胶见表 6-2。

表 6-2　压敏胶黏制品的分类、主要用途、性能要求和所用压敏胶

分　类			主要用途	主要性能要求	所用压敏胶类型
按用途分类	按基材分类				
工业用压敏胶黏制品	捆扎、固定和办公事物用压敏胶黏带包装	重包装、捆扎和固定 牛皮纸 OPP、PET 织物（人造丝、维尼龙等） 纤维复合物	①各种纸箱、袋、桶、行李和邮件等的密封包装和捆扎等 ②各种金属和塑料管子以及其他物品的捆扎 ③用于办公室、家庭文件、书籍及其他物品的粘贴和修补等	1. 黏性（初黏力和剥离力）好，低温下仍有一定的初黏力 2. 持黏力和剪切强度大，高温（40℃）下仍有较好的持黏力 3. 耐候性好 4. 基材的拉伸强度大，变形小（对于重包装尤其重要）	天然橡胶（NR）、聚丙烯酸酯（AE）、热塑弹性体等
		轻包装、捆扎和固定 PVC（单向拉伸半硬） 赛璐玢薄纸、皱纹纸			
		办公事物用 赛璐玢 PET、OPP			
	表面保护和装饰用压敏胶黏片材	PEPP 纸（牛皮纸、皱纹纸） PVC 和 PET	①金属、玻璃和塑料制品贮运中的表面保护 ②材料表面的防腐、防锈和防霉保护 ③喷漆时的表面保护 ④车辆、建筑、仪器仪表的表面装饰和保护（代替涂料）	表面保护：持黏力高、耐污染、耐热、耐候性好；具有再剥离性；不腐蚀被保护表面等 表面装饰：持黏、剥离和初黏等性能均好；要求耐老化、耐污染、耐热性能好	AE（交联型）、NR（交联型）、丁基橡胶和聚异丁烯、有机硅等

分类		主要用途	主要性能要求	所用压敏胶类型
按用途分类	按基材分类			
工业用压敏胶黏制品	电器绝缘用压敏胶黏带 PVC（软质）、PET、PE、棉布、玻璃布、聚四氟乙烯（PTFE）	电缆、电线、电机和家用电器产品等的绝缘包扎、固定、装饰和识别等	1. 一定的初黏力、剥离力和持黏力 2. 耐电压和电绝缘性好 3. 耐候性、耐热和耐摩擦性好 4. 一定的耐酸碱和耐溶剂性	NR、丁苯橡胶、AE（溶剂型）、有机硅等
	胶接黏合用双面压敏胶黏制品 无纺布、薄纸、PET、OPP、PVC（无增塑剂）、发泡体	在胶接强度要求不很高的情况下，在广泛的领域内可以代替一般的胶黏剂，胶膜作胶接和黏合用	剥离力、持黏力、剪切力尽可能大并且有较好的初黏力；耐老化性能尽可能好	溶液型AE（交联型）为主、乳液型 AE、NR（交联型）等
	特殊用途的压敏胶黏制品 各种发泡体	防震、隔音、防水和保温等	耐候性、耐热和耐药品性好	AE、NR
	各种金属箔	导电、遮盖、防止各种放射线	导电性好、耐污染和耐老化	AE、NR
	各种橡胶片材	耐磨耗、防震等	初黏力、剥离力和持黏力好	各种橡胶
	反射黏合片材	夜间标识、广告牌等	有荧光、耐候性、初黏力和持黏力好	丙烯酸酯
	防紫外黏合膜	各种玻璃的防紫外、调整日光量和防止飞散等	耐候性、光学性能好和吸收紫外线	丙烯酸酯
压敏胶黏标签	各种纸、PET、PVC、金属箔	商品标牌、广告、药品标签等	永久型：可印刷性，持黏、剥离和初黏尽可能大，耐候性和耐药品性好 再剥离型：可印刷性，持黏力大，剥离力适中，初黏力小，有再剥离性	AE、NR、丁苯橡胶、聚异丁烯、热塑弹性体
医疗用压敏胶黏制品	各种布、PVC（软质）、PET	医用橡皮膏、各种膏药	① 一定的初黏性，能再剥离 ② 对皮肤无毒和无刺激性 ③ 较好的透气性、耐水和耐油脂等	天然橡胶、丙烯酸酯、聚乙烯基醚

丙烯酸酯压敏胶黏剂是丙烯酸（酯）的共聚物。其与橡胶型压敏胶黏剂相比，丙烯酸酯压敏胶黏剂具有如下的特点：

① 配方简单　一般不用额外加入增黏树脂、软化剂和防老剂等助剂；

② 粘接范围广泛　对金属、陶瓷、水泥、木材和纸张等极性材料表面或多孔表面均具有良好的粘接性能，也能粘接聚酯、聚苯乙烯、聚氯乙烯以及经电晕处理的聚烯烃等塑料和纤维；

③ 耐候性好　由于共聚物主体中没有不饱和键存在，长期户外使用时仍能保持良好的粘接性能；

④ 低毒　大多数丙烯酸酯压敏胶黏剂是低毒或无毒的，可以直接用于食品包装和医疗卫生制品；

⑤ 耐温性较差　一般来说，丙烯酸酯压敏胶黏剂具有热塑性，对温度比较敏感，即低温柔韧性和高温稳定性较差。

6.1.1.2　合成丙烯酸酯压敏胶黏剂聚合物的单体分类

丙烯酸酯压敏胶黏剂聚合物是由具有不饱和双键的丙烯酸酯类单体和其他烯类单体在引发剂作用下进行自由基聚合反应，制得的丙烯酸酯共聚树脂。共聚合时所采用的烯类单体可分为三类：

（1）黏性单体　又称为软单体。黏性单体是制备压敏胶黏剂的主要单体，它们的均聚物具有较低的玻璃化转变温度（T_g 值），它可为压敏胶黏剂提供初黏性能。（甲基）丙烯酸烷基酯均聚物的玻璃化转变温度（T_g 值）与烷基中的碳原子个数有很大的关系，如图 6-1 所示。

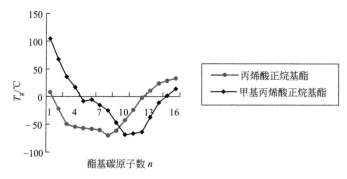

图 6-1　（甲基）丙烯酸烷基酯均聚物的 T_g 值与酯基碳原子数的关系

根据图 6-1 中的数据，通常我们选择碳原子数为 4～8 的丙烯酸烷基酯，即均聚物的玻璃化转变温度为 $-20 \sim -85$℃的单体。如：丙烯酸乙酯（EA）、丙烯酸丁酯（BA）和丙烯酸 2-乙基己酯（2-EHA）等。

（2）内聚单体　又称为硬单体。它是一类均聚物的玻璃化转变温度（T_g 值）较高的并能与黏性单体共聚合的（甲基）丙烯酸酯或其他烯类单体。这类单体在压敏胶黏剂中为辅助单体，它们的主要作用是与软单体共聚后能产生具有较好内聚强度的共聚物。同时它们对耐水性、粘接强度、透明性等也有明显的改善。可以通过它们与软单体的不同比例设计不同玻璃化转变温度（T_g 值）的共聚物。常用的有丙烯酸甲酯（MA）、甲基丙烯酸甲酯（MMA）、醋酸乙烯酯（VAc）、苯乙烯（St）、丙烯腈（AN）、甲基丙烯酸乙酯（EMA）和甲基丙烯酸正丁酯（n-BMA）等。

（3）改性单体　又称为官能单体或交联单体，它们是一些带有多种官能基团，不仅能与上述软、硬单体共聚还可进行二次反应的烯类单体。常用的有（甲基）丙烯酸、马来酸和马来酸酐、（甲基）丙烯酰胺、（甲基）丙烯酸 β-羟乙酯和（甲基）丙烯酸 β-羟丙酯、（甲基）丙烯酸缩水甘油酯、N-羟甲基（甲基）丙烯酰胺、衣康酸、多羧乙二醇双（甲基）丙烯酸酯和二乙烯基苯等。这类单体虽然用量不大，但由于它们的加入，使得丙烯酸酯共聚物带有一定数量的官能团。正是这些不同的官能团为共聚物提供了可进行各种机理反应的交联点，从而进行化学和热交联或其他方式的交联。

仅由上述三类单体合成的聚合物属热塑性树脂，其内聚力是不够理想的，为了进一步提高内聚力和粘接强度，就要求加入能与官能单体产生化学反应的交联剂，使它们在加热、光照或其他情况下产生交联结构，这样就可以大幅度提高压敏胶黏剂的内聚强度、耐热性、耐老化性、耐油性和耐溶剂性等，透明性和剥离强度也能得到很好的改善，在长期应力作用下的耐蠕变性能也能得到很大提高。

表 6-3 列举了常用的上述三类单体的种类及其玻璃化转变温度。

表 6-3 丙烯酸酯压敏胶常用的单体及其玻璃化转变温度

单体类别	单体名称	英文缩写	分子量	玻璃化转变温度/℃
黏性单体	丙烯酸乙酯	EA	100	−22
	丙烯酸正丁酯	n-BA	128	−56
	丙烯酸异丁酯	i-BA	128	−40
	丙烯酸正辛酯	n-OA	184	−80
	丙烯酸 2-乙基己酯	2-EHA	184	−70
	甲基丙烯酸十二烷基酯	LMA	254	−65
内聚单体	丙烯酸甲酯	MA	86	8
	甲基丙烯酸甲酯	MMA	100	105
	甲基丙烯酸乙酯	EMA	114	65
	甲基丙烯酸正丁酯	BMA	140	20
	醋酸乙烯酯	VAc	86	28
	丙烯腈	AN	53	97
	苯乙烯	St	104	100
改性单体	丙烯酰胺	AM	71	165
	衣康酸	iA	130	165
	丙烯酸	AA	72	106
	甲基丙烯酸	MAA	86	130
	丙烯酸 β-羟乙酯	2-HEA	116	−15
	甲基丙烯酸 β-羟乙酯	2-HEMA	130	55
	丙烯酸 β-羟丙酯	2-HPA	130	−7
	甲基丙烯酸 β-羟丙酯	2-HPMA	144	26
	甲基丙烯酸二甲氨基乙酯	DEMA	157	13
	乙酰乙酰基甲基丙烯酸乙酯	AAEM	214	−2

6.1.1.3 丙烯酸酯压敏胶黏剂聚合物的合成

丙烯酸及其酯是一类极易聚合的烯类单体。在引发剂、热、光或辐射等条件下均可自发聚合。工业生产中，极少有单独利用热或光来引发丙烯酸及其酯共聚合的情形。丙烯酸酯的聚合主要是以过氧化物（可分为水溶性和油溶性两种）和偶氮二异丁腈等引发剂来引发的。丙烯酸及其酯类可以进行溶液聚合、本体聚合、乳液聚合和悬浮聚合。本节介绍在制备丙烯酸酯压敏胶黏剂中常用到的溶液聚合和乳液聚合的方法及其发展。

（1）溶液型丙烯酸酯压敏胶黏剂聚合物的合成　将单体和引发剂溶解于某种有机溶剂中而进行聚合的方法称为溶液聚合。所生成的聚合物若能溶于溶剂中则叫做均相溶液聚合；若不能溶解并析出者叫做非均相溶液聚合，也称为沉淀聚合。在丙烯酸酯压敏胶黏剂的溶液聚合中，多数情况为均相溶液聚合，即聚合物是溶于或溶胀于有机溶剂中的。

溶液聚合在工业生产中已经是很重要的也是很成熟的聚合方法。其优点是聚合体系的黏度比本体聚合低得多，又由于有溶剂的存在，聚合反应是在溶剂回流温度下进行的，有利于移去聚合热，因而聚合反应比较容易控制。然而，在溶液聚合中，绝大部分溶剂不仅起稀释剂的作用，而且还对聚合物的反应起链转移作用，对自由基聚合的基元反应，即引发、增长、链转移和链终止等过程有着很大的影响。这将会减缓聚合反应速率，影响聚合物的收率。在生产过程中，由于有机溶剂的挥发，易造成环境污染，同时尚需考虑安全等问题。

参加聚合反应的混合单体（包括软、硬或/和官能单体）、有机溶剂、引发剂是溶液聚合反应的主要组成。

① 单体比例。首先单体配比的设计是根据 Fox 公式计算，使聚合物的玻璃化转变温度（T_g 值）在所需要的数值范围内。通常压敏胶黏剂所需丙烯酸酯共聚物的玻璃化转变温度 T_g 值为 $-25 \sim -65℃$。对于要求初黏力小的或具有再剥离型的压敏胶黏剂，可以将其共聚物的玻璃化转变温度 T_g 值设计得稍高一些；对于要求初黏力大的或在低温下使用的压敏胶黏剂，设计其共聚物的玻璃化转变温度 T_g 值时可以稍低一些。为此，在大多数丙烯酸酯压敏胶黏剂配方中，黏性单体即软单体一般来说要占总单体量的 70% 以上，丙烯酸 2-乙基己酯（2-EHA）和丙烯酸正丁酯（BA）是最常用的两种黏性单体；其余不到 30% 的单体为内聚单体和官能单体，它们对压敏胶黏剂的性能同样起着非常重要的作用。

② 有机溶剂。前面提到有机溶剂不仅起稀释剂作用，而且溶剂的链转移性会影响聚合物的分子量和分子量分布，这必定会影响压敏胶黏剂的使用性能。故为了得到具有足够分子量的共聚物，一般选用自由基链转移常数不大、沸点在 $70 \sim 130℃$ 左右、价廉而且毒性又小的有机溶剂。最常用的是醋酸乙酯、甲苯、二甲苯及其他们的混合物。近年来，为了便于有机溶剂的回收，逐步选择使用对回收设备不产生腐蚀作用的正己烷、环己烷和异丙醇等作为有机

溶剂。

③ 引发剂。几乎所有制备溶液型丙烯酸酯压敏胶黏剂的文献/专利报道，都是采用偶氮二异丁腈（AIBN）或过氧化苯甲酰（BPO）这两种最常用的自由基引发剂。通常其用量为单体总量的 $0.2\% \sim 1.0\%$。一般是将引发剂溶于溶剂或单体中，配制成一定浓度的引发剂溶液，在聚合反应过程中，可分为数次加入到反应混合物中，这样可以使得整个反应过程引发剂浓度相对比较稳定，有利于聚合反应顺利进行并且提高单体的转化率。

由于空气中的氧气能与活泼的自由基结合并生成不活泼的新自由基（这就是为什么反应混合物颜色会逐渐变成黄色或颜色变深的原因），从而使聚合速度减慢并使聚合物的分子量降低。因此，在聚合反应过程中，通常需要在反应开始前及引发剂加入的过程中，向反应器内通入氮气或二氧化碳等惰性气体以排除氧气对聚合的影响。

溶液型丙烯酸酯压敏胶黏剂可分为非交联型和交联型两种。非交联的溶液型丙烯酸酯压敏胶黏剂配方简单、聚合工艺容易控制，胶黏剂的贮存稳定性好，胶层透明度高，胶的干膜密着性好，并且初黏性和 $180°$ 剥离强度很好。它的缺点主要是耐热性和耐溶剂性差。这类胶黏剂适合用于一般胶带、标签等压敏制品。下面是一个制备非交联型丙烯酸压敏胶黏剂的具体例子。

将 100 质量份丙烯酸 2-乙基己酯、丙烯酸丁酯和醋酸乙烯酯的混合单体和 80 质量份醋酸乙酯-甲苯混合溶剂加入装有回流冷凝管、搅拌器、温度计、氮气通入管和滴液漏斗的多口反应瓶中，搅拌下加热并通入氮气，待混合物的温度升至 $78℃$ 时开始滴加 15 质量份 BPO 的醋酸乙酯溶液，并小心维持反应混合物的温度在 $(80±2)℃$，加完后停止通氮气，维持在该温度下继续搅拌反应 2h，然后再分数次加入 20 质量份 BPO 的溶液，继续搅拌反应 4h，停止加热并加入 35 份混合溶剂，搅拌下冷却至 $40℃$ 左右出料。所得 250 质量份胶液，固含量为 39%，$25℃$ 时黏度为 $3600mPa \cdot s$。将上述聚合物均匀涂于经电晕处理过的 BOPP 膜（$60\mu m$ 厚）上，经 $90℃$、5min 干燥后制成的压敏胶黏带（胶层厚约 $30\mu m$）具有如下的压敏胶黏性能：初黏力（$J \cdot Dow$ 法，球号数）14；$180°$ 剥离强度（对不锈钢）12.3N/2.5cm，持黏力（$1.5×2.5cm$，1kg，$40℃$）8min。

交联的溶液型丙烯酸酯压敏胶黏剂就是通过各种交联手段，显著提高胶黏剂的内聚力，从而有效地改善胶黏制品的耐热性和耐溶剂性。这类胶黏剂更具有实用性。其方法是：首先采用溶液聚合的方法制备带有各种反应性基团的丙烯酸酯共聚物溶液，然后加入适量相应的交联剂溶液，混合均匀即得单组分交联型压敏胶黏剂。若单组分胶液在室温条件下的贮存期小于六个月，就必须将丙烯酸酯共聚物溶液和交联剂溶液单独包装、贮存和运输，使用前再混合，即成为双组分丙烯酸酯压敏胶黏剂。

下面列举交联的溶液型丙烯酸酯压敏胶黏剂的合成（$5m^3$ 不锈钢反应釜，投量 3 吨）：

生产配方	组分	原料名称	用量/kg
	（一）	丙烯酸丁酯	960
		醋酸乙烯酯	192
		丙烯酸	24
		丙烯酸 β-羟基酯	24
		醋酸乙酯	1000
		甲苯（二甲苯）	270
	（二）	醋酸乙酯	78
		过氧化苯甲酰	3
	（三）	醋酸乙酯	52
		过氧化苯甲酰	2
	（四）	醋酸乙酯	26
		过氧化苯甲酰	1
	（五）	醋酸乙酯	80
		甲苯	70
		三聚氰胺甲醛树脂	48

操作步骤：① 按配方依次将组分（一）加入到反应釜中，开启搅拌，用水浴夹套加热，同时向反应釜中通入氮气，压力为 0.01MPa；

② 当温度升到 78～80℃并稳定时，开始滴加组分（二），匀速滴加，45min 加完（约 20～25min 时，反应温度升高，要注意及时降温），反应温度控制在 86～90℃；

③ 组分（二）加完后，停止通入氮气，在回流温度下保温 2h；

④ 用 30min 滴加组分（三），并在回流温度下保温 2h（提前 10min 通氮气和滴加完 5min 停止通氮气）；组分（四）的加入同组分（三）；

⑤ 温度降至 40℃以下加入组分（五）搅拌 30min 后 160 目过滤出料。

技术指标：

外观	水白或淡黄色液体	初黏力	14h
黏度(25℃)	2000～5000mPa·s	持黏力	8h
固体含量	39%～41%	180°剥离力	8N/25mm

注意事项：a. 操作步骤②中，由于该工艺是将全部单体放入反应釜中，反应放热较大，若反应热移出不及时，易发生冲釜现象；

b. 反应釜应该采用不锈钢材质，换热系数大，有利于降温；5m³ 规模反应釜投料量应小于 60%，冷凝器换热面积应大于 30m²；

c. 滴加过氧化苯甲酰溶液的过程中要通氮气，充分置换氧气，保证聚合反应效率。

在表 6-4 中，列举了改性单体中的官能团和能与其发生交联反应的相关交联剂种类。

表 6-4　丙烯酸酯压敏胶中常用的官能单体和相应的交联剂

反应性基团	常用的官能单体	相应的交联剂
—COOH	丙烯酸、甲基丙烯酸、衣康酸、马来酸和马来酸酐	活泼羟甲基树脂(包括三聚氰胺甲醛树脂、酚醛树脂和脲醛树脂等)、多异氰酸酯、环氧树脂、金属有机化合物、金属盐类及其螯合物等
—CONH$_2$	丙烯酰胺和甲基丙烯酰胺	活泼羟甲基树脂和多异氰酸酯等
—CNHCH$_2$OH	N-羟甲基(甲基)丙烯酰胺	活泼羟甲基树脂、多异氰酸酯、多元醇、环氧树脂、二醛类化合物和金属有机化合物等
—CONHOR	N-丁氧基甲基丙烯酰胺	活泼羟甲基树脂、多异氰酸酯、多元醇、环氧树脂、二醛类化合物和金属有机化合物等
—COOROH	(甲基)丙烯酸羟乙酯和(甲基)丙烯酸羟丙酯	活泼羟甲基树脂、多异氰酸酯和金属有机化合物等
—CH—CH$_2$ 　＼O／	(甲基)丙烯酸缩水甘油酯	各种酸酐、多元酸和多元等胺
—CH$_2$CH$_2$N〈R$_1$ R$_2$	二甲氨基乙基甲基丙烯酸酯和二乙氨基乙基甲基丙烯酸酯	环氧树脂及多还氧化合物、多异氰酸酯和二醛类化合物等

（2）乳液型丙烯酸酯压敏胶黏剂聚合物的合成　乳液聚合是一种以水为介质进行的自由基引发聚合反应。所得共聚物的分子构成与溶液聚合一样，也取决于共聚单体的反应活性和配比。因此，乳液聚合时，单体的配比也可以根据所需共聚物的玻璃化转变温度用 Fox 公式进行设计。但必须注意，在乳液聚合物中的分子构成常常是不均一的：亲水性单体如丙烯酸、丙烯酰胺、N-羟甲基丙烯酰胺等的链段以及反应活性小的单体的链段容易分布在共聚物颗粒的表面。一般的乳液型丙烯酸酯压敏胶黏剂的配方范围如下：

共聚物乳液的基本组成及所占质量份为：

共聚单体	100	引发剂	0.2～0.8
表面活性剂	0～4	缓冲剂	0.1～0.5
链转移剂	0～0.5	去离子水	100～150

通常上述共聚物乳液指标是：

固含量：30％～60％；黏度：20～500mPa·s（25℃）；pH 值：7～9。

① 表面活性剂。又称乳化剂，其主要作用是在反应初期，首先在水中形成大量的微小胶束，为单体自由基聚合提供主要场所；同时对单体进行乳化，使单体能够均匀地分散于水相中。随着反应的进行，乳化剂会均匀地分散于共聚物颗粒表面以防止共聚物的相互凝结，有利于乳液的稳定性。乳液型丙烯酸酯压敏胶黏剂通常使用的乳化剂为阴离子型，有十二烷基硫酸钠、十二烷基苯磺酸钠、十二烷基联苯醚二磺酸钠和琥珀酸烷基酯二磺酸钠等。乳化剂的用量一般为单体总量的 0.4％～1.5％。一般来说，随着乳化剂用量的增加，聚合反应的速度会逐渐加快，并且所得聚合物的分子量也随之增大。乳化剂用量越多，乳液的粒径越小，乳液的稳定性

也越好。但由于乳化剂会迁移到压敏胶层的表面从而使压敏胶黏性能下降，尤其会对压敏胶的180°剥离强度影响很大。乳化剂用量越多，性能下降越大。此外，由于乳化剂都是亲水性的，它们的存在还会导致压敏胶的耐水和耐老化性能下降，并且使得压敏胶黏性能受环境湿度变化的影响。因此，乳化剂的用量应该以在能够得到足够稳定的聚合物乳液的前提下尽量少用为原则。

② 链转移剂。乳液聚合物的平均分子量要比溶液聚合物的分子量大得多，通常可以高达数百万。作为压敏胶黏剂使用时，常常会因分子量太大而使初黏力和剥离强度下降，而不能够满足应用要求。因此，必须在聚合时加入适量的自由基链转移剂（或称自由基链调节剂）来降低聚合物的分子量。常用的链转移剂有硫醇、硫醚、四氯化碳等，最常用的是十二烷基硫醇。有时也可加入适量的有机溶剂如异丙醇、甲苯、乙酸乙酯等，利用溶剂的自由基链转移作用来控制聚合物的分子量。

③ 引发剂。乳液聚合通常使用水溶性引发剂。最常用的有过硫酸钾、过硫酸钠和过硫酸铵。它们是通过过硫酸根负离子在聚合温度（70～85℃）下直接热分解而产生两个硫酸根负离子自由基来引发反应的。这种离子自由基对丙烯酸酯单体的引发效率很高。

④ 缓冲剂。在乳液聚合过程中，介质的pH值对聚合反应速度以及乳液的稳定性均影响很大。过硫酸盐分解后产生的硫酸根离子会使介质的pH值逐渐减小，从而使得聚合速度变慢并且会降低乳液的稳定性。因此，在使用过硫酸盐作引发剂时必须同时采用碳酸氢钠或碳酸氢铵等作缓冲剂，以使得介质的pH值在整个聚合反应过程中不会发生较大的变化。

此外，引发剂和乳化剂的用量、聚合反应温度、操作方法、搅拌速度甚至聚合设备的大小和形状等对聚合物的分子量皆有一定的影响。

乳液聚合反应是在装有电动搅拌器、回流冷凝器、温度计和滴液漏斗的多口反应瓶中进行。将一部分去离子水、部分乳化剂、缓冲剂等投入反应瓶中，搅拌升温至76～78℃，同时将剩余部分的去离子水、乳化剂和全部单体投入滴加瓶中（称为单体预乳化溶液），搅拌使之形成均匀的乳白色溶液待用；向反应瓶中通入氮气约15min；加入3％～8％的单体预乳化溶液和初始引发剂溶液；当聚合反应开始时，温度会自然上升3～8℃，这时可以看到反应瓶中的溶液转相后呈微蓝色；待温度回落后并稳定在82～84℃时，开始均匀滴加剩余的单体预乳化溶液和滴加补充用引发剂溶液；通常连续滴加3.0～4.5h，温度控制在82～84℃；滴加完毕后保温1h，温度控制在84～86℃；然后降温至65～68℃，进行氧化-还原反应的处理，以减少单体的残留；降温至50℃以下，加入适量氨水调节pH值至7～9；当温度降至40℃以下后用120目网过滤，即可得到所需聚合物乳液。

一般而言，乳液型压敏胶黏剂在使用时，根据不同的基材、不同的用途、不同的涂布手段等要求，需要加入一些相应的助剂到聚合物乳液中调整其应用性能，以满足使用的需要。它们的基本组成及其用量（质量份）为：

共聚物乳液	100	交联剂	0～5
增黏树脂乳液	0～100	增稠剂	0～5
消泡剂	0～0.8	润湿剂	0～5
中和剂	适量	防腐剂	<0.5
填料	0～50	着色剂	0～5

压敏胶黏剂指标是:

固含量: 40%～65%; 黏度: 60～20000mPa·s (25℃); pH值7～9。

① 润湿剂。丙烯酸酯乳液的表面张力通常比较大,虽然它能很好地润湿纸张、棉织物和金属箔等表面能较高的基材,但却不能很好地润湿聚乙烯、聚丙烯和有机硅隔离纸等表面能较低的基材。因而使用这类表面能较低的基材时,经常在施胶过程中产生缩边和鱼眼等胶层展不平的现象,导致不能正常的进行直接涂布或转移涂布工艺的操作。为了改善乳液型压敏胶黏剂在这些基材上的涂布性能,除增加乳液的黏度外还常常加入适量的润湿剂,以降低压敏胶黏剂乳液的表面张力。各种多元醇及其醚类如乙二醇、丙二醇、乙二醇单甲醚、乙二醇单丁醚、丙二醇单丁醚等均可作为压敏胶黏剂乳液的润湿剂。

② 消泡剂。由于乳液中表面活性剂的存在,使得在搅拌及高速涂布过程中很容易产生微小的气泡,导致压敏胶黏剂涂层产生针孔而影响胶黏制品的质量。因此,需要在乳液中添加一些消泡剂。消泡剂的种类很多,用于压敏胶黏剂乳液的消泡剂是一些中等长度碳链的脂肪醇类,如:仲辛醇、异构化的甲基环己醇混合物、羊毛脂、甘油单蓖麻油酸酯等。消泡剂的用量不能过大,否则会影响压敏胶黏制品的质量。要注意尽量避免使用硅油类化合物作为消泡剂,因硅油类很难均匀分散在乳液中,导致压敏胶黏剂涂层产生许多鱼眼的现象,严重时会影响压敏胶黏制品的应用性能。

③ 增稠剂。为了适应涂布工艺操作的要求,获得适宜的胶层厚度,需要用增稠剂将压敏胶黏剂乳液的黏度从数十或数百毫帕每秒增加到数千或数万毫帕每秒。羟甲基纤维素、聚乙烯醇等为传统的增稠剂,若使用碱溶胀的聚丙烯酸乳液增稠剂来增稠压敏胶黏剂乳液的黏度效果会更好。这是一种羧基含量很高的、低黏度和高分子量的丙烯酸共聚乳液。由于黏度低,很容易与压敏胶黏剂乳液混合均匀。当混合后的压敏胶黏剂乳液用氨水或氢氧化钠中和时,随着越来越多的羧酸变成羧酸盐,增稠剂乳液的聚合物颗粒渐渐溶解。由于分子内羧酸根负离子的相互排斥作用使聚合物的分子链舒展,从而使水相的黏度大大增加。因而要求它们的分子量和羧基含量都很高,即使加入量很小也能有较大的增稠效果。有些丙烯酸酯压敏胶黏剂乳液含有一定量的羧基时,也会具有自增稠的作用,可以不必外加增稠剂。这种乳液由于有较多的羧基分布在颗粒的表面,用碱中和后其黏度也会因同样的原理增大到涂布工艺所需的程度。

④ 中和剂。氨水和氢氧化钠是最常用的两种中和剂。它的作用一是中和乳液

的微酸性，以增加压敏胶黏剂乳液的稳定性；二是中和剂的加入，可以使最终产品无腐蚀性。如前所述，对于采用聚丙烯酸增稠剂以及具有自增稠作用的乳液体系来说，中和剂也是一个不可缺少的组成部分。

⑤ 其他添加剂。为了防止在运输和贮存过程中压敏胶黏剂乳液被霉菌或其他微生物所侵蚀，有时还需要添加一些防霉剂（或称杀菌剂），如五氯苯酚钠和三氯苯酚钠等。为了压敏胶黏制品的美观和特有标志的要求，乳液压敏胶中还可加入各种着色剂。通常丙烯酸酯乳液压敏胶黏可以不必添加增黏树脂。但是，对于低表面能基材的涂布或用于黏合低表面能材料的压敏胶黏剂在配制中，往往需要添加增黏树脂乳液，以提高其粘接性能。常用的增黏树脂乳液有乳化松香酯、乳化萜烯酚醛树脂和乳化石油树脂等。

下面列举纯丙烯酸酯乳液压敏胶黏剂配方及工艺：

组分	原料名称	质量/g	备注
乳化单体	脱离子水	455.0	垫底单体
	Dowfax 2A1	15.5	77g
	2-HEA	27.6	
	AA	13.8	
	t-DM	0.35	
	n-BA	1324.0	
反应釜水溶液	脱离子水	413.0	
	碳酸氢铵	1.75	
	A-501	0.89	
	脱离子水	23.0	
最初引发剂	过硫酸铵	4.43	
	脱离子水	30.0	
滴加引发剂	过硫酸铵	1.8	
	脱离子水	85.0	
冲洗水	脱离子水	47.0	
消除促进剂	硫酸亚铁	0.05	
	脱离子水	1.0	
消除氧化剂	t-BHP(70%)	2.07	
	脱离子水	10.0	
消除还原剂	雕白块	1.33	
	脱离子水	15.0	
中和剂	氨水	11.0	
消泡润湿剂	A-BO	2.5/3.7	
	8034A	0.5	
	脱离子水	21.0	
总计		2507.6	

操作要点：

① 温度升到 82~84℃，加入垫底单体、最初引发剂。

② 达到峰值 84~88℃时，滴加乳化单体和引发剂。釜温控制在 79~81℃。滴加时间为 2.5h 左右。

③ 滴加完毕，加入冲洗水并保温 15min。

④ 温度 60℃时，加入后消除促进剂，进行后消除。

⑤ 加入氨水。

⑥ 加入消泡润湿液。

注：A-BO 为润湿剂，其用量夏季和冬季是有差异的。夏季少，冬季多。

质量标准：

外观	乳白色液体	黏度/mPa·s	>50($3^{\#}$ 30r/min,25℃)
pH 值	7.5~9.0	固含量/%	54.0~56.0(150℃,20min)

6.1.1.4 影响丙烯酸酯压敏胶黏剂性能的因素

（1）共聚物组成对压敏胶黏剂的影响　制备丙烯酸酯压敏胶黏剂所用的单体有软单体、硬单体和官能单体，软单体提供压敏性，硬单体提供内聚强度，官能单体提供可以继续反应的官能团或其他的特性。要得到性能优良的压敏胶，就必须合理地选择上述三种单体的配比。

在进行压敏胶配方设计时，首先应该用 Fox 公式，根据各类单体（如：黏性单体、内聚单体和改性单体）的不同玻璃化转变温度（T_g 值），确定它们的配比，计算出共聚物的玻璃化转变温度。共聚物的玻璃化转变温度是聚合物的一个重要的指标，它与聚合物的力学性能和压敏特性之间虽然还没有发现任何精确的定量关系，但是人们常常用玻璃化转变温度的高低来预测一个聚合物是否适合于作压敏胶黏剂，还可以用于指导如何改进这个聚合物的力学性能。通常，一个天然橡胶与增黏树脂的混合体系或一个丙烯酸酯共聚物，只有当它的玻璃化转变温度低于-20℃时才会具有压敏粘接特性。

T_g 值不同的压敏胶黏剂在室温下的弹性模量和本体黏度是不同的。由于本体黏度的不同会影响胶黏剂对被粘物的润湿从而也就影响界面黏合力。这就是压敏胶黏剂的 T_g 值对其剥离强度产生影响的主要原因。一个实用的压敏胶黏剂应该是在室温下、在一定的剥离速度时具有高的剥离强度和典型的界面破坏。为此，它的 T_g 值必须保持在一定的温度范围（-25~-60℃）内。如果在一定的剥离速度下180°剥离测试中发生内聚破坏或混合破坏，那么压敏胶黏剂的 T_g 值还应该设法提高一些；如果在这种剥离速度下已出现"黏-滑"剥离现象，则它的 T_g 值应该降低一些。

表 6-5 和图 6-2 以溶剂型压敏胶黏剂为例，说明不同 T_g 值与压敏胶三大性能的关系。

由表 6-5 和图 6-2 可见，随着共聚物玻璃化转变温度（T_g 值）的增高，其压敏胶黏剂的初黏力逐渐下降；持黏力不断增加；而180°剥离力呈凸形曲线。

（2）压敏胶黏剂中极性基团的影响　将带有极性基团（如丙烯酸、甲基丙烯酸、丙烯酰胺、丙烯酸羟基酯等）的单体与常用的（甲基）丙烯酸酯的单体共聚，可以制得侧链带有极性基团的共聚物。由于极性基团的引入，普遍可以改善共聚物的剥离强度和其他粘接性能。这是因为极性基团的电子效应，影响共聚物与极性被粘表面形成键合的牢固性。实际上，极性基团不仅改善了对极性被粘材料表面的粘接条件，而且还改变了共聚物本体的力学性质，例如提高了玻璃化转变温度，增加了弹性模量、内聚强度和本体黏度等。这些也都影响着共聚物的剥离强度和其他胶黏性能。

表 6-5　共聚物 T_g 值对胶黏剂性能的影响

测试项目名称		实 验 编 号					
		1	2	3	4	5	6
溶液性能	T_g 值/℃	−69	−59	−50	−40	−31	−20
	外观	水白透明	水白透明	水白透明	水白透明	水白透明	水白透明
	黏度/mPa·s	700	1140	2340	1960	760	930
	固体含量/%	40	40	40	40	40	40
涂布性能	涂膜外观	好	好	好	好	好	好
	透明度及流平性	好	好	好	好	好	好
	初黏力/mm	5.0	9.5	12.0	75.0	173.0	>300
	持黏力/mm	0.65	3.2	14	68	141	675
	180°剥离力/(g/25mm)	1500	3100	5800	4600	2400	970
	黏板率/%	100	95	25	15	0	0

表 6-6 中选择了几种不同的官能单体进行溶液聚合，观察到不同单体对压敏胶黏剂性能的影响不同。

表 6-6　不同官能单体的作用

试验编号	1	2	3	4	5	6
官能单体名称	AA	MAA	HEA	HPA	MA	iTA
分子量	72.07	86.1	116.06	130.08	98.04	116.0
T_g 值	106	228	−15	−7		165
溶液外观	水白透明	水白透明	—	水白透明	微红透明	微黄透明
黏度/mPa·s	2200	1580		2600	750	800
固体含量/%	40	40		40	38	40
涂膜外观	好	好		好	不好	好
初黏力/mm	15	44		2	—	60
持黏力/min	16	14		4	24.5	5
180°剥离/(g/25mm)	3800	1400		1400	—	3000
黏板率/%	10	0		100		80

由表 6-6 可以看出，不同的官能单体，能够提供不同特点的压敏胶黏剂性能。

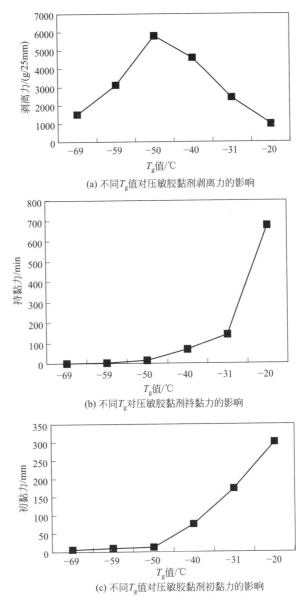

(a) 不同T_g值对压敏胶黏剂剥离力的影响

(b) 不同T_g对压敏胶黏剂持黏力的影响

(c) 不同T_g值对压敏胶黏剂初黏力的影响

图 6-2　不同 T_g 值对压敏胶黏剂三大性能的影响

比如：使用衣康酸（iTA）可以提高压敏胶黏剂的内聚强度；使用丙烯酸 β-羟丙酯（2-HPA）可以提供较好的初黏力。在使用丙烯酸 β-羟乙酯（2-HEA）时要注意，通常要与其他官能单体如丙烯酸（AA）一起使用，若单独使用很容易发生凝胶现象。

表 6-7 考证的是在溶液聚合中，丙烯酸单体的加入方式对压敏胶黏剂性能的影响。

表 6-7 丙烯酸（AA）加入方式的影响

测试项目	试 验 结 果			
试验编号	1	2	3	4
加入方式	一次快速	一次匀速	二次匀速	三次匀速
溶液外观	水白透明	水白透明	微浊	乳白
黏度/mPa·s	3020	2760	2480	7600
固体含量/%	40	40	40	40
涂布外观	透明均匀	透明均匀	透明稍差	透明很差
涂布厚度/μm	25	27	25	27
初黏力/cm	5	5	4	5
持黏力/h	6	6	1.5	0.85
180°剥离/(g/25mm)	830	850	2150	1220
黏板率/%	0	0	100	40

（3）接枝和嵌段的影响　将（均聚物的 T_g 值在 0℃以上的）硬单体与（T_g 值较低的）有压敏黏合性能的丙烯酸酯共聚物进行自由基聚合，可以在原丙烯酸酯共聚物分子主链上引入具有高 T_g 值的硬质分枝链段。这样制成的接枝共聚物不仅保持了原共聚物的良好初黏性能，而且大大增加了持黏力。用这种方法改进溶液型丙烯酸酯压敏胶性能的一些例子列于表 6-8。可见，虽然共聚单体的配比相同，但用接枝共聚合的方法（两步聚合法）得到的接枝共聚物（A）要比一步聚合得到的无规共聚物（B）或用分别聚合所得的两个无规聚合物的混合物（C）有更好的压敏胶黏性能。

表 6-8　两步聚合法制得的接枝共聚物改善了溶液压敏胶的性能

编号	单体配方[①]				聚合方法[②]	压敏胶黏性能	
	软单体（Ⅰ）		硬单体（Ⅱ）			180°[③]剥离力/(N/m)	40℃持黏力/min
1	EA	47.6	St	30	A	417	>1000
	2-EHA	47.6					
	AA	4.8			C	284	46
2	2-EHA	42.6	MMA	50	A	412	>1000
	BA	42.6	AA	3.0			
	VAc	8.5					
	AA	2.1			C	304	65
	2-HEA	4.2					
3	OA	93.5	MMA	30	A	436	>1000
	AA	6.5	AA	2.1	B	24.5	>1000
4	OA	93.5	VAc	50	A	451	>1000
	AA	6.5			B	402	35

① 为质量份，下同。

② A 法——先将单体（Ⅰ）进行溶液聚合，然后加入单体（Ⅱ）再进行接枝共聚合（两步聚合法）；

B 法——将单体（Ⅰ）和单体（Ⅱ）混合均匀，然后进行溶液共聚合（一步无规共聚）；

C 法——分别将单体（Ⅰ）和单体（Ⅱ）进行溶液共聚合，然后混合均匀。

③ 被粘物：不锈钢；测试条件：25mm×25mm，1.0kg。

接枝共聚合的方法也被用于改进乳液型丙烯酸酯压敏胶的性能。将 T_g 值不同的一种单体加入到另一种聚合物乳液（称为种子乳液）中再进行聚合的方法称为种子乳液聚合法或称为分步乳液聚合法。若加入的单体能够溶解在种子乳液聚合物的颗粒中，那就也有可能生成接枝共聚物。两种聚合物的相溶性越好，接枝的效率越高。然而，用种子乳液聚合法得到的共聚物乳液颗粒一般都具有核-壳（core-shell）多层结构。种子乳液聚合物构成乳液颗粒的核，后加入的单体形成的聚合物构成乳液颗粒的壳。实践证明，将这种具有核-壳结构的共聚物乳液作压敏胶用时，无论低 T_g 值的有黏性丙烯酸酯共聚物构成核、高 T_g 值的聚合物构成壳；还是高 T_g 值的聚合物构成核，低 T_g 值有黏性的丙烯酸酯共聚物构成壳；还是乳液颗粒具有 T_g 值为低-高-低那样的三层聚合物结构，皆能像溶液型和热熔型的接枝共聚物一样大大改变压敏胶黏剂的性能。表 6-9 中列举了部分典型例子。

表 6-9　种子乳液聚合改进丙烯酸酯乳液压敏胶性能

编号	核-壳多层结构组成及特点				主要的黏合性能①	性能改进要点
	核层,特点		壳层,特点			
1	St 25, (T_g=105℃)	硬	2-EHA 65 EA 30 AA 5 (T_g=-52℃)	软	—	在保持了黏合力的情况下,提高了持黏力
2	2-EHA 50 EA 45 AA 5 (T_g=-45℃)	软	壳层和核层相同;中间层: St 50 (T_g=105℃)	硬	180°剥离强度:392N/m(417) 持黏力:80℃时 500min (1.0) 40℃时>1000min(700)	在保持了黏合力的情况下,提高了持黏力
3	EA 10 VAc 5 GMA 0.5 (T_g=-5℃)	较硬	BA 84 MMA 0.5 (T_g=-55℃)	较	PE 为基材: 初黏力(J.Dow法):20℃时13(9) （球号数）-10℃时3(0) 180°剥离强度:20℃时282N/m(145) -10℃时 129N/m(13.7) 持黏力:20℃时>300min(25) 40℃时>1000min(700)	全面提高了难粘材料为基材的压敏黏合性能
4	2-EHA 88 VAc 10 AA 2	亲水性	St 31.1 丁二烯 55.6 2-EHA 11.1 AA 2.2	疏水性	—	提高了耐热性、耐水性和耐辐射的性能
5	BA 50 EA 20 AA 30	亲水性	2-EHA 470 BA 300 VAc 200 AA 30	疏水性	初黏力(J.Dow法):20℃时14(9) （球号数） 180°剥离强度:470N/m(137) （对PF）	提高了对难粘材料的黏合性能
6	EVA乳液 185		2-EHA 200 BA 186 AA 12 N-MAM 2		180°剥离强度:196N/m(51) （对PE）	提高了对难粘材料的黏合性能

① 括号中的数据为配方相同时用一般乳液聚合方法制得的乳液压敏胶的相应性能数据,以作比较。

（4）共聚物的分子量和分子量分布的影响 聚合物的分子量对它的力学性能和胶黏性能有很大影响。低分子量的聚合物，力学性能一般不好。低分子量聚合物制成的压敏胶黏剂，虽然初黏力有时可能不错，但它们的剥离强度和持黏力一般都不高。丙烯酸酯聚合物的压敏胶黏性能随其分子量的变化可以定性地用图6-3来表示。聚合物的分子量在A点以下，虽然三大压敏胶黏性能皆随分子量的增大而增加，但因剥离强度和持黏力都很低，并且剥离时均出现内聚破坏，因此作为压敏胶黏剂没有实用价值。当分子量在AB之间，初黏力和剥离强度达到最高值，在剥离时的破坏形式也出现由内聚破坏向界面破坏转变。此时的聚合物可以作为压敏胶来用，但由于内聚力不大，还不是一种很好的压敏胶黏剂。工业上好的压敏胶黏剂的分子量一般皆处在B和C之间。此时它的持黏力随分子量增加而迅速提高，初黏力和剥离强度则下降到一个稳定的水平，剥离时出现稳定的界面破坏。若此时初黏力和剥离强度达到的水平越高，这个压敏胶的胶黏性能就越好。当分子量高于C点时，不但可能在涂布工艺上产生困难，而且剥离时还可能会出现"黏-滑"剥离现象，一般也不适合做压敏胶来用。

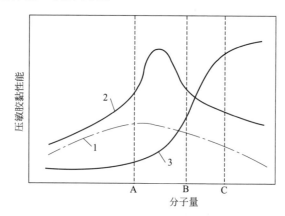

图6-3 三大压敏胶黏性能随聚合物分子量的变化（定性描述）
1—初黏力；2—剥离强度；3—持黏力

由图6-3可见，在制备丙烯酸酯压敏胶时必须将共聚物的分子量控制在一定的范围内。共聚物的组成不同、结构不同，它的分子量最佳范围也不一样。一般是根据对压敏胶黏性能的具体要求，用大量的实验来加以确定的。

在实际应用中，若减小共聚物的分子量可以降低它的本体黏度，有利于在被粘表面的流动和润湿，从而提高界面黏合力。但低分子量的胶黏剂内聚强度差，剥离时容易产生内聚破坏。因此，分子量保持在一定的范围内可以得到最好的剥离强度。采用较高分子量的聚合物弹性体作主体，配合适当的低分子量增黏树脂以降低本体黏度，可以更好地解决这一矛盾。这就是通常所说的具有很好的剥离强度、初黏力、内聚强度三种性能之间的平衡关系。

分子量分布对压敏胶黏性能也有影响。一般来说，聚合物高分子量的部分决定了压敏胶的持黏力，而低分子量成分的存在对初黏力和剥离强度的贡献很大。因此，在同样情况下，分子量分布较宽的共聚物胶黏剂更容易达到压敏胶黏剂三大性能之间较好的平衡关系。

6.1.1.5 丙烯酸酯压敏胶黏剂的性能改进及应用开发

乳液型丙烯酸酯压敏胶黏剂安全性，以及它不会造成环境污染的优点以及价格上的优势，使乳液型压敏胶黏剂得以迅速而大规模地发展着；但是，由于乳液型丙烯酸酯压敏胶黏剂的耐水性、耐高温高湿性和耐寒性等性能较差，以及干燥速度慢等缺点，在某些特定用途和条件中限制了它的广泛应用，使其具有较大的局限性。而溶液型丙烯酸酯压敏胶黏剂的易燃性、对环境的污染以及价格较高等缺点，使其在发展规模上受到了一定的限制；但是，由于溶液型丙烯酸酯压敏胶黏剂存在着高性能优势（高剪切强度、高剥离强度、高耐热耐湿性及高耐寒性等）、干燥速度快、广泛应用性（特殊应用领域、特殊条件、特殊基材等）以及性能的可调节性等优点，使得溶液型压敏胶黏剂在一些特定应用中，如掩蔽、电绝缘、特种胶带等方面充分显示其优势，有些是乳液型压敏胶黏剂很难替代的。由此可见，溶液型和乳液型丙烯酸酯压敏胶黏剂性能互补，它们在不同的应用领域中共同发展。

（1）乳液型与溶液型压敏胶黏剂性能特点比较　乳液型丙烯酸酯压敏胶黏剂中，由于水作为分散介质，聚合物以微小的颗粒稳定分散在水中。它与溶液型丙烯酸酯压敏胶黏剂相比，在分子量、安全性和经济性等方面具有如下突出的特点：

分子量：聚合物分子量的量级较大，固体含量较高，而黏度较低，这对于提高胶黏制品的内聚强度是很重要的。

安全性：由于乳液型丙烯酸酯压敏胶黏剂中的分散介质为水，因而在胶黏剂产品的运输过程中和胶黏制品的涂布加工中均比较安全；并且不会对大气造成污染。

经济性：由于溶液型丙烯酸酯压敏胶黏剂的分散介质为有机溶剂，因此，在固体含量相同的情况下，乳液型丙烯酸酯压敏胶黏剂的价格要便宜得多。但是，乳液型丙烯酸酯压敏胶黏剂耐水性、耐高温高湿性差，在涂布过程中干燥速度慢。在越来越重视环境保护的今天，人们正在努力地从工艺、设备、原材料等方面进行研究和改进，从而有力地推动和促进了乳液型丙烯酸酯压敏胶黏剂的发展。

由表 6-10 可以看出，乳液型丙烯酸酯压敏胶黏剂突出的特长，正好就是溶液型丙烯酸酯压敏胶黏剂的缺点：价格较高，储运均属危险品，涂布现场应该注意严格防火，溶剂的挥发易污染大气等。但是，溶液型丙烯酸酯压敏胶黏剂也存在着许多优点：①涂布适应性强，干燥速度快，对基材的附着力好，流平性以及透明度均较好；②耐水性好，特别是耐高温高湿、耐寒性等比较突出，而且经时稳定性好，可以耐弱酸、弱碱溶液，这是乳液型压敏胶黏剂很难达到的；③性能的可调性：溶液型丙烯酸酯压敏胶黏剂可以与多种类型的树脂互相匹配，进行改性，相互克服或弥补各自的不足。由于溶液型丙烯酸酯压敏胶黏剂存在着上述优点，科学家也在设法克服其缺点和不足。例如溶剂回收装置的应用，大大减小了资源的浪费，有效地减轻了由于溶剂挥发对大气的污染；虽然其设备投资较大，但是综合原料成本确有所降低。这些研究有效地促进了溶液型压敏胶黏剂的发展。从近几年的日本公开特许来看，在有关压敏胶黏剂的报道中，关于乳液型丙烯酸酯压敏胶黏剂的文献约占50%，溶液型的占30%，无溶剂的占15%，其他占5%。下面将进一步阐述关于乳液型丙烯酸酯压敏胶黏剂的聚合特点和改性应用。

表6-10　乳液型与溶液型压敏胶黏剂比较

项　目		乳液型	溶液型
基本性能	外观	乳白色液体	水白透明液
	黏度	较低	较高
	固体含量	较高	较低
	分子量	较高	较低
储存与运输	机械稳定性	△	○
	冻融稳定性	×	○
	黏度稳定性	△	○
	结皮,再分散性	×	○
	防腐性	×	○
	安全性	○	×
	毒性	○	△
涂布特性	流动性、流平性	×（触变型）	○（牛顿型）
	气泡的消除	难	易
	干燥速度	慢	快
	火灾危险性	○	×
	气味	○	×
粘接特性	基材附着性	△	○
	初黏性	△	○
	180°剥离强度	○	○
	内聚强度	○	△
	耐水性	×	○
	耐热性	△	○
	耐低温性	△	○
其他	经济性	○	△
	对环境影响	○	×

注：○—好或适宜；△—可以；×—差或不宜。

（2）改进乳液型丙烯酸酯压敏胶黏剂的性能及其应用　乳液型压敏胶黏剂是由单体、乳化剂、引发剂、水等原料，以乳液聚合的方式得到的分散型高分子聚合物，并加入多种必要的助剂（例如增稠剂、中和剂、润湿剂、分散剂、消泡剂、防霉剂、着色剂等）制备而成的。对于它在性能上的不足，可以通过下面几个途径获得改善。

① 乳化剂的选择和应用。通常的乳液聚合由水、引发剂、单体和乳化剂等的混合物开始进行。乳化剂包括阴离子型和非离子型乳化剂，在分散的聚合物生产和应用中起到至关重要的作用。它们对聚合中胶束粒子的成核，单体液滴的乳化和/或聚合物的形成，以及聚合过程中和产品中聚合物颗粒的稳定性都是很重要的。然而，乳化剂在最后的应用中也有很多负面的影响。比如耐水性、粘接性和表面光泽等方面性能减弱，成膜速度慢，乳化剂发生迁移等因素影响聚合物的性能。为了减少乳化剂的负面作用，一些改进的方法应用到了乳液制备过程之中。

第一种方法是无皂乳液聚合。这种方法可以消除部分因乳化剂所造成的负面影响。但在提高耐水性能方面，该种方法不会有明显的改观。因为在无皂乳液聚合时，要求选择一些具有一定水溶性的单体作为聚合物的主要单体，同时丙烯酸的用量比通常的乳液聚合时用量要大，这样才能保证无皂乳液聚合的顺利进行（在无皂乳液聚合体系中，丙烯酸的低聚物在聚合反应过程中可以起到很好的保护胶作用，它还可以保证聚合物乳液的稳定性）。这也就增加了聚合物分子的极性。正因为此，其耐水性方面在有些情况下比有皂聚合物性能还低。这也是该方法在压敏胶黏剂的聚合物合成中应用很少的主要原因。

第二种方法是用可以参与反应的表面活性剂。这样可以提高乳液的性能，减少表面活性剂的迁移，提高乳液的耐水性并增强粘接性能。因为使用反应型表面活性剂，保证了表面活性剂与聚合物分子以化学键联结，阻止乳胶粒表面的解吸附和聚合物中的迁移。

第三种是在乳液聚合中使用聚合物乳化剂。因为乳化剂部分被锚定在聚合物材料中，其解吸附和迁移都被阻止。韩国 Dongguk 大学合成的高分子乳化剂（PEBA）是采用丙烯酸 2-乙基己酯、丙烯酸正丁酯、丙烯酸为单体，一缩二丙二醇作溶剂，叔丁基过氧化苯甲酸作引发剂，十二烷基硫醇作链转移剂，进行本体聚合而得。使用该高分子乳化剂再进行乳液聚合，得到相应的压敏胶聚合物乳液。经研究证实，在高分子乳化剂分子量不同和丙烯酸含量不同的情况下，丙烯酸乳液压敏胶的粒径和粒径分布都基本相似。随着高分子乳化剂分子量的增加，初黏性和剥离强度增加。相反，分子量降低，保持力也降低。

② 特殊单体的采用。使用适量的丙烯酸异壬基酯（$T_g = -82$℃）与丙烯酸酯单体进行共聚合，可以进一步提高压敏胶黏剂的综合性能。改良对链烷烃的粘接，可以使用安息香酸乙烯酯、甲基丙烯酸四氢化糠基酯、丙烯酸环己酯、2-苯氧基乙基丙烯酸酯等单体与丙烯酸烷基酯共聚合，改善对非极性被粘材料表面的润湿性，有效提高粘接力。聚乙烯基甲醚的亲水性很好，用于改进压敏胶的亲水性和粘接强度。例如，含有聚乙烯基甲醚的压敏胶黏带在连续印刷操作中可用作于纸-辊之间的粘接，待印刷后胶黏剂部分可以在水中重新分散，从而回收纸浆；将聚乙烯基甲

醚加入到医用压敏胶黏剂配方中，可以增加胶层的透水性；聚乙烯基甲醚可以增加丙烯酸酯压敏胶对潮湿表面的粘接力；聚乙烯基甲醚的存在还可大大提高丙烯酸酯压敏胶耐增塑剂的迁移能力。

AMPS（2-丙烯酰胺基-2-甲基-丙基磺酸及其铵盐和钠盐）和 COPS-1（烯丙氧基羟丙基磺酸钠）是一类在乳液聚合中已广泛采用的可聚合离子单体。只要采用合适的聚合工艺，用 AMPS 和 COPS-1 代替常规使用的低分子乳化剂可以合成出稳定而性能很好的乳液型丙烯酸酯压敏胶黏剂。X 射线光电子能谱（XPS）的研究进一步证实：常规的低分子乳化剂在压敏胶层干燥时，能够随水分的挥发而迁移到胶层表面并在那里富集；而这类可聚合离子单体在乳液共聚时形成了高分子乳化剂或并入到高分子骨架中，几乎不发生向胶层表面的迁移和富集。这就是用可聚合离子单体合成的乳液型丙烯酸酯压敏胶黏剂具有更好的性能，尤其是耐水性能好的主要原因。

③ 水溶胶的利用。水溶胶是非常微小粒子的高分子聚合分散体，它兼有乳液系和溶液系两者的特性，能够有效提高耐水性。

④ 增黏树脂的加入。一般的丙烯酸酯乳液压敏胶尤其是通用的包装胶带，为纯丙烯酸酯配方生产的，可以不必使用增黏树脂。但研究表明，在纯丙烯酸酯乳液压敏胶中加入增黏树脂乳液后，可以明显提高压敏胶黏剂的 180°剥离强度和初黏力，但内聚力会有所下降。其加入方式有两种：一是共混，二是共聚。

共混是增黏树脂乳液与压敏胶黏剂聚合物乳液均匀的混合。作为一个有效的增黏树脂它必须满足三个基本要求：a. 它的分子量必须低于胶黏剂聚合物的分子量；b. 增黏树脂的玻璃化转变温度必须高于聚合物的玻璃化转变温度；c. 增黏树脂与它所添加的胶黏剂聚合物的混合性要好。

针对乳液型压敏胶黏剂，共混所使用的增黏树脂必须是水分散的增黏树脂乳液，要特别注意：a. 增黏分散液的稳定性。在混合、泵送、过滤和涂布的过程中，胶黏剂要经受各种各样的剪切应力。如果稳定性不够好的话，在高剪切力的作用下，颗粒之间会发生凝聚。b. 粒径。增黏树脂分散乳液的粒径会影响储存的稳定性，一般来说，如果分散液的平均粒径小于 $1\mu m$，可以使胶黏剂乳液具有良好的储存稳定性，尤其在高速涂布过程中显示出良好的运行性。c. 起泡和残渣。在过滤和混合过程中，如果泡沫在分散液表面或储罐中干燥会形成颗粒，这些颗粒会导致涂布的瑕疵甚至出现条纹等现象。

阿克苏诺贝尔依卡化学品（苏州）有限公司的油墨和胶黏剂树脂部是全球主要的增黏树脂分散乳液的供应商。为了支持水性压敏胶黏剂事业在亚太地区的快速发展，该公司在苏州建立了第三条增黏树脂分散乳液生产线，并且采用了最新的工艺生产技术。

在共混体系中，影响压敏胶黏剂性能的因素有：a. 相容性，压敏胶层的透明性取决于增黏树脂和丙烯酸酯高分子聚合物的相容性。共混体系的相容性随着丙烯酸酯聚合物分子极性和玻璃化转变温度 T_g 值的降低而获得改善，但随着增黏树脂分子极性的降低相容性变差；b. 随着增黏树脂含量的增加，体系的三大压敏胶黏性能有规律地发生变化：180°剥离强度和持黏力都是先增加，出现极大值后就迅速降低，而初黏性随增黏树脂含量增加的变化不大。

共聚是在进行乳液聚合时，先将增黏树脂溶解于丙烯酸酯单体中，然后再进行乳液共聚合，这样可以制得综合性能良好的压敏胶黏剂。通常用的增黏树脂源自松香衍生物、萜烯树脂和石油树脂。将增黏树脂溶解于丙烯酸酯单体中进行乳液共聚合，可以简化用增黏树脂改善丙烯酸酯乳液压敏胶黏剂性能的制造工艺。共聚法可分为一步乳液共聚法和分步乳液共聚法。由于一步乳液共聚法受到增黏树脂中 α-位氢原子自由基链转移作用的影响，导致单体的转化率低。因此，提倡用分步乳液共聚法。它是先将大部分丙烯酸酯单体进行乳液共聚合制得种子乳液，再将增黏树脂溶解于剩余单体中制备成单体乳化溶液，加入到种子乳液中进行第二步乳液共聚合，这样就可以把单体的总转化率提高到实用化要求。经透射电镜研究表明，用分步乳液共聚合制得的复合乳液具有芝麻团状的微观结构形态：绝大部分增黏树脂以微小的颗粒状态分散地附着在聚丙烯酸酯乳液粒子的周围。这表明用此法合成的复合乳液比用共混法制得的混合乳液中，增黏树脂与聚丙烯酸酯的分散状态更好，这样使乳液压敏胶黏剂的性能得到更大效率的提高。

⑤ 有机硅改性丙烯酸酯乳液。一般来说，丙烯酸酯压敏胶黏剂的低温柔韧性和高温稳定性较差，并且难以粘接低能表面的材料，而有机硅压敏胶黏剂却具有出色的耐候性、低温柔韧性、高温稳定性和对低能表面材料的粘接力强等特性。通过物理共混和化学共聚合成的丙烯酸酯/有机硅复合压敏胶具有很大潜力。日本的 Yamauchi 研制出硅氧烷改性丙烯酸酯聚合物乳液，可用作压敏胶。专利 US 50914823 报道，使用含有烯烃不饱和键和端基具有氢质子供给能力的官能团化合物，合成了厚胶层可快速完全固化的丙烯酸酯/有机硅复合压敏胶黏剂。

⑥ 纳米无机粒子的引入。在少量无机蒙脱土的存在下进行丙烯酸酯的乳液共聚合，可以合成蒙脱土/聚丙烯酸酯复合乳液压敏胶，因纳米粒子的引入对乳液共聚物压敏胶性能有很大影响。研究表明，在乳液聚合过程中，蒙脱土的片层结构被撑开，蒙脱土在乳液中达到了纳米级分散；少量纳米蒙脱土的引入起到了交联点的作用，提高了丙烯酸酯压敏胶的热稳定性、内聚强度和持黏性能，但对初黏性和剥离强度影响不大；在胶层中少量纳米分散的蒙脱土片层的存在对低分子乳化剂向表面的迁移和富集也能起到一定的阻隔作用。

⑦ 醋酸乙烯酯和丙烯酸酯共聚。醋酸乙烯酯与丙烯酸酯共聚物乳液压敏胶的开发，拓宽了乳液压敏胶的生产渠道，并且有效地降低了成本。尤其是在丙烯酸酯单体价格波动较大或丙烯酸酯紧缺的情况下，该研究项目是具有现实意义的。自 1984 年我国丙烯酸行业起步发展至 2015 年，在这 30 年间，丙烯酸及酯供需有时不平衡，总体需求较大。在丙烯酸酯产品供不应求时，有些生产企业即调整配方，

用醋酸乙烯酯全部或部分替代丙烯酸酯，同样可以生产出所需乳液产品。醋酸乙烯酯-丙烯酸酯共聚乳液压敏胶黏剂合成配方如表 6-11 所示。

表 6-11　醋酸乙烯酯-丙烯酸酯共聚乳液压敏胶黏剂实例

原料名称	用量/份	备　注
表面活性剂(CO-436)	0.8~1.2	阴离子乳化剂
表面活性剂(NP-10)	0.8~1.2	非离子乳化剂
醋酸乙烯酯	20.0	硬单体
丙烯酸丁酯	45.0	软单体
丙烯酸 2-乙基己酯	35.0	软单体
马来酸二丁酯	5~8	内增塑单体
丙烯酸	1~1.5	官能单体
丙烯酸 β-羟乙酯	2~2.5	官能单体
碳酸氢铵	0.5	缓冲剂
过硫酸钾	0.5~0.7	引发剂
叔丁基过氧化氢	0.1	氧化剂
雕白块	0.07	还原剂
压敏胶乳液性能	指标	
外观	乳白色液体	
pH 值	3~5	
黏度(25℃)/mPa·s	<500	
固体含量/%	55±1	

表 6-11 中列举的醋-丙乳液配方，采用的是一般乳液聚合的方法。其中马来酸二丁酯是内增塑单体，它的用量可根据应用要求或气候的变化进行调节，比如在夏季，马来酸二丁酯的用量可以减小，反之冬季提高其用量。叔丁基过氧化氢-雕白块为氧化-还原体系中的氧化剂和还原剂，是在聚合反应后期用于消除聚合物中的残余单体，提高转化率，消除异味。该醋-丙乳液压敏胶黏剂适用于涂布 BOPP 封箱胶带；若适量加入增黏树脂乳液，该压敏胶黏剂可以用于制备标签或商标等压敏制品。

⑧ 苯乙烯和丙烯酸酯共聚。基于上述相同理由，也可以用苯乙烯与丙烯酸酯进行乳液共聚合，制备苯-丙乳液压敏胶黏剂。表 6-12 为苯-丙乳液压敏胶黏剂合成配方示例。

在苯乙烯-丙烯酸酯共聚乳液配方中，十二烷基硫醇可以调节共聚物的分子量，即对胶黏剂的性能（内聚强度、剥离力以及初黏力）影响很大。乳液聚合反应为预乳化单体滴加，3~4h 滴加完，反应温度在 83~87℃范围，保温 1.5~2h，后消除反应温度为 62~68℃。在没有加入十二烷基硫醇的情况下，乳液压敏胶的特点为内聚强度高，剥离力适中，初黏力较小。

⑨ 提高乳液固含量。一般而言，要合成高固含量、低黏度聚合物乳液，必须根据乳液聚合机理确定聚合配方以及工艺，要求解决四个问题：a. 所选高固含量

乳液聚合工艺、乳化剂用量等要能保证高固含量聚合物乳液的贮存稳定性；b. 提高乳液聚合物粒径的多分散化，使小粒子有效分布于大粒子形成的空隙中，提高粒子的堆砌密度；c. 多分散聚合物中的大粒子尽可能多，最佳比例为大粒子占总粒子质量的 80% 左右，以保证体系中粒子的总表面积尽可能小；d. 尽可能压缩聚合物粒子表面水合双电层厚度，减少粒子虚体积及虚表面积，以达到聚合物乳液高固含量时黏度尽可能的小。

表 6-12　苯乙烯-丙烯酸酯共聚乳液压敏胶黏剂实例

原料名称	用　量	备　注
表面活性剂(2A1) 表面活性剂(A-501)	1.0~1.5 0.03~0.1	阴离子乳化剂
苯乙烯 丙烯酸 2-乙基己酯	20.0 80.0	硬单体 软单体
衣康酸 丙烯酸 β-羟乙酯	0.9~1.2 2~3	官能单体
十二烷基硫醇 醋酸钠 过硫酸铵 叔丁基过氧化氢 雕白块 氨水	0~0.1 0.15 0.5~0.8 0.08 0.06 2.0	链调节剂 缓冲剂 引发剂 氧化剂 还原剂 中和剂
压敏胶乳液性能	指标	
外观 pH 值 黏度(25℃)/mPa·s 固体含量/%	微蓝乳白色液体 7~8 <200 55±1	

中国林科院南京林化所运用多阶段乳液聚合法有效地合成了低黏度高固含量的乳液。乳液粒径无论是单元分散还是多元分散均能实现高固含量。其方法为：通过在乳液聚合反应中补加乳化剂以形成多次成核反应，使乳液粒子的粒径分布多元分散化，以达到制备高固含量、低黏度、贮存稳定的聚合物乳液的目的。他们已于 2003 年成功研制出固含量达到 70%、黏度在 300~1000mPa·s 范围之内的丙烯酸酯乳液压敏胶，并实现工业化生产。产品应用于玻璃网格布及土工格栅增强材料上。

6.1.2　其他各类丙烯酸酯胶黏剂介绍

6.1.2.1　粘接金属、塑料、玻璃、橡胶等材料的胶黏剂

（1）KH-501 胶黏剂　该胶黏剂耐有机溶剂性能好，黏合力强。为单组分通用型瞬间强力胶。使用方便，用途广泛，45# 钢剪切强度 20~24MPa，拉伸强度 25~30MPa。

生产配方（质量份）：

α-氰基丙烯酸乙酯	＞94	对苯二酚	微量
聚 α-氰基丙烯酸异丁酯	0～3	表面处理剂 γ-氯丙基三乙	适量
邻苯二甲酸二丁酯	3	氧基硅烷(2%无水乙醇	
二氧化硫	微量	溶液)	

生产方法：将各组分加在一起进行混炼，调制成胶即可。

产品用途：广泛用于金属、塑料、玻璃、橡胶等材料的胶接。

使用方法：用表面处理剂清洁被粘接物表面，晾置 30～60min。施胶后晾置 30s 左右黏合，固化压力 0.1MPa，固化温度 20℃，固化时间 8min。

（2）KH-502 胶黏剂　该胶黏剂为 α-氰基丙烯酸胶黏剂。

生产配方（质量份）：

α-氰基丙烯酸乙酯	100	磷酸三甲酚酯	15
甲基丙烯酸甲酯/丙烯酸甲	3.0	二氧化硫	微量
酯共聚粉末		对苯二酚	0.0002～0.002

产品标准：

拉伸强度/MPa　铝	19.5	剥离强度(钢/PVC)	PVC 断裂
45# 钢材	＞30	剪切强度/MPa	≥10

产品用途：用于金属、塑料、玻璃、橡胶等材料的胶接。

使用方法：施胶后晾置 30s 左右黏合，固化压力 0.01MPa，固化温度 20℃，黏合时间 5～8min，然后常压 48h 固化。

6.1.2.2　SGA 胶

SGA 胶又称第二代丙烯酸酯胶黏剂。是由甲基丙烯酸酯类单体、丁腈橡胶等配以引发剂、稳定剂等组成的双组分胶黏剂。具有良好的耐介质、耐老化性，可对油面材料粘接。

【配方一】

A 组分(质量份)：丁腈橡胶	66	B 组分(质量份)：二甲基苯胺	0.4
甲基丙烯酸甲酯	68		
过氧化苯甲酰	10		
对苯二酚	1		

产品用途：该胶适用于多种金属材料和非金属材料的粘接，可用于油泵、油罐、化工管道的堵漏粘补及工业元件、电器制品、仪器仪表等粘接。

【配方二】

A 组分(质量份)：丁腈橡胶	20	B 组分(质量份)：活化剂	1
甲基丙烯酸	5	乙醇	25
甲基丙烯酸甲酯	50		
甲基丙烯酸羟乙酯	40		
异丙苯过氧化氢	1		

产品用途：该胶用于油面金属粘接。

使用方法：A、B组分分别涂在两个被粘面上，30s后黏合，室温固化24h。剪切强度为15.8MPa。

6.1.2.3　Y-150厌氧胶

Y-150厌氧胶由还氧丙烯酸酯等组成。该胶无溶剂、黏度低，有较好的紧固性和密封性。使用温度范围－45～150℃。

生产配方（质量份）：

环氧丙烯酸双酯	50	异丙苯过氧化氢	2.5
三乙胺	1	糖精	0.15
丙烯酸	1	气相二氧化硅	0.25

生产工艺：将各物料按配方比混合均匀即可。

产品标准：

外观	茶黄色液体	剪切强度(铝,80℃,6h)/MPa	≥9
相对密度	1.12±0.02	最大松出扭矩(M10 钢制螺	≥2500
黏度/Pa·s	0.15～0.3	栓)/N·cm	
稳定性(80℃)/min	>30		

产品用途：用于不经常拆卸的螺纹件的紧固、放松和密封防漏，也用于轴、轴承转子、滑轮和键合件的安装固定。固化条件：隔绝空气下，接触压，常温固化24h。

6.1.2.4　丙烯酸树脂胶黏剂

该胶黏剂粘接性能好。有机玻璃剪切强度>8MPa，铝合金剪切强度>20MPa，聚碳酸酯剪切强度>15MPa。

生产配方（质量份）：

甲基丙烯酸甲酯	80	过氧化甲乙酮	0.1
甲基丙烯酸	10	二乙基苯胺	0.1
丙烯酸	5	聚甲基丙烯酸甲酯模塑粉	30
环烷酸钴(6%)	0.05		

生产方法：将各组分加在一起进行混炼，调制成胶即可。

产品用途：主要用于金属、有机玻璃等材料的粘接。

使用方法：施胶黏合后，固化压力0.1～0.2MPa，固化温度20℃，固化时间24h。

6.1.2.5　热固性丙烯酸胶黏剂

这种热固性胶黏剂可用于印刷电路板上元件的粘接，具有很好的电绝缘性，且可光固化。日本公开专利JP03-39378。

生产配方（质量份）：

环氧丙烯酸酯	420	2,2-双〔4-(丙烯酰氧二乙	330
2-羟乙基丙烯酸甲酯	140	氧)〕苯基丙烷	

二季戊四醇六丙烯酸酯	110	苯甲酸叔丁酯	40
$C_6H_5COO(COCH_3)_2C_6H_5$	10	吐温-20	30
二氧化硅	40	滑石粉	500

生产方法：除吐温和两种无机粉料（二氧化硅、滑石粉）外的物料混合均匀，于搅拌下加入吐温和两种粉料，高速搅拌分散均匀得到热固性胶黏剂。

产品用途：用于电器元件的粘接，可用紫外光固化。

6.1.2.6 丙烯酸酯密封胶黏剂

这种密封胶黏剂含有单体丙烯酸、丙烯酸酯共聚物、苯偶姻丙醚、α-甲基苯乙烯低聚物和活化剂等，在广泛的温度范围内有良好的流动性，固化后有良好的耐气候性。德国专利 DE272469。

生产配方（质量份）：

甲基丙烯酸甲酯-甲基丙烯	220	苯偶姻丙醚	18
酸丙酯共聚物		硅胶(0.025μm)	130
甲基丙烯酸甲酯	500	对甲苯磺酰氯	2
α-甲基苯乙烯低聚物	130		

生产方法：将各物料按配方量混合，加热搅拌均匀，即得到密封胶。

6.1.2.7 丙烯酸酯固体胶黏剂

这种丙烯酸聚合物固体胶，具有良好的可涂性和初黏性，由胶凝剂、共聚物和保水剂等组成。日本公开专利 JP02-147683。

生产配方（质量份）：

丙烯酸丁酯	30	水	400
异丁烯酸甲酯	45	肉豆蔻酸钠	50
异丁烯酸-2-羟乙酯	60	乙二醇	150
异丁烯酸	15	聚乙烯基吡咯烷酮	250
赋型剂	100		

生产方法：先将丙烯酸丁酯、异丁烯酸-2-羟乙酯、异丁烯酸甲酯和异丁烯酸共聚，制得共聚物，再与其余物料在 80～90℃下充分搅拌，制得透明溶液，冷却后注模成型为固体胶。

产品用途：制成固体胶棒，用于文具用品的黏合。

6.1.2.8 聚氨酯-丙烯酸酯厌氧胶

主要由丙烯酸酯、光聚合引发剂、聚碳酸酯己二醇改性的聚氨酯预聚物组成。日本公开特许公报 JP02-8279。

生产配方（质量份）：

2-羟基-2-甲基苯乙基甲酮	30	甲苯二异氰酸酯	50.8
丙烯酸-2-羟基-3-苯氧苯丙酯	400	甲基丙烯酸羟丙酯	200
碳酸乙二酯-己二醇反应物	311.2	甲基丙烯酸-2-羟乙酯	38

生产方法：先将甲苯二异氰酸酯、碳酸乙二酯-己二醇反应物和甲基丙烯酸-2-羟乙酯进行缩聚，制得聚氨酯预聚混合物；另将剩余 3 种组分混合均匀，然后与聚氨酯预聚物混合均匀，制得厌氧胶黏剂。

产品用途：用于金属部件的粘接、密封、螺栓紧固等。光固化时间 20s。

6.1.2.9 苯乙烯-丙烯酸酯防水胶黏剂

该胶黏剂含有苯乙烯和多种丙烯酸及衍生物，胶乳稳定，黏合力强，防水性能好。法国专利 FR2627499。

生产配方（质量份）：

苯乙烯	492	甲基丙烯酸	20
丙烯酸丁酯	425	N-烯丙基乙酰乙酰胺	29
甲基丙烯酰胺	24	水	适量
丙烯酸	10		

生产方法：将苯乙烯、丙烯酸、丙酸烯丁酯、甲基丙烯酸、甲基丙烯酰胺和 N-烯丙基乙酰乙酰胺的混合水溶液，于 83～87℃加热 30min，得到黏度 830mPa·s、pH 为 4.4 的胶黏剂。

产品用途：用于建筑行业及特殊的防水部位粘接。施胶后黏合，常温接触压下固化 24h。

6.1.2.10 JS 防水用丙烯酸酯乳液胶黏剂

JS 防水胶黏剂是近几年发展起来的新型建筑黏合材料。它是将高分子聚合物与水泥混合制备而成，高分子聚合物包括胶粉、VAE 乳液和丙烯酸酯乳液三类。胶粉是水可再分散的高分子聚合物，其优点为使用方便，可先与水泥粉体混合好，到工地后加水搅拌即可使用；VAE 乳液和丙烯酸酯乳液要求在工地与水泥粉体按比例混合搅拌后使用。胶粉和 VAE 乳液与水泥粉体的相混性很好，施工性好，但二者的耐水性较差；而丙烯酸酯乳液的耐水性比前二者都好，特别是其低温柔韧性和耐候性好，故丙烯酸酯乳液被广泛应用于 JS 防水领域。

乳液配方（质量份）：

丙烯酸丁酯	70	丙烯酰胺	2.0
苯乙烯	30		

用高环氧乙烷的壬基酚聚氧乙烯醚铵盐乳化剂进行乳液聚合，得到固含量为 55%～58%，pH 值为 7～9，黏度为 200～2000mPa·s 的乳白色液体。

胶黏剂配方（质量份）：

A. 乳液	100	B. 新鲜水泥	40
消泡剂	0.5	石英砂	60
水	适量		

Ⅰ型比例：A∶B＝1∶（1～1.2）；Ⅱ型比例：A∶B＝1∶（1.5～2.0）。

6.1.2.11　萜烯酚醛改性丙烯酸胶黏剂

这种萜烯酚醛树脂增黏的丙烯酸胶黏剂，具有高粘接强度和高温黏合性，其剪切黏合力为210kPa。日本公开专利JP03-149277。

生产配方（质量份）：

丙烯酸丁酯	85	3-甲基丙烯酰氧丙基三甲氧	0.7
月桂基硫醇	0.5	基硅烷	
偶氮二异丁腈	0.01	二丁基锡二月桂酸酯	0.02
甲基丙烯酸甲酯	15	萜烯酚醛树脂	50
2-聚苯乙烯甲基丙烯酸乙酯	10		

生产方法：先将月桂基硫醇、硅烷衍生物和3种丙烯酸酯，在偶氮二异丁腈引发下进行自由基聚合，反应6h制得聚合物溶液。将该聚合物溶液与萜烯酚醛树脂、二丁基锡化合物混合制得胶黏剂。

产品用途：用于非金属和金属材料的黏合。

6.1.2.12　有机硅改性丙烯酸胶黏剂

这种胶黏剂在固化前相对黏性低，而在固化后黏合力高，其中含有丙烯酸酯、硅氧烷和链转移剂。日本公开专利JP02-196880。

生产配方（质量份）：

丙烯酸丁酯	950	聚乙二醇二丙烯酸酯	2.2
丙烯酸	50	环己烷	600
甲醇	70	1,1-偶氮二（环己烷-1-腈）	微量
$HS(CH_2)_3Si(OCH_3)_3$	2		

生产方法：将各物料分散于环己烷-甲醇混合溶剂中，在115℃加热150min，然后在105℃下加热0.5h，制得含固量为59％、相对黏度为5.8Pa·s的聚合物。在该聚合物中添加适量二丁基锡二乙酸盐，混合后制得黏度为150Pa·s的胶黏剂。

产品用途：用于聚酯等材料的粘接。

使用方法：施胶于聚酯等塑料膜上，在120℃下干燥制成胶黏强度为580g/25mm的胶黏膜。

6.1.2.13　耐高温丙烯酸胶黏剂

该胶黏剂具有良好的高温粘接性能，80℃下对钢的黏合强度保持性好。由丙烯酸酯、羧基单体、羟基单体和乙烯基单体的共聚物与硅烷化合物配制而成。日本公开特许公报JP04-202584。

生产配方（质量份）：

丙烯酸酯共聚物	100	3-环氧丙烷丙基三甲氧基硅烷	10
聚合松香季戊四醇酯	15	甲苯-1,3-二异氰酸酯-三羟	2
		甲基丙烷加合物	

生产方法：将由丙烯酸 2-乙基己酯 40g、丙烯酸丁酯 46g、丙烯酸 3.9g、甲基丙烯酸羟乙酯 0.1g 和乙酸乙烯酯 5g 制得的共聚物，与配方中的其余组分混合，制得胶黏剂。

产品用途：用于水泥、金属等黏合。

6.1.2.14　耐低温丙烯酸结构胶黏剂

这种结构胶黏剂具有高的黏合抗冲击强度和低温适应性，它由甲基丙烯酸酯单体、玻璃化转变温度 $T_g < -25℃$ 的弹性体、接枝共聚物和催化自由基聚合的催化剂组成。欧洲专利申请 EP357304。

生产配方（质量份）：

甲基丙烯酸甲酯	628.5	甲基丙烯酸酯/丁二烯/苯乙	200
氯丁橡胶	114	烯接枝共聚物	
甲基丙烯酸	50	N,N-二甲基对联甲苯胺	7.5
过氧化物浆料	100		

生产方法：将甲基丙烯酸甲酯、甲基丙烯酸、氯丁胶、共聚物、胺和过氧化物浆料混合均匀，得到抗拉强度为 36.5MPa 的胶黏剂。

产品用途：用于黏合低温下使用的塑料组件。

6.1.2.15　陶瓷用丙烯酸水溶胶黏剂

这种陶瓷砖及其他制品用水溶胶黏剂，具有良好的黏着性和耐水性，在 23℃ 和 50% 相对湿度下，7d 和 14d 后黏接瓷砖的黏着力分别为 0.16MPa 和 0.28MPa。德国专利 DE3835041。

生产配方（质量份）：

乳液配方：		胶黏剂配方：	
巯基硅氧烷/乙烯基单体聚合物	3~30	乳液	10
增塑剂	约15	$C_4H_9(OCH_2CH_2)_2OCH_3$	0.5
无机填料	40~90	甲基羟丙基纤维素(5%水溶液)	4.5
水	5~40	石英粉(164μm)	17.2
丙烯酸	3	石英粉(32μm)	17.25
苯乙烯	47.8		
丙烯酸丁酯	48.8		
$(CH_3O)_3Si(CH_2)_3SH(I)$	0.4		

生产方法：先将聚合物、无机填料、增塑剂和水混合乳化，另将丙烯酸及酯、苯乙烯在巯基硅氧烷存在下进行乳液聚合。将两种乳化混合液混合，制得玻璃化转变温度为 20℃ 的共聚物 60.1% 的乳液。

将乳液与醚衍生物、甲基羟丙基纤维素水溶液混合，在高速搅拌下加入石英粉，混合制得胶黏剂。

产品用途：用于瓷砖及其他陶瓷制品的黏合，常温接触压力下固化。

6.1.2.16　汽车内衬装饰丙烯酸胶黏剂

该胶黏剂由玻璃化转变温度 T_g 为 89℃ 的共聚物和 T_g 为 35℃ 的共聚物组成，涂覆于聚酯地毯背面，用于车内装饰。日本公开专利 JP02-112485。

生产配方（质量份）：

苯乙烯	1210	丙烯酸	33.3
丙烯腈	150	丁二烯	130
丁二烯共聚物	40	甲基丙烯酸甲酯	66.7
亚甲基丁二酸	33.3		

生产方法：将 77g 苯乙烯、150g 丙烯腈、20g 亚甲基丁二酸和 20g 丙烯酸共聚，得到的共聚物与 40g 丁二烯共聚物，制成玻璃化转变温度 T_g 为 89℃ 的共聚物 A。另将 130g 丁二烯、440g 苯乙烯、66.7g 甲基丙烯酸甲酯、13.3g 亚甲基丁二酸、13.3g 丙烯酸共聚，制成 T_g 为 35℃ 的共聚物 B。将 A 与 B 两种共聚物胶乳混合，得到汽车内衬装饰胶黏剂。

使用方法：在地毯背衬面以 200g/m² 涂胶、干燥，制成一种在 170℃ 具有良好模压性能的车内装饰地毯背衬。

6.2　丙烯酸酯涂料

6.2.1　概述

6.2.1.1　发展简述

丙烯酸酯树脂具有优良的耐候性、透明性、耐化学性和机械强度等，因而在涂料工业中得到了广泛的应用。户外使用丙烯酸酯涂料因色浅、保光保色和优良的稳定性而普遍受到关注；丙烯酸类单体具有多样性而且和其他单体配合可以得到热塑型和热固型聚合物；通过聚合物设计可以制得成千上万种综合性能优良的聚合物品种，也可以引入各种基团得到各种特殊用途的聚合物，使之在建筑、汽车、飞机、机械、电子、家具和塑料等领域得到广泛应用。

丙烯酸酯涂料的工业生产始于 20 世纪 30 年代，ICI 和杜邦等公司都生产涂料用丙烯酸酯树脂，热塑型的丙烯酸酯树脂涂料用于汽车涂料和工业涂料开始取代硝基涂料，到 20 世纪 50 年代，美国和加拿大开发了热固型丙烯酸酯涂料，用于汽车涂装。

我国于 20 世纪 60 年代开始开发丙烯酸酯涂料，到 80 年代和 90 年代我国先后在北京、吉林和上海等地引进三套丙烯酸及其酯类生产装置，使丙烯酸酯涂料得到了快速发展。80 年代我国丙烯酸酯涂料年产量不足 10 万吨，到 1999 年已经超过

50万吨，占当年我国涂料总产量190万吨的1/4以上。进入21世纪，我国丙烯酸酯涂料消费比重逐年提高。

2015年我国约有300家丙烯酸酯涂料生产企业。重要的丙烯酸酯涂料生产企业有广州立邦涂料有限公司、PPG涂料（天津）有限公司、立邦涂料（中国）有限公司、中涂化工（上海）有限公司、廊坊立邦涂料有限公司、巴斯夫上海涂料有限公司、湖南湘江涂料集团有限公司、赫普（昆山）涂料有限公司、阿克苏诺贝尔太古漆油（上海）有限公司、卜内门太古漆油（中国）有限公司、上海国际油漆有限公司、广东嘉宝莉化工（集团）有限公司、金刚化工（昆山）有限公司、广东华润涂料有限公司、紫荆花制漆（上海）有限公司和三棵树涂料股份有限公司等。

2015年，在我国涂料的消费品种中，丙烯酸酯涂料是最大的一类，消费量550万吨，约占涂料总消费量的32%。我国丙烯酸酯涂料的主要应用领域有建筑领域、工业领域（防护、船舶、容器、木器漆、汽车漆）和其他一般用途等。

丙烯酸酯聚合物的生产始于溶剂型聚合物的生产，然后发展到水性丙烯酸酯聚合物。发达国家对环境污染和环境保护密切关注，溶剂型涂料在空气中散发烃类溶剂造成大气污染的情况在20世纪60年代就受到了关注，从而导致美国环保局（EPA）开始对涂料工业生产的涂料产品的配方类型加以限制，要求开发以水为主要载体的涂料，减少有机溶剂的用量。因此过去的40多年中丙烯酸类水性涂料、高固体分涂料、粉末涂料和辐射固化涂料得到了快速的发展，而溶剂型涂料所占的比例在逐渐缩小。如美国溶剂型与水性涂料之比，1985年为54∶30，1995年为33∶44，2003年为20∶80。尽管如此，目前溶剂型涂料因其某些优异的性能还有一定的不易替代的市场份额。

6.2.1.2 丙烯酸酯涂料的特性

各种类型丙烯酸酯合成的聚合物各具特点，因而可以按不同的应用方向，设计不同性能的丙烯酸酯类聚合物，制备各种用途的产品，但是丙烯酸酯聚合物涂料产品也有其共同的特点：

① 丙烯酸酯树脂颜色浅，有极好的透明性。

② 由于丙烯酸酯聚合物的主链为碳-碳结构，具有很强的光、热和化学稳定性，紫外光照射不分解、不泛黄，户外使用耐候持久、保光保色性好。

③ 耐热性好，热塑型丙烯酸酯树脂在较高温度下软化，冷却后能够复原，一般不影响性能，热固型丙烯酸酯树脂在170℃下也不分解不变色。

④ 化学稳定性好，耐酸、耐碱、耐盐、耐油脂和洗涤剂等化学品的污染和腐蚀。

⑤ 由于丙烯酸酯有酯基的结构，多种多样的酯基可以改善在不同介质中的溶解性和与其他树脂的混溶性，可以与其他许多树脂经物理或化学结合派生出多种优异性能。

⑥ 丙烯酸酯同时具有双键和其他官能团，适合制备热固型涂料，先由丙烯酸

单体制成流动性好、便于施工的树脂，然后在应用时丙烯酸酯的官能团与交联剂进行交联，得到具有各种物理和化学性能的网状高分子涂膜，交联剂也可以是其他类型具有能交联的官能团的聚合物，如氨基树脂、聚氨酯、环氧有机硅醇酸和聚酯等。

涂料配方设计者可以在很大的范围内随心所欲地设计自己所心仪的涂料配方，配制出种类繁多、性能优异和用途独特的涂料产品，满足不同用户的不同需求。

6.2.2 水性丙烯酸酯涂料

6.2.2.1 涂料用丙烯酸酯聚合物

（1）乳液聚合物单体对涂料性能的影响 丙烯酸酯各种单体有其独特的性能，用作涂料的丙烯酸乳液聚合物常常由多种单体共聚而成，这样可以获得综合平衡的聚合物性能。

用于制造丙烯酸酯涂料的丙烯酸和甲基丙烯酸单体中较为常用的有：丙烯酸（AA）、甲基丙烯酸（MAA）、丙烯酸乙酯（EA）、丙烯酸丁酯（BA）、丙烯酸-2-乙基己酯（2-EHA）、甲基丙烯酸甲酯（MMA）、甲基丙烯酸丁酯（BMA）、甲基丙烯酸缩水甘油酯（GMA）以及含羟基的丙烯酸酯，如丙烯酸羟乙酯（HEA）、丙烯酸羟丙酯（HPA）、甲基丙烯酸羟乙酯（HEMA）和甲基丙烯酸羟丙酯（HPMA）等。

丙烯酸和甲基丙烯酸可以在涂料中提供酸度，可以提供乳液聚合物的冻融稳定性。在生产乳胶漆时，可以通过加入氨或碱中和后，起到增稠的作用。此外还可以为聚合物提供交联点，改进涂膜的硬度，增加对颜料和基材的粘接强度等。

丙烯酸酯中 EA、BA、EHA 属于软单体，在聚合物中可以使涂层在户外使用时具有透明性、耐久性、抗污染性和柔软性，可以在防腐蚀性要求不苛刻的情况下使用。如聚合物组成中含有 BA 和 EHA，在户外具有优良的耐潮性，EA 和 BA 的保色性、耐候性和柔软性好，但耐碱性和耐刮擦性较低。甲基丙烯酸酯中 MMA和 BMA 属于硬单体，可以提高聚合物膜的硬度，耐候性、保光保色性优良，耐水耐碱性稍逊于苯乙烯，因此各用 40%～50% 的 BA 和 MMA 以及 2% 的 MAA 的聚合物乳液一般就可以作为外墙涂料用，而用 65% 的 EA、33% 的 MMA 和 2% 的MAA 就可以作为有光内墙涂料。

丙烯酸酯涂料树脂组成中还包括若干乙烯类单体以便降低原材料成本，也常采用活性官能团单体用来改进某些特殊性能或赋予聚合物更为完善的性能。这些与丙烯酸单体共聚的单体种类目前还在不断增加。常用的共聚单体有苯乙烯、丙烯腈、氯乙烯、（甲基）丙烯酰胺、烯烃、乙烯基醚、醋酸乙烯等。

聚合物组成中含有苯乙烯（ST）、乙烯基甲苯和醋酸乙烯（VAC）都可以降低原材料成本，如果用苯乙烯还可以改进光泽、耐污性、耐水性、耐洗涤剂和耐盐性。如苯丙聚合物（48%BA、48%ST、2%MAA）在欧洲、拉丁美洲和亚洲都得到了广泛的应用，用作水泥面的外墙涂料具有优良的屏蔽性，在北美及其他地区也广泛用作高光内墙涂料。

作为活性官能单体的上述四种羟基丙烯酸酯，用量最大的是丙烯酸羟乙酯，它是最常用的提供羟基官能团的单体。甲基丙烯酸缩水甘油酯可以提供环氧基。丙烯酰胺、甲基丙烯酰胺和羟甲基丙烯酰胺等也是提供活性基团的共聚单体。这些侧链上结构不同的单体，其极性和溶解性对聚合物都有较大的影响。丙烯酸酯基碳链长时，极性小，亲水性小，耐水性好，但耐油性较差；极性较大的羟基、羧基、氰基都可以改进耐油性、耐溶剂性和附着力，所以耐油、耐溶剂要求高时，可以使用丙烯腈作为共聚单体。羟基、羧基含量高时会降低树脂的耐水性，氰基含量高则会降低聚合物的溶解性。

近年来，涂料用丙烯酸乳液聚合物常在聚合过程中引入一些活性单体以改善产品的某些性能，这些活性单体进入聚合物的分子结构，其活性基团可以与其他化合物反应，使乳液聚合物在常温下交联成膜。例如 Eastman 化学公司与日本合成化学公司生产的甲基丙烯酸乙酰乙酰氧基乙酯（acetoacetoxyethyl methecrylate，AAEMA）在美国已经得到应用（US P4894379），用量为单体总量的 3% ~ 5%，用胺类（二胺类）作交联剂。水溶性的二胺可以保留在水相不会发生反应，这样可以作为单组分产品，使用时水挥发后聚合物与二胺交联用于制作高光泽涂料。

$$CH_3-\overset{\overset{O}{\|}}{C}-CH_2-\overset{\overset{O}{\|}}{C}-O-CH_2-CH_2-O-\overset{\overset{O}{\|}}{C}-\overset{\overset{CH_3}{|}}{C}=CH_2$$

再如甲基丙烯酸三甲氧基硅丙酯与丙烯酸单体共聚后，位于侧链的硅上的甲氧基可以与 D4 硅单体进行缩合反应，形成接枝共聚物，聚合物失水干燥后，可形成分子间交联。

$$CH_3-O-\overset{\overset{\overset{CH_3}{|}}{O}}{\underset{\underset{\underset{CH_3}{|}}{O}}{Si}}-CH_2-CH_2-CH_2-O-\overset{\overset{O}{\|}}{C}-\overset{\overset{CH_3}{|}}{C}=CH_2$$

日本触媒化学公司生产的甲基丙烯酸噁唑啉酯（oxazoline methacrylate）可以与含羧酸酯的丙烯酸乳液进行交联。

双丙酮丙烯酰胺（diacetone acorylamide，DAAM）可以与己二酸肼等在常温下进行交联，这一类常温交联型乳液在我国已有工业化产品。

另外一类共混或共聚的聚合物，如有机硅、聚氨酯、氨基树脂、环氧树脂和醇酸树脂等都可以与丙烯酸酯树脂进行共聚，以期取得某些优良的性能。

通常用玻璃化转变温度（T_g）表达聚合物的硬度及柔韧性。玻璃化转变温度是非晶体化合物从橡胶态转变为玻璃态的温度。聚合物在此温度下，许多物理性能发生急剧变化，聚合物可以从很软转变为较软，直到硬脆完全改变了材料的性能。

聚合物玻璃化转变温度高，表示其硬度、抗张强度及耐摩擦性都较高。聚合物玻璃化转变温度低则其柔韧性和延展性较好，而在高温下变软及发黏。丙烯酸酯聚合物涂料一般在玻璃化转变温度以上使用，涂料用丙烯酸酯聚合物的玻璃化转变温度通常设计在 0～30℃。如果 T_g 在这一范围之下，涂料硬度不足，太软甚至发黏，存在吸尘、耐磨性差等缺点。如果丙烯酸酯聚合物的 T_g 在 0～30℃之上，则涂层柔软性差，附着力和粘接性都受影响。

T_g 对聚合物的最低成膜温度（MFFT）也有直接影响，不过 MFFT 的高低还取决于粒径的大小、助成膜剂的类型和数量，还受配方中增塑剂的多少及其他助剂的影响。

（2）乳液聚合物分子量与结构对性能的影响　聚合物分子量的大小与产品性能有一定的关系，一般聚合物分子量高，常具有较高的抗张强度、弹性和延展性等。在聚合物生产中通过改变工艺、控制聚合温度、改变引发剂用量和选择链转移剂等都可以控制分子量。由于乳液聚合过程是在被水分割开的乳胶粒子中进行的，引发自由基进入胶束后有充分的时间进行自由基的链增长，而乳胶粒子表面又带电，由于静电斥力的作用，粒子中自由基因碰撞而终止的可能性几乎等于零，因而乳液聚合中自由基链的平均寿命很长，能够获得很高的分子量，乳胶粒子中黏度很大，而连续相水的黏度并不高，这是溶液聚合做不到的。由于乳液聚合物的分子量高，用其制作的乳胶漆，在耐候性、耐久性和保光保色性等方面比热塑型溶液聚合物好。

为使乳液聚合物对颜填料及基材有良好的粘接能力，使乳液聚合物具有较好的稳定性，常在共聚单体中加入少量的羧基单体，使聚合物链段上分布有羧基。由于甲基丙烯酸比丙烯酸更具有机性，甲基丙烯酸趋向在聚合物链段上均匀分布，丙烯酸则多在乳胶粒子的表面，因而当加入碱中和时，含丙烯酸单体的乳液增稠性比较强，在涂料用乳液中采用甲基丙烯酸共聚的比较多。

聚合物分子中共聚多官能单体，如酰胺基、羟基、羧基、环氧基等可以得到自交联性与外交联性产品。长期以来研究人员一直在努力合成常温交联型的乳液聚合物，以提高乳胶漆的使用性能，比如木器漆、金属用漆等。

除了聚合物分子结构的相关研究，乳胶粒子的结构研究，如核壳、空心、梯度分布等都是科研人员与用户所关注的。

6.2.2.2　涂料配制

以上叙述了单体和树脂对涂料性能的原则要求，下面再讨论涂料的其他组成。

（1）颜料　丙烯酸酯涂料最大的用途是作为装饰性涂料。颜料则赋予装饰性涂料各种色彩，同时具有一定的遮盖力和着色力，改善涂料的施工性能，提供涂层的附着力和物理性能，使涂层有更好的保护性和耐久性。

颜料是一种粉末状的有色材料，分无机和有机两大类，它们不溶于水、油、溶剂和树脂等介质，但能够分散于这些物质当中，是着色涂料不可缺少的成分。

颜料分白色颜料、着色颜料和惰性颜料。钛白（TiO_2）是标准的、稳定的白色颜料，分金红石型和锐钛型，金红石型有很高的折射率，在涂层中有很好的遮盖力和消色力，耐候性极佳，常用于户外。钛白粉一般的粒径为 $0.2\sim0.3\mu m$。后来开发了超细钛白粉，粒径为 $10\sim20nm$，1985 年 BASF 首先将其用于汽车涂料，现在在金属涂料中已经得到广泛应用。

着色颜料有氧化铁系、炭黑和各种有机颜料等，品种繁多。

惰性颜料也可称为填料、体质颜料，在涂料中作填充料以降低成本，同时改进涂层的耐磨性，增加干燥涂膜的遮盖力，使涂膜消光，改进涂料的流动性或有助于产生某些纹理结构。在涂料中广泛应用的填料主要有重质碳酸钙、轻质碳酸钙、滑石粉、瓷土、硅灰石和二氧化硅等。

水性涂料与溶剂型涂料体系所用的颜填料类型基本是一样的，但是丙烯酸乳液聚合物一般 pH 值控制在 $7\sim9$ 之间，配置的乳胶漆应用于建筑的内外墙时，墙体若为水泥砂浆制品，属于碱性基材表面，那么颜料应选择耐碱性好的，否则颜色不稳定，墙面容易出现发花、不均匀退色和变色等现象。

对于高光泽的涂料而言，水性乳胶漆中一般不能含有填料，而且颜料量要比溶剂型低得多。涂料工业中常用颜料体积浓度（PVC）表示颜填料固体分对涂料总固体含量的比率。涂料的 PVC 值较低，表示基料（聚合物）的浓度较高；涂料的 PVC 值较高，表示涂料中颜填料量较高。一般涂料的 PVC 值与颜填料的类型及颗粒大小有关系，然而还是可以按涂料的不同类型确定 PVC 值的大致范围，如表 6-13 所示。

表 6-13 不同涂料类型的 PVC 值

涂料类型	PVC/%	涂料类型	PVC/%
高光涂料	<20	蛋壳光涂料	35~45
亚光涂料	21~30	无光涂料	38~80
缎光涂料	30~40		

乳胶漆 PVC 为 8%、12%、16%、26% 时，其光泽分别为 80%、75%、65%、25%。有光乳胶漆的 PVC 在 20% 以下，最好在 16% 以下，但有光乳胶漆在室外容易被污染，所以有时 PVC 也达到 20%。

有机遮光剂（organic opacifier）在涂料中使用可以减少钛白粉的用量，降低涂料成本，而涂料的性能并不下降。这些适当大小的聚合物粒子因其中空和周围的聚合物折光率不同，并由于光的散射而得到遮盖的性能。

乳胶漆以浅色调为主，常在白色漆中加入着色颜料浆配制成各种浅色调的色漆。市售颜料浆一种是用表面活性剂将颜料润湿分散，经过研磨达到一定的细度，使颜料呈现均匀分散悬浮稳定状态；另一种是用水溶性分散树脂将颜料研磨到一定细度，呈现均匀分散的浆状或膏状体。水溶性树脂与乳液的相容性好，可以成为乳胶漆中的第二成膜物质，它的引入可以改善漆的流平性、光泽和丰满度等。

色浆举例：

颜料名称	用量/g	水溶性树脂/g（WSR-1）	缓蚀剂/g	分散剂/g	水/g	固含量/%
铁红	59.22	20.10	0.22	0.12	20.34	70
铁黄	46.53	16.42	0.17	0.09	36.79	55
酞青绿	26.88	35.85	0.14	0.05	37.08	45
炭黑	13.94	41.82	0.11	0.12	44.01	35

采用三辊机轧制，细度控制在 $20\mu m$ 以下。

（2）其他助剂　丙烯酸酯乳胶漆的组分中除了聚合物乳液和颜料以外，还要添加分散剂、增稠剂、成膜助剂、湿边改进剂、防锈剂、防霉剂和消泡剂等助剂。这些助剂并不是每个配方都要全部添加，一般情况下，分散剂、增稠剂和防霉剂是必需的，其他助剂则可以根据使用情况和条件酌情添加。

① 分散剂。分散剂是一种表面活性物质。颜料在加入乳液之前，要用分散剂加以分散，如果颜料直接加到乳液中，颜料会吸收大量水分以及乳胶粒子上的表面活性剂分子，对乳液会起到破坏作用。为了使颜料很好地分散在水和乳液中，防止颜料和乳胶粒子的凝聚，就要使用分散剂把颜料和水研磨分散成浆料，再和乳液调配使用。

例如钛白粉，本身就需要表面处理，以利于分散。分散剂的选择不仅会影响分散的好坏，而且对漆膜的光泽也有一定的影响。分散剂能够润湿固体粒子表面，其分子吸附于颗粒表面，留下相同电荷的一端，由于同性相斥，使颗粒之间保持隔离状态，促进固体粒子在液体中的悬浮，防止颜料的凝聚。

早期多采用磷酸盐作为分散剂，如三聚磷酸盐、焦磷酸盐和六偏磷酸盐等都是无机颜料的良好分散剂。乳胶漆常用六偏磷酸钠和三聚磷酸钾等，用量一般为颜料的 $0.2\%\sim0.5\%$。

对于许多有机颜料，一定要加入足够量的表面活性剂作为润湿剂，才能使颜料很好地分散在水中。表面活性剂一般用阴离子型或阴离子与非离子相配合，可以降低颜料和水之间的表面张力，从而降低混合所需的能量。近二十年来，聚合物分散剂得到了大量的开发与应用，并已成为装饰性涂料分散剂的主流。水溶性丙烯酸均聚物与共聚物是其中的主要品种。

聚丙烯酸铵、聚丙烯酸钠和碱溶性丙烯酸酯共聚物作为分散剂兼具增稠剂的功能，带有羧基的丙烯酸酯聚合物能够较好地吸附于钛白粉、铁红和铁黄（碱性）等颜料粒子表面，带碱性官能基的共聚物能很强地吸附于炭黑一类的酸性颜料表面，使其有良好的分散稳定性。

关于分散剂的原理及发展状况，可参看有关专著，在此不作深入的叙述。

② 成膜助剂。乳胶漆的成膜过程与溶剂型漆的成膜过程是不相同的。溶剂型漆成膜是通过溶剂的挥发，聚合物分子聚集而形成连续均匀的薄膜。乳胶漆的成膜可以分为两个过程，首先是水分挥发，聚合物粒子相互靠拢形成密堆积，粒子间毛细管现象出现，接下来是毛细管压力融合聚合物粒子。毛细管压力高于粒子的抗形

变力即形成均匀的连续膜，低于粒子的抗形变力则呈粉末状态，为使乳胶漆能形成连续膜，通常可以采取提高毛细管压力，即涂层强制干燥、降低聚合物粒子的抗形变力，即加热、减小粒径、添加有机溶剂（即成膜助剂或长效增塑剂）溶胀软化聚合物粒子等方法。

涂料用乳液聚合物设计 T_g 常在 $0\sim30℃$ 之间，而乳胶漆的使用温度常需要在 $5\sim10℃$ 甚至更低，因此涂料的成膜好坏是决定涂层性能的一个很重要的因素。对于常温干燥的乳胶漆加入一定量的成膜助剂是必需的。成膜助剂的加入不仅能溶胀软化聚合物粒子使它们融合在一起，而且在干燥过程中减慢水的挥发速度，使聚合物粒子融合得更好。

常用的成膜助剂有乙二醇丁醚、丙二醇丁醚、双丙酮醇、苯甲醇、2,2,4 三甲基-1,3 戊二醇单异丁酯（Eastman chemical 牌号 Texanol，Chisso 公司牌号 CS-12，吉化公司醇酯-12）、丙二醇苯醚和 200 号溶剂油等。

水性汽车涂料和乳胶漆常用乙二醇丁醚作为成膜助剂，因其毒性较大，现在多用丙二醇丁醚等代替。

成膜助剂的加入量应根据乳液聚合物的 T_g 值、MFT 值或室温下的成膜情况，并结合施工时的温度予以确定，用量在 $1\%\sim20\%$（质量分数，聚合物有效分）。

为了减少环境中 VOC 的排放，要求尽量降低或不用成膜助剂，许多研究工作者在开发活性的不挥发的成膜助剂，它们在干燥过程中不挥发而留在涂膜中，成为涂膜的一部分。

乙二醇和丙二醇等二元醇被称为共溶溶剂，在乳胶漆中可以改进涂料的冻融稳定性，在涂料的冻融过程中，它们可以阻滞乳胶粒子的聚集，在漆膜干燥的过程中又可以减缓水分挥发的速度，在有利于形成完整的膜的同时，保留了涂层较长的"湿边"时间，即它们在干燥的过程中不至于干得太快，保留接头处可以连续涂刷等施工性能。

成膜助剂有利于改善涂膜的流平性、附着力和耐洗擦等性能，但增加了涂膜的干燥时间，对涂料的储存也有一定的影响。

③ 增稠剂。乳胶漆中添加增稠剂是使涂料具有所需的黏度和流变性，同时可以防止涂料中颜料的沉降，有利于控制涂料渗入到多孔基材中和延缓水分的挥发速度。

在乳胶漆中，使用最广泛的增稠剂是水溶性的纤维素醚类和聚丙烯酸盐类。增稠剂是水溶性的，纤维素本身不溶于水，经过化学处理后可以得到水溶性的衍生物，如羧甲基纤维素、羟甲基纤维素、羟乙基纤维素和羟丙基纤维素。甲基纤维素已经很少使用，用得比较多的是羟乙基纤维素和羟丙基纤维素。羧甲基纤维素应该用取代度在 0.8 以上的。

采用乳液聚合成的（甲基）丙烯酸类增稠剂有两种类型，一种经碱中和后呈膏状增稠，一种呈拉丝状增稠，两种配合使用效果更理想。乳液型增稠剂增稠效果明显，用量少，乳胶漆稳定性好，当它与缔合型聚氨酯类增稠剂（非离子型）配合使用时，涂料具有更好的流动性、流平性、成膜性和抗生物降解性。在涂料辊压涂饰中显著减少飞溅现象。

聚丙烯酰胺、马来酸酐共聚物和黏土等矿物质也可用作增稠剂。为了降低成本和平衡性能通常是两种或两种以上的增稠剂配合使用。增稠剂的加入是有技巧的，纤维素类一般在色浆中加入，通常先配制成一定的浓度。乳液型增稠剂要兑稀使用。乳胶漆调配好后应视漆的黏度加入增稠剂，在黏度值上要留有余地，许多乳胶漆在放置 24～48h 后有后增稠现象。

分散剂、润湿剂和增稠剂都是对水敏感的物质，品种的选择和用量的多少应该注意，因其对乳胶漆的耐水性能影响较大，同时也是各种微生物的营养基。

④ 消泡剂。消泡剂是用于降低气体（空气）和液体（涂料）之间的表面张力的表面活性剂。由于乳胶漆中有许多表面活性剂和增稠剂等，在生产和涂刷施工的过程中会产生许多泡沫，如果不消除的话，在涂层中会形成针孔等弊病，所以要加入消泡剂进行泡沫的消除。有的在乳液制备中就加入消泡剂。

因为有些消泡剂与乳液不易混合，所以乳胶漆中常常将消泡剂分为两部分加入，即在色浆中加入一部分，在乳液中加入一部分，这样可以获得比较好的消泡效果。

消泡剂的品种很多，最早使用的有磷酸三丁酯，脂肪醇（8～12 碳）水溶性硅油等，现在的品种就更多了，除了上述的以外还有有机极性化合物系、矿物油系和有机硅树脂系等。要选择消泡效果好，能够与体系充分混合又不产生油花的品种。

⑤ 防霉剂。乳液和乳胶漆富含微生物生长的营养成分，很容易长霉和发臭，漆膜在潮湿的地方也容易长霉并逐渐降解从基材上剥离，因此乳液与乳胶漆中必须加入杀菌防霉剂。常用的杀菌防霉剂的品种有噁唑烷、异噻唑啉酮（BIT）、2-(4-噻唑基) 苯丙咪唑（TBZ）、苯丙咪唑氨基甲酸甲酯（BCM）、2,4,5,6-四氯间苯二腈（TPN）和四甲基二硫化秋兰姆（TMTD）等。国外的品种更多。为适应多菌种广谱高效低毒，多种防霉剂杀菌剂常常配合使用。用量应根据杀菌效果选择，通常为 0.1%～0.5%。使用时应与乳胶漆充分混合均匀。

6.2.2.3 乳胶漆的生产

以一年生产 300d，年产 2 万吨涂料为例，需要的原材料、工艺过程及主要设备和三废处理分述如下。

（1）产品方案　由于涂料生产要求多品种，现以丙烯酸外墙涂料 5000t，内墙涂料 15000t，外墙与内墙涂料各分高、中、低三个档次，共计生产涂料 2 万吨/年。

（2）主要原料

名称	数量/（吨/年）	名称	数量/（吨/年）
纯丙乳液(50%)	1500	金红石型钛白粉	1200
苯丙乳液(50%)	4000	锐钛型钛白粉	1600

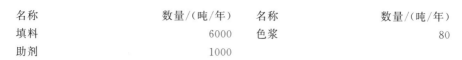

名称	数量/(吨/年)	名称	数量/(吨/年)
填料	6000	色浆	80
助剂	1000		

（3）生产工艺

① 生产工艺流程图。乳胶漆的生产工艺流程图见图6-4。

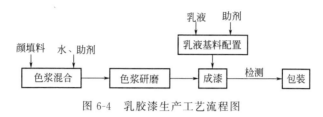

图6-4　乳胶漆生产工艺流程图

② 生产工艺过程

a. 将计量过的水加入与高速搅拌机配套的混合物料罐中，加入配方量的分散剂、润湿剂、部分增稠剂、消泡剂、杀菌剂等助剂，低速下搅拌混合均匀，然后加入颜料、填料等粉剂，待颜填料润湿后提高搅拌速度，在高速下使粉体混合均匀；

b. 用齿轮泵将混合均匀的浆料送入砂磨机中，进行研磨，直到细度符合要求；

c. 将配方量的乳液送入基料配置罐中，边搅拌边流加各种助剂：成膜助剂、部分消泡剂、杀菌剂等，充分混合均匀后，过滤加入调漆罐；

d. 将乳液基料送入调漆罐后开动搅拌，边搅拌边加入细度合格的研磨色浆（配方中应留出砂磨机中色浆充填量）；

e. 乳液基料与色浆按配方量加入完毕后，搅拌15～30min，混合均匀后调色，加入增稠剂，补加配方水，合格后，出料包装。

③ 主要设备。包括：颜填料混合罐10个，高速搅拌机5台，砂磨机6台，乳液基料配制罐3个，调漆罐，过滤器，输送泵，罐装机，自动调色机，计量设备等。

乳胶漆的生产有季节性，冬季和雨季用量少，一般下半年，尤其是9～11月用量较大，另外不同花色品种的用量也不同，因此设备的配置上要综合考虑，比如调漆罐要有大小若干个。

④ 三废处理。涂料生产中的废水主要来自混合罐、调漆罐、砂磨机、过滤器等以及地面的冲洗水。生产废水的平均排放量为每天20t，生产废水的水质如下：

COD	固体悬浮物量	烃类	pH
约200mg/L	200～500mg/L	9mg/L	6～7

由涂料装置产生的废水自动流入污水沉降池。污水沉降池直径2.5m，深2m，半地下式，旁边设有100m² 的防渗曝晒场。沉降池上层清液通过溢流管可以进入污水处理排放系统，下层沉淀物定期用泥浆泵抽到曝晒场晒干，干泥定期铲除填埋。

6.2.2.4 乳胶漆的应用

采用丙烯酸乳液制作的乳胶漆主要应用于建筑的内外墙装饰上。乳胶漆用乳液一般为常温干燥的热塑性聚合物，只有极少数为常温自交联型。水性热固性丙烯酸乳胶漆也用于汽车、集装箱、铝件、卷钢以及工业机械设备等，目前国内尚处于研究开发阶段。

在丙烯酸乳胶漆中，建筑内墙涂料是用量最大的品种，大多为平光漆。丙烯酸有光（高光）乳胶漆也在取代溶剂型涂料，因为光泽、回黏性等问题，进展比较缓慢。国外的情况好一些，如美国 2003 年用于涂料的丙烯酸酯树脂为 37.4 万吨，其中水性涂料约 125 万吨，其他溶剂型清漆和磁漆等只有 40 万吨。欧洲在 2003 年用于涂料的丙烯酸酯树脂为 42.3 万吨，其中水性涂料占 78%，溶剂型涂料为 20%。

6.2.2.5 其他水性丙烯酸酯涂料

一般丙烯酸乳胶漆耐腐蚀性和耐化学药品稳定性等方面不及溶剂型丙烯酸酯涂料。要使丙烯酸酯涂料具有良好的腐蚀性和耐化学药品稳定性，人们已开发了水性微凝胶丙烯酸酯涂料。其合成方法可以参见汪长春的《丙烯酸酯涂料》一书。Backhouse 等（US 4539363）用 MMA、HEA、BA、GMA 和 AA 等单体为原料合成核壳型微凝胶，壳层聚合物中含有羟基和羧基，可以与丁醇醚化的三聚氰胺-甲醛（作交联剂）在高温下进行固化。1986 年 ICI 公司就把此技术用于制备汽车底漆。此类微凝胶 VOC 含量约 15%，而一般溶剂型涂料含溶剂在 40% 左右。汽车制造商亦乐于用这类涂料，它可以提高涂料的触变性，从而提高涂料的流平性，并且可以配制各种颜色的涂料，比如金属铝颜料配制涂料，可以提高铝颜料的定向力。

这类水性微凝胶也可与脂肪族异氰酸酯反应，进行固化，BASF、PPG 和 AkzoNobel 等公司已把其用于汽车修补涂料。

6.2.3 溶剂型丙烯酸酯涂料

溶剂型丙烯酸酯涂料用树脂可以用溶液聚合、悬浮聚合和本体聚合的方法制备，而溶液聚合是使用最广泛的丙烯酸单体的聚合方法。

6.2.3.1 热塑性丙烯酸酯树脂涂料

热塑性丙烯酸酯树脂是可熔可溶、没有交联的，有良好的柔韧性，成本低和便于施工。热塑性丙烯酸酯树脂作为清漆使用时，只要溶剂挥发就可以达到干燥的目的。为了提高光泽，加快干燥速度也可进行烘烤。主要缺点是作为清漆使用时丙烯酸酯树脂溶液的固含量较低，成膜后的许多性能，如附着力、坚韧性、耐腐蚀性和耐热等均不如相应的热固性树脂涂料。但通过在树脂配方中进行软硬单体的配合，可以提高涂膜的坚韧性，加入羧基单体如丙烯酸和甲基丙烯酸，含有氨基的单体如甲基丙烯酸二甲基氨基乙酯等可以改善涂膜的附着力等。

热塑性溶剂型丙烯酸酯涂料主要应用于建筑物的封底漆、墙面的罩光、塑料用漆、汽车修补、建筑用脚手架铸件浸涂用漆和钢管暂时保护用漆等方面。由于其 VOC 排放量高，使用受到了限制。

6.2.3.2　热固性丙烯酸酯涂料

热固性丙烯酸酯树脂可以克服热塑性树脂的缺点。热固性丙烯酸酯树脂提高了涂膜的耐化学性等综合性能，可以在较便宜的溶剂中以较高的固含量来使用，它们在较高的温度下不发软，由于交联固化，它们坚韧耐磨。

热固性丙烯酸酯树脂可以在分子内有活性基团进行自交联固化，也可以外加可以交联的聚合物或固化剂进行交联固化。

热固性丙烯酸酯树脂分子量较低，一般在 10000～30000 范围，使用时黏度也较低，分子本身和交联聚合物的官能度都大于 2，官能单体的含量在分子骨架中约占 5%～25%，在施工后交联固化转变为高度网络结构的不溶性树脂。

（1）热固性丙烯酸酯树脂的交联方法

① 内交联。丙烯酸酯树脂可以通过选择丙烯酸单体使树脂侧链带有可交联的基团，这类树脂本身或在催化剂存在下，在一定温度下，侧链基团之间发生交联反应，形成网络结构的聚合物。

自交联丙烯酸酯树脂引入的侧链基团有环氧基 $\left(R-CH-CH_2 \atop O \right)$、N-羟甲基

（—R—NH—CH$_2$—OH）、N-烷氧甲基（—R—NH—CH$_2$—OR）。这类树脂制备大致有三种方法：树脂合成过程中加入丙烯酰胺共聚，然后胺基与甲醛及醇进行反应；聚合时同时加入甲醛、甲醇和丙烯酰胺，在聚合过程中甲醚化反应可以同时发生；N-烷氧基甲基丙烯酰胺也可以先制成中间体参加聚合反应。甲醛一般溶于丁醇（40%甲醛丁醇溶液），胺醛反应可以用酸或碱性催化剂，醚化反应可用恒沸蒸馏移去反应产生的水分，过量的醇留在体系中，可以溶解丙烯酰胺保持体系的稳定，又可以作为醚化反应的反应物。

② 外交联。丙烯酸酯树脂侧链活性基团不具备自身交联的能力，需要通过另一种交联剂或能交联的聚合物与丙烯酸酯树脂的官能基团进行交联反应，所添加的能交联物质分子必须具有至少两个官能基团。

丙烯酸酯树脂侧链上的反应官能基团有羟基、羧基、氨基和酰胺基等。

羟基丙烯酸酯树脂的交联方法有：与氨基树脂交联、与多异氰酸酯或其加成物交联以及与环氧树脂交联等。

羧基丙烯酸酯树脂的交联途径有：以氨基树脂为交联剂、以异氰酸酯预聚物为交联剂、以聚氮丙啶为交联剂、以聚碳二亚胺为交联剂以及以环氧树脂为交联剂等。

含环氧基的丙烯酸酯树脂可以在高温下（170℃）进行自交联，也可以用胺、无机酸、二元羧酸和酚等交联剂进行交联。

（2）热固性丙烯酸酯涂料的配制　热固性丙烯酸酯涂料主要组成有丙烯酸酯树脂、溶剂、交联剂、颜填料及其他助剂等。溶剂型丙烯酸酯涂料在助剂方面与乳胶漆相比相对用得比较少，主要有增塑剂，有时加入颜料研磨分散剂、流平剂和消泡剂等。

① 溶剂。酯类和酮类是丙烯酸酯树脂的强溶剂，常用的有醋酸丁酯、醋酸溶纤剂、甲乙酮、甲基异丁酮和丙酮。芳烃如甲苯、二甲苯和氯烃也是较好的溶剂，常常加入适当的芳烃以降低成本。

一般脂肪烃不能溶解丙烯酸酯树脂，而丙烯酸酯树脂侧链烷基较长时可以溶解，醇类溶剂一般不能溶解丙烯酸酯树脂，但羟基及羧基含量较高的丙烯酸酯树脂则可用醇类溶解。有时加一定量的醇类溶剂和较便宜的脂肪烃作稀释剂，可以降低体系的黏度。

溶剂选择的原则是要求溶剂的溶解力强，漆的黏度较低，流平性好，便于施工，涂膜干燥后光泽高，毒性小，易得，价格合理。

配漆中如加入其他树脂拼合以改进性能，或加交联剂聚合物等，都需要考虑这些材料的混溶性能。

② 颜料。涂料工业中所用的颜料大多都适用于丙烯酸酯树脂，如无机类的钛白、炭黑、透明氧化铁系等，有机类如酞青兰、酞青绿，以及一些具有优异的耐光、耐热、耐候、耐溶剂、耐迁移、色彩鲜艳、明亮，颜色色谱齐全的高品质的有机颜料系列等。

热固型丙烯酸酯涂料主要用于高档的外用面漆，需要优良的耐候性、保光保色性、耐溶剂等性能，因而对颜料的要求除具有优良的分散性、耐溶剂性、遮盖力、着色力、色泽之外，其户外应用的抗性也应该是优异的。

③ 基料与交联剂。树脂组成有两种或更多种时，它们之间的混溶性必须先搞清楚，否则配成的漆会出现分层、凝胶、漆膜失光或某些性能达不到设计要求。不同单体聚合成的丙烯酸酯树脂相互间并不是一定都相容的，即便同一配方，其分子量大小差别大时相容性也可能不好。多种树脂混溶时，要先试验其混溶性，简单的试验方法是：把几种树脂混合均匀，观察混合后的溶液是否透明，如出现浑浊，则表明混溶性不好；或将混合均匀的树脂溶液涂于玻璃板上，待溶剂挥发后涂膜透明则表明混溶性好，膜发乌则不好。

6.2.4　高固体分丙烯酸酯涂料

在传统的涂料系统中，溶剂对涂料的性能起着重要的作用。近几十年来，减少空气污染的法规相继推出，要求涂料生产将有机挥发物减少到允许的水平，涂料生产者有几种选择：一是用水取代有机溶剂，生产水性涂料；二是提高固含量，减少可挥发有机溶剂含量；三是开发粉末涂料及辐射固化涂料。

目前高固含量丙烯酸酯涂料已得到快速发展，新型树脂的开发使高固体分丙烯酸酯涂料流动性、漆膜硬度、保光、保色性、耐磨和耐化学性等都有所改进。

（1）对树脂的要求 高固含量涂料一般要求固含量大于 60%，美国加州 66 号法规要求不低于 80%。要设计高固含量配方，必须使涂料体系有较低的黏度。聚合物溶液的黏度主要取决于聚合物的分子量和溶液浓度，要使体系黏度较低，就要求聚合物分子量低，一般在 500～2000，而传统的溶剂型聚合物分子量在 20000 以上。要使这些以较低的分子量为主干的聚合物具有同样的涂膜性能，必须在聚合技术上加以改进。比如含羟基的丙烯酸酯树脂，每个树脂分子都有两个以上的羟基才能保证涂膜的性能，也就是说在配方中要增加官能基单体的比例，但是官能基的增加使得极性增加，聚合物 T_g 值增加，并会导致黏度升高，因而在配方设计中就要权衡这两方面的影响。

（2）对溶剂的要求 在高固含量丙烯酸酯涂料中溶剂量比较小，溶剂不仅要充分溶解聚合物，还要保证涂料具有可施工性，并保证涂膜的性能和良好的外观，因而对溶剂的要求是溶解力强，降黏效果好，毒性小，便宜易得。

此外在丙烯酸溶剂型涂料中应用的助剂、颜填料均要适合于制作高固含量丙烯酸酯涂料，详细的知识可以参阅有关资料。

6.2.5 丙烯酸酯粉末涂料

粉末涂料技术无需溶剂和其他液态载体，没有 VOC 排放，是对减小溶剂污染最行之有效的方法之一。粉末涂料不仅无需溶剂，且节约能量，不易引起火灾，不会产生危害健康的气体。

粉末涂料是一类相对较新型的涂料，20 世纪 60 年代在欧洲率先实现工业化生产，美国和日本先后在 70 年代和 90 年代实现工业化生产。早先粉末涂料是从热塑性如聚乙烯、聚氯乙烯粉末涂料发展起来的，由于热固性粉末涂料有更多的优点从而逐渐成了粉末涂料市场的主体。目前主要品种有环氧、聚酯、环氧/聚酯和聚氨酯等。热固性丙烯酸粉末涂料在粉末涂料中所占比例大约为 2%。近年来丙烯酸粉末涂料因耐候性优异而发展较快，如在汽车工业中用于汽车车身罩面透明涂料和铝制车轮涂料等。我国 2003 年粉末涂料产量为 34 万吨，主要是环氧/聚酯（约65%）等类型。丙烯酸粉末涂料尚处于开发阶段，生产和应用都较少。

1997 年全世界丙烯酸粉末涂料总产量为 3.5 万吨，主要是北美和日本，日本产量已居首位。美国对丙烯酸粉末涂料的开发，主要应用于汽车面漆，美国通用汽车公司于 1982 年建立首家粉末涂料实验厂，到 1997 年已有四家实验厂使用丙烯酸粉末涂料，粉末涂料由杜邦公司提供，用于汽车中涂和中面合一涂层。在西欧如德国大众汽车公司和瑞典沃尔沃公司已开始在汽车上使用丙烯酸粉末罩光面漆，粉末涂料由 PPG 和 Herbert 等公司提供。

丙烯酸粉末涂料树脂含有羟基、羧基和环氧基等，分子量在 4000～5000，主要固化剂有：羧基端基的化合物与丙烯酸酯树脂的环氧基反应；异氰酸酯封端的化合物与羟基反应；含环氧基或羟烷基酰胺化合物与羧基反应。一般丙烯酸粉末涂料可分为缩水甘油基（GMA）型、羟基型和羧基型等。

（1）GMA 型丙烯酸粉末涂料　GMA 型丙烯酸粉末涂料是目前进行大规模工业生产的唯一的丙烯酸类粉末涂料，其树脂的制备是由甲基丙烯酸缩水甘油酯（GMA）、MMA、BA、St 等在偶氮二异丁腈（AIBN）的引发下聚合而成。DeCock 等用本体聚合制备，先将部分 MMA、St、GMA 和丙二酸二甲酯（DMM）加入反应釜中，在通氮气的条件下，加热到 155℃，将引发剂和余下的单体在 5h 内滴加完毕，升温至 170℃，保温 2h，出料。

GMA 型粉末涂料固化反应如下：

$$\underset{\substack{| \\ COOCH_2-CH-CH_2 \\ \diagdown \!\! \diagup \\ O}}{+CH_2-CH+_n} + HOOCRCOOH \longrightarrow$$

$$\underset{\substack{| \\ COOCH_2-CH-CH_2OOCRCOO-CH_2-CH-CH_2OCO \\ | \qquad\qquad\qquad\qquad\qquad | \quad | \\ OH \qquad\qquad\qquad\qquad\qquad OH \quad +CH-CH_2+_n}}{+CH_2-CH+_n}$$

脂肪族二元酸是最好的固化剂，常用的有十二碳二羧酸（DODA）、癸二酸等，固化温度 180～220℃，固化时间 20～30min。

将树脂和固化剂及颜填料按比例混合，经挤出、粉碎等工序制成良好的粉末涂料。

（2）羟基丙烯酸酯粉末涂料　用二氰酸酯作固化剂的固化反应如下：

$$2 +CH_2-CH+_n \atop | \atop OH + O=C=N-R-N=C=O \longrightarrow$$

$$+CH_2-CH+_n \qquad\qquad +CH-CH_2+_n$$

也可用三聚氰胺和脲醛树脂作为固化剂。

目前羟基丙烯酸酯粉末涂料还不能用于汽车罩光面漆，由于其透明较脆，冲击性能不达标，但可用于冰箱和洗衣机等方面，国内外尚处于开发阶段。

（3）羧基丙烯酸酯粉末涂料　用含环氧基的树脂为固化剂，固化阶段不产生副产物，目前尚处于研制阶段。

含缩水甘油基的热固丙烯酸粉末涂料，固化剂使用十二烷二羧酸。

【例1】日本公开公报平成 7 年 198587 的配方

丙烯酸酯树脂（环氧当量 725g/eq）51.8 份，接枝聚合物 20 份，十二烷二羧酸 8.2 份，钛白粉 20 份，制成耐冲击丙烯酸粉末涂料，其耐候性、耐冲击性、耐酸性皆优良。

【例2】透明丙烯酸酯粉末涂料配方

含缩水甘油酯丙烯酸酯树脂 78.7%，十二烷二羧酸 16.82%，流动控制剂

2.18%，UV 稳定剂 1.36%，表面控制剂 0.94%。

一般配方含树脂 50%～60%，固化剂 5%～10%，颜料 5%～10%，无机填料 25%～35%，以及少量的流动控制剂、脱气剂和其他助剂。

粉末涂料的生产有干法和湿法。干法分混合法和熔融混合法，湿法分蒸发法、喷雾干燥法和沉淀法。

传统的熔融混合法主要工艺过程如下：预混合→挤出机中熔融混合→冷却→粗粉碎→细粉碎→分级过筛→成品（20～40μm）。

熔融混合主要设备为阻尼单螺杆和双螺杆挤出机（例如出料 400kg/h），粉碎设备有 Micropul Airclassifier Mill 等（例如出料 300kg/h）。熔融法的缺点是换品种和换色较难，难生产超细粉，粒径分布宽。

近年来 Ferro 公司开发出一种超临界流体制造法（VAMP），可以得到所需粒径的粉末涂料。VAMP 法是把固体粉末原料加到有搅拌装置的高压釜中，其中二氧化碳处于超临界状态，使固体粉料各成分流体化，这样在低温下就达到熔融挤出效果，物料再经过喷雾和造粒，制得成品。

VAMP 法的特点是全封闭操作，减少粉尘污染，粒子形状可以控制，加工温度低，可以避免含缩水甘油基的丙烯酸酯树脂氧化而使涂膜变黄，有利于粉末的流动和流平。

Daly Andrew T 等在欧洲专利 0887390A（1998）中提出的生产流程如图 6-5 所示。粉末涂料的原料树脂储罐 12 出来的物料流送到原料进料器 16 进行预混合，从进料器出来的物流 20 送到连续混合双螺杆挤出机 22，原料在此混合并被挤出，在该机中约停留 30～45s。工艺介质系统 24（如 CO$_2$）达到超临界流体条件，工艺介质是一种气体或液化的气体，可以降低粉末涂料原料母体的黏度。从 24 出来的工艺介质物流 26 通过增压设施（如压缩机）得到增压物流 32，通过打开阀门 34a 进到挤压机 22，可以使挤压机的物料流降低黏度和工艺温度，便于后面雾化成粉末。也有的工艺在挤出机后再进行研磨以得到理想的粉末涂料。

挤压机 22 出来的物流 60 为融体料，通过隔膜泵 62 与物料 64 一起在流体混合器 70 中进一步混合，混合器 70 出来的物流 72 直接送到接收器 74，在接收器 74 中，通过喷嘴 76 减压（到大气压），接收器出来的物流 80 进到工艺最后一步，在此可进一步研磨过筛得到合格产品物流 84，再到产品收集器 86 和成品包装。

此外为改进粉末涂料的流动性和消除结块等现象，可以最后混合添加二氧化硅和氧化铝等。

接受器 74 的物流 88 可以通过工艺介质回收单元 90 回收工艺介质，再由增压装置送回工艺介质系统 24。

工艺介质如 CO$_2$，沸点 -78.5℃，临界温度 31.3℃，临界压力 7.4MPa。甲烷、乙烷、甲醇、乙醇、氮气等都可以作工艺介质，有时也可几种工艺介质混合使用。

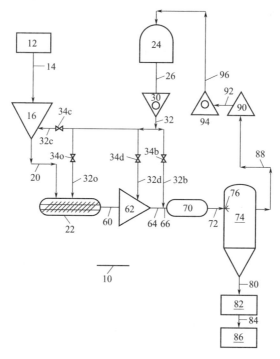

图 6-5　粉末涂料生产工艺流程图

　　用丙烯酸酯、丙烯酸缩水甘油酯和烯烃作原料合成含缩水甘油基的丙烯酸酯树脂，系 Mitsui Toatsu Chemicals 公司的产品（商品名为 Almatex PD7610、7690、6100）。如 Almatex PD7610 树脂，环氧当量为 510～560，熔融指数 50～58g/10min，由含 10～12 个碳原子的二元羧酸与其交联固化。其他端基含羧基的化合物也可作交联剂。

　　（4）热固型丙烯酸粉末涂料的应用　热固性粉末涂料有功能型和装饰型。功能型用于输气管、输油管等，水泥增强的构件和工艺设备（如阀门），一般这些涂料使用的涂层较厚（0.2～0.3mm）。

　　装饰型主要用于金属部件、家电、汽车、灯具、家具和其他工业，一般金属底材经磷化处理，喷涂 0.025～0.08mm 粉末涂料（用特殊设计的电子喷枪），粉末涂料在炉子中固化（177～190℃，10～20min）。

　　丙烯酸粉末涂料所用的丙烯酸酯树脂分子量约 4000～5000，含有羟基、羧基和环氧基等官能基团。丙烯酸粉末涂料已在汽车工业中得到应用。粉末涂料中目前只有丙烯酸粉末涂料具有长期耐候性，因此许多汽车公司在大力开发应用，如美国通用汽车公司在轻便客货两用车上头二道底漆和遮光涂层采用丙烯酸粉末涂料。丙烯酸粉末涂料相容性好涂层耐候性和耐化学药品性优良。

　　福特汽车用 PPG 和 Herbests 等公司的丙烯酸粉末涂料作汽车车身罩面透明涂层，罩面涂层对耐候性、耐化学药品性和耐擦伤性的要求都很高，丙烯酸粉末涂料可以达到要求。

德国宝马公司于 1996 年最先推出粉末罩光清漆工艺，现在在德国的一个工厂将 PPG 和 Dupont 等公司的丙烯酸粉末涂料应用于汽车生产线，每天生产 1000 辆汽车，粉末涂料年用量为 500 吨。

丙烯酸粉末涂料在日本道路和建材等方面的市场占有一定的份额，近年在汽车部件，如铝制车轮、车门把手、刮水器等的涂装丙烯酸粉末涂料亦得到应用。

丙烯酸粉末涂料也有不足之处，首先是成本较高，其次与其他粉末涂料的混溶性较差，以及固化温度较高。现有的汽车生产线炉子操作温度是 138~149℃，而上面提到的丙烯酸粉末涂料要在 177~190℃进行固化。目前已有人提出粉末涂料的 UV 固化技术，这些新技术可以在家具等方面的涂装中得到应用。

6.2.6 丙烯酸酯辐射固化涂料

减少 VOC 散发的要求，在过去的三十年中极大地促进了辐射固化涂料的开发。辐射固化涂料在紫外光（UV）或电子束（EB）照射下，涂膜瞬间快速固化。辐射固化包括紫外光固化和电子束固化。UV 固化适用于无颜料及少量颜料的薄涂层。高颜料含量涂料最好用 EB 固化。在塑料涂料、木质涂料和钢板预涂等技术中，辐射固化技术已得到广泛应用。

6.2.6.1 辐射固化技术的特点

与传统的热固化相比，辐射固化技术有如下优点：

① 无溶剂或溶剂用量很低，有利于环保、健康和安全，废弃物亦少；

② 快速高效固化（零点几到 10s），低能耗，省时，适合连续化生产；

③ 利用辐射固化技术，可以按要求的性能设计配方，涂膜可在常温下固化，装饰效果好。适宜用于对温度及化学品敏感的基材；

④ 不需要炉子等巨型设备，节省生产空间。

辐射固化技术的缺点是：

① 设备投资成本高，尤其是电子束固化；

② 许多辐射固化涂料对基材的附着力差，如钢铁或多孔性基材等，一般金属上要求先有底漆；

③ 比常规固化技术原材料成本高，难配制低黏度涂料；

④ 光固化对几何形状复杂的构件固化较困难，也不适用于深色及厚涂层；

⑤ 生产人员在高辐射源下工作，同时有些原料具有毒性，如对皮肤有刺激等。

UV 固化设备中最重要的是 UV 发生器（光源）。UV 固化设备在安全防护箱内装有 $300W/m^2$ 的中压水银弧光灯，发出紫外光波长为 300~400nm，涂装件安放在传送带上，传送带可以调节所需速度。UV 固化用的光源主要有中压汞灯、脉冲氙灯、无电极汽灯和激光器等。

电子束固化一般由真空管中加入的灯丝为电子源。用高压电子束加速器产生电子束，用作电子束固化。电子束固化的涂层具有优良的耐化学性、耐刮擦性、强度高。电子束固化设备造价很高。在欧、日等都有应用，我国尚很少使用。在辐射固化技术上，国外还是以 UV 固化技术为主，电子束固化约占市场份额的 15%。

6.2.6.2 丙烯酸酯辐射固化涂料的基本组成

丙烯酸酯辐射固化涂料的基本组成有低聚物、活性稀释剂、光引发剂和其他助剂等。其中低聚物占 40%～60%，活性稀释剂占 40%～60%，光引发剂占 1%～10%（EB 固化不用光引发剂），其他助剂占 1%～5%。

（1）低聚物　低聚物是光辐射固化涂料的主要成分，其化学结构决定涂料产品的性能，如硬度、柔软性、附着力、耐候性和耐化学性等。低聚物对体系黏度也起到很大的作用，因而可以决定颜料的良好分散性、润湿性以及涂料的施工性能。

主要低聚物类型有环氧丙烯酸酯、聚氨酯丙烯酸酯、聚酯丙烯酸酯和纯丙烯酸酯。

① 环氧丙烯酸酯低聚物。环氧丙烯酸酯低聚物是光固化低聚物中应用最广泛和用量最大的，具有附着力强、耐化学性优良、硬度高、光泽高、拉伸强度大和价格较低廉等特点。合成方法可参考前面所述。

双酚 A 环氧丙烯酸酯低聚物的结构如下。

制备过程是在反应器中加入环氧树脂、稀释剂和阻聚剂，加热至 80℃，滴加丙烯酸和四丁基溴化铵的混合溶液，在 30min 内滴加完毕，110℃ 保温，测量酸值（以 KOH 计）低于 5mg/g 冷却出料。

a. 阻聚剂。由于反应温度较高，反应物中的双键易受到破坏，甚至发生爆聚，因此需要加入一定量的阻聚剂，阻聚剂也有利于低聚物的稳定储存。常用的阻聚剂有对苯二酚、对苯醌、对甲氧基苯酚和吩噻嗪等。如果放热反应控制较好，反应放热使体系最高温度不超过 110℃ 时，可选用对甲氧基苯酚，产物颜色较浅；反应热不易控制，超过 120℃ 时，可用对苯二酚，但产品颜色较深。

b. 催化剂。选择合适的催化剂，可以降低反应温度，缩短反应时间，常用的催化剂有四丁基溴化铵、N,N'-二甲基苯胺、N,N'-二甲基苄胺和三乙胺等。

c. 稀释剂。体系黏度较大时，可选用三羟甲基丙三丙烯酸酯、季戊四醇三丙烯酸酯（PETA）、1,6-己二醇二丙烯酸酯、二缩三丙二醇二丙烯酸酯（TPGDA）、丙烯酸羟丙酯和 2-EHA 等稀释剂。

双酚 A 型环氧丙烯酸低聚物中含有苯环，刚性大，固化后硬度高，强度大，同时具有耐化学药品性优良和固化速度快等性能，但也有涂膜脆性大和柔韧性差等缺点。

用线性高环氧值酚醛环氧树脂与丙烯酸反应而得的预聚物，交联密度高，固化速度更快，涂膜硬度高（可达 6H），并且有优良的耐候性、耐热性和耐溶剂性。

双酚 A 环氧丙烯酸 UV 固化涂料配方示例如下：

原料	配方 1	配方 2
低聚物	35	50
TPGDA	50	25（PETA）
I-651	2	3
BP	2	4
N-甲基二乙醇胺	3	2
助剂	8	16

助剂中包括消泡剂，可用磷酸三丁酯、硅油和缩乙二醇等，也可同时选用磷酸三丁酯和多羟基硅油。

环氧丙烯酸酯低聚物的性能特点是固化速度快，脆性小，对金属附着力强。双酚 A 型环氧丙烯酸酯涂料可应用于金属涂料、木材涂料、纸张涂料等。

此外，尚有多种改性环氧丙烯酸酯低聚物，各有其特点和用途。

双酚 A 环氧丙烯酸低聚物中羟基与马来酸酐反应可制得侧链带羧基的树脂，用于铜板上的感光涂料，经 UV 照射后具有柔韧性和碱溶性皆优的性能。环氧油（豆油、亚麻子油）丙烯酸低聚物价格低廉，附着力好，与颜料润湿性优良，可用于纸张、木材和油墨涂料。磷酸酯改性环氧丙烯酸低聚物对金属附着力好，并有一定阻燃性。硅氧烷改性环氧丙烯酸低聚物，固化膜硬、耐磨、耐候、耐热，对聚碳酸酯等基材附着好，可用于光盘表面涂料。异氰酸酯改性环氧丙烯酸低聚物涂膜具有强度高、耐热性好、弹性好、耐磨性优良等特点。此外，还有氨基改性环氧丙烯酸低聚物等。

② 聚氨酯丙烯酸酯低聚物。聚氨酯丙烯酸酯低聚物在光固化低聚物中用量占第二位，是价格较高的品种，其涂料兼具聚丙烯酸酯和聚氨酯的优点，具有优异的综合性能。由于分子中含有氨基甲酸酯键，高分子链之间可以形成氢键，因而涂层有优良的柔韧性、耐磨性、抗冲击性、耐化学药品性，附着力好，固化速度快。不同原料组成其涂料性能差别也较大，可以按应用要求进行调整。用于木器涂料、罩光清漆和印刷油墨等领域。

制备聚氨酯丙烯酸酯低聚物的基本原料为多元醇聚酯或聚醚、二异氰酸酯和丙烯酸羟基酯等。

制备方法有溶液法和本体法。溶液法常用溶剂有甲苯、苯、丙烯酸单体。溶液法体系黏度低，反应容易控制，转化率高。

聚氨酯丙烯酸酯低聚物制备工艺过程是，将多元醇与二异氰酸酯加入反应釜，视需要加稀释剂，在 30～50℃保持反应至异氰酸酯达到指标，得到聚氨酯预聚物，再加入丙烯酸羟基酯，反应温度 50～60℃，至异氰酸酯（NCO）降至 1% 以下，升温至 80～90℃，直至 NCO 完全反应为止，冷却，稀释，出料。

在用于 PVC 塑料防护涂层的涂料中，聚氨酯丙烯酸酯低聚物是这种涂料配方的主要成分，这种涂料生产的配方如下：

聚氨酯丙烯酸酯低聚物	100	1,6-己二醇二丙烯酸酯	50
HPA	50	I-165	3

所得涂膜固化速度 3s，抗张强度 150kg/cm²，伸长率 310%。

③ 聚酯丙烯酸酯低聚物。聚酯丙烯酸酯低聚物的性能介于环氧丙烯酸酯低聚物和聚氨酯丙烯酸酯低聚物之间，官能度对性能的影响如同聚氨酯丙烯酸酯低聚物。

聚酯丙烯酸酯低聚物的合成方法有以下四种。

a. 由二元酸、二元醇和丙烯酸酯化反应。

$$HOOC—R_1—COOH+2HO—R_2—OH+2CH_2=CH—COOH \longrightarrow$$
$$CH_2=CHCOOR_2—COO—R_1—COOR_2—OCOCH=CH_2+4H_2O$$

b. 由二元酸与环氧乙烷加成反应，再与丙烯酸进行酯化反应。

c. 苯酐与丙烯酸羟基酯反应，再与二元醇的低聚物反应。

d. 由聚酯二元酸与丙烯酸缩水甘油酯反应。

聚酯丙烯酸酯低聚物较其他类型低聚物黏度低，价格低，可以作低聚物也可作稀释剂，主要用于 PVC、皮革、金属涂料和丝网印刷油墨等领域。聚酯丙烯酸酯大多气味小，刺激性小，柔韧性好，颜料润湿性好，宜用于色漆和油墨等方面。

分子量较高的低聚物柔韧性和黏度较高，反应性较低。脂肪酸改性的聚酯具有优良的对颜料润湿性，适用于色漆和印刷油墨。与其他类型的齐聚物相比聚酯丙烯酸酯颜色相对较深。一些分子量较低和活性高的聚酯丙烯酸酯齐聚物可能对皮肤有刺激作用。

④ 纯丙烯酸酯低聚物。像聚氨酯丙烯酸酯低聚物一样，纯丙烯酸酯低聚物产品也有多种多样的性能，选择不同单体，可以有不同的官能度、分子量和分子骨架。一般对难于附着的基材具有良好的附着力，不过目前应用的品种有限。

（2）活性稀释剂　稀释剂可分为活性稀释剂和非活性稀释剂。活性稀释剂如单官能或多官能单体，可以调节控制体系黏度，改善施工性能和固化涂膜的交联度，因而改进涂膜的某些性能，如柔韧性和硬度等。单官能稀释剂是指每个分子含一个双键，而多官能稀释剂为每个分子具有两个或多个双键。

单官能稀释剂有乙烯基活性稀释剂：苯乙烯、醋酸乙烯、N-乙烯吡咯烷酮等，用量常在 20% 以下。丙烯酸酯类单体也可作为活性稀释剂，如丙烯酸丁酯、丙烯酸正己酯、丙烯酸异辛酯、丙烯酸环己酯、丙烯酸羟乙酯、丙烯酸苯氧基乙酯和丙烯酸四氢呋喃等。

多官能活性稀释剂主要是二官能到五官能的丙烯酸酯，例如二缩三丙二醇二丙烯酸酯是双官能丙烯酸酯，它的黏度低，刺激性小，溶解力良好，活性大，对塑料等基材附着力良好，已在 UV 固化中广泛应用。其他多官能活性稀释剂有 1,6-己二醇二丙烯酸酯、双酚 A 二丙烯酸酯、三羟甲基丙烷三丙烯酸酯、季戊四醇三丙烯酸酯、季戊四醇四丙烯酸酯、二季戊四醇五丙烯酸酯。三官能的稀释剂黏度较大，但活性比二官能度的高，可以提高涂膜的硬度，但有一定的脆性，而四、五官能度的活性稀释剂活性更大，交联密度高，涂层很硬和脆。

非活性稀释剂包括溶剂和增塑剂，少量挥发性溶剂加于低聚物体系可以降低黏度，一般用量为 5%～10%，在施工和固化过程中可以挥发掉或被基材所吸收。

增塑剂有时可以使用，以提高固化涂层的柔韧性，也可降低体系黏度，有助于涂料的流动性和施工性。

（3）光引发剂　光引发剂在涂料中的用量不超过 10%，可分为自由基和阳离子光引发剂两大类。丙烯酸酯体系用自由基光引发剂，光引发剂的选用一般取决于所用配方体系、辐射光源和涂层厚度。

常用的光引发剂品种有：

① 二苯甲酮。（商品名 BP，吸收峰 260nm，最长吸收波长 370nm），一般与叔胺配合使用，胺的存在可使固化速率提高 10 倍。目前还在广泛使用于光固化体系中，因其挥发性大，已有若干二苯甲酮衍生物用于光引发中，如含硫二苯甲酮。二苯甲酮在 UV 光作用下的分解过程如下。

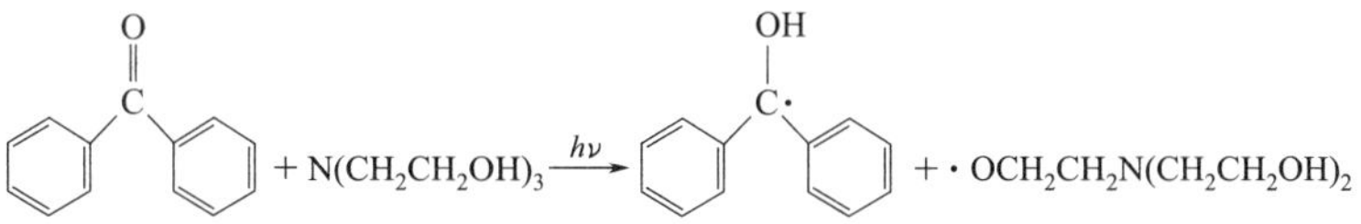

② 安息香双甲醚。（商品名 Irgacure651，吸收峰 330nm 和 340nm，最长吸收波长 390nm），也即二甲氧基二苯基乙酮，分子式如下。

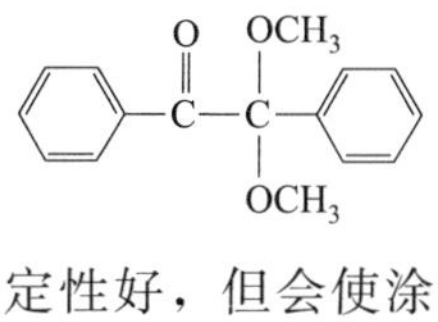

该光引发剂固化速率高，稳定性好，但会使涂料变黄。

此外，瑞士汽巴精细化学品公司现还生产光引发剂 1-羟基环己基苯甲酮（Irgacure184、Irgacure1800、Irgacure819、Irgacure2959）。Irgacure819 的吸收峰高，并已延伸到 450nm，Irgacure819 在长波 400～440nm 处的吸收使体系得到较多的能量，引发效率高，可用于带色涂层的固化。

③ 新一代引发剂。2,2-二甲基-2-羟基苯乙酮（商品名 Darocure1173，吸收峰为 320 和 350nm，最长吸收波长 370nm），引发效率高，热稳定性好，涂膜不泛黄。

④ 其他助剂。其他助剂的作用类似于常规涂料配方的助剂使用要求，如稳定剂、抗氧剂、消泡剂、润湿剂、流平改进剂、附着力促进剂和除氧剂等。

玻璃、塑料或金属这些使涂料附着力较差的基材，可以在低聚物体系中添加活性附着力促进剂。例如以甲基丙烯酸酯类为基料的促进剂可以赋予涂层良好的附着力，同时又促进了涂膜固化，并成为聚合物网络结构的一个组成部分。

在光固化过程中，氧气可能捕捉自由基或灭活光引发剂，因此，氧气阻滞丙烯酸固化，降低固化速率，降低涂料性能，可以加入除氧剂防止氧对光固化的影响，也可以使光固化过程在氮气氛围中进行。

6.3 丙烯酸酯聚合物在织物和纤维中的应用

作为纺织助剂的丙烯酸酯共聚物主要用于涂料印花、静电植绒、无纺布、地毯、浆料、涂层等方面。

6.3.1 织物整理剂

N-羟甲基酰胺树脂类防皱整理剂（如 2D 树脂等）具有价格低廉、整理效果好的优点，广泛应用于纺织工业，但经其整理的织物在加工、储藏和使用过程中，会释放出有害气体甲醛。随着各国对纺织品中甲醛释放量的限制越来越严格，纺织品出口的绿色壁垒越来越高。降低乃至完全消除织物上的甲醛，已成为防皱整理剂发展的必然趋势。

丁烷四羧酸（BTCA）是目前公认效果最好的多元羧酸类无甲醛防皱整理剂，其整理效果可达到 2D 树脂的水平，但其价格很高，远高于 2D 树脂的价格，因此限制了其广泛的工业应用。

钟振声等在国内首次以马来酸（MA）、衣康酸（IA）和丙烯酸（AA）为单体，采用水相聚合工艺，制备出了一种新型的 MA-IA-AA 聚合多元羧酸（PCA），并将其用于棉织物的防皱整理实验，结果得到了一种防皱整理效果与 BTCA 基本相同、价格相对较低的无甲醛棉织物防皱整理剂，有望作为绿色环保纺织助剂替代释放甲醛的 2D 树脂。

（1）聚合多元羧酸的制备　将 58g（0.5mol）马来酸、65g（0.5mol）衣康酸和 36g（0.5mol）丙烯酸单体和 323g 水，加入 1000mL 的四口烧瓶中，搅拌混合均匀。用恒温水浴控制物料温度为 85℃左右。通氮气保护，搅拌下缓慢滴加 48g 质量分数为 30%的（NH_4）$_2S_2O_8$ 水溶液。当引发剂在 2～2.5h 滴加完毕后，继续恒温搅拌 1h，结束反应。

在聚合温度 85℃，引发剂/总单体（质量比）＝0.09，引发剂滴加时间为 2.5h 的较佳工艺条件下，进行各种单体配比的实验发现，当 3 种共聚单体的摩尔比为 1∶1∶1 时，所得共聚物的防皱效果最好，其折皱回复角可以达到 286°，与 BTCA 的整理效果基本相同，而且白度也很接近。

试验发现，聚合多元羧酸（PCA）的相对分子质量大小可以通过改变丙烯酸的量来调节，丙烯酸加入量越多，PCA 的相对分子质量越大。当 3 种共聚单体的摩尔比为 1∶1∶1 时，PCA 的相对分子质量为 871，整理效果最好。

（2）乳液合成方法　聚丙烯酸酯类乳液具有成膜性好、强度高和粘接性强的特点，在乳液研究及生产领域占有特殊地位。聚硅氧烷具有许多优异的性能，如低的玻璃化转变温度、低的表明张力，以及特殊的耐温耐候性等；其乳液在织物整理、皮革涂饰、涂料等行业的应用越来越广。将丙烯酸酯和有机硅氧烷这两类极性相差很大的单体进行乳液共聚合，在理论和应用上都具有重要的意义。如 Naguchi 等将硅氧烷大分子单体和丙烯酸酯类单体在油溶性引发剂的引发下聚合，所得乳液应用效果良好。孔祥正等以八甲基环四硅氧烷（D_4）和甲基丙烯酰氧丙基三甲氧基硅烷（MATS）为有机硅共聚单体，合成了有机硅改性丙烯酸酯共聚乳液。具体制备方法如下：

① 主要原料：丙烯酸丁酯（BA）、甲基丙烯酸甲酯（MMA）、甲基丙烯酸（MAA）、D_4、甲基丙烯酰氧丙基三甲氧基硅烷（MATS）、乳化剂十二烷基苯磺酸钠（SDBS）、引发剂过硫酸铵（APS）和十二烷基苯磺酸（DBSA）。

② 聚合反应

典型配方：

组分	数量/g	组分	数量/g
丙烯酸丁酯（BA）	27.6	乳化剂十二烷基苯磺酸钠	0.23
甲基丙烯酸甲酯（MMA）	22.1	（SDBS）	
甲基丙烯酸（MAA）	0.6	引发剂过硫酸铵（APS）	0.13
甲基丙烯酰氧丙基三甲氧基硅	0.6	十二烷基苯磺酸（DBSA）	0.79
烷（MATS）		三次蒸馏水	104
八甲基环四硅氧烷（D_4）	4.77		

可以采用 3 种不同的方法进行乳液聚合：

① 一次投料法。将单体、乳化剂和水投入反应器中，在 85℃下乳化 0.5h，然后一次性加入全部的引发剂，反应 2h，结束。

② 单体乳液滴加法。先将乳化剂、单体和水室温下乳化 0.5h，将单体乳化液转入滴液漏斗中，在 2h 内连续滴加至温度为 85℃的引发剂水溶液中。单体乳化液滴加完毕后再反应 1h，结束。

③ 引发剂滴加法。将单体、乳化剂和水投入反应器中，于 85℃下乳化 0.5h，在 1h 内将引发剂的水溶液滴入其中，滴加完毕后再反应 1h，结束。

实验结果表明，单体乳液滴加法是合成该类乳液的最佳方法；一次投料法得不到球形胶粒；引发剂滴加法虽可得到球形胶粒，但球形不规则，且粒径分布很宽。只有采用单体乳液滴加法，聚合过程无抱轴及结块现象，所得乳液呈微蓝色，胶粒粒径为 40nm，乳液在室温下放置两个月无明显的分层及破乳现象。

在一次投料法和引发剂滴加法中，甲基丙烯酰氧丙基三甲氧基硅烷（MATS）和八甲基环四硅氧烷（D$_4$）已全部加入到呈酸性的体系中，加入引发剂后八甲基环四硅氧烷（D$_4$）很快发生开环聚合，并与 MATS 进行缩合反应，产生交联。由于 MATS 中有一个不饱和双键和三个可缩合的烷氧基，因此体系中的缩合反应速度远大于自由基加成反应，使硅氧烷与丙烯酸酯不能充分进行共聚反应，降低了主要由硅氧烷组成的交联物与丙烯酸酯聚合物的相容性，导致交联物的析出。

在单体乳液滴加法中，单体加入速度较慢，MATS 与八甲基环四硅氧烷（D$_4$）的浓度较低，降低了体系中缩合反应的速度和产物分子量；同时，由于引发剂已全部加入到体系中，增加了自由基与不饱和单体的比例及 MATS 与不饱和单体共聚的概率，提高了聚硅氧烷链和丙烯酸酯链的相容性，因此形成的乳液更加稳定。

保持其他条件不变，改变有机硅单体与丙烯酸酯单体的比例（有机硅单体中 D$_4$ 与 MATS 的质量比为 9:1），用上述单体乳液滴加法进行了一系列的乳液共聚，实验发现，随着有机硅含量的增加，共聚合的转化率依次降低。有机硅含量在 15％以下时，聚合反应可以顺利进行，得到微蓝的白色乳液，放置稳定性很好；有机硅含量在 20％时，有结块产生；有机硅含量提高至 25％时，聚合过程出现大量凝结物，这可能是因为在有机硅含量高的情况下，MATS 自身与开环后的 D$_4$ 之间的缩合概率增大，使交联度变大，降低了有机硅聚合物和丙烯酸酯聚合物之间的相容性，使有机硅聚合物从乳液中析出。

聚硅氧烷由于其优良的憎水性，在许多方面已用作防水材料。有机硅改性丙烯酸酯聚合物乳液中由于聚硅氧烷的存在，膜的耐水性比相应的纯聚丙烯酸酯膜要好。固定 D$_4$ 与 MATS 的质量比例为 9:1，考察有机硅含量不同的胶膜的吸水率得知，随着体系中有机硅含量的增加，膜的吸水率降低。这种趋势在低有机硅含量时尤为明显，有机硅含量上升至 10％以后，吸水率基本保持不变。

6.3.2　纺织经纱上浆浆料

在纺织加工中，纱线织成布前必须经过经纱上浆，以赋予经纱光滑的表面，改善其强度和耐磨性，提高纱线的可织性，但织物织成后浆料必须去除。因此浆料既要满足织造要求，又要易于退浆。

目前主要采用的纺织浆料中，淀粉或变性淀粉浆料是最早采用、用量也较多的一类纺织浆料，它对亲水性的天然纤维有较好的黏附性，但对合成纤维黏附性较差；PVA 作为高分子合成浆料，具有浆膜强韧、耐磨性好的特点，但使用时煮浆时间长，易结皮，对涤纶等疏水性纤维黏附力不够；丙烯酸类浆料是一类性能可调的浆料，可根据经纱特点，通过调节不同单体的配比和采用不同的聚合方法满足不同的经纱所需各种性能要求。此外，丙烯酸类浆料易于与水均匀混合，配浆操作简便，低温即可上浆，退浆亦容易，较 PVA 易于降解，对环境污染小，可作为 PVA 浆料的一种替代产品。但是丙烯酸类浆料大多吸湿性过高，易粘连纱线，即存在"湿再粘"现象，在超细化纤上使用时效果更不理想，用于喷水织机织造时问题也很突出。

尹国强等采用丙烯酸甲酯、丙烯酸丁酯、甲基丙烯酸甲酯和丙烯酸为原料，用乳液聚合法制备出了一种耐水型丙烯酸类浆料。这种丙烯酸类浆料对涤棉纤维有较好的抱合力，浆膜耐水性好，吸湿率低，上浆、退浆容易，"湿再粘"现象大大减轻，可取代 PVA 浆料用于涤棉经纱上浆中。

该浆料采用 OP-10 和十二烷基苯磺酸钠为复合乳化剂，采用乳液聚合的方法合成。该浆料的最佳制备条件是，复合乳化剂的 HLB 值为 17，复合乳化剂用量占总单体的质量分数为 4.5%，共聚单体的质量组成为 AA：MA：BA：MMA＝25：40：10：25，聚合温度为 80℃，反应时间 4～4.5h，以氨水为碱化成盐剂。所制得的丙烯酸浆料的固含量为 30%。

经纱上浆的效果除了与上浆工艺和设备有关外，还与浆料的上浆性能有关。上浆时浆料一方面渗透到纱线内部，将纱线内的纤维粘接起来；另一方面在纱线的表面形成浆膜，并贴伏纱线表面的毛羽，提高经纱的强度、耐磨性等可织性能。因此理想的浆料应该既有优异的黏附性能、适中的黏度，又有优良的浆膜性能。聚丙烯酸（酯）浆料是三大纺织浆料之一，它能提高对被浆纤维的黏附性和改善淀粉类浆料的脆性，降低不洁浆料 PVA 的用量并提高上浆效果。

顾蓉英等根据相似相溶原理，采用对涤纶纤维有较好黏附性能的丙烯酸丁酯和能与棉纤维中的羟基形成氢键、对棉纤维有较好黏附性能并有良好的水溶性、适中的吸湿性的丙烯酰胺等主要单体，制备了新型聚丙烯酸酯浆料。其具体制备方法如下：

按 20% 的固含量，将丙烯酰胺、丙烯酸丁酯总量的 10%、去离子水及一定比例的乳化剂聚乙二醇辛基苯基醚（OP）、十二烷基硫酸钠（SDS）在室温下高速搅拌乳化 0.5h，升温至一定温度，分别滴加丙烯酰胺水溶液、丙烯酸丁酯和过硫酸铵水溶液，1h 左右滴加完毕。在一定温度下继续保温 0.5h，即得外观为乳白色的聚丙烯酸丁酯共聚物浆料。共聚物浆料的合成工艺为：单体滴加温度 75℃ 左右，搅拌速度 400r/min，引发剂用量 0.5%，乳化剂 OP 用量为 4.5%，SDS 用量为 0.5%。

研究结果表明，丙烯酸丁酯共聚物浆料浆膜的耐磨性能和浆膜断裂伸长率明显优于酸解淀粉，见表 6-14。

表 6-14 丙烯酸丁酯共聚物浆料与酸解淀粉浆料的浆膜性能对比

浆料	断裂强度/MPa	断裂伸长率/%	磨耗/mg·cm^{-2}	水溶速度/s	吸水率/%
酸解淀粉	24.69	2.81	1.440	153	17.8
共聚浆料	6.65	19.05	0.085	83	6.0

研究结果还表明，随着丙烯酰胺比例的提高，共聚物浆料的黏度、浆膜的断裂强度、浆膜的水溶性、浆膜的吸湿性相应增大，而浆膜的断裂伸出率、浆膜的耐磨性、浆液的黏附性等变化的规律性不强。考虑到聚丙烯酸（酯）浆料是作为辅助浆料来使用的，主要目的是为了改善浆液对棉和涤/棉的黏附性能和改善淀粉浆膜的脆性。从聚合物浆料浆膜的耐磨性、断裂伸长率、浆液的黏度以及对棉和涤/棉的黏附性综合考虑，丙烯酰胺与丙烯酸丁酯的比例为 30：70（质量比）较为合适。

施振冰在专利 CN 1084860A 中，采用 α-甲基苯乙烯二聚体作为分子量调节剂，合成了不同分子量的丙烯酸酯聚合物，可以用作纺织浆料。该专利合成的作纺织浆料的丙烯酸酯共聚物组成：

组分名称	质量份	组分名称	质量份
丙烯酸丁酯	30	偶氮二异丁腈	1
甲基丙烯酸甲酯	30	α-甲基苯乙烯二聚体	0.02～0.05
甲基丙烯酸丁酯	60		

其合成方法如下：

在装有回流冷凝器和滴液漏斗、温度计的三口烧瓶中，加入异丙醇和乙醇各75g，甲基丙烯酸甲酯 30g，甲基丙烯酸丁酯 60g，苯乙烯 30g，丙烯酸丁酯 30g，丙烯酸 4.5g，α-甲基苯乙烯二聚体 0.02～0.05g，偶氮异丁腈 1g。在回流温度下反应 8h。用 NH_4OH 溶液调节 pH 至碱性，并用自来水稀释，即得到一种纺织浆料。

该发明所述的 α-甲基苯乙烯二聚体作为丙烯酸酯聚合物的分子量调节剂，依据其添加量的多少，可以任意地调节分子量，与硫醇类相比，工艺条件基本相同，它的特点是无臭味、对环境无污染、对人体无损害。

吴建英的发明专利（CN 105622829A）公开了一种纺织浆料的合成方法，其原料包括单体混合液、小料、工艺水，其中单体包括 25kg 丙烯酸、85kg 甲基丙烯酸、80kg 丙烯酸丁酯、70kg 丙烯酸乙酯、540kg 丙烯酸甲酯、235kg 甲基丙烯酸甲酯；所述小料包括 4.5kg 乳化剂、8.5kg 引发剂、15kg 消泡剂、3kg 抗静电剂、10kg 渗透剂、95kg 氨水、450kg 酒精。

具体制备方法，包括如下步骤。

第一步，单体混合：25kg 丙烯酸、85kg 甲基丙烯酸、80kg 丙烯酸丁酯、70kg 丙烯酸乙酯、540kg 丙烯酸甲酯、235kg 甲基丙烯酸甲酯六种单体混合形成单体混合液。

第二步，聚合：现有的 5t 的反应釜中放入工艺水，加热到 50℃，放入 4.5kg 乳化剂、8.5kg 引发剂，再加热到 80℃，将单体滴加，温度控制在 80℃，单体滴加均匀，滴加时间控制在 130min，温度控制在 80℃，单体滴完之后保温半小时。

第三步，冷却：聚合物冷却至 65～70℃。

第四步：中和：将冷却后的聚合物加入 95kg 氨水中和，控制 pH 值及黏度。

第五步：调节、装桶：中和后的聚合物加入工艺水和助剂，助剂具体包括 15kg 消泡剂、3kg 抗静电剂、10kg 渗透剂、450kg 酒精，冷却降温到 30℃，控制含量及黏度，最终得到纺织浆料成品。

上述纺织浆料属丙烯酸酯共聚阴离子聚合物，具有良好机械稳定性，适用于一些高档面料织物织造，特别是超细涤纶、锦纶纤维丝的喷水、喷气织机上浆。具有水溶性、渗透性、抗静电性好、抱合力强、丝上浆后增强丝牵引力、耐摩擦、开口清晰、不落浆、使用方便，对环境污染小，同时可减轻后整理工序脱浆成本及对环境的影响。

6.3.3 织物涂层剂

涂饰操作是纺织和皮革制作过程中的一个重要工段，通过涂饰操作，不但可增加纺织品、皮革制品的美观和耐用性能，提高产品的档次，而且还能增加它们的花色品种和扩大其使用范围和领域。

优良的织物涂层剂或涂饰剂可以使织物经涂饰后的膜具有极其舒适润滑的手感，涂层软，不发黏，并具有较佳的防水性和耐湿擦性能。

当今已经将全氟烷基取代的化合物用于纺织品的制造过程中，这种化合物可以使纺织品具有很好的防油脂性能和去污性能。

美国专利 US 3919183 公开了一种用作纺织材料的防油涂层聚合物，其主要成分为偏二氯乙烯、甲基丙烯酸 N,N-二烷基氨乙酯和丙烯酸全氟烷基乙酯。

美国专利 US 4013627 公开了一种织物整理剂的合成方法，这种共聚物整理剂的组成（质量分数）为 20%～99% 的丙烯酸全氟烷基乙酯、1%～80% 的其他含氟乙烯基单体和 0.1%～4% 含季铵基团的丙烯酸酯。

美国专利 US 4100340 公开了另一种织物整理剂，其组成为丙烯酸全氟烷基乙酯：丙烯酸高级烷基酯：偏二氯乙烯：丙烯酰基丁基聚氨酯＝1：（0.22～0.39）：（0.45～0.85）：（0.01～0.14）。

迪施尔的专利（CN 1422289A）公开了一种主要成分为丙烯酸全氟烷基乙酯的共聚物，其合成方法如下。

向装有磁力偶搅拌器的高压釜中加入 240g 丙烯酸全氟烷基乙酯、400g 丙烯酸

N,N-二甲基氨基乙酯（DMEA）和 200g 溶剂甲基异丁基酮。对高压釜进行减压，充氮气。向高压釜中装入 15.0g 偏二氯乙烯和 0.8g 偶氮二异丁腈。在 66℃聚合 20h，在聚合期间压力达到 20kPa。在 60℃向聚合混合物中加入水（450g）和乙酸（30.0g）的混合物，搅拌 15min。将聚合混合物收集到一圆底烧瓶中，真空除去甲基异丁基酮，即得 580g 共聚物溶液。

上述丙烯酸全氟烷基乙酯具有如下结构：

$$CH_2 = CHCOO—CH_2CH_2—C_nF_{2n+1}$$

其中 C_6F_{13} 含量为 13%±2%；C_8F_{17} 含量为 48%±2%；$C_{10}F_{21}$ 含量为 23%±2%；$C_{12}F_{25}$ 或更高的同系物含量为 1.6%。

上述共聚物应用于纺织材料或纺织品纤维的防污涂层剂，能赋予纺织材料以去污和防污特性。

除了使用丙烯酸 N,N-二甲基氨基乙酯（DMEA）以外，可以替代的单体还有甲基丙烯酸 N,N-二甲基氨基乙酯（DMEM）、丙烯酸 N,N-二乙基氨基乙酯（DEEA）、甲基丙烯酸 N,N-二甲基氨基乙酯（DEEM）等。

氯乙烯聚合物最显著的特点是具有良好的耐磨损性、耐化学品性、耐燃性和很低的水溶胀性。氯乙烯-丙烯酸酯-醋酸乙烯酯三元共聚乳液是在丙烯酸酯类织物涂层的基料中引入氯乙烯单体，这不仅使产品的成本降低，而且又赋予丙烯酸酯系列产品以聚氯乙烯特有的耐磨损性、耐化学品性、耐燃性和低的水溶胀性。

谢雷等采用乳液接枝共聚与核壳共聚相结合的工艺，用十二烷基硫酸钠作为新型种子乳化剂合成了氯乙烯-丙烯酸酯-醋酸乙烯酯接枝共聚乳液，该乳液用于纺织织物涂层，各项指标完全达到产品所规定的标准，效果很好。

所研制的氯乙烯-丙烯酸酯-醋酸乙烯酯三元共聚乳液涂层剂，经江苏省吴江涂层厂在工业涂布机上的应用，证明其效果良好。涂层织物经上海市纺织科学研究院测试，其指标完全达到产品所规定的各项标准要求。PVC 种子乳液完全可以与丙烯酸酯类单体进行溶胀接枝。

通常可采用乳液共聚和乳液接枝共聚这两种方法合成氯乙烯-丙烯酸酯-醋酸乙烯酯三元共聚物乳液。但是在乳液共聚中，丙烯酸酯与氯乙烯、醋酸乙烯酯的竞聚率相差较大，丙烯酸酯的自聚速率远远大于共聚速率，要保证产品质量，采用这两种方法在技术控制上有一定难度。因此该合成工艺采用了乳液接枝共聚和乳液核壳共聚相结合工艺路线，以确保聚合物乳液的成膜性能和乳液聚合过程的稳定性。

首先，乳液接枝共聚的关键环节是制备乳液接枝共聚所用的种子。该研究采用了十二烷基硫酸钠作为首选的乳化剂品种进行新型种子开发试验，把聚合生成的种子与丙烯酸酯、醋酸乙烯酯进行溶胀接枝，随后再进行滴加引发剂、混合单体的核壳共聚反应，并在反应后适量补加乳化剂以起保护胶的作用，最后使用共聚物乳液进行织物涂层的涂布试验，并考察了其各项技术指标。

（1）聚氯乙烯种子乳液的合成　按照乳液接枝共聚工艺要求，种子乳液的粒径要尽可能小，而且其固含量需在 25% 以上。本研究用十二烷基硫酸钠为乳化剂，合成了平均粒径为 0.0593μm、pH 值为 9.35、平均固含量达 26.81% 的聚氯乙烯种子乳液，基本符合接枝共聚和核壳共聚的要求。

（2）三元接枝共聚物的合成　该研究通过对不同溶胀单体的溶胀过程的研究，筛选出了最佳溶胀单体并确定了最佳工艺条件，以确保 PVC 种子的溶胀，确保达到最佳效果。该研究选用了丙烯酸乙酯、丙烯酸丁酯、丙烯酸 2-乙基己酯三种溶胀单体做试验。试验结果表明，接枝后共聚物体系的稳定性顺序为：丙烯酸乙酯＞丙烯酸丁酯＞丙烯酸 2-乙基己酯。

（3）核壳共聚乳液的合成　采用丙烯酸丁酯（BA）溶胀 PVC 接枝得到的共聚物 PVC-g-BA 核，再由丙烯酸酯进行包壳反应，最终形成核壳结构或在核壳结构的交界处形成互穿网络聚合物结构等非均相乳液微粒。核壳乳液聚合过程中同时引入功能性单体甲基丙烯酸，此处甲基丙烯酸中的羧基（—COOH）基团相当于一个阴离子表面活性剂分子，对乳胶粒子有保护作用，可提高乳液体系的稳定性。

核壳乳液的性能分别由核层和壳层聚合物的性能决定，考虑的重点是核层聚合物，因为核层对最终涂层的性能影响程度较大。壳层软质聚合物的玻璃化转变温度应选择得低一些，以使乳液能在较低的温度下成膜，并且，成膜后与硬质的核层相连在一起，以获得硬度高、综合性能好的涂层。另外，由于亲水性小的聚合物处于粒子的内层，而亲水性大的聚合物处于粒子的外层，因此乳液的分散稳定性得到了提高；并且，在成膜后，亲水性小的核层连接成膜，提高了涂层的耐水性。

在各类涂饰剂中，丙烯酸树脂类涂饰剂的优点是色浅，保色、保光性能好，耐腐蚀、耐污染性能好。因此，丙烯酸树脂类涂饰剂广泛应用于纺织及制革工业中。不过，常规的丙烯酸树脂涂饰剂涂饰制品后，涂层常常具有较强的塑感，底涂层也易出现发黏现象，中、顶涂层也不耐摩擦，防水性能也稍差。

杜光伟等（中国科学院成都有机化学研究所）的专利发明，针对现有技术存在的问题，提供了一种新型的丙烯酸树脂涂饰剂及其制备方法。通过采用多元单体进行普通共聚和接枝共聚等手段，对丙烯酸树脂进行改性，以改善树脂的上述缺陷，从而获得综合性能较好的新型涂饰剂。

这种共聚物涂饰剂的单体组成为：

成分	质量分数/%	成分	质量分数/%
功能性单体	4～8	引发剂	0.05～1.5
丙烯酸酯类单体	25～30	中和剂	适量
活性有机硅化合物	0.5～2	去离子水	65～72
复合表面活性剂	0.2～2.5		

其制备方法为，将水和表面活性剂加入反应瓶中，搅拌升温至 50℃，加入 1/4 的由功能性单体、丙烯酸酯类单体和活性有机硅化合物组成的混合单体，加入 1/5 的引发剂，升温至 81～83℃；开始滴加剩余的混合单体和引发剂，3.5h 滴加完毕，

在 81~83℃保温 2h；升温至 87℃，保温 1h；降温至 40℃，滴加中和剂，调节 pH 为 6~8，过滤，出料。

功能性单体选用含羧基或氰基的乙烯基功能单体，羧基类功能单体优选丙烯酸，氰基类功能性单体优选丙烯腈。丙烯酸酯类单体至少选用含两种碳 1 至碳 8 的（甲基）丙烯酸烷基酯。活性有机硅化合物选用含端双键的二甲基硅氧烷。复合表面活性剂中，非离子表面活性剂优选 OP-10、OP-20、平平加 O 以及 OS-15 等；阴离子表面活性剂选用含双键的脂肪醇聚氧乙烯醚磺基琥珀酸二钠，其分子结构式为：

$$R-CH\!=\!CH\!\!\left(CH_2-CH_2-O\right)_{\overline{n}}\overset{\displaystyle O}{\overset{\displaystyle \|}{C}}-CH_2-\underset{\displaystyle SO_3Na}{CH}-COONa$$

引发剂宜选用水溶性过氧化物类，优选过硫酸钾、过硫酸铵等。中和剂选用无机氨、有机胺及其衍生物，如氨水、三乙胺、二乙基乙醇胺等。

该工艺的特点之一是，采用半连续乳液聚合法制得以丙烯酸酯单体为主要成分的聚合物乳液。该乳液粒径小，成膜流平性好，并有较好的延伸性和粘接力。

该工艺的特点之二是，配方中引入含羧基、含氰基的功能性基团的单体，聚合物链上的这些功能性基团在成膜过程中，可与皮胶原上的功能性基团或与底、中涂层及其他添加剂中的功能基团或聚合物链间发生交联反应，从而提高了树脂薄膜的附着力、硬度、耐水性和耐溶剂性等性能。

该工艺的特点之三是，通过选用特殊的含端双键的活性有机硅化合物参与反应，将硅氧烷引入到大分子链上，充分利用硅化合物耐磨、优良的手感和低表面张力的特点，使合成的树脂除了具有较佳的防水性，还有极其舒适滑润的手感，从而提高了耐湿擦能力，并将产品质量提高了一个档次。在羊皮服装革上的应用表明，这种新型涂饰剂的应用前景较佳。

该工艺的特点之四是，在配方中采用特制的反应型表面活性剂作乳化剂，不但起乳化作用，而且也参与到单体的反应中，共聚合到大分子链上。从而在成膜后，避免了常规小分子表面活性剂由于分子迁移而容易渗出并富积于树脂涂膜表面的现象，有效地提高了涂膜的防水能力和耐溶剂性能。

【实例】

成分	用量/g	成分	用量/g
A. 功能性单体		C. 活性有机硅化合物	0.5
丙烯酸	0.5	D. 复合表面活性剂	
丙烯腈	4	OP-10	0.165
B. 丙烯酸酯类单体		反应型表面活性剂	0.8
丙烯酸乙酯	4	E. 引发剂过硫酸钾	0.06
丙烯酸丁酯	20	F. 中和剂氨水(25%~28%)	0.5
甲基丙烯酸丁酯	3	G. 去离子水	75

将水和表面活性剂加入反应瓶中，边搅拌边升温，在 50℃下加入约 8g 混合单体（A＋B＋C）和 0.015g 过硫酸钾；20min 后升温至 81～83℃，滴加剩余混合单体和过硫酸钾，3.5h 滴加完毕，在 81～83℃保温 2h；升温至 87℃，保温 1h；降温至约 40℃，加入氨水，调节 pH 值约为 7。过滤出料。

6.3.4　织物防水剂

纺织品胶黏剂的用途十分广泛，织物涂饰胶黏剂发展最快的是环保型聚氨酯和聚丙烯酸酯乳液，其中聚丙烯酸酯乳液因其具有优良的耐热、耐候和耐氧化性能，成本也较低，因此得到了广泛的认可。但是聚丙烯酸酯类胶膜有热黏冷脆、耐水性较差的缺点。将高键能、低表面能、具有良好透气性、耐水性、耐热耐寒性的聚硅氧烷与化学结构相异、极性相差较大、相容性不同的丙烯酸类单体通过种子核壳乳液共聚工艺，进行共聚合，可以制得兼具两者优点的共聚乳液。这种乳液具有粘接强度高的突出优点。通过核壳层高聚物分子的协同作用，可明显地改善织物的防水耐寒性能，使织物具有柔软、透气、耐候的特性。

孙道兴等通过研究制备了一种具有优良防水性能的硅丙乳液胶黏剂，可以用作织物的防水剂。其配方与技术性能见表 6-15。

这种硅丙乳液合成所用原料主要有：苯乙烯（St）、丙烯酸（AA）、丙烯酸甲酯（MA）、丙烯酸丁酯（BA）、丙烯酸 2-乙基己酯（2-EHA）、八甲基环四硅氧烷（D_4）、硅烷偶联剂甲基丙烯酰丙氧基三甲氧基硅烷 KH-570（Methacryloxypropyl trimethoxysilane KH-570）、过硫酸铵、碳酸氢钠、乳化剂十二烷基苯磺酸钠（ABS）、乳化剂 NP、乳化剂 DOWfax2A1、乳化剂 Aerosol-501、链转移剂十二硫醇。

将部分乳化剂溶解于一定数量的去离子水，置于带搅拌的烧瓶预乳化器中，然后加入所有单体，快速搅拌 30min，制得白色的单体预乳化液。将另一部分复合乳化剂、部分引发剂和全部的碳酸氢钠、链转移剂放入反应器中，用剩余的去离子水溶解。反应器升温至 80℃左右时加入约 10％的单体预乳化液。待反应液变蓝色后，开始滴加剩余引发剂和剩余单体乳化液。约 3h 滴加完毕。再保温 2h。降温出料。

丙烯酸单体的极性较大，而 D_4 的表面能较低，二者难以生成均匀的共聚物，这是硅丙乳液合成的难点。硅烷偶联剂甲基丙烯酰丙氧基三甲氧基硅烷，分子的一端含有乙烯基不饱和键，分子的另一端含有可水解为羟基的硅氧烷结构。少量硅烷偶联剂的加入，一方面使其分子内的乙烯双键与丙烯酸酯单体进行共聚反应，形成嵌段共聚物；另一方面其分子内的硅氧烷结构可以和低表面能的 D_4 发生共聚反应，形成接枝链段，起着桥梁的作用，增加两者的相容性，提高胶黏剂的粘接力。其反应如下：

$$CH_2=\overset{\displaystyle}{\underset{\displaystyle CH_3}{C}}-\overset{\displaystyle O}{\overset{\|}{C}}-O-CH_2CH_2CH_2Si(OMe)_3 \quad + \quad \begin{array}{c}(CH_3)_2Si-O-Si(CH_3)_2\\ |\qquad\qquad | \\ O\qquad\qquad O\\ |\qquad\qquad | \\ (CH_3)_2Si-O-Si(CH_3)_2\end{array} \longrightarrow$$

(KH-570) (D₄)

$$CH_2=\overset{\displaystyle}{\underset{\displaystyle CH_3}{C}}-\overset{\displaystyle O}{\overset{\|}{C}}-O-CH_2CH_2CH_2-\overset{\displaystyle OMe}{\underset{\displaystyle OMe}{Si}}-O-\left[\overset{\displaystyle CH_3}{\underset{\displaystyle CH_3}{Si}}-O\right]_4 OMe$$

(KH-570D₄)

根据 FOX 公式，可以通过调节共聚物中不同单体的配比，以制得指定玻璃化转变温度的共聚物。作雨衣等织物涂饰用的胶黏剂，其玻璃化转变温度 T_g 在 5℃左右时，涂饰效果最好。实验中选用丙烯酸丁酯（$T_g=-54$℃）和丙烯酸 2-乙基己酯（$T_g=-70$℃）作软单体，玻璃化转变温度较低的软单体在共聚物中起着黏附的作用。可选用甲基丙烯酸甲酯、苯乙烯和丙烯酸甲酯等作硬单体，玻璃化转变温度较高的硬单体共聚产生强度，硬单体在聚合物中起到骨架的作用。

表 6-15　涂饰胶黏剂的配方与技术性能

配　　　方		技术性能	
组分	用量/g	项目	指标
苯乙烯	25	外观	微蓝乳液
丙烯酸丁酯	20	固含量/%	45
丙烯酸-2-乙基己酯	15	黏度/mPa·s	820
丙烯酸	2	玻璃化转变温度/℃	5
有机硅单体 D₄	10	自由单体/%	<0.1
丙烯酸甲酯	30	吸水率/%	3.1
KH-570	1	离心稳定性/%	<1
碳酸氢钠	0.3	高温稳定性	通过
过硫酸铵	0.45	pH 值	7~8

影响乳液的稳定性等性能的因素有：

（1）乳化剂的影响　试验证明，采用阴离子与非离子乳化剂配合使用，乳液凝胶量少、稳定性能好。因为阴离子乳化剂（如十二烷基苯磺酸钠）赋予乳液胶粒以负电性，由于双电层的排斥作用可保持乳胶粒的分散性。非离子乳化剂具有亲水性，它在乳液聚合中可产生包覆层，包覆层的化学稳定性较好，可起到稳定的作用。因此，将非离子和阴离子乳化剂复配使用，能使乳液具有良好的机械稳定性和化学稳定性。在本实例中，阴离子与非离子乳化剂的复配比例（质量比）以（1∶1）~（1∶3）为最佳。乳化剂的总用量约占单体量的 3% 为宜。

（2）有机硅单体用量的影响　试验表明，当不加有机硅单体改性时，丙烯酸酯乳液的吸水性为 10% 左右；而加入有机硅单体后，其吸水率大幅度下降。当有机硅单体占总单体含量的 8.5% 左右时，其吸水量降至一个最低值，约为 1.7%；其后，随着有机硅含量的增加，吸水性又上升。由于采用种子乳液核壳聚合工艺，有机硅聚合物为壳层，侧链上的非极性烷基定向排列，可有效阻止水分子进入内部。有机硅过量时，由于位阻效应，接枝到主链的概率变小，形成均聚物的概率增大，硅凝胶物增多。

（3）pH 值的影响　乳液的 pH 值不仅影响乳液的稳定性，而且影响其防水性能。经实验确定，pH 值为 6~8 时乳液的防水性和稳定性较好。

（4）反应温度的影响　乳液聚合一般采用分段控温的方法，温度对乳液的影响见表 6-16。

表 6-16　温度对乳液的影响

温度/℃	凝胶量	乳液外观	单体转化率/%	离心稳定性
60~70	少	白色、浮油多	<75	<0.5%
70~85	无	白色微蓝浮油少	>98	稳定
85~95	较多	白色无蓝光	>98	分层

（5）聚合工艺的影响　实验中有机硅单体的加料方式采用两种工艺，以试验其优劣。第一种加料方法是一次加料法；第二种是种子乳液聚合法，即先加入部分混合单体形成种子乳液，然后连续滴加有机硅单体和丙烯酸酯单体混合液的方法。实验表明，采用种子乳液聚合法工艺，所得乳液性能明显优于采用一次加料法。因为，种子乳液聚合工艺得到的是极性聚丙烯酸酯为核、非极性聚硅氧烷为壳的乳液，乳胶粒为微相分离结构，不相溶的聚丙烯酸酯与聚硅氧烷分别富集于粒子的内层和外层，在核壳的交界处形成了分子间的互穿网络。这种聚合工艺通过共聚物分子的接枝或缠结，有效阻止相的分离和宏观分层。具有这种微相结构的乳液可以显著地提高膜的抗张强度和粘接强度，改善其透明性、耐磨性和耐水性，并能显著地降低乳液的最低成膜温度。

采用上述方法合成的乳液，经多家厂家的应用，结果令人满意。

另外，唐黎明等（清华大学）的专利（CN 1337415A）公开了一种聚偏氟乙烯改性聚丙烯酸酯乳液的制备方法。这种乳液用于织物涂饰可使织物具有优良的耐水性和耐油性。

首先制备由甲基丙烯酸甲酯、丙烯酸丁酯和丙烯酸组成的单体混合物，并将聚偏氟乙烯溶解于上述单体混合物中，然后将助乳化剂溶解于上述混合物中，组成油相备用。将非离子乳化剂和阴离子乳化剂溶解于水中，组成水相。将油相和水相混合后高速搅拌，使其成为细乳液，在氮气保护下，向容器中加入上述细乳液和引发剂，反应一定时间后降至室温，调节 pH 值，即得聚偏氟乙烯改性聚丙烯酸酯乳液。这种乳液与基材的粘接力强，成膜后胶膜的表面性能好，具有耐污染、耐热、耐水、耐化学药品等特性，涂膜透明性良好，可用于织物涂饰，使织物具有耐水、耐油特性。

合成方法如下。

将 1.0g 聚偏氟乙烯溶解于 20g 甲基丙烯酸甲酯、20g 丙烯酸丁酯和 1.8g 丙烯酸组成的单体混合物中，将 0.2g 油溶性助乳化剂氟醚溶解于上述单体混合物中，组成油相备用。将 0.2g 非离子乳化剂 FC-901 和 1.0g 阴离子乳化剂辛基酚聚氧乙烯醚溶解于 60g 水中，组成水相。两相混合后在 70℃下搅拌 10min，将搅拌好的乳液放入 IKA-T25B 型高速粉碎机中，以 23000r/min 的转速高速搅拌 1min，然后以 16000r/min 的转速高速搅拌 5min，形成细乳液。

在氮气保护下，向玻璃反应器中加入细乳液，搅拌，升温至 74℃，反应 2h 后，加入 0.5g 引发剂过硫酸铵，反应 0.5h 后，将剩余的引发剂分 4 次加入，质量分别为 0.05g、0.1g、0.2g 和 0.2g，时间间隔分别为 0.5h、1h 和 2h。引发剂全部加入后，保温反应 2h。降温至室温，加入氨水调节 pH 值至 8～9，出料。

6.3.5　织物柔软剂

有机硅织物柔软整理剂是理想的柔软剂品种之一，它不仅赋予织物挺括、柔软、滑爽和丰满的手感，而且具有很好的透气性、表面光泽、耐磨性、穿着舒适性等特性。适用于不同纺织品（天然纤维、合成纤维和混纺纤维）的整理，具有广阔的应用前景。

改性有机硅柔软剂是 20 世纪 70 年代后期发展起来的新一代有机硅柔软剂，是各国竞相研究和开发的品种，一般分为三类：反应型，包括氨基、环氧基、羧基、甲基丙烯酰氧基和氟烷基改性；非反应型，主要为聚醚改性；混合型，如聚醚氨基和环氧基共同改性。

朱杰等采用水溶性催化剂，以水为分散介质，含氢聚硅氧烷、八甲基环四硅氧烷（D_4）和丙烯酸酯为主要原料，用乳液聚合法合成了水乳型有机硅织物柔软整理剂。

黄世强等采用 3 种合成方法（即一次投料法、单体乳液滴加法和引发剂滴加法），合成了一种可用作织物柔软剂的复合乳液。

聚合反应在四口烧瓶中进行。聚合反应的典型配方为：含氢聚甲基硅氧烷 15g，丙烯酸丁酯 19.5g，N-羟甲基丙烯酰胺 1g，引发剂 0.2g，蒸馏水 50g。

实验结果同样表明，单体乳液滴加法为最佳合成方法，既可得到较高的转化率，又使聚合过程有良好的稳定性，而且所得乳液的贮存稳定性也较好。根据选定的复合乳液合成条件所制备的复合乳液，贮存期达半年之久。在纯棉、涤棉织物上的应用试验表明，织物手感柔软、丰满滑润，该种乳液作为织物柔软剂使用具有良好的前景。

全氟丙烯酸酯聚合物或其共聚物涂敷于织物上后，聚合物被织物吸收在表面。

成膜后，由于聚合物侧链的全氟基团向外定向排列，降低了织物的表面能，从而使织物具有优良的防水防油性能。这是全氟丙烯酸酯聚合物作为涂料的一个重要用途。Yamaguchi（JP 9981873，1998）用丙烯酸 $C_6 \sim C_8$ 全氟烷基酯和甲基丙烯酸月桂酯共聚制得憎水憎油水分散体，再将其与含氟醇混合涂敷于羊毛织物、皮毛、皮革、纸张等表面上，可使织物具有疏水疏油性能，其中含氟醇中含有—OCF_3基团，可使织物表面保持较好的柔软性。若将棉布用聚丙烯酸全氟丁酯乳液处理，并在 115℃ 下烘干，再在 178℃ 下焙烘 1.5min，棉布将有良好的防水、疏水和疏油性能。沈一丁等用 N-羟基乙基全氟辛酰胺丙烯酸酯、丙烯酸 2-乙基己酯和丙烯酰胺等烯类单体共聚，制得的乳液可用于猪绒面服装革的防污处理，处理后的皮革防水和防油基本分别为 90 和 80。

Ito 等（JP 0687548，1994）以过硫酸盐作引发剂，将含氟烷基丙烯酸酯和普通丙烯酸酯进行乳液共聚，得到含氟共聚物乳液，用于尼龙纤维中，使其疏水疏油性能大幅度提高。Suzuki（JP 04164990，1992）以含氟阳离子表面活性剂作乳化剂，将含氟烷基丙烯酸酯和普通丙烯酸酯进行共聚，得到阳离子型含氟共聚物乳液，用以浸渍聚酯纤维，得到疏水疏油性能优良的纤维产品。

Greenwood 等的专利（USP 4742140，1988）中，采用含氟烷基（甲基）丙烯酸酯、（甲基）丙烯酸脂肪醇酯、氯乙烯、偏氯乙烯、苯乙烯或丙烯腈等单体，并加入 2%～3% 的含羟基或氨基的（甲基）丙烯酸酯单体，共聚合制得含氟丙烯酸共聚物织物整理剂。

6.3.6　对纤维的改性

近几年来，聚丙烯腈（PAN）原丝的性能与碳纤维质量的关系一直是人们所关注的问题。纯聚丙烯腈原丝大分子链上的氢形成氢键，导致共聚物作用力增强，从而使制成的纤维发脆，缺乏柔韧性。我国研制与生产 PAN 原丝所采用的工艺主要是一步法溶液聚合工艺，以丙烯腈为第一单体，丙烯酸甲酯为第二单体，衣康酸为第三单体进行三元共聚。另有一些研究者通过加入诸如丙烯酸、甲基丙烯酸、衣康酸等共聚单体，可以降低制取碳纤维时纤维反应的活化能，以利于促进环化和交联反应，降低预氧化反应的放热量，改善纤维的致密性和均匀性，减小主链断裂概率，确保碳纤维的强度。

王延相等通过控制单体配比，用丙烯腈（AN）、衣康酸（IA）和丙烯酸甲酯（MA）进行三元自由基溶液共聚，以偶氮二异丁腈（AIBN）为引发剂，以二甲亚砜（DMSO）为溶剂合成了聚丙烯腈原丝纺丝溶液，并纺制了聚丙烯腈原丝。实验过程如下。

将 AN、MA、IA 三种单体，以及引发剂 AIBN、溶剂 DMSO 按一定配比混合，加入至 10L 的不锈钢聚合釜中，在 58～60℃、氮气气氛中聚合反应 24～30h，制得纺丝溶液。升温至 80℃，经脱除残留单体、脱除气泡、过滤等操作，再经计量后通过喷丝板纺入 60%DMSO 水溶液中。

实验证明，随着丙烯酸甲酯含量的增加，最后得到的纺丝液固含量、特性黏度和转化率均提高。当丙烯酸甲酯含量达到一定值后，上述各参数又都开始降低。因为聚合后在聚丙烯腈大分子中，由于丙烯酸甲酯的存在而降低了大分子间的引力，抵消了氰基的影响，同时增大了大分子的活动性。

随着丙烯酸甲酯含量的增加，原丝的强度和纤度变化不大，但手感、光泽度和外观越来越好。这是因为第二单体丙烯酸甲酯可降低 PAN 分子间引力和抵消氰基的作用，从而降低大分子间的敛集密度，提高原液的可纺性和纤维的染色性。但共聚单体中，丙烯酸甲酯的总含量在 5%（质量分数）以下。实验证明丙烯酸甲酯以 3%～4%（质量分数）时最佳。

采用（甲基）丙烯酸对尼龙纤维进行接枝共聚合，可以明显地改善尼龙的染色性能和吸水性能，并能赋予产品某些特殊的功能，使其可以作为功能材料使用，如可用作粒子交换材料等。

赵清香等以高锰酸钾/硫酸为引发剂，用尼龙纤维与丙烯酸进行接枝共聚。研究了尼龙-66 纤维接枝率与硫酸浓度、高锰酸钾浓度、丙烯酸单体浓度等因素之间的关系。实验表明，硫酸浓度为 0.2mol/L、反应温度为 60℃、反应时间 4h 时，接枝率较高。

尼龙与（甲基）丙烯酸进行接枝共聚的引发剂除了高锰酸钾/硫酸以外，还有硫脲/溴酸钾、高锰酸钾、$FeSO_4/H_2O_2$、$DMA/CuSO_4$、$DMA/Cu(NO_3)_2$ 等。

任学宏等研究了以甲基丙烯酸甲酯为单体，用硝酸铈铵为引发剂对 Newcell 纤维的接枝共聚反应工艺，探讨了工艺因素（引发剂浓度、单体浓度、温度、反应时间和浴比）对 Newcell 纤维接枝增重率和增重效率的影响。

离子交换纤维与颗粒状离子交换树脂相比，具有比表面积大、交换容量大、交换速度和解脱速度快的优点。同时离子交换纤维能以纱线、无纺布、织物等形式使用，可以满足交换工艺的不同要求，因此，20 世纪 70 年代以来受到人们的广泛重视。黏胶纤维本身具有离子交换性能，但是其交换容量很小，因此需要引入足够的交换基团，以提高其交换容量。刘晓关等用高锰酸钾为引发剂，用丙烯酸单体对黏胶纤维进行了接枝共聚改性。引发剂高锰酸钾浓度 0.07mol/L，预处理温度 50℃，预处理时间 20min，硫酸浓度 0.08mol/L，丙烯酸浓度 1.2mol/L，接枝反应温度 90℃，反应时间 4h，黏胶纤维的接枝率可高达 72%。

6.3.7 对真丝的改性

真丝是传统的高档纺织品，因其外观华丽、光泽柔和、手感丰满、穿着舒适且具有保健性，而深受人们的喜爱。但是，真丝也有很多缺点，如易起皱、易泛黄、易擦毛等，这给真丝的应用带来很大的局限，特别是随着新合成纤维的飞速发展和各种人造纤维的不断出现，使得真丝的应用前景面临巨大的挑战。为了改善真丝的性能，人们探索了很多方法，其中最引人注目的是对真丝的化学改性。

长期以来，国内外在真丝化学改性方面进行了很多的研究。丝纤维是一种蛋白质，其侧链上有许多活性基团，因此人们一直在寻求各种化学方法改善真丝的性能。较为有前途的方法是对真丝的接枝改性。对于化学接枝的整理，目前研究较多的接枝单体主要有丙烯腈、苯乙烯、甲基丙烯酸羟乙酯、甲基丙烯酸丁酯、丙烯酰胺等。

苏州大学的黄才荣等用己二醇二丙烯酸酯对真丝进行了接枝改性研究，研究结果表明，接枝整理后真丝的染色性下降，白度变化不明显，而断裂强度、延伸度、吸湿性等性能得到了改善。研究还发现，在乙醇/水体系中，单体的接枝反应较温和；而在乳液体系中，则较剧烈。因此，在相同的反应条件下，特别是反应条件不很剧烈的情况下，乳液体系可得到比溶剂体系高一些的接枝增重率。

6.3.8　丙烯酸甲酯对丙烯腈纤维的改性

最早合成的聚丙烯腈为均聚物，由于在聚丙烯腈的大分子内存在着氢原子和氰基，可以形成氢键使其结构高度有序。在这种高度有序的结构中，溶剂或染料分子很难进入聚丙烯腈大分子的内部，使得聚丙烯腈大分子的溶解和染色很困难。为此人们研究合成了丙烯腈和其他单体的共聚物，以克服均聚物的上述缺点。

共聚单体可分为两类：一类是可以改善大分子结构的柔软性、降低聚合物的玻璃化转变温度、改善纤维的力学性能、提高染色基团的可及性以及可影响纺丝溶液的凝固成形的单体，这类单体称为聚丙烯腈纤维的第二单体；另一类是可以使聚丙烯腈纤维具有染料亲和力，同时对纤维的白度、耐热性、吸湿性以及纺丝成形有影响的单体，称为第三单体。

可作为第二单体的化合物有烃类、醇类、酮类、醚类、丙烯酸酯类、乙烯酯类、卤化物和酰胺类等。

目前，在聚丙烯腈纤维合成中，最常用的第二单体为丙烯酸甲酯、甲基丙烯酸甲酯和醋酸乙烯酯等。主要是由于丙烯酸及酯和甲基丙烯酸甲酯的竞聚率与丙烯腈最为接近，聚合反应易于调节控制，所得共聚物结构更为均一；而醋酸乙烯酯则占据价格便宜的优势。

可作为第三单体的化合物有两类：含碱基团单体和能在丙烯腈共聚物内引进酸性基团的单体。使用含碱性基团单体的目的，是为了使共聚物对酸性染料具有亲和力，这类单体有 α-乙烯基吡啶、N,N-二甲基丙烯酸-β-氨基乙酯和季铵盐等。

6.3.9　纺织用胶黏剂的工业合成

在一装有搅拌器的乳化罐中依次加入去离子水、部分乳化剂、单体和部分引发剂，快速搅拌 40min，使其充分乳化制成乳化液，备用。

在装有搅拌器、冷凝器、温度计和单体滴加罐的反应釜中，依次加入去离子水、部分乳化剂和少量上述乳化液，启动搅拌器升温至指定温度，加入剩余的引发剂。继续升温至指定温度，开始滴加乳化液，1～1.5h 滴加完毕，并保温 1h。脱除残余单体，复配其他助剂即得成品。工艺流程图见图 6-6 所示。

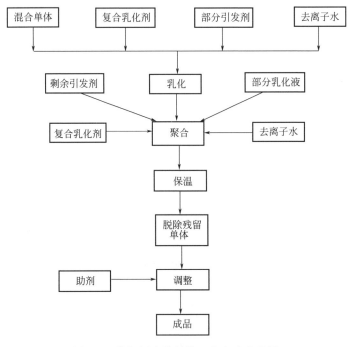

图 6-6　纺织用胶黏剂的工业合成流程图

6.4　聚丙烯酸酯塑料助剂

6.4.1　概述

聚丙烯酸酯塑料助剂（ACR）分为抗冲改性剂 ACR 与加工助剂 ACR 两类。抗冲改性剂 ACR 与加工助剂（加工改性剂）ACR 都是丙烯酸酯聚合物，但因其配方比例和结构不同而性能大不相同，其中抗冲改性剂 ACR 中甲基丙烯酸甲酯约占 10％～20％，丙烯酸酯约占 80％～90％。

ACR 抗冲改性剂（impact modifier）用于硬质 PVC，改进抗冲性能和机械性能，用于半硬质 PVC（含少量增塑剂）可提高制品的低温韧性。

加工改性剂（processing aid）主要是改进 PVC 等塑料的加工特性，加速 PVC 的熔融过程，改进熔体的流变性和机械性能。

在国外，聚丙烯酸酯类抗冲改性剂因其生产过程环保，性能优良，耐候性能优，已经取代 CPE 抗冲改性剂。

加工助剂在国外最早由美国罗门哈斯（Rohm & Hass）公司于 1958 年开发成功，同年推出第一个牌号 K-120。此后，国外许多公司开始纷纷涉足这一领域，开发出相类似的产品。1970 年之后，随着 PVC 制品的迅速增长，加工助剂得到了广泛应用。国外主要生产厂商有美国陶氏化学公司、日本钟渊化学工业公司、法国阿科玛化学有限公司、韩国 LG 化学公司、德国赢创工业集团和德国巴斯夫公司等。

国外对抗冲改性剂 ACR 的研究始于 20 世纪 70 年代，并于 1972 年由罗姆哈斯公司推出了第一个丙烯酸酯类抗冲改性剂 KM-323B。随后日本钟渊化学工业公司推出了 FM 系列，法国阿科玛化学有限公司推出了 D 系列，韩国 LG 化学公司推出了 IM 系列。

国内抗冲改性剂是在 PVC 行业以后发展起来的，由于纯 PVC 抗冲性能差，特别是低温抗冲性能差，在很多领域应用受限，需要加入抗冲改性剂提高其韧性和耐候性能。PVC 是抗冲改性剂最大使用品种，约占用量的 80%，以弹性体增韧为基本原理的抗冲改性剂，主要包括 CPE、ACR、MBS 等。广义上，凡能提高硬质聚合物制品抗冲击性能的助剂统称为抗冲改性剂。

近年来，国内塑料工业飞速发展，抗冲改性剂亦以相对稳定的速度发展，国内抗冲改性剂年增速为 5%～6%。随着抗冲改性剂的发展，市场参与者逐渐增多。

国内与国外的抗冲改性剂产品结构有差别，国内抗冲改性剂市场 CPE 占据主导地位，其占比约为市场的 70%，其次是 ACR 和 MBS，而国外则以 ACR 和 MBS 为主，CPE 需求量较少。以北美地区为例，ACR 占抗冲改性剂的 51%，MBS 占抗冲改性剂的 28%，CPE 仅占抗冲改性剂的 3%。CPE 生产过程中，废水排放量较大，使其成为高污染行业，前期国外 CPE 厂家逐渐淘汰，目前国外多数 CPE 货源亦来自中国出口，而国内 CPE 以较高的性价比稳居抗冲改性剂行业第一。

近年，国内 ACR 规模化生产发展比较迟缓，山东瑞丰高分子材料股份有限公司和山东日科化学股份有限公司是国内 ACR 市场龙头企业，近两年两厂家 ACR 装置产能未有明显增加，日科化学致力于 ACM 的研发与销售，而瑞丰高材亦将精力投放于其他产品。受规模和生产工艺限制，部分货源仍需依靠进口，日本等成为 ACR 主要进口国。

当今，环保从严从紧是大势所趋，在此局面下，国内抗冲改性剂市场结构将面临改变，ACR 的市场份额将逐步提高。我国抗冲型 ACR 产量和消费量如表 6-17 所示。

表 6-17　我国抗冲型 ACR 产量和消费量　　　　　　　　单位：万吨

年份	产量	消费量
2007	6.3	7.9
2008	7	9.2

年份	产量	消费量
2009	7.8	10.4
2010	8.6	11.7
2011	10.8	13.5

国内 ACR 主要生产厂家及产能如下：山东瑞丰高分子材料股份有限公司（产能 25000 吨/年）、山东日科化学股份有限公司（产能 25000 吨/年）、威海金泓化工有限公司（产能 15000 吨/年）、黑龙江中盟龙新化工有限公司（产能 6000 吨/年）、苏州安利化工有限公司（产能 5000 吨/年）、温州润华化工实业公司（产能 5000 吨/年）、无锡有机玻璃总厂（产能 4000 吨/年）。

国内市场销售的常用 ACR 加工助剂品种多为甲基丙烯酸甲酯和丙烯酸酯的共聚物。ACR-201 为甲基丙烯酸甲酯与丙烯酸酯的接枝共聚物，外观为白色粉末，加入 PVC 中可改善其熔体强度和熔体延展性。ACR-201 主要用于硬质 PVC 异型材、管材、瓶类及片材，用量为 0.5～2 份。ACR-401 由甲基丙烯酸甲酯、丙烯酸乙酯、丙烯酸丁酯及苯乙烯四种单体共聚而成，属于核-壳共聚物，在 PVC 中的加入量如下：

PVC 制品	ACR-401 添加量 /(份/100 份 PVC)	PVC 制品	ACR-401 添加量 /(份/100 份 PVC)
透明厚片(0.1～1mm)	2～3	地板	8～10
透明薄片(0.05～0.1mm)	1.5～2.5	异型材	5～9
硬管	1.5～2	低发泡硬质品	3～8
板材	2～3		

6.4.2 ACR 产品的开发

6.4.2.1 ACR 抗冲改性剂

抗冲击性能是硬质 PVC 制品最基本的物理机械性能之一。改进抗冲击性能主要有化学改性和物理改性两种方法。化学改性主要是在 PVC 聚合阶段通过加入弹性组分共聚合或在 PVC 主链上接枝玻璃化转变温度较低的单体来实现。化学改性在树脂冲击性能方面已取得了一些成效。但由于经济和技术上的原因，在 PVC 硬制品抗冲击改性方面受到一定的限制。因此，目前较为普遍的是 ACR 抗冲改性剂与 PVC 硬制品采用机械共混的方法，以达到改进 PVC 硬制品抗冲击性能的目的。

PVC 用的抗冲改性剂经历了从弹性体改性剂、弹性体/PVC 接枝共聚、核壳结构到功能性核壳结构的发展的过程。抗冲改性剂伴随着 PVC 硬制品加工工业的发展而经历了逐步研制、开发到应用的过程。1956 年 Rohm and Haas 公司首先发明了用于 PVC 的 MBS 共聚物抗冲改性剂 Acryloid KM 220。此后，有许多关于此方面的专利文献的发表。抗冲改性剂 MBS 是由乳液聚合合成的、具有核壳结构的共聚物。产品凝聚后为粉末状态，可以在加工中直接用于 PVC 中，用户可以自行进行混配，以提高 PVC 混料的灵活性和经济性，加速了 PVC 混料技术的发展。

1958 年，ICI 公司推出了一种丁二烯-甲基丙烯酸甲酯共聚物抗冲改性剂，同年 Rohm and Haas 公司又推出了 Acryloid KM 228 产品，此后于 1961 年又将 Acryloid KM 228 在欧美市场应用于 PVC 瓶料的抗冲改性剂。Acryloid KM 228 是第一个用喷雾干燥制得的抗冲改性剂，先进的工艺降低了生产成本，使 Rohm and Haas 公司在这一领域占据了一半的市场份额。20 世纪 60 年代，日本钟渊公司和吴羽公司亦在欧洲市场推出抗冲改性剂。

1960 年，Rohm and Haas 公司开始研制 ACR 抗冲改性剂，并于 1968 年推出 Paraloid KM 323B 产品，此后，针对丙烯酸酯类聚合物优异的耐候性，又开发出了耐候性优良的 ACR 品种 Paraloid KM 334、Paraloid KM 390 和 Paraloid KM 377。Paraloid KM 334 为 BA（丙烯酸丁酯）-MMA 共聚物，可用于 PVC 和 CPVC 产品中。Paraloid KM 323B 可用于发泡 PVC。另有 Paraloid KM 330 为丙烯酸丁酯-丁二醇二丙烯酸酯-二烯丙基丙烯酸酯共聚物，可用于 PVC 制品。Paraloid KM 318F 为 MMA-EA 共聚物，可应用于 PVC 门窗、异型材，它兼有加工改性剂的性能。

Rohm and Haas 公司后来又开发了 Paraloid EXL 系列产品。其中 Paraloid EXL 2311 和 Paraloid EXL 2314 为 BA-MMA 共聚橡胶，可应用于聚对苯二甲酸乙二醇酯（PET）和聚对苯二甲酸丁二醇酯（PBT）。Paraloid EXL 2330 为 BA-MMA 共聚橡胶，可用于聚酰胺（PA）等。Paraloid EXL 3300 为改性 ACR，可应用于 PET、PBT、PC 和 PA 等树脂中。与 Paraloid EXL 3300 相似的产品还有 Paraloid EXL 3361 和 Paraloid EXL 3387。Paraloid EXL 5375 也为改性 ACR，可用于 PET 等树脂中，以改进低温性能。此外还有 Paraloid EXL 4000。

20 世纪 70 年代 M&T 公司买下 UCC 公司的专利，生产抗冲改性剂 Durastrength D 200，其主要成分为丁二烯改性丙烯酸酯聚合物。

Elf Atochem 公司的 Metablen-S-2001 为二甲基硅氧烷改性的 BA-MMA 核壳结构共聚物，具有优良的耐候性。

日本三菱人造丝的 Metablen SX-06 是有机硅改性 ACR-AN-St 共聚物，亦具有优良的耐候性。

日本钟渊公司和美国德克萨斯州钟渊公司的 Kane Ace FM20 和 Kane Ace FM21 等，为 BA-MMA 共聚物，应用于 PVC 门窗等。

近年来，有些新的抗冲改性剂在市场上出现。如 Modiper A4200 为乙烯-甲基丙烯酸缩水甘油酯-甲基丙烯酸甲酯的共聚物，用于 PET 等树脂中。Modiper 5300 为丙烯酸丁酯-丙烯酸乙酯-乙烯-甲基丙烯酸甲酯的共聚物。Lotader AX8900 为乙烯-甲基丙烯酸缩水甘油酯-丙烯酸甲酯的共聚物，应用于聚酯 PET 和 PBT 等树脂中。

6.4.2.2 ACR 加工改性剂

PVC 的加工性能不好，在塑性温度下 PVC 的流动性差，要提高其流动性，必须加温加压。但是，PVC 在其加工温度附近就迅速分解，难以加工应用。为了使 PVC 得到应用，就需对其进行改性。20 世纪 50 年代开发了增塑剂，才使 PVC 可在较低的温度下加工。但是，加增塑剂后，硬质 PVC 的抗张强度、热变形性、冲击强度等关键的优良性能难于发挥。硬质 PVC 的加工技术逐步受到关注。初期，采用降低硬质 PVC 分子量的方法和与 PVC 共聚的方法，如用 VC 与性能优良的 ACR 共聚，结果该共聚物的性能还不如 VC/VAC 共聚物。所以两种方法都对加工性改进很有限。但是，从初期的研究中得到了聚合物加工改性的思路。

如上面提到的，有许多聚合物可用来作加工改性。20 世纪 60 年代，B. F. Goodrich 公司取得了第一项用作硬质 PVC 加工助剂的专利。这是一种苯乙烯-丙烯腈共聚物加工助剂。数年后，该公司的 E. G. Schwaegerle 等制得甲基丙烯酸甲酯与苯乙烯共聚物加工改性剂。与此同时，许多公司合成了二十多种共聚物，用于硬质 PVC 的加工中，其中也不乏使用丙烯酸酯类单体。但是，只有几种改性剂得到了工业化生产。这中间，高分子量的甲基丙烯酸甲酯与丙烯酸酯的共聚物（MMA-ACR，分子量为 100 万～500 万）得到了工业化生产，并很快成为加工改性剂的主导产品。随着热稳定剂和润滑剂的改进，这些加工改性剂促使硬质 PVC 工业迅速发展。

在 1957 年，Rohm and Haas 公司第一个把 ACR 加工助剂进行工业化生产，最早的牌号为 Acryloid K120（现在用 Paraloid K120），并于 1961 年以 Paraloid K120N 取代了 Paraloid K120。Paraloid K120N 的聚合物颗粒分散性比 Paraloid K120 好。随着透明材料应用的发展，为了尽量减少成胶缺陷，要求加工改性剂有良好的分散性。后来又推出 Paraloid K120ND 产品，其分散性更优于 Paraloid K120N，适用于各种压延、挤出、吹塑、注射以及真空成型等加工工艺中。

1965 年，ICI 公司开发的 MMA/ACR 共聚物加工改性剂，其分子量高于 Paraloid K120N，并获得了美国和欧洲专利。

20 世纪 70 年代，开发了二步法合成核壳结构的丙烯酸酯共聚物的工艺，该核壳共聚物的核是玻璃化转变温度较低、分子量也较低的 MMA-ACR 共聚物；壳为玻璃化转变温度较高、分子量也较高的 MMA-ACR 共聚物。这种核-壳结构的改性剂极大地提高了改性剂的分散性。用于透明材料，对材料的其他优良性能的影响很小。这些 MMA-ACR 加工改性剂为高透明型产品，可投射自然光 92%，折射率为 1.49～1.53，使硬质透明制品具有高透明性、耐热性、耐光老化性、耐候性和良好加工性等特点，适用于制作室内外硬制品。美国 Rohm and Haas 公司、日本钟渊化学公司、吴羽化学公司和三菱人造丝公司都取得了这方面的专利。

此后，随着核壳型聚合物的发展，又开发了兼具加工改性剂和聚合物外润滑剂功能的产品，称作"润滑型"加工改性剂。Rohm and Haas 公司的 Paraloid K 175、Elf Atochem 公司的 Metablen P710 和钟渊公司的 Kane Ace PA100 都为外润滑型加工改性剂，同时有促进凝胶作用和降低与金属表面的粘连的作用。在以往，外润滑剂一般为低分子量的聚乙烯或低熔点的石蜡烃类，它们与熔融的 PVC 是不相容的，会向 PVC 熔体表面迁移，这些材料便会留在金属的表面，增加了清理的时间和工作量。现在，使用聚合物外润滑型加工改性剂，就可以减少这些问题，使产品的质量得到提高。

6.4.3 ACR 的作用机理和功能

6.4.3.1 ACR 抗冲改性原理

ACR 抗冲改性剂为橡胶类聚合物。纯粹的橡胶（如腈基橡胶、SBR 橡胶）对 PVC 并无抗冲改性效果，说明与 PVC 无黏结性和相容性，橡胶不能在 PVC 中充分分散，两相之间不能良好地黏结，则共混物的韧性得不到改进。如果聚合物与 PVC 完全相容，那么两相就会充分黏合，体系中的多相性降至分子级。如此，当受到冲击时，外力直接作用于 PVC 链上，抗冲性也不好。

如果两种聚合物能适度地相容或者说部分相容，就有可能混合均匀，相界面有一定作用力，可形成特殊的过渡层，从而可提高抗冲击等机械性能。

ACR 抗冲改性剂大多为 MMA、St（壳）和丙烯酸酯（核）的核壳结构共聚物。以下对这两类单体（壳单体与核单体）作一些说明。

D. J. Walsh 等用不同的丙烯酸酯类（从丙烯酸甲酯到丙烯酸己酯）聚合物与 PVC 共混，只有 PMA 不相容，其余均有一定的相容性。他们认为当酯基侧链增长时，聚合物酯基的浓度下降，与 PVC 极性聚合物链上的 α-氢形成氢键的能力下降。

影响相容性的因素有分子量的大小、溶解度参数等，分子量越大越不易混溶，两种聚合物的溶解度参数相近则易于混溶。例如，PVC 的 $\delta = 9.5 \sim 9.7$，PSt 的 $\delta = 9.1$，PBA 的 $\delta = 8.5$，PMMA 的 $\delta = 9.5$。以 BA 为核、以 MMA 为壳的核壳结构，PBA 与 PVC 的相容性较差（δ 值相差较大），但是 PBA 是核，可以提高抗冲性，而 PMMA 则是壳，与 PVC 的相容性好，易使抗冲改性剂均匀分散于 PVC 中。

如果两种聚合物组成非相容体系，则有可能通过改进一种或两种组分的结构来增加相容性，或者通过共聚反应改变相容性。一般地，两种不相容的聚合物形成接枝或嵌段共聚结构后，由于分子链之间有化学键连接，容易形成微观相分离结构，这种微观相分离结构是十分稳定的。

聚合物的立体构型也会引起相容性的改变。例如，Schurer 等对不同立体构型的 PMMA 与 PVC 进行共混，全同立构 i-PMMA 与 PVC 混合后，在整个范围内

都有两个 T_g 峰，说明体系不相容。而间同立构 s-PMMA 与 PVC 体系的 T_g 转折点出现在分子比为 1∶1 处，即在 PMMA 质量含量大于或等于 60% 后才出现两个 T_g 峰。他们认为存在着一种等规 PMMA 不可能发生的比较有效的相互作用。

总之，提高相容性的方法有对聚合物结构作较小的改变、形成嵌段和接枝共聚物、形成互穿网络结构、引进相互作用的基团以及其他方法。例如挤压机的混合阶段的强烈混合，可以提高许多聚合物共混的物理性能，在强烈剪切下，可以发生接枝和嵌段，因而提高了混溶性。

6.4.3.2 加工改性剂的作用机理

加工改性剂对改进 PVC 加工性能的确切机理还不很成熟。通常认为加工助剂有利于增大粒子间的摩擦力，有利于热熔融，以缩短凝胶化时间。J. C. William 认为，高分子加工助剂类似橡胶缠绕在 PVC 分子链上，加工过程中首先熔融而使 PVC 粒子变黏，加工剪切力逐步集中，若有足够量的助剂，则可使 PVC 均匀熔化。

两种聚合物混合，要使混合后的体系达到超越两种均聚物的性能，有些问题必须予以考虑。如极性相匹配、表面张力相近、溶解度参数相近、扩散能力相近以及等黏度原则等。

未改性的 PVC 分解温度低，约为 150℃。而其熔点高于分解温度，约为 180℃。为了得到好的流动性，必须加温、加压，而在此条件下，稳定性较差；加工过程中，温度稍微偏高，则有可能导致 PVC 降解，可能释放出有毒的氯化氢气体。早期用加入增塑剂的方法改进加工性，但增塑剂为小分子，易从制品中析出，使制品变质、变色。后来用聚合物作 PVC 加工助剂，使用性能良好，ACR 加工助剂效果最好，因而得到了广泛的应用。

ACR 加工助剂可以促进 PVC 熔融，改进熔体的流变性和润滑功能。

(1) 促进熔融　通常 PVC 合成过程中形成的产品颗粒直径在 $100\sim150\mu m$ 之间。由于 PVC 在悬浮或本体聚合中不溶于单体氯乙烯，在聚合过程中从单体溶液中沉析出来，通过聚集而形成 10nm 左右的微观粒子，其中含 10% 的结晶，结晶粒子尺寸约 4nm。微观粒子继续集结形成直径为 $1\sim2\mu m$ 左右的初级粒子，初级粒子再集结而成大小为 $100\sim150\mu m$ 之间的 PVC 粒子。而且，每个粒子表面有 $0.2\sim1\mu m$ 的硬壳，增加其熔融难度。熔融过程实际上是粒子形成过程的逆过程。加工过程中，在加热与剪切力的作用下，丙烯酸酯类加工改性剂就起到主导作用。由于其表面无硬壳，较 PVC 易熔融，加之加工助剂与 PVC 相容性好，可黏附于 PVC 粒子的表面，使 PVC 的黏度和粒子之间摩擦力增大，有效地把热量和剪切力传递给整个体系的 PVC 粒子，促进 PVC 粒子分散为初级粒子，并通过初级粒子边界分子间的相互扩散而形成熔体，促进 PVC 树脂的熔融。

ACR 加工改性剂的分子量和软化温度越低，促融的能力越强。

PVC 加工过程中，受到温度和剪切力等因素的作用而分为初级粒子和微观粒子的过程，称为凝胶化。只有充分凝胶化，才能发挥 PVC 固有的力学性能。为了加快生产速度，不仅需要改善 PVC 的流动性，而且要提高其凝胶化速度。ACR 加工改性剂能够提高凝胶化速度，在硬质 PVC 中，随着 ACR 黏度的上升，凝胶化速度下降。硬质 PVC 中，初级粒子分散是主要因素，ACR 的熔融起重要作用。黏度小的 ACR 聚合物有利于凝胶化。

在软质 PVC 中，体系有增塑剂，初级粒子的分散不是决定因素，而剪切力变得很重要。高黏度 ACR 使体系黏度高，但体系黏度过高，则使粒子分散和熔化变得困难，因而软质体系有最大的凝胶化速度。

（2）改进熔体的流变性　加工改性剂对熔体的流变性的改进主要有熔体均匀性、熔体弹性、熔体强度、离模强度和延伸性等方面。

① 熔体均匀性。PVC 加工过程中，在熔融温度下，熔体的均匀性对最终取得高质量的产品是很重要的。所谓熔体的均匀性是指熔体中尽量减少初级粒子的存在，以最大限度减少熔体的缺陷。例如，在不加加工助剂，或加工助剂添加量太少时，熔体中有的部分熔融很好，而有的局部还保留初级粒子，这样就会使产品的机械性能受到严重的影响。同时，有足够量加工助剂存在后，PVC 加工可以在较低的温度下进行，使 PVC 承受的高温热量的强度有所下降，则可以避免 PVC 在高温下的分解，确保 PVC 产品的质量。

② 熔体强度和熔体弹性。具有一定熔体强度可以防止熔体在模具中被撕裂，可以在直立吹制加工中仔细控制因重力作用下垂产生的影响，在发泡制品中可以防止膨胀的气体溢出。

ACR 加工助剂分子量是 PVC 分子量的 1～100 倍。分子量与 PVC 接近的 ACR 对熔体强度和流变性没有什么作用。ACR 分子量比 PVC 大得多时，由于 MMA-ACR 与 PVC 在加工条件下熔融良好，加工助剂分子插入 PVC 分子链之间，起着"缠结"和"交联"的作用。因而可以显著地增加 PVC 熔体的黏性和弹性。在整个加工过程中，熔体的弹性对熔体的稳定性起着重要的作用。较高分子量的加工改性剂可以得到较高 PVC 熔体强度，但高分子量加工助剂可能带来高熔融黏度和超过理想离模膨胀范围的缺点。

③ 离模膨胀（sie swell）。离模膨胀可以体现熔体聚合物的弹性。不同的加工方法，对离模膨胀的要求不一样，如容器或瓶料的吹制成型，要求模具能促进离模膨胀，而注塑可以允许塑料在模具中松弛，以便减少离模膨胀。离模膨胀一般以压出型材直径与模具直径之比表示。

ACR 加工助剂的浓度增加，则离模膨胀比迅速增大。如 ACR 加量为 2% 时，离模膨胀比为 1.75；当 ACR 加量为 4% 时，离模膨胀比为 1.95。因此，在成型加工中，要认真控制加工助剂的浓度，以确保制品符合实际应用的性能要求。

④ 延伸性。加工改性剂的浓度越大，熔体的延伸性增大。加工改性剂为零时延伸率 110，浓度 5%，加工助剂分子量分别为 100 万、300 万、4800 万时，在

170℃下其延伸率分别为 900、2000 和 750。由此可知，分子量过高，其延伸率显著下降，熔体延伸率可以由 ACR 加工助剂得到改进。

（3）外润滑性　许多聚合物因其本身的化学性质所决定，在加工过程中易于黏结到热的加工设备金属表面。添加润滑剂可以减少或避免此类问题的发生。目前，有许多种外润滑剂和内润滑剂可用于此目的。内润滑剂用以调节 PVC 的熔融黏度。外润滑剂用以降低熔体与加工设备之间的摩擦，对 PVC 的熔融性有所下降。使用某些 ACR 加工改性剂，不仅有加工改性的功能，而且有促进外部润滑的功能。外润滑型的 ACR 加工助剂由多层核壳结构组成，与 PVC 有相容的层次，也有不相容的层次，相容的部分首先熔融、起促融作用；不相容的部分有向熔融 PVC 之处迁移的倾向，有减少成型负荷和改善脱模性能的外润滑功能。使用有外润滑功能的 ACR 加工助剂，也不会产生加工后的迁移，对 PVC 的透明型也没有不利的影响。如前所述，ACR 加工改性剂可改善 PVC 熔体流变性，但是，有润滑功能的 ACR 加工改性剂与 PVC 的相容性稍逊色，有时这种稍差的相容性会使制品发暗。在目前的加工技术中，已经解决了这样的问题。可以调节 ACR 加工助剂的折光指数，使之与 PVC 基材的折光指数相匹配，因而，可以保持 PVC 制品的透明性。

6.4.4　ACR 加工助剂的生产工艺

"复合技术"是材料科学和工程发展的重要方向。乳液聚合技术的发展为轻度交联的聚丙烯酸酯（如 PBA）为核、以 PMMA（或 MMA 与 St、AN 共聚）为壳的双层或多层核壳结构的 ACR 共聚物弹性体提供了工业生产方法。这种 ACR 弹性体复合高分子微球，在形态上具有互贯性和相异性，而较相应的一般聚合物具有更优异的物理机械性能。例如 PMMA/PEA 核壳乳胶，成膜后在延伸率为 100% 时，比相应无规共聚物的拉伸强度高四倍。PMMA/PBA 核壳共聚物，其橡胶性的核为增韧的主体，PMMA 壳以提高与 PVC 的混溶性和粘接力为目的，用以改进 PVC 的冲击强度。

作为冲击改性剂的核壳结构，核的比例应在 60%～85% 之间。而对于加工改性剂的核壳结构，壳的比例占主导。

ACR 核壳乳液聚合（也即种子乳液聚合，种子乳液聚合常常得到核壳结构的聚合物）的生产工艺，是用单体（或混合单体）A 进行常规乳液聚合，制成聚合物 A 的种子乳液，然后在聚合物 A 乳胶粒的基础上，加入单体 B（或混合单体）及引发剂，进一步进行聚合，一般可得到以 A 为核、以 B 为壳的特殊结构的复合乳胶粒子。若在一定条件下得到以 B 为核、而以 A 为壳的粒子，则称作"翻转"核壳乳胶粒子。聚合也可以进行二阶段以上，可以得到多层核壳结构聚合物。

6.4.4.1　生产工艺简介

图 6-7 为 ACR 的生产流程方框图。

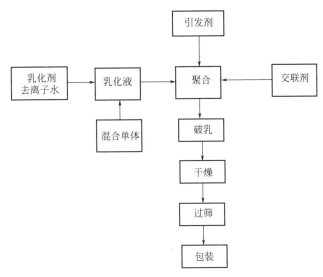

图 6-7　ACR 的生产流程方框图

二步法聚合制备核壳结构聚合物　以单体 BA/MMA 为例生产工艺说明如下。在装有搅拌器和氮气入口的聚合釜中加入去离子水、乳化剂十二烷基苯磺酸钠和引发剂过硫酸铵，搅拌升温至 80℃，开始加单体 BA、交联剂丁二醇二丙烯酸酯（BDA），按要求分次补加引发剂。加完单体 BA 后，反应 1～1.5h（或放置一定时间）。加壳层单体 MMA 和二烯丙基马来酸酯（DAIM），加完后再反应 1.5h。破乳、水洗至中性，干燥。

聚合配料（质量份）：BA 69.2，BDA 0.4，MMA 30，DAIM 0.4。

如果采用喷雾干燥，则空气流入温度为 180℃，经干燥出口温度为 70℃，干燥过程中可加少量（0.5%～1.0%）煅制 SiO_2，可使干燥过程易于控制。特别是含 BA 超过 70% 时，干燥过程中物料粒子聚结易于黏壁或堵塞入口物料流动，使干燥无法进行。SiO_2 可与入口空气一起进入干燥系统。最终产品为粉末状。

ACR 产品与 PVC 配方（质量份）：PVC（K62）/ACR/稳定剂二丁基锡/润滑剂甘油单硬脂酸酯/脂肪酸酯＝100/10/2.0/0.7/0.3。

上述配料混合后，于双辊磨 [26/(20r/min)] 混炼 7min，模压成棒状，然后切片作试样。悬臂式缺口冲击强度（kg/cm^2）在 0℃、16℃、23℃ 时，分别为 7.6、16.3、94。

Iguchi 等在专利中指出，100 份 PVC 树脂组分 A，可以添加 1～30 份的部分交联、二步法聚合的 ACR 抗冲改性剂 B，以及 0.1～5 份的二步法乳液聚合的加工改性剂 C。抗冲改性剂用量低于 1 份时，则无改善冲击性能的效果。抗冲改性剂用量高于 30 份时，则制品的耐热性能下降。加工改性剂低于 0.1 份也不起作用，高于 5 份时则抗冲性能下降。

ACR 抗冲改性剂主要成分为橡胶段的丙烯酸聚合物，抗冲改性剂 B 由 B-1 和

B-2 组成。B-1 为橡胶状的 ACR 聚合物，由 75%～92% 的烷基丙烯酸酯（如 EA、BA、EHA）组成，其中还含有 0.1%～5% 的多官能交联单体（如 1,3-丁二醇二丙烯酸酯等）。交联单体含量超过 5% 时，则冲击改性效果就差。B-2 为乙烯类共聚单体，占 8%～25%。在 B 组分中，橡胶性的 B-1 低于 70% 或超过 95% 都不利于冲击改性。此外，ACR 抗冲改性剂还可以提高产品的耐候性。

以 MMA 为主料的加工改性剂组分 C 由 C-1 和 C-2 两部分组成。C-1 最好含有 70%～85% 的 MMA 和 15%～30% 的其他单体。C-2 最好含 30%～45% 的 MMA。C-1 为第一步聚合，C-2 为 C-1 粒子的外层成分。组分 C 可增加 PVC 产品的光泽。

如果 C-1 所含 MMA 少于 50%，则 PVC 光泽变差。其他组成超过 50%，则对 PVC 促进凝胶性效果就很弱了。

C-1 与 C-2 比例为（65～90）:（10～35），C-1 少于 50%（即 C-2 高于 50%），对 PVC 的凝胶作用就不充分。

例如，B 组分中，第一步乳液聚合 B-1 含 79.2 份 BA，0.1 份烯丙基甲基丙烯酸酯为交联剂。第二步乳液聚合 B-2 含 17 份 MMA 和 3 份 BA。B 组分 BA：MMA＝82.2:17.0。C 组分第一步乳液聚合含 70 份 MMA 和 10 份 BA。第二步乳液聚合 C-2 含 6 份 MMA 和 14 份 BA。C 组分中 MMA：BA＝76:24。

6.4.4.2 ACR 核壳乳液粒径与结构形态

（1）乳胶粒径 为了满足应用需要，要求乳胶粒径较大。Blankenship 等用多步乳液聚合方法，聚合所得乳胶粒径在 $0.07～4.5\mu m$ 范围内，最好是 $0.2～2.0\mu m$。一般地，第一步合成种子乳液粒径为 $0.03～0.2\mu m$，若要种子乳液聚合得到较大粒径乳胶粒子，则要很长的聚合时间。聚合物分子量为十万至几百万。如要控制在较低的分子量（如 20 万～30 万），则不应加交联剂，可加链转移剂，如硫醇等。例如，可添加仲丁基硫醇 0.05%～2%。

近年来，用多步乳液聚合制得了较大粒子的报道不少。用 ACR 加工助剂满足了许多应用要求。Liuchang Zhang 等用三步法乳液聚合制得 PBA/PBA-PEAA/PMMA-EA 核壳聚合物。第一步的核制备，以 BA 为原料，$K_2S_2O_8$ 为引发剂，加少量 AA，以 1,4-丁二醇二丙烯酸酯（BDDA）为交联剂。然后，第二步 PBA-EHA 为壳层。第三步，PMMA-EA 为壳层。单体聚料如表 6-18 所示。

表 6-18 多步核壳聚合的单体配料

组分	第一步	第二步	第三步
MMA	0	0	12.0
BA	4.4	14.0	0
BDDA	0.06	0.16	0.10
$K_2S_2O_8$	0.05	0.1	0.08
SDBS	0.4	0.1	0
EHA	0	3.6	0
EA	0	0	3.0

在第一步完成后，加入事先制得的 Latex B（含 BD-AA 混合单体）作为聚结剂。最好可以得到粒径约 $0.185\mu m$ 的乳胶粒子（第一步乳液聚合粒径为 $0.035\mu m$）。

这种新的聚合方法经济、可靠、有效，所得的乳胶每步聚合加交联剂，具有互穿网络结构。经过滤水洗至中性、干燥后得粉末状颗粒。用 6～12 份于 PVC，在 170～180℃混炼 3～4min，其缺口冲击强度可增加 4～12 倍。如加 4 份于 PVC，其缺口冲击强度为 $5kJ/m^2$。加 12 份于 PVC，其缺口冲击强度为 $47kJ/m^2$。

Sakabe 在专利中用酸性物质作为粒子聚集剂（或称增大剂，可以是无机酸或有机酸），这类物质在水中能形成酸性的物质或受射线照射时能产生酸性的物质。例如，第一步乳液聚合由 100 份 BD 和 25 份 St 加乳化剂和引发剂，反应得到乳胶粒子的平均粒径为 98nm。在 70℃下加 3.8 份甲醛化次硫酸钠（5％水溶液），得到已增大的乳胶粒子，平均粒径为 250nm。用已增大的乳胶 75 份（以固体份计），加 12.5 份 MMA、2.5 份 BA、10 份 St 和 0.3 份特丁基过氧化氢，再加 0.3 份甲基化次硫酸钠，反应 8h，可以得到接枝共聚乳液，粒子平均直径为 265nm。经水洗、干燥，得到粉末状聚合物。以 9 份聚合物与 91 份 PVC 混合，冲击强度在 23℃时为 $116kJ/m^2$，-10℃时为 $41kJ/m^2$。而用普通增大粒径的方法所得共聚物，冲击强度在 23℃时为 $116kJ/m^2$，-10℃时为 $18.9kJ/m^2$。可见大大提高了 PVC 的低温抗冲性能。

（2）ACR 核壳乳胶粒子结构与形态　核壳乳液聚合与一般乳液聚合的区别仅在于乳胶粒的结构形态不同。核壳乳胶粒独特的结构形态极大地改变了乳胶的性能。例如，EA 与 MMA 以 1∶1 的共聚物，最低成膜温度（MFT）为 30℃。而同样比例的以 PEA 为核、以 PMMA 为壳的核壳乳液，其 MFT 为 70℃。当伸长率为 100％时，核壳聚合物的模量为相同非核壳聚合物模量的 4 倍。由于核壳之间可能存在接枝、互穿网络或粒子键合，因此核壳化结构的聚合物可以提高耐磨、耐水、耐候、抗污和防辐射等性能，还可提高抗冲强度、抗张强度和粘接强度，可改善透明性等。因此，ACR 核壳结构聚合物可以改进 PVC 等的抗冲性能和加工性能。

一般地，如果两种完全不相容和无任何物化作用的聚合物，作为核层和壳层，则可能形成核-壳界限分明的乳胶粒。实际上，ACR 生产中，如 MMA 与 BA 在水中都有一定的溶解度，聚合时，由于接枝或有交联剂等的存在下，核-壳之间往往有一个过渡层。Okubo 等从一系列的研究中发现，乳胶粒结构从"纸片状"到"浆果状"，还有的形成半月形和夹层核壳结构。影响粒子形态的原因是多方面的，有聚合物分子量、聚合反应体系黏度和聚合物的亲水性等，以下是对各种影响因素的讨论。

① 乳化剂用量的影响。一般认为，核壳聚合使第二相单体不形成新的胶束中心，而在原核种子上进行增长的关键是胶粒表面乳化剂的覆盖率小于 100％，即乳

化剂浓度小于临界胶束浓度。但也有人在表面活性剂高于 100％ 情况下，也能进行控制而不形成新的胶束中心，从而制得核壳乳胶粒子。

② 相分离形成核壳结构的影响。D. I. Lee 研究多段乳液聚合的异相结构，认为异相形态主要是由相分离而产生的。随着第二步聚合物量的增加，发生相转变，第二相由分散相变成连续相。在第二步中加入链转移剂，会导致聚合物完全相分离。在相同的二段组成比下，出现半球形结构。如果进一步增加第二段的比例，则出现不对称的封闭球形。

③ 引发剂的影响。Luancho 等认为，引发剂的抛锚效应对乳胶粒形态影响较大。即引发剂分解的自由基锚固于两相聚合物表面，其末端自由度很小，聚合反应限定在两相的表面进行。这样，有利于形成核壳结构。PMMA/PSt 用 $K_2S_2O_8$ 作引发剂，随引发剂用量增大而产生夹层结构乳胶粒，进一步增加引发剂用量会产生正常的核壳结构乳胶粒，认为聚合在两相界面进行。引发剂浓度大、温度高，则 SO_4^- ·量增加，粒子变成正常核壳结构。

④ 交联剂的影响。张素坤研究以 PBA 为核和以 PSt 为壳的核壳聚合，结果表明，不加交联剂时，PBA 和 PSt 的相畴为 100nm，加交联剂后，相畴为 20～50nm，可能是由于 PBA 交联后，使 PSt 的相分离空间减小，可能形成互穿网络结构，使相域减小。

表 6-19　加交联剂核壳聚合物对 PVC 性能的影响

交联剂含量/%（质量分数）	透光率/%	Izod 缺口冲击强度/(ft·lb/in)	
		22.8℃	11.7℃
0	57	17.9	3.7
0.2	81	25.1	10.0
0.5	85	23.6	13.1
1.0	83	22.8	4.9
2.0	83	23.0	3.8
5.0	83	24.0	1.4

表 6-19 说明，加交联剂的抗冲改性剂使 PVC 制品的抗冲性能得到了改善，交联剂用量在 0.2％～5％ 之间可得到较好的效果。

⑤ 聚合物的亲水性和相容性的影响。聚合物的亲水性对乳胶粒形态有较大的影响。如果第一阶段生成的聚合物亲水性强，而第二阶段聚合物疏水性强，则乳胶粒子为第二阶段聚合物包覆的形态，称为"翻转"核壳乳胶粒。一般地，第二阶段聚合物的亲水性小于种子聚合物，则可能形成非正常核壳结构。若第一阶段生成的乳胶粒是疏水性的，而第二阶段聚合物是亲水性的，则第二阶段实际上是用一种亲水聚合物将水与种子聚合物分开，形成较规整的核壳结构。一般认为，如果种子聚合物不容于第二段聚合物单体，则有可能形成核壳界限分明的聚合物。如果种子聚

合物和壳层聚合物相容，则可能生成正常乳胶粒，但核壳层互相渗透，并有一个过渡层，界限不分明。如果第二段单体可溶胀种子聚合物，但两种聚合物不相容，则可能发生相分离，生成异形结构的乳胶粒。如果种子聚合物交联，但与第二段聚合物不相容，则第二段聚合物可能穿透种子聚合物而生成富含聚合物二段的外壳。在核壳乳液反应体系中加入交联剂，使核层或壳层交联，则可能生成互穿网络结构，可以改善相容性。

⑥ 聚合物黏度的影响。大久保等研究 PEA/PSt 体系认为，在聚合反应后期，聚合反应体系黏度增加，链增长自由基难以扩散到种子粒子内部，St 单体在 PSt 中的浓度比在 PEA 中高，导致聚合场所限制在粒子表面局部进行。使 PSt 分子堆积在 PEA 粒子表面，造成不规则的颗粒形态，如碎纸片状等。

⑦ 单体加料方式和接枝聚合的影响。如果二段单体有一定的互溶性，对水的亲和力相近，则乳胶粒子为正常核壳结构。如 BA/MMA、EA/MMA 体系。如果两种单体混溶性不好，如 MMA/St 体系，当体系黏度升高时，PSt 分子活动受阻，只能在 PMMA 表面定位。

Min 等对 PBA/PSt 体系研究发现，PBA 上有 PSt 接枝的存在，接枝度取决于不同的加料方式。加第二段单体有三种方式：半连续加料法、预溶胀加料法和一次加料法。

在半连续加料法中，吸附在种子颗粒表面的 St 单体浓度低。在预溶胀加料法中，St 有足够的时间运动到 PBA 种子中，不但在 PBA 表面单体 St 的浓度高，而且在 PBA 的胶粒内也渗透有 St，因而接枝程度最高。一次加料法（间歇法）的接枝度介于上述两法之间。

接枝度高，可改善壳层与核层的相容性，提高乳胶粒的稳定性。虽然 BA 的亲水性远大于 St 的亲水性，但也未形成"翻转"的结构，说明亲水性对乳胶粒形态的影响不是决定性的，也说明乳胶粒形态是由多种因素决定的。

6.4.5 ACR 改性剂的应用

纯硬质 PVC 有许多优良的性能，如耐化学性、阻燃性、高模量、高刚性等，但热、光的稳定性差，熔体黏度高，加工性差，抗冲性差（尤其是低温抗冲性能差），对缺口敏感，裂纹、刮痕、缺口或其他一些相互独立的缺陷，将产生集中应力，导致其过早的破坏。通过添加各类助剂，调整不同的配方和加工条件，可以获得各项性能均优异的制品。

硬质 PVC 是脆性材料，冲击强度低，一般仅为 $3\sim5kJ/m^2$。添加 ACR 抗冲改性剂可以改进对缺口的敏感性和低温冲击强度。由于 ACR 中有橡胶组分，可以有效增韧脆性 PVC 塑料。

例如，抗冲改性剂 Paraloid KM355 在 Ca/Zn 稳定 PVC（$K=68$）窗户异型材体系中添加 6 份、7 份、8 份，其 V 缺口冲击强度分别为 $21kJ/m^2$、$30kJ/m^2$、

$38kJ/m^2$（测试方法 DIN 53453）。可见具有较高的改进冲击强度的效果。

窗户异型材 PVC 配方示例：PVC（K67）100 份，冲击改性剂 KM355 用量 5～6 份，加工助剂 3 份（普通型 2 份，如 Paraloid K120N 或 Metablen P551，润滑型 1 份，如 Paraloid K175 或 Metablen P710），锡稳定剂 2 份，烃类蜡（m. p. 73.9℃）0.75 份，TiO_2 或其他颜料 6～12 份。

有资料说明，无机抗冲改性剂 $CaCO_3$ 和 $Al_2O_3 \cdot 3H_2O$ 与有机抗冲改性剂有协同作用。例如，PVC（K65）100 份，有机锡稳定剂 1.5 份，硬脂酸钙 0.8 份，烃类蜡 1.2 份，TiO_2 2 份，ACR 抗冲改性剂用量如下：

ACR 抗冲改性剂用量为 0 份时，Izod 缺口冲击强度为 0.8ft·lb/in；

ACR 抗冲改性剂用量为 5 份时，Izod 缺口冲击强度为 14.3ft·lb/in；

ACR 抗冲改性剂用量为 6 份时，Izod 缺口冲击强度为 22.6ft·lb/in。

在 PVC 中只加 6 份水合氧化铝，缺口冲击强度为 1.6ft·lb/in，可见同时添加 ACR 改性剂和水合氧化铝时冲击强度高出许多。说明 ACR 改性剂和水合氧化铝两种材料在一个体系中有协同增效效果。

由于 MBS 聚合物分子中含有双键，因此阳光和热的作用下易于老化，不宜在室外使用。而 ACR 加工助剂有不少品种耐候性优良，保色性也好，适宜户外制品中使用。如 Rohm and Haas 公司的 Paraloid KM300 系列，具有增加韧性和保色作用，使制品可以长期在户外使用。Atochem 北美分公司的 Metablen S 和三菱人造丝公司的 Metablen SX 系列，为有机硅改性 ACR 改性剂。还有 M ＆ T 公司的 Durastrength 200 皆可用于耐候的硬质 PVC 制品，如薄板、侧壁板、型材和注塑制品等。

发泡型 PVC 配方示例：

PVC（K62）100 份、Paraloid KM 318F 8～9 份、发泡剂 0.5 份、锡稳定剂 0.5 份、硬脂酸钙 2 份、烃类蜡（m. p. 73.9℃）0.8 份、聚乙烯蜡 0.1 份、碳酸钙 5 份、二氧化钛或其他颜料可按需要添加。

PVC 与其他塑料相比，制品偏重，需要减轻重量和节约成本。发泡成型制品受到人们的关注。低发泡 PVC 制品发展较快，它是取代木材优选的品种。由于木材价格的上升，以及天然资源保护的考虑，各国强烈要求在建筑和结构工业中减少木材的使用。低发泡 PVC 异型材具有精度高、质量轻、不易变形、吸水性低和防虫蛀等优点，此外其成型加工性良好，可以如木材那样进行加工，因此可代替木材用于建筑行业，包括水管、模具、房屋侧板、门、排水沟和室内外装饰等。也可用于家具，以代替木材制作台、桌、造型材料等。Rohm and Haas 公司新开发的 Paraloid K400 是很有效的发泡 PVC 加工助剂，可以促进 PVC 熔融。如在 150℃ 时，加 1 份 Paraloid K400，熔融时间从 150s 降至 80s。同时也改变了 PVC 熔体的流变性，使 PVC 加工可以在较低的温度下进行，可以得到泡孔致密的 PVC 产品。

分子量高的改性剂可以降低发泡 PVC 的密度，100 份 PVC 加 4 份和 8 份其他最好的 ACR 改性剂，其密度从 $1.1g/cm^3$ 降低至 $0.7g/cm^3$ 和 $0.6g/cm^3$。而加 Paraloid K400 时，密度可降低至 $0.6g/cm^3$ 和 $0.5g/cm^3$。再如，100 份 PVC 加 4 份 Paraloid K400，其密度为 $0.55g/cm^3$；而加 6 份 Paraloid KM318F，其密度为 $0.59g/cm^3$。而且 Paraloid K400 在不同的稳定剂体系中都取得了良好的效果。Paraloid K400 提供较高的熔体强度，可以改进 PVC 的机械性能，增加 PVC 制品的韧度，加工表面状态优于其他品种。

对于具体的应用，ACR 加工改性剂的正确选择是很重要的。选择合适的加工改性剂，可以确保加工过程较快和较顺利地进行，可以确保制品的加工质量。选择 ACR 加工助剂要考虑的影响因素较多，如 PVC 的类型和分子量、所用的加工设备、其余配料成分（如稳定剂、润滑剂等），所以很难说一种应用就对应一种加工助剂。但是可以依加工助剂的配方特性而选择为某一特定加工工艺的应用。

例如，硬质 PVC 单螺杆挤出可以按表 6-20 选择 ACR 加工助剂。

表 6-20　ACR 加工助剂的选择

ACR 加工助剂	发泡异型材、侧板	无压力管	透明片材与薄膜	不透明片材与薄膜
Paraloid K120N				√
Paraloid K120ND			√	
Paraloid K125	√	√		√
Paraloid K130			√	
Paraloid K175	√	√	√	√
Paraloid KM318F	√			
Kane Ace PA20			√	√
Kane Ace PA100		√	√	√
Metablen P501	√			
Metablen P530	√	√		√
Metablen P550	√	√	√	
Metablen P700	√	√		

挤压成型中，加工改性剂用于改善分散性和最终外观。用大多数 ACR 加工助剂均可得到较好的物理机械性能，但是分子量高的加工改性剂赋予 PVC 熔体的弹性大，挤出背压增加。综合考虑，可以首选低分子量加工改性剂，尤其是 PVC 门窗型材加工中。

管件、高流动性薄壁注塑成型，可选用 Paraloid K120N/K125/K175、Kane Ace PA100、Metablen P501/P551/P700 等。可以用分子量较高的加工改性剂，以使表面平滑。

吹制成型、制作瓶料（包括与食品接触）可选用 Paraloid K120ND/K120NL/K130/K175、Diakon APA1、Kand Ace PA20/PA100、Metablen P500/P700、

Vistiform R210 等。中等分子量加工改性剂适用于吹塑成型。

压延薄膜（片）（透明的）可用 Paraloid K120ND/K125/K175、Diakon APA1、Kane Ace PA10/PA20/PA100、Metablen P551/P700、Vinuran 3811/3815。加工改性剂应具备促进树脂熔融和增加橡胶的弹性的性能。但高分子量加工助剂加重流痕，因此不宜使用。

林维雄等对不同分子量加工改性剂测试其压延性能，三种改性剂分子量（重均分子量）分别为 1×10^6、3×10^6 和 48×10^6，中度分子量 3×10^6 的压延性最佳。

PVC 透明板材已是重要的包装材料，可用于包装文教用具、玩具、日用品、药品和食品等。也可用于暖房代替玻璃。随着加工技术的发展，可以制得透明度好的板材，并可制备厚壁板材，用于工业制品（如厚度 60mm）。

半硬质和软质 PVC 可以选用 Paraloid K120ND/K125/K175、Diakon APA1、Kane Ace PA20/PA100、Metablen 530/P551/P700/L1000 和 Vinuran 3815。

一般地，软质 PVC 使用加工改性剂较少。但在某些情况下，为了减少加工过程中产生的缺陷，也可添加加工改性剂。例如，在软质 PVC 压延成型中，由于树脂剪切应力较小，原材料分散性差，可能产生凝胶缺陷。树脂熔体黏度低时，在抽出空气过程中，可导致空气痕迹出现。在高填充配方中，如地板材料中，压延辊边不平滑，片材两边可能出现裂纹。于软质 PVC 中添加加工改性剂，可以降低加工产生的缺陷。因此，用较高分子量的加工改性剂，可使软质 PVC 体系有橡胶弹性。如 Metablen P530/P551 等均已在软质 PVC 加工过程中得到了应用。

6.5　皮革化学品

在皮革生产过程中，为了提高皮革的品质，每个工序都要使用几种至十几种皮革化学品。整个皮革生产过程中需用到数百种化学品，这其中主要有基本化工材料（酸碱盐类、氧化剂和还原剂等）、皮革用酶制剂、皮革用表面活性剂、皮革助剂、皮革鞣剂、皮革用染料、皮革加脂剂、皮革涂饰剂等。

丙烯酸及酯共聚物在皮革生产中主要用作表面活性剂、制革填充剂、皮革防霉剂、皮革防污剂、皮革涂饰剂、皮革鞣剂等。

6.5.1　皮革用表面活性剂

表面活性剂作为制革助剂已广泛应用于制革工艺几乎所有的湿加工过程及涂饰过程。包括浸水、脱脂、鞣制、染色、乳液加脂和整饰等。聚丙烯酸盐是一种高分子表面活性剂，可应用于制革工艺的大多数环节中。

6.5.2　制革填充剂

在制革工业中，能够使制革产品丰满、紧实、不松面、富有弹性、部位差减小、强度增大的物质称为填充剂。填充剂主要是树脂乳液，而丙烯酸乳液是其中重要的一类。

从 1936 年起，丙烯酸树脂乳液即作为皮革涂饰剂的成膜物质使用。20 世纪 50 年代开始将丙烯酸乳液应用于填充松面皮革。1965 年 John A Lowell 等撰文报道了对聚合物填充深度的判定方法。70 年代德国有专利介绍使用丙烯酸酯和马来酸酐共聚物作皮革填充剂，Alterto Sofia 等对丙烯酸树脂填充剂的配方和特性进行了研究。80 年代以来，丙烯酸树脂填充剂有了新的发展。1983 年 Chandra Babu 等著文介绍了用氧化-还原体系合成丙烯酸树脂填充剂的方法。捷克也研制出了一种新型的牌号为 Rokryl SV-230 的丙烯酸树脂，用于全粒面的铬鞣革。

我国继 20 世纪 60 年代研制成功丙烯酸树脂乳液涂饰剂后，于 70 年代又开发出以丙烯酸丁酯为主要成分的热固性丙烯酸树脂填充剂。代表产品牌号有 J1-1 型（北京）和 743 型（天津）等。自 80 年代以来，国内又取得了较多的研究成果，如中科院成都有机化学研究所的 Scc 型产品、成都科技大学的 RV-EV 型产品、徐州市化工研究所的 F-1 型产品等。

【制备实例 1】

原料配方（质量份）：

丙烯酸乙酯	55	十二烷基硫酸钠	1.5
丙烯酸丁酯	35	OP-10	0.5
丙烯酸甲酯	5	$(NH_4)_2S_2O_8$	0.45
丙烯腈	5	焦亚硫酸钠	适量
丙烯酰胺	2	氨水	适量
甲醛(36%)	2.3	去离子水	160
丙烯酸	1.7		

操作步骤：

将丙烯酸和丙烯酰胺混合并加适量水溶解，再用氨水调节 pH 值为 6～7，置入加料罐中备用。将引发剂 $(NH_4)_2S_2O_8$ 用水溶解备用。

将乳化剂、水和 2/3 量的引发剂溶液一起投入反应釜中，开动搅拌，加热升温。

当反应釜内温度达到 78～80℃ 时，开始滴加混合单体，混合单体应在大约 1.5～2h 内滴加完毕。反应温度不应超过 85℃。

单体滴加完毕后，再投入剩余的 1/3 的引发剂溶液和还原剂焦亚硫酸钠，升温至 85～88℃，保温反应并对乳液进行脱臭处理，共需 1～1.5h。

降温至 65～70℃，用 5% 氨水将 pH 值调至 6～7，投入甲醛进行乳液改性反应（需 0.5～1h）。

降温至45℃以下，出料过滤，成本包装。

产品质量指标：

外观	蓝玉色乳状液	pH 值	6～7
总固含量	38%～40%	贮存稳定期	>1 年
残留单体	<1.0%	机械稳定性	≤0.1%

【制备实例 2】

原料配方（质量份）：

丙烯酸甲酯	7	丙烯酸	1
丙烯酸丁酯	82	十二烷基硫酸钠	1
丙烯腈	8	Tween-80	2
丙烯酰胺	2	$K_2S_2O_8$	0.3
甲醛(36%)	1.3	去离子水	150

操作步骤：

将 1/3 单体、3/5 去离子水和全部乳化剂进行混合搅拌，预乳化 15min。升温至 55℃，加入 1/5 的引发剂水溶液（引发剂以 1/5 的水溶解）。继续升温至 75℃，分别滴加引发剂水溶液、丙烯酸酯和丙烯腈的混合液以及丙烯酰胺和丙烯酸的水溶液。聚合反应开始后，体系可放热自动升温至 85℃左右，停止滴加，控制滴加速度，保持反应温度为 85℃左右。单体滴加完毕后，剩余 1/5 的引发剂水溶液在 10min 内滴加完毕。继续搅拌 15min，加入甲醛水溶液，于 85℃保温 1h。减压脱除未反应的单体（需 1h）。冷却至 45℃，加氨水调节 pH 值，继续降温至 40℃，出料，过滤即得成品。

产品质量指标：

外观	蓝光乳状液	pH 值	6～7
总固含量	38%～40%	贮存稳定期	>半年
残留单体	<3%	离心稳定性	≤0.1%

上述所得乳液可用于猪、牛修面革的干填充和湿填充。

皮革松面是制革生产中普遍存在的问题，是影响成革质量的重要元素之一，目前国内外主要用丙烯酸类树脂乳液进行填充解决。丙烯酸类树脂乳液制备工艺简单、价格低廉，与皮革纤维的粘接力强，具有良好的成膜性能，所形成的膜透明、柔韧而富有弹性，因而在填充中得到了广泛的应用。但一般丙烯酸树脂乳液填充后革身板硬、革面手感和柔软性变差。张静等合成了一种微交联丙烯酸酯纳米乳液，可以克服这些缺点。这种微交联丙烯酸酯纳米乳液的配方如下。

组分	质量份	组分	质量份
丙烯酸丁酯	40～60	过硫酸钾	0.2～2
丙烯酸甲酯	30～50	十二烷基硫酸钠	2～3
丙烯酸	1～4	乳化剂 OP-10	1～2
N-羟甲基丙烯酰胺	0～2		

采用半连续种子乳液聚合法合成。聚合反应温度为 $78 \sim 82 \, ℃$，单体在 $2 \sim 4h$ 内滴加完毕，然后升温至 $90 \, ℃$，保温 $2h$ 结束反应。降温至 $40 \, ℃$ 以下过滤出料。转化率大于 98%。

上述丙烯酸酯纳米乳液克服了传统丙烯酸酯树脂的"热黏冷脆"的缺点，可很好地保持皮革的柔软性、弹性，并改善革面的手感。

6.5.3　皮革防霉剂

生皮的主要成分为蛋白质，而且含有一定的水分，是细菌生长和繁殖的营养源。在保存过程中如不采取防腐措施，就会因细菌或其自溶酶的作用而腐烂。另外在制革浸水过程中，特别是在较高温度条件下，水中的细菌会侵蚀原皮而影响成革的质量，严重的会使皮腐烂。因此，在原皮的保存和浸水过程中需要进行防腐处理。

原料皮防腐的基本原理是在生皮内外造成一种不适合细菌生长繁殖的环境，主要方法有降低皮内水分含量，降低皮内 pH 值和添加防腐剂等。丙烯酸铝就是一种有效的防腐、防霉剂。丙烯酸铝为无毒、略带乙酸味的纯白色细粉或膏状物质，不溶于水，可溶于热的硫酸化蓖麻油中，防腐防霉效果好。其制备方法如下：

$$CH_2 = CHCOOH \xrightarrow{\text{NaOH}} CH_2 = CHCOONa \xrightarrow{\text{AlCl}_3} (CH_2 = CHCOO)_3 Al$$

6.5.4　皮革防污剂

皮革防污剂的种类虽然很多，但其主要组分为含氟有机物。氟为电负性最大的元素，C—F 键能（485.6kJ/mol）大于 C—H 键能（413kJ/mol），因此氟碳化合物具有较高的热稳定性和化学稳定性。F 原子的体积大于 H 原子体积，使 C—C 键因 F 原子的屏蔽作用而受到保护。

在含氟防污剂中，含氟丙烯酸树脂是重要的一种。含氟丙烯酸树脂防污剂主要是一类碳原子为 $6 \sim 12$ 的全氟烷基侧链的聚合物。这是目前报道最多，效果得到公认的一类皮革防污剂。制备该类防污剂，首先制备含氟乙烯基类单体，再与其他丙烯酸类或乙烯基类单体进行溶液或乳液共聚而得到。其关键是含氟单体的制备。近年来，表面活性剂和织物、皮革等所需要的含氟单体可通过以下方法制得：

$$C_8 H_{17} SO_2 Cl + HF \longrightarrow C_8 F_{17} SO_2 F$$
$$C_8 H_{17} COCl + HF \longrightarrow C_8 F_{17} COF$$
$$CH_2 = CHCOONa + ClCH_2 CH_2 OH \longrightarrow CH_2 = CHCOOCH_2 CH_2 OH + NaCl$$
$$C_8 F_{17} SO_2 F + CH_2 = CHCOOCH_2 CH_2 OH \longrightarrow C_8 F_{17} SO_2 - OCH_2 CH_2 OCOCH = CH_2$$
$$C_7 F_{15} COF + CH_2 = CHCOOCH_2 CH_2 OH \longrightarrow C_7 F_{15} COOCH_2 CH_2 OCOCH = CH_2$$

6.5.5　丙烯酸树脂皮革鞣剂

复鞣在皮革生产中占有重要的位置，被皮革界称为"点金术"。通过复鞣可以克服天然革的缺陷，并赋予皮革不同的风格。复鞣材料的性质是决定复鞣效果的重要因素。

树脂鞣剂主要有氨基树脂鞣剂、乙烯基类聚合物鞣剂、聚氨酯树脂鞣剂和环氧树脂鞣剂等。乙烯基类聚合物鞣剂一般分为四类，即丙烯酸树脂鞣剂、苯乙烯-马来酸酐共聚物鞣剂、丙烯酸-马来酸酐衍生物共聚物鞣剂和聚乙烯醇鞣剂等。

丙烯酸类鞣剂是目前市场上使用较为广泛的一种复鞣剂，它是（甲基）丙烯酸与其他乙烯基单体经过自由基共聚反应得到的一类共聚物型复鞣剂，能赋予皮革很好的填充效果，同时可以选择性填充、减小部位差，使整张皮革接近一致，提高皮革的利用率。

丙烯酸树脂鞣剂的大分子侧链上的羧基能与皮胶原肽链上的多种基团以及铬鞣革中结合的铬盐形成化学键合，这种结合力很强，对皮革的填充效果很好。主要特点如下：

① 与皮革的结合能力强。

② 选择填充作用强，可缩小皮革的部位差，消除皮革的松面。

③ 对皮革的增厚作用明显，可赋予皮革良好的柔软性、丰满性和弹性，能提高皮革的物理机械性能。

④ 具有耐光、耐老化的优点，并能浅化铬鞣革的颜色，特别适用于白色革和浅色革的复鞣。

⑤ 鞣剂中的羧基与铬的结合能力强，能促进铬的吸收，对革中的铬有固着效应，能降低皮革中游离的铬及不稳定铬的含量，减少废液中铬的含量。

⑥ 可改变皮革的粒面状态，使成革粒面细致，革身平整。

⑦ 具有很好的均染性和极好的起绒特性。

目前丙烯酸聚合物鞣剂多采用自由基聚合机理合成，为无规共聚物。根据单体的性质一般采用水溶液聚合、有机溶剂聚合或乳液聚合。水溶性单体常用水溶液聚合，这种方法具有反应热易撤除、温度易控制、体系黏度低和分子量大小及分布易调节等优点，并且产物不经过处理能直接应用。如果用非水溶性单体制备多功能鞣剂，可以采用乳液聚合，或者用有机溶剂作为分散介质进行溶液聚合。乳液聚合生成的乳胶粒（0.05～0.1μm）较水溶性高分子聚集体颗粒（0.01μm以下）大，对皮纤维的渗透没有后者容易，适合于合成填充型复鞣剂；而用有机溶剂作为分散介质进行溶液聚合具备水溶液聚合的优点，关键在于选取低毒性、易处理的溶剂。

以下是丙烯酸树脂鞣剂的制备实例。

原材料规格及配比：

组分	规格	数量/kg	组分	规格	数量/kg
丙烯酸	工业品	43.2	过硫酸钠	试剂级	4.64
甲基丙烯酸	工业品	28.8	氢氧化钠	工业品	30.6
丙烯腈	工业品	18.0	去离子水	—	102

制备工艺：

先将混合单体、1/2 的引发剂（配成 5％的水溶液）、氢氧化钠水溶液（浓度为 40％）用真空泵抽入加料槽，备用。

将水、剩余的 1/2 引发剂投入反应釜中，开启搅拌，升温至 78～80℃。

同时连续滴加引发剂溶液和混合单体物料，加料期间应控制反应釜内温度不超过 85℃，约 1～2h 加料完毕。

将温度升至 85～87℃，继续反应 2h。

降温至 60℃左右，加氢氧化钠溶液进行中和，中和反应放热很明显，因此，应控制反应釜内温度，温度不得高于 70℃。pH 值调节好后，降温至 45℃以下出料包装即得成品。

主要技术指标：

外观	浅黄色透明黏稠状液体	pH 值	5～7
固含量	34％～36％	贮存期	>1 年
电荷	阴离子型		

罗建勋和蓝振川采用特殊的乳化技术，合成了一种丙烯酸树脂复鞣剂，他们使用（甲基）丙烯酸、丙烯酸甲酯、丙烯酸丁酯及甲基丙烯酸甲酯等单体进行乳液聚合。试验结果表明，当聚合条件为 n（自制的乳化剂）：n（丙烯酸）：n（丙烯酸甲酯）：n（甲基丙烯酸甲酯）＝0.2：1.0：0.12：0.25，w（过硫酸铵）＝2.5％，反应温度为 75～85℃，反应时间为 2h，所得的复鞣剂复鞣效果最好。用 GPC 对其相对分子质量进行表征，复鞣剂质均相对分子质量为 115600，分布系数 2.10。应用结果表明：该复鞣剂复鞣后的革，具有均匀度好、饱满、柔软、选择填充性强及粒面平细等优点。

6.5.6　皮革涂饰剂

通过刷、揩、淋、喷等方式，将配制好的色浆覆盖在皮革的表面，形成一层美观的保护层，皮革生产中的这一重要工序称为皮革涂饰，其中的色浆一般称为皮革涂饰剂。涂饰剂一般由成膜剂、着色剂、溶剂和其他助剂组成，其中成膜剂最为重要。目前成膜剂一般有天然类（如酪素、蛋白、硝化纤维和醋酸纤维等）和合成类两类。合成类成膜剂中丙烯酸树脂类和改性丙烯酸树脂类最为重要。

丙烯酸树脂是目前世界上使用量最大的一类皮革涂饰剂材料，年产量占皮革涂饰剂的 70％。从生产成本、工艺过程及综合性能诸方面看，丙烯酸树脂作为涂饰材料较其他化工材料可谓优点多多。

6.5.6.1　丙烯酸树脂成膜剂

丙烯酸树脂具有一系列的优点，如它能很好地黏结着色物质（颜料）、具有良好的成膜性能、形成的膜透明而柔韧有弹性等。丙烯酸树脂用于皮革涂饰，其涂层耐光、耐老化、耐干湿擦性能优于酪素涂饰剂，卫生性能优于硝化纤维和聚氨酯涂饰剂。

丙烯酸树脂成膜剂主要为丙烯酸酯乳液。丙烯酸酯乳液聚合配方中，常加有 $1\%\sim2\%$ 的丙烯酸和甲基丙烯酸。聚合物链上的极性羧基既可作为内乳化剂，有利于乳液的稳定，又可增强乳液对颜料的润湿作用，提高丙烯酸树脂的抗溶剂性能。但其用量以不超过 2% 为宜，否则，乳液的耐碱性较差，用氨水调节 pH 时将增稠、结块，而且乳液膜的耐寒性、延伸性、耐水性均将降低。

【实例1】 丙烯酸甲酯-丙烯酸丁酯共聚物成膜剂

配方（质量份）：

丙烯酸甲酯	50	过硫酸钾	0.2
丙烯酸丁酯	50	丙烯酸	1
十二烷基硫酸钠	1.5	去离子水	253

操作步骤：

① 乳化剂和引发剂分别用少量水溶解。

② 单体以 1% 氢氧化钠水溶液洗涤，静置分层除去下层水，再以水洗涤单体两次，并分去水层。

③ 将单体、乳化剂和水加入至反应釜中，乳化均匀。在搅拌下缓慢滴加引发剂水溶液，反应温度保持在 $80\sim85℃$ 之间。引发剂滴加完毕后，继续在 $85℃$ 保温反应 2h。然后降温，过滤，出料即得成品。

我国在丙烯酸材料改性方面陆续取得了一定成果。但其研制方法大都是引入官能单体与丙烯酸单体进行多元共聚，接枝共聚，或外加交联剂，使线性结构变为网状结构，从而提高涂膜的耐热耐寒性能，所采用的技术手段停留在分子结构的层面上，"热黏冷脆"缺点虽有改善，但仍显不足。因此，研发能够有效克服"热黏冷脆"问题的丙烯酸树脂涂饰剂十分必要。

王亮针对目前丙烯酸树脂存在的"热黏冷脆"缺陷，导致其不适宜在寒冷地方使用的问题，发明了这种丙烯酸皮革涂饰剂，可在寒冷的北方使用。这种皮革涂饰剂的合成，使用下述质量份的原料：

丙烯酸4，丙烯腈55，丙烯酸丁酯70，苯乙烯3，丙烯酰胺25，EDTA0.3，丙烯酰胺20，过硫酸钾0.2，浓氨水0.08，十二烷基硫酸钠1.5，水120，甲醛1.2。

合成时，将水和2/3量的乳化剂加入反应釜内，升温至 $85℃$，再滴加1/3量的乳化剂、引发剂、混合单体，控制聚合温度为 $85℃$，在1h内滴加完毕，于 $90℃$ 下保温2h，冷却至 $45℃$，加氨水调节 pH 至5即可。

用这种方法合成的皮革涂饰剂水溶性很好，乳液稳定，长期存放不分层、无浮蜡，能够适用于各种皮革的涂饰，涂饰后的皮革光泽柔和自然，手感丰满滋润，表面的耐摩擦能力提高。

6.5.6.2 改性丙烯酸树脂成膜剂

(1) 共混改性 共混改性即将丙烯酸树脂成膜剂与其他成膜剂共混应用于皮革涂饰，以达到改善丙烯酸树脂成膜性能的目的的过程。如将丙烯酸树脂与酪素溶液共混，常用于正面革、修面革的涂饰，对于改善涂层黏板缺陷、提高耐热性、透气性和耐干湿擦性能等具有较明显效果。将丙烯酸树脂、聚氨酯、聚乙烯树脂以及少量硫酸化油共混，应用于天然革的涂饰，可以明显改善涂层的防水性和耐磨性。丙烯酸酯乳液加防水剂与脂肪醇乳液共混用于皮革涂饰，可以得到耐水性很好、强度很高的革。丙烯酸树脂与酪素共混的比例为 (1.8～11.8)：1 时，涂层的耐磨性、耐干湿擦性能和透气性能明显提高，但共混物中酪素含量太高时会降低涂层的耐绕曲性能、耐低温性能和耐湿擦性能。

(2) 共聚改性 共聚改性一般采用均聚物玻璃化转变温度低的丙烯酸酯类单体（如丙烯酸丁酯和丙烯酸 2-乙基己酯）与均聚物玻璃化转变温度较高的其他乙烯基类单体（如丙烯腈、苯乙烯、丁二烯和氯丁二烯等）进行共聚。低玻璃化转变温度的丙烯酸酯类可以提高共聚物的耐寒性、增加柔韧性和手感，玻璃化转变温度较高的其他乙烯基单体可以提高共聚物的机械性能（如坚硬性、柔软性、耐水性和黏着性等）。其他乙烯基单体的引入，既可降低共聚物分子链的间规整度，还可引入各种极性或非极性的侧链和双键链节，从而可显著改善丙烯酸树脂共聚物的诸多性能。

在丙烯酸树脂大分子链上进行接枝共聚，也是一种很有效的树脂改性方法。上海皮革化工厂采用自由基链转移技术，在丙烯酸树脂主链上接枝苯乙烯，得到轻度交联的、主链上带有聚苯乙烯支链结构的硬性树脂，使耐候性（最低脆化温度为 −30℃）和耐热性（最高为 160℃）均得到明显改善。相反，其他聚合物（如聚乙烯醇、硝化纤维）或天然高分子（如酪素、明胶）也可用丙烯酸酯类进行接枝改性。如以聚乙烯醇为主链，与丙烯酸树脂接枝共聚，并用甲醛与丙烯酰胺适当交联制成的乳液，其薄膜的耐寒性很好，能耐 −40℃ 的低温，其他性能也很优良。

近年来，国内外相继进行了丙烯酸酯与异氰酸酯的共聚研究，其共聚产物的耐热性、耐溶剂性、弹性和粘接性均较纯丙烯酸树脂好，同时也克服了聚氨酯材料耐老化和耐湿擦性能差的缺点。

对有机硅、有机氟与丙烯酸酯共聚改性的涂饰剂也有较多的研究，这类共聚改性树脂具有良好的疏水性和耐候性，并能赋予成革柔软、滑爽的手感。有机氟材料还能赋予皮革以良好的防油、防污性，是皮革顶层涂饰的良好材料。

【实例 2】

配方组成为（按质量百分比计）：

丙烯酸酯(可为丙烯酸甲酯	58.1	丙烯腈	5.5
或丙烯酸正丁酯)		苯乙烯	5.5
氯丁二烯	29.1	丙烯酸(或甲基丙烯酸)	1.8

组分	质量份	组分	质量份
过硫酸铵-亚硫酸氢钠引发剂	0.6	十二烷基硫酸钠乳化剂	1.5
聚氯化乙烯缩合物分散剂	1.5	去离子水	144

其中引发剂、乳化剂、分散剂、水的质量百分比以单体总质量计。

（3）交联改性　借助交联剂的作用，使丙烯酸树脂的线性聚合物分子链之间形成横向交联键，提高成膜的机械强度、耐水性和耐有机溶剂性能，降低对温度的敏感性。常见的交联改性方法如下。

① 自交联改性。即选择能产生交联作用的官能单体作共聚组分。常用的官能单体如羟甲基丙烯酰胺、丙烯酰胺加甲醛、丙烯酸缩水甘油酯、甲基丙烯酸缩水甘油酯、丙烯酸羟基乙酯、甲基丙烯酸羟基乙酯、（聚）乙二醇二丙烯酸酯、（聚）乙二醇二甲基丙烯酸酯、二乙烯苯等。

【实例3】

组分	质量份	组分	质量份
丙烯酸丁酯	75	甲醛(37%)	3.7
丙烯腈	25	十二烷基硫酸钠	1.4
丙烯酸	1	过硫酸铵	0.36
丙烯酰胺	3.3	去离子水	230

将乳化剂十二烷基硫酸钠与水加入反应釜中，搅拌均匀升温至75~80℃，同时开始滴加以下四种物质：

- 引发剂过硫酸铵溶液
- 混合单体丙烯酸丁酯和丙烯腈
- 单体丙烯酸
- 单体丙烯酰胺和甲醛的混合液

其中引发剂应控制在最后滴加完。引发剂滴加完毕后，继续于85~88℃下反应1.5~2h。降温至30℃左右，过滤出料即得成品。

【实例4】

组分	质量份	组分	质量份
丙烯酸丁酯	75	N-羟甲基丙烯酰胺	3
丙烯腈	20	十二烷基苯磺酸	1.4
丙烯酸甲酯	5	过硫酸钾	0.4
丙烯酸	1	去离子水	230

将油溶性单体丙烯酸丁酯、丙烯腈和丙烯酸甲酯混合。另将水溶性单体丙烯酸、N-羟甲基丙烯酰胺以少量去离子水混合溶解。将乳化剂十二烷基苯磺酸和水进入反应釜中，在搅拌下升温至75℃时，加入1/3的单体，同时开始滴加引发剂水溶液，体系自动升温，控制体系温度为80~85℃。开始分别滴加油溶性单体和水溶性单体。引发剂应控制在单体滴加完毕后约15min加完。于80~85℃保持搅拌，使聚合反应趋于完全，约2h后减压抽除残留单体，降温。约30℃时停止搅拌，过滤出料。

② 外交联改性。对于特定的聚丙烯酸酯乳液，可以通过添加如三聚氰胺衍生物等交联剂进行交联改性。可以进行外交联改性的丙烯酸酯乳液，其聚合物分子通常含羟基、羧基等，即乳液聚合时可使用丙烯酸羟烷基酯、丙烯酸缩水甘油酯、丙烯酰胺和丙烯酸环氮己烷乙酯等作共聚单体。

③ 金属离子交联改性。即用多价金属氧化物、氢氧化物或盐类将聚合物链中的羧基进行中和形成交联键。

6.5.6.3 硅丙树脂皮革涂饰剂

有机硅可用于聚氨酯树脂、硝化棉和酪素等材料的改性，可以提高这些材料的综合性能。

丙烯酸树脂是一种黏结性强、成膜强度高、来源广泛、价格低廉的高分子材料。但丙烯酸树脂的耐寒、耐热和耐溶剂性能较差。将有机硅氧烷用于丙烯酸树脂的化学改性，既可有效地发挥有机硅氧烷的优异性能和丙烯酸树脂用量大、价格低廉的优点，又可克服有机硅氧烷价格高和丙烯酸树脂性能不足的缺点。国内的郭振楚以八甲基环四硅氧烷（D_4）与丙烯酸酯乳液进行共聚反应，其共聚乳液综合性能得到了提高，所形成的膜在耐甲苯溶剂和耐熨烫性能上远远优于一般的丙烯酸树脂。丹东轻化工研究院研制的 DX-8501 硅丙树脂涂饰剂采用有机硅氧烷接枝改性丙烯酸树脂，具有良好的耐候性，无"热黏冷脆"现象，成膜性好、防水性好。黄光速用少于 15% 的硅氧烷齐聚物与丙烯酸酯通过两段聚合的方法复合聚合，要比同类纯丙树脂的玻璃化转变温度低 30℃，吸水率低 50%。中科院成都有机化学研究所研制成功的 AS-Ⅰ、AS-Ⅱ 树脂皮革涂饰剂为有机硅预聚体、丙烯酸单体通过种子乳液聚合制得的，其化学稳定性、储存稳定性、胶膜的耐水耐溶剂性能等均很好，是目前国内改性丙烯酸树脂涂饰剂中性能较优异的品种。

硅油是制革工业中常用的助剂。在硅油中引入羧基，可形成羧基硅油。羧基硅油具有极性和化学反应活性，皂化后有乳化作用，当与氨基改性硅油配合使用，作皮革、织物等的处理剂时，牢度好，洗涤时不易脱色。羧基改性硅油，即在硅油分子中引入羧基，这是利用 Si—H 和 CH_2＝CH－$COOH$ 或 CH_2＝$C(CH_3)$－$COOH$ 之间的加成反应：

$$—\underset{|}{\overset{|}{Si}}—H + CH_2=CH-COOH \xrightarrow{H^+} —\underset{|}{\overset{|}{Si}}—CH_2—CH_2—COOH$$

也可以从 CH_3SiHX_2 引入羧基后，再逐步聚合成大分子：

$$CH_3SiHX_2 + CH_2=CH-COOH \longrightarrow CH_3SiX_2—CH_2—CH_2—COOH \xrightarrow{(CH_3)_2SiCl_2}$$

$$(CH_3)_3—Si—O \underset{CH_3}{\overset{CH_3}{(-Si-O-)_m}} \underset{CH_2CH_2COOH}{\overset{CH_3}{(-Si-O-)_n}} Si(CH_3)_3$$

6.6 丙烯酸酯聚合物在纸制品中的应用

纸制品在我们的文化及日常生活中是不可缺少的物品，随着科学技术的不断发展，纸制品的用途越来越广，它在化学、机械、建筑、食品、电讯、医药卫生、农业、文化和国防等各个领域都有着极为广泛的应用。同时，人们对纸的要求已不仅是数量的增多和品种的更新，而且对纸品的质量和性能的要求也日益提高。这样就要求在造纸和纸加工时添加各种造纸化学助剂来改善和提高纸品的质量和使其具有各种特殊的性能。因此，目前对造纸化学助剂的研究越来越广泛，也取得了大量的成果，其中，用于造纸和纸加工的丙烯酸酯类聚合物的应用就是其中很重要的一项。

在造纸及纸加工行业中使用的胶黏剂品种较多，有天然胶黏剂和合成胶黏剂。根据所要求的黏着强度和各种胶黏剂的适用性、所成膜的性能及其对涂层总体性能的影响，人们往往将几种胶黏剂并用以达到取长补短的目的。在诸多胶黏剂中，合成胶黏剂应用最多，这是因为合成胶黏剂在黏结力、流动性、热可塑性和柔软性等方面都呈现出独到的优点，并能使生产过程优化和纸机运行高速化，能用较差的原料生产出更薄、更白和更强的高质量纸张。因此，在造纸、纸加工及纸制品的生产过程中都要用到合成胶黏剂，特别是用到丙烯酸酯类胶黏剂。

6.6.1 纸张增强剂

造纸的主要原料有：木浆、草浆以及废纸浆。草浆主要是短纤维的稻草、麦草、芦苇、竹子、麻类、甘蔗、芒秆和龙须草等，这样抄造出来的纸的强度很低，为达到使用的要求，就需要使用聚合物增强剂对纸张进行增强。使用聚合物增强剂一方面可以提高纸纤维的强度使之满足中高档纸的要求，另一方面也相应地降低了纸浆中的木浆比例。

使用聚合物增强剂可以使纸张具有：①尺寸稳定性；②耐化学药品和环境降解性；③用钉子固定时，有保持钉紧的能力；④耐龟裂、耐折子和耐皱性；⑤回弹性；⑥塑造性；⑦湿气和水蒸气的透过性；⑧切割和镶边的特性；⑨有被黏附的能力；⑩耐磨性；⑪热性能和电性能；⑫美学性能。

聚合物在纸纤维中可能的位置包括：①纤维间结合；②纤维之间的细胞壁内；③沿着纤维表面，或呈薄膜或呈附聚体；④纤维之间搭桥形成网络。详见图6-8。

聚合物所起的作用是其与纤维发生键合交联固化反应，形成一种三维结构，使纤维之间的交联点结合，不致堵塞纤维之间的间隙，并获得最大的强度，即提高与纤维的黏结性和提高纤维之间的结合强度。

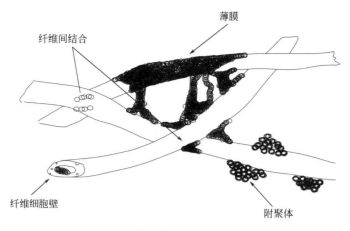

图 6-8　聚合物在纤维中的位置

　　为了提高纸张的湿强度，需添加湿强剂，近年在此方面的研究很多。任兴丽合成了一种苯乙烯-甲基丙烯酸甘油酯聚合物（PGS），并测试了 PGS 对纸张干、湿强度的影响，结果表明：PGS 可与纤维形成偶合键，可增强纸张的物理性能；PGS 与羟基和羧基等含有活性氢的基团反应形成交联结构，可显著提高纸张的干、湿抗张强度。

6.6.2　纸浆添加剂

　　将聚合物与纤维混合，使聚合物粒子沉淀在纤维表面上，然后形成纸页并使之固化。聚合物添加剂最好在网前箱前加。

　　丙烯酸酯类胶黏剂与 PPE 配合在网前箱加入到纸浆中，胶乳与纤维以非连续的状态缠结在一起，使纸的强度提高并富于透气性。通过添加以不同比例的丙烯酸、丙烯酸酯及甲基丙烯酸酯或苯乙烯合成的不同软硬度的胶黏剂，即可得到不同性质的纸张。

　　由苯乙烯、丙烯酸、丙烯酸丁酯以及交联单体共聚所得到的聚合物乳液，可将纸张强度提高 60%，可用来生产诸如砂纸原纸等高强度的、替代进口材料的纸品。

　　由于纸浆纤维呈阴离子性，依据"同性相斥，异性相吸"的原理，增强剂若为阳离子型，则阳离子电荷与纤维的阴离子电荷会形成电价键或离子键，这样，可增加结合强度，达到提高纸强度的目的。

　　表 6-21 是一个制备阳离子丙烯酸聚合物乳液的实例。

表 6-21　阳离子丙烯酸聚合物乳液实例

组分	原料名称	用量/g	
一	2-羟基-3-甲基丙烯酰氧丙基三甲基氯化铵	4.0	混合
	叔十二烷硫醇	0.1	
	水	120.0	

组分	原料名称	用量/g	
二	过硫酸铵(10%水溶液)	5.4	80℃加入
三	丙烯酸	4.0	滴加
	甲基丙烯酸	1.0	
	苯二甲酸二烯丙酯烯酸	0.1	
	邻苯二甲酸二丁酯	70.0	
	甲基丙烯酸甲酯	24.9	

6.6.3 纸张浸渍剂

湿纸浸渍法如图 6-9 所示。

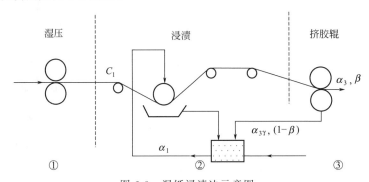

图 6-9 湿纸浸渍法示意图

其中：α_1 表示被纸吸收的胶乳的固含量；$\alpha_{3\gamma}$ 表示从纸中挤出的胶乳的固含量；α_3 则表示最后纸中的胶乳的固含量。

浸渍包括三个部分：①通过湿压提高湿纸强度并除去水分；②借助于毛细管作用和流体静力学的力使胶乳浸透湿纸；③利用挤压辊，重新分配并除去过剩的胶乳。

干法浸渍是图 6-9 中的②和③两部分。

纸的强度随着浸渍的聚合物含量的增加而显著提高。

以甲基丙烯酸甲酯、丙烯酸甲酯、丙烯腈和 N-羟基丙烯酰胺共聚所得到的聚合物，加入甲醛用于纸张浸渍，并在 150℃固化，使聚合物的乳胶粒与纤维交联固化，形成网状结构，增强纸的强度，提高纸的弹性、耐折度和抗张强度，改善了纸张的性能。

6.6.4 纸张表面施胶剂

表面施胶剂可以提高纸张的表面强度，改善纸张的表面性能。西方发达国家由于森林资源丰富，造纸的纤维原料以木浆为主，木浆占的比重在 95%以上。而我国由于森林资源严重不足，木浆占的比重不到 17％，草浆（包括麦秆、芒秆、芦苇、稻草和蔗渣等草类纤维浆）和废纸浆占 80％ 以上。与木材纤维浆比较，草类纤维浆主要的特点是：①纤维强度低；②保水值高；③细小纤维多；④杂化学物含量高等。由于以上原因造成草浆造纸质量差、断头多、车速慢、抄造困难、细小纤维流失严重和普通化学品应用效果差等后果。由于这方面原因，我国的纸和纸板80％ 以上属中低档产品，不符合当今印刷行业的要求。另外，印刷技术的不断改进，印刷速度的不断提高，以及高黏度油墨的应用，对纸张的要求更高。

中低档纸可以通过表面施胶剂来提高纸的质量。表面施胶剂是采用施胶辊或压光机涂布于纸张上，其主要特点是：①与内施胶剂并用，可降低施胶的综合成本；②通过施胶辊涂液的调节，控制施胶度；③可经过表、背两面施胶，获得高品质的纸；④不受抄纸水质和水温的影响，可获得稳定的施胶度；⑤减少内施胶剂的用量，降低生产成本，并减少机械沾污等障碍。

因此，用表面施胶剂来处理纸张，可以提高纸张的表面强度、平滑性、挺度，减少纸张的掉毛、掉粉现象，提高纸张的书写性和印刷适性，提高产品的质量档次，以适应当今印刷行业高速印刷的需要。

目前，我国常用的施胶剂是氧化淀粉、磷酸酯淀粉、聚乙烯醇、石蜡和硅酮树脂等。这些施胶剂对纸张纤维亲和力较差，造成覆盖在纸页表面的膜在干燥过程中随着水分的不断蒸发和膜层的不断收缩很容易破裂，容易出现印刷过程中的掉粉、掉毛现象，尤其不能适应目前的高速印刷行业。

丙烯酸系列的合成聚合物表面施胶剂，是一种具有多功能性的表面施胶剂，它根据造纸纤维的性质及特点，采用具有各种功能的活性单体，选择合理的配比共聚而成，它与纤维的亲和力比聚乙烯醇与纤维的亲和力高 100 倍以上。正由于它具有与纤维优良的亲和力，以及各种功能单体的协同作用，使它的使用与传统的施胶剂相比，不仅能大大提高纸张的表面强度，减少掉毛和掉粉现象，还能大大改善纸张的施胶度、挺度、平滑度及印刷适应性。例如用丙烯酸丁酯、甲基丙烯酸缩水甘油酯、丙烯酰胺和苯乙烯（60∶15∶60∶165），再加入氨基磺酸胍制成乳液，可显著提高纸品的性能。

6.6.5　纸张涂布胶黏剂

涂布胶黏剂是指在涂布加工中能使颜料相互黏合并黏合于原纸，使涂布纸有良好的光亮度和印刷性能的化学助剂。它的功能是：①用在水溶液或分散液时，既是颜料粒子的分散介质，也是运载介质；②能使颜料或涂料与纸面黏着；③使颜料和涂料具有保水性；④提高涂布纸的印刷适用性能；⑤使涂布层具有耐水性等。

常用于造纸工业中的聚合物乳液主要有苯乙烯-丁二烯乳液、苯乙烯-丙烯酸酯乳液、纯丙烯酸酯乳液和聚醋酸乙烯乳液等。其中，丁苯乳液是最早用于纸张涂布的胶黏剂。20 世纪 80 年代北京东方化工厂研究所开发了苯丙乳液（PC-01），成功地用于涂布纸的胶黏剂后，苯丙乳液在国内广泛地使用和生产。

丙烯酸酯类胶黏剂用于涂布加工纸时体现出以下几个特点：

（1）机械稳定性强 由表 6-22 可以看出，纯丙胶乳和苯丙胶乳的稳定性很好，完全可以适应高速涂布机的涂布。

表 6-22 不同胶黏剂各种稳定性的比较

胶黏剂类型			机械稳定性	化学稳定性	200 目筛渣
丁苯	羧基丁苯	日本 SSR	优（无渣）	优（渣极微量）	0.01%
		SB	优（无渣,少量及微量）	优（渣极微量）	0.01%～0.02%
		SQ	良	0.54%	<0.04%
	5050	G	极差	—	—
丙烯酸酯		BT	优	优	无
苯丙			优（无渣）	优（0.0175%）	基本无

（2）耐光性好 表 6-23 为各种胶黏剂的耐光性比较，结果表明，丙烯酸酯类胶黏剂的耐光性是最好的。

表 6-23 各种乳液的耐光性

紫外光照射时间/h	丙烯酸酯类	丁二烯-丙烯腈	丁苯
0	87	84	84
2	87	78	80
21	87	76	75
72	87	—	75
210	87	75	75

（3）黏结力较强 研究表明，在胶黏剂的黏结力比较中，丙烯酸酯类胶黏剂在常用类型的胶黏剂中黏结力最强，且具有优良的印刷适应性。另外，丙烯酸酯类胶黏剂还具有耐水性，它与颜料的结合力好，用它可配制高浓度和低黏度的涂料，因此，丙烯酸酯胶黏剂在涂布加工纸中的应用非常广泛。

在用加入胶黏剂的涂料对纸张进行涂布加工时，其方法有气刀涂布和刮刀涂布两种。气刀涂布要求涂料黏度低，涂布速度较慢，故对胶黏剂性能的要求不是很高。而刮刀涂布速度较快，在涂布时，由于软刃刮刀的压力产生对涂料的剪切力，因此要求胶黏剂具有足够的机械稳定性。

通常用于涂布纸聚合物乳液的单体组成为（甲基）丙烯酸烷基酯（25%～50%）、苯乙烯（40%～70%）和 α,β-不饱和酸（0.5%～10%）。

表 6-24 中给出了含有羧基和羟基的丙烯酸乳液配方。

乳液固含量为 50%，与高岭土、碳酸钙和六偏磷酸钠（16:90:10:0.4）配制的纸张涂料用于纸张涂布，使纸张显示出很好的适印性。

表 6-24　含有羧基和羟基的丙烯酸乳液配方

成分	质量/g	成分	质量/g
丙烯酸丁酯	60	丙烯酸 2-羟乙酯	7.5
苯乙烯	30	乳化剂	适量
甲基丙烯酸	2.5	过硫酸盐-亚硫酸氢盐	适量

6.6.6　纸张上光胶黏剂

纸张上光可起到美化装饰作用，提高产品档次，因此多用于包装行业及印刷制品。目前用于纸张上光的胶黏剂主要有溶剂型丙烯酸酯类聚合物、上光油和水性丙烯酸酯类聚合物等。

溶剂型丙烯酸酯类聚合物一般用苯、二甲苯和醋酸乙酯等作溶剂，苯类溶剂的毒性很大，对人体及环境都极为有害，加之其本身属易挥发物质，易燃易爆，故其使用应受到严格限制。

虽然上光油的使用效果很好，但其成本极高，故多用于高档产品的上光。

水溶胶属于水性丙烯酸酯类聚合物，由于胶粒非常小，粒径在 $0.05\sim0.1\mu m$ 之间，比常规的聚合物乳液的粒径（$0.1\sim1.0\mu m$）要小很多，所以其流平性及光泽度都非常好。

可交联的丙烯酸酯乳液配方，见表 6-25。

表 6-25　交联型丙烯酸酯乳液配方

成分	质量/g	成分	质量/g
甲基丙烯酸甲酯	156	丙烯酸 2-羟基乙酯	8
甲基丙烯酸乙酯	24	甲基丙烯酸甲氧基聚氧化乙烯酯	2
丙烯酸	4	十二烷基硫醇	0.5
甲基丙烯酸	6	偶氮二异丁腈	3

所得聚合物用氨水中和，可使纸张具有优良的光泽度和耐水性。

6.6.7　纸塑复合胶黏剂

将纸或纸板印刷品用光滑薄膜复合，可以改善印刷品的外观。纸与薄膜复合可增加纸品的强度，防止刮划、褪色和潮湿等对印刷品的破坏，使其历久常新。纸与薄膜复合所制得的美观耐用产品可用于制作书籍封面、广告资料、折叠纸盒和卡片等，还可用于食品包装。

在欧洲，纸与薄膜的复合已广泛使用水基丙烯酸自交联胶黏剂（即覆膜胶），过去常用的溶剂型胶黏剂体系已被大量取代。而我国目前仍在大量使用以甲苯、汽油、香蕉水和醋酸乙酯等溶剂作为分散介质的溶剂型胶黏剂，水性覆膜胶的应用还很少。

溶剂型胶黏剂与水性胶黏剂，最大的区别就在于溶剂型含有大量的有毒、易燃、易爆化学物质，对作业的安全构成威胁的同时还对环境造成严重的污染和对操作者本身产生伤害。如要避免这些弊端，需要投入大量资金配备溶剂的回收或废气催化焚烧系统。而水性胶黏剂则不存在以上的这些缺陷。水性丙烯酸酯类覆膜胶有诸多的优点：①丙烯酸酯类单体共聚所得到的胶黏剂有良好的粘接性和热塑性；②形成的胶膜光洁透明；③具有极优异的耐老化性能。

在将水性丙烯酸酯类胶黏剂用于纸与薄膜的复合时，可通过以下方法提高其粘接强度：

① 单组分调整丙烯酸酯类单体的配比，添加特种官能单体共聚合成水性丙烯酸自交联型纸塑覆膜胶；

② 双组分外加交联剂——水性三聚异氰酸酯，此方法的生产周期较短。

对于水性丙烯酸自交联型覆膜胶，通过上机复合试验，认为影响覆膜强度的因素不光是覆膜胶的性能，还与上胶量的大小、纸与油墨的类型和机器的性能（如车速、烘道温度和复合压力等）有关系。为保护我们的环境，减少污染，应该大力推广水性覆膜胶。

6.6.8　无纺布胶黏剂

无纺布又称不织布，这种产品不经过纺织工艺，而是将纤维原料用气流法或湿抄法在造纸机上抄造而成的类似布匹的一种特殊纸张。这种产品可代替纺织品广泛用于服装、医药和妇婴用品等领域。无纺布的生产需用大量的胶黏剂。

适用于生产无纺布的胶黏剂种类很多，有聚丙烯酸酯类、合成橡胶胶乳、聚氯乙烯、聚醋酸乙烯和 EVA 等。其中大多数是水乳液型的，其优点是成本低、无污染、使用方便。各种无纺布用胶黏剂的性能比较见表 6-26。

无纺布用胶黏剂，除了对纤维有良好的黏合性外，还有一定的手感柔软性，同时可根据产品的不同用途，分别满足对强度、硬挺度、弹性、白度、耐热、耐洗涤性和抗老化等方面的要求。目前性能最好的是聚丙烯酸酯类乳胶胶黏剂，特别是自交联型丙烯酸酯类共聚乳液。

表 6-26　各种无纺布用胶黏剂的性能比较

胶黏剂	弹性	热封性	柔软性	耐洗性	耐干洗性	变色	
						热	光
聚丙烯酸酯	3	4	2	2	2	1	1
聚氯乙烯	4	1	3	2	2	2	1
天然橡胶	1	4	1	2	3	3	3
氯丁二烯	1	4	1	1	3	4	4
聚醋酸乙烯		3	4	4	2	1	1

注：1 为最好，4 为最差。

6.6.9　水性油墨

印刷是与人民生活息息相关的行业，它涉及的领域包括文化、教育及各种工业包装用品等，印刷物品包括报纸、书刊、杂志和各种办公用品，也包括纸箱、塑料薄膜和软包装等，其基材主要为纸和塑料的物品。目前，印刷方式主要有丝网印刷、胶印、铅印、凹印、柔板印刷等。全球每年印刷油墨的消耗量在100万吨以上。传统的油墨是用溶剂型树脂配制的，其溶剂主要是甲苯、二甲苯、醋酸乙酯等，若按40%的有机溶剂计算，每年排放到大气中的有毒物质就达40万吨以上，这不仅给企业造成巨大的经济损失，更严重的是破坏了大气环境。因此，油墨的水性化是包装印刷业的重大课题，提供印刷油墨所用的水性树脂也成为树脂工业的重要任务。印刷油墨的水性化在全球范围内已受到极大的关注，水性化是今后的发展方向。

表6-27所列是欧洲流行的水性油墨树脂的一般性能。

表 6-27　水性油墨树脂的一般性能

性质	溶液	胶体分散	乳浊液
粒子大小/μm	0.001	0.001～0.1	0.1
分子量	低	中	高
黏度	高	中	低
固体含量	低	中	高
颜料分散	好	尚可	差
流动	好	尚可	差
溶解性	好	尚可	差
干燥	差	尚可	好
抗性	稍差～尚可	尚可	好

从表6-27中可以看到，没有一种类型的树脂能提供所有需要的性能。通过我们对水性树脂的研究与实验，得到一种以水与酒精为混合溶剂的丙烯酸自交联型聚合物的树脂胶黏剂，此胶黏剂分子量适中，黏度适中，用它调制的水性油墨克服了乳液的颜料分散不好和流动性差的问题，特别是克服了乳液再溶解性差的缺陷。若再加入适量的三聚氰胺树脂，则油墨的性能还可显著提高。

6.6.10　纸餐盒制作

我国是一个人口众多的国家，餐盒的消耗量极大。因此制作餐盒的原料最理想的是立足于国内，利用废弃物，如稻壳和麦秸等，并且不与国内企业争夺已经很紧张的原料。另外，应选择的推荐项目最好是能够着眼于长远，以不对目前和未来环境造成污染为前提，以最小的投入获得最大的产出。目前，主要有以下几种产品：

① 纸浆模塑餐具是以芦苇、麦草等草本植物纸浆为主要原料制作；

② 涂膜纸板类餐具是以木浆为原料制作，因此需要消耗木材，且生产成本高，现在多进口纸板，国外多使用此种餐具；

③ 植物纤维型餐具为中国所独创，主要以农村废弃的稻草、麦秸和玉米秆等一年生植物纤维为原料，使废弃物变废为宝，克服了纸浆模塑类需用纸浆消耗宝贵森林资源的弊端；

④ 食用淀粉模塑型餐具；

⑤ 光-生物降解聚丙烯餐具。

以上各类型餐具都需要作后处理。北京东方化工厂开发生产的苯丙自交联型胶乳是一种高强度的胶黏剂，它具有优异的防油和防水性，特别是耐热水性，适用于各种材料的使用，现有在不同基材上涂布的系列产品，并通过了北京市卫生防疫站的检验，证明无毒，可作为快餐盒用的胶乳。另外，一次性纸杯的用量也非常大，现在，市场上大都是 PE 淋膜的纸杯。PE 淋膜为用低压高密度聚乙烯经高温熔融与纸复合而成，此工艺耗电高，且纸杯不易降解。北京东方化工厂开发的产品用于室温涂布，经烘道烘干，再成型，这样制成的纸杯既可防水又环保。

快餐餐具是一次性消费用品，使用周期短，用量大。长期以来，聚苯乙烯发泡餐具一直占领着市场。由于聚苯乙烯难以降解，给我们的生活环境造成"白色污染"，因此，国家经贸委颁布了一次性可降解餐具国家标准，并从 2000 年 1 月 1 日起实施。国家环保总局 [1997] 527 号文件"关于印发'白色污染'的现状及理论对策研究"说明国家对治理"白色污染"的重视，目前，社会上已研究、开发了很多聚苯乙烯的替代材料。

可替代聚苯乙烯发泡材料的有①纸板涂膜；②植物秸秆；③纸浆模塑；④食用淀粉模塑；⑤非发泡光-生物降解塑料五个种类。作为餐具使用的材料，最起码的要具备防油和防水的性能，纸本身无此性能，因此需要有聚合物胶黏剂的帮助。丙烯酸自交联型胶乳，是一种既有高强度，又有高柔韧性的胶黏剂，它具有优异的防油防水性，特别是耐热水性，适用于多种材料的粘接和纸张增强，对前述的替代品①②③均可使用，已通过北京市卫生防疫站的检验，证明无毒，可作为纸餐盒用胶黏剂。

6.6.11 彩色喷墨打印纸

彩喷纸的打印效果由纸张的表面性能决定，即由涂布于纸张上的胶黏剂决定。实验证明阳离子聚合物能够很好地改善墨滴与纸张涂层之间的表面性能，乳液配方如表 6-28 所示。

用以上聚合物对基纸进行涂布，上胶量为 $4g/m^2$，160℃干燥，得到的纸张适用于快速干燥喷墨打印。

以丙烯酸丁酯和苯乙烯为主单体，甲基丙烯酰氧乙基三甲基氯化氨和 N-羟甲基丙烯酰胺为功能单体，以十六烷基三甲基氯化氨做乳化剂，以偶氮二异丁腈为引发剂，合成出阳离子乳液用于彩喷纸。

表 6-28　乳液配方

原料	用量/g	原料	用量/g
水	50	丙烯酸丁酯	5
异丙醇	30	苯乙烯	5
十二烷基苯磺酸钠	0.5	丙烯酸	9
过硫酸铵	0.5		

6.6.12　纸张光油

离型纸，又称隔离纸、防黏纸，是一种既可防止压敏胶粘连，又可保护压敏胶不受污染的防黏纸，被广泛应用于电子产品、汽车泡沫、包装行业、广告、印刷等领域。目前市场上有很多离型纸，其制作方法多数都是通过在纸品上涂布热固化型离型乳液或自干离型剂而制得，干燥速度慢，严重影响生产效率。

另外，虽然市面上也出现了一些添加了可改善滑爽性的助剂的 UV 纸张光油，但该类助剂降低表面张力的性能差，滑爽度低，没有剥离效果，用胶带贴到涂膜表面，用力拉时没有离型效果。因此，以上所述问题亟待解决。

林涤非和张书磊的专利公开了一种 UV 紫外光固化后有离型效果、超滑爽的 UV 纸张光油及其制备方法，该 UV 纸张光油的表面张力低、表面超滑爽、离型效果极佳。

这种 UV 紫外光固化后有离型效果、超滑爽的 UV 纸张光油，由以下质量份的组分组成：

环氧丙烯酸树脂	22	光引发剂	13
改性丙烯酸类树脂	32	超滑爽剥离助剂	4
丙烯酸类单体(如 1,6-己二醇二丙烯酸酯)	45	助剂	2.5

其中，超滑爽剥离助剂为硅油和防黏滑爽助剂按 1.5∶4 的比例混合而成，防黏滑爽助剂为迪高公司的 TEGO Rad 2700 防黏滑爽助剂。TEGO Rad 2700 防黏滑爽助剂的化学组成为反应型聚硅氧烷丙烯酸酯，有非常好的滑爽性、抗粘连/剥离效果和良好的脱泡性。

上述的 UV 紫外光固化后有离型效果、超滑爽的 UV 纸张光油的制备方法，包括以下制备步骤：

① 将丙烯酸类单体分为两部分，将一部分丙烯酸类单体、消光剂按质量份加入搅拌锅中进行预分散，混合搅拌均匀；

② 再继续往搅拌锅中按质量份加入环氧丙烯酸树脂、改性丙烯酸类树脂、另一部分丙烯酸类单体、光引发剂和助剂，混合搅拌均匀，制得油料；

③ 将油料用 320 目的过滤袋过滤，即制得 UV 紫外光固化后有离型效果、超滑爽的 UV 纸张光油。

这种 UV 紫外光固化后有离型效果、超滑爽的 UV 纸张光油，是一种辊涂印刷 UV 上光油，主要通过吸收紫外光发生聚合、交联反应形成聚合物；且通过添加可参与 UV 交联反应的超滑爽剥离助剂，能极大地降低 UV 光油的表面张力，使表面超滑爽，用胶带黏在固化后的涂膜上，能很容易地移除掉，使制得的 UV 光油具有很好的离型效果；且通过添加特有的改性聚氨酯丙烯酸酯与超滑爽剥离助剂搭配，进一步达到很好的离型效果和较高的附着力，具有很好的超滑爽性，光泽度高、丰满度佳、防爆性佳、附着力佳、耐磨性高。另外，由于使用印刷机涂布 UV 纸张光油的速度快，因此，这种 UV 纸张光油取代市面上常用的热固化型离型乳液，可大幅度提高生产效率，节省人力物力，同时也节省了生产成本。

6.7　油田化学品

原油破乳剂是油田原油集输流程中脱水处理大量应用的一种化学品。原油破乳剂的发展与表面活性剂密切相关，利用新的合成技术制备特殊性能的聚合物表面活性剂是目前原油破乳剂，特别是稠油破乳剂研究的新方向。从 20 世纪 50 年代开始，脂肪醇、脂肪酸、烷基酚聚氧乙烯醚等表面活性剂已用于原油破乳的实践中，其后又相继开发出了环氧乙烷和环氧丙烷的共聚物、酚醛及烷基酚甲醛树脂的环氧烷聚醚、胺类的环氧烷聚醚、多元醇类环氧烷聚醚等原油破乳剂。80 年代末，出现聚氨酯型和聚丙烯酸酯类聚合物表面活性剂，这类表面活性剂具有独特的破乳性能。

油田化学品（oil field chemicals）是指在石油、天然气的钻探、采油、集输、水质处理及提高采收率（特别是二次和三次采油）过程中所用的化学药品。大部分属于水溶性聚合物和表面活性剂。其中钻井泥浆处理剂有增黏、降失水、抑制腐蚀、稀释分散、堵漏、乳化、页岩控制等 16 大类。采油化学品有清蜡剂、压裂液、酸化液、堵水剂等。集输用化学品主要有原油破乳剂、防蜡降凝剂、减阻剂和降黏剂等。水质处理用化学品包括缓蚀剂、防垢分散剂、除氧剂等。提高采收率用化学品包括聚合物水驱剂、表面活性剂、段塞驱剂、减水驱剂等。

随着我国西部大开发和南方海相地层的开发，以及海外业务量的不断增加，钻井化学品的需要将会大幅度增加，预计未来我国钻井化学品将保持年均 5% 以上的增长速度。由于东部老油田稳产的需要，提高石油采收率的化学品需求仍将出现快速增长，可能达到 5% 以上。开采用化学品相对前两方面发展慢，但平均增幅预计也在 4% 以上，其他化学品增幅也会相应增加。《石油和化工行业"十二五"发展指南》预计，到 2015 年，我国可初步形成资源节约型、环境友好型、本质安全型的发展模式，推进我国由石化工业大国向石化工业强国的转变。

据估算 2012 年我国油田化学品及油田服务市场销售收入在 571 亿元左右，同比增长 19.7%；2013 年的销售收入约 666 亿元，同比增长 16.6%。

前瞻产业研究院《2014—2018 年中国油田化学品行业市场研究与投资预测分析报告》的统计数据显示，2014 年我国十大油田化学品公司排行榜如下：

中国石油大庆炼化分公司、滨化集团股份有限公司、爱森（中国）絮凝剂有限公司、胜利油田胜利化工有限责任公司、山东宝莫生物化工股份有限公司、四川仁智油田技术服务股份有限公司、北京恒聚化工集团有限责任公司、任丘市京开化工厂、克拉玛依新科澳化工有限责任公司、胜利油田中胜环保有限公司。

以下介绍与丙烯酸及酯类聚合物相关的一些油田化学品。

6.7.1　降凝降黏剂

6.7.1.1　降凝剂

降凝剂（pour point depressant，PPD）又称低温流动改性剂，是一类能够降低石油及油品的凝固点（CP），改善其低温流动性的物质。对于柴油来说，只需向油中添加微量的降凝剂便能有效地降低柴油的冷滤点（cold filter plugging point，CFPP）。这对于柴油增产、节能、提高生产灵活性和经济效益来说，是一种既简便又有效的方法，因而国内外都十分重视新型高效廉价的柴油降凝剂的研究和产品开发工作。

目前常用的降凝剂有柴油降凝剂和原油降凝剂。原油降凝剂是在馏分油降凝剂的基础上发展起来的，一般为油溶性高分子化合物，多数具有长烷烃主链和极性的侧链。它在加入量很少时即能大大改变油品中石蜡成分的结晶状态，改变界面状态和流变性能，降低油品的凝点和黏度，从而改善原油开采、集输、储存等作业的质量和效率，提高油品的使用性能，加宽原油炼制时馏分的切割宽度，提高经济效益和资源的利用率。因此降凝剂的开发与应用受到国内外相关行业的广泛关注。

人们对降凝技术的研究最早可以追溯到 20 世纪 30 年代初。我国自 1965 年前后开始柴油降凝剂的研究开发工作。80 年代初，中国石化总公司明确提出了要"发展高效柴油降凝剂"，并将其列入"八五"和"九五"科技发展规划中，因而柴油降凝剂的开发研究进入了一个新的发展时期。

根据作用的机理的不同，降凝剂可分为以下两类。

（1）部分覆盖-屏蔽类　这一类包括目前使用的所有润滑油、原油降凝剂。它们的作用是部分地覆盖结晶表面，而依靠屏蔽作用来分散结晶和改变结晶的形态及大小，从而有效地阻止结晶联片、成网，使凝点得以降低。

（2）立体覆盖-分散类　这一类降凝剂主要应用于柴油。它们是一类覆盖完全、屏蔽分散性良好的降凝剂。分析目前研究和生产的柴油降凝剂，均有不同程度的立体覆盖和分散的功能，一些还显示出增溶作用，即表现出可降低凝固点的功能。柴油中加入这类降凝剂后，随着温度的降低，一旦晶核形成并开始生长，则由于降凝剂的立体覆盖作用，便将晶核或细微晶粒包裹起来，使晶粒不能生长至足够大而连成片。同时，被立体覆盖的晶粒分散较好，从而有效地降低了柴油的冷凝点。过程的原理分析如下：

若设 X_0 和 X 分别为温度 T 时柴油中正构烷烃的溶解度和浓度。随着温度的变化，X_0 随之而变化，则可能产生三种不同的结晶过程：

当 $X > X_0$ 时，产生结晶的推动力为 $X - X_0$，这时将产生晶核，结晶将长大。且随着 $X - X_0$ 的增大，结晶速度也增大。

当 $X = X_0$ 时，结晶过程达到了平衡。晶核的产生和晶粒的长大过程终止。

当 $X < X_0$ 时，结晶会自动溶解。

对于已经添加有降凝剂的柴油，当 T 下降至足够低时，使 $X > X_0$，便有晶核和晶粒生成，但生成的晶核和晶粒随即被降凝剂覆盖，使单个的晶核和晶粒不能生长得很大，而只能生成数量较多的细小晶核和晶粒，这些细小晶粒不能连成片，从而也就阻止了柴油的凝固。由于生成了许多细小的晶核和晶粒，从而降低了柴油中正构烷烃的浓度，直至 $X = X_0$ 为止，这时晶核的产生和晶粒的长大过程终止。

新型柴油降凝剂必须满足以下要求：

① 必须是油溶性的；

② 具有立体覆盖能力；

③ 具有高效稳定的分散能力。

所选用的柴油降凝剂的分子应由性质相反的两部分链段组成。其中非极性链段通常由与柴油中正构烷烃结构相似的长链烷烃基团组成。当长链烷烃基团与柴油分子中的正构烷烃接近时会产生共晶作用。这时降凝剂分子中的这种非极性链段起的是界面吸附的作用。极性链段是多支链的、柔软的大分子基团，并伸向液相的柴油中，对柴油中非极性的正构烷烃起到了屏蔽的作用，防止晶粒的进一步生长，同时还起到微晶之间的稳定分散作用。极性链段的极性越大，体积越大，则稳定分散性能越好。

我国主要油田生产的原油均为高含蜡原油，原油开采和运输中遇到的问题日益增多，通过添加降凝剂可以大大降低原油管输的能耗、设备投资和管理费用。

6.7.1.2　降黏剂

我国各类稠油储量极其丰富，但是其中相当一部分不能利用常规热采技术进行经济的开采。以乳化降黏技术为代表地化学降黏技术虽可在一定程度上解决稠油的降黏问题，但开采时需加入大量的水，并且要求所形成的乳状液必须具备一定的稳定性，导致采出的稠油破乳脱水难度增大、物料处理量增大。因此，研制油溶性化学降黏降凝剂对改善原油的流动性、更为经济地开发特殊稠油，有着重要意义。

例如，我国的吐玉克油田即为深层稠油油田，油藏深度为 2700～3500m。稠油组分中，烷烃含量 41.55%（其中正构烷烃 15.05%，异构烷烃 3.35%，环烷烃 22.80%），胶质、沥青质和芳烃总量占 50% 以上（其中芳烃 18.92%，胶质 27.70%，沥青质 7.74%），含蜡量为 4.8%～11.5%。地面原油密度 0.95～0.97g/mL，地面原油黏度 5000～20000mPa·s，凝固点 19～35℃，溶解油气比为 10.58～12.94m³/m³。

为经济地开采这种稠油，张毅等针对其高胶低蜡的特点，基于分子结构设计原理合成了一种用于井筒化学降黏的油溶性降黏剂，这是一种由马来酸酐、苯乙烯和丙烯酸高级酯合成的三元共聚物（简称 MSA）。MSA 是一种多官能团共聚物，其分子结构中含有环状结构单元，具有一定的极性，可对稠油中具有极性官能团的长侧链非烃稠环化合物胶质、沥青质起作用；同时含有线形结构单元，主要作用是降低由蜡、胶质、沥青质引起的原油的高黏度、高凝固点。因此，在井筒稠油流动过程中，添加一定量的 MSA 降低稠油黏度和凝固点，减小其流动阻力，可以达到提高稠油流动性的目的。MSA 的合成方法如下。

马来酸酐-苯乙烯-丙烯酸高级酯的共聚反应式如下所示：

$$\begin{array}{c} CH=CH \\ | \quad | \\ CO \quad CO \\ \backslash_O\diagup \end{array} + \begin{array}{c} CH=CH_2 \\ | \\ \bigcirc \end{array} + \begin{array}{c} CH_2=CH \\ | \\ COOC_{18}H_{37} \end{array} \longrightarrow \left(\begin{array}{c} CH-CH \\ | \quad | \\ CO \quad CO \\ \backslash_O\diagup \end{array}\right)_n \left(\begin{array}{c} CH-CH_2 \\ | \\ \bigcirc \end{array}\right)_m \left(\begin{array}{c} CH_2-CH \\ | \\ COOC_{18}H_{37} \end{array}\right)_p$$

在装有冷凝器、温度计和搅拌器的三口烧瓶中加入一定量的丙烯酸十八酯、马来酸酐、苯乙烯、引发剂 BPO 以及适量的溶剂甲苯。通氮气置换反应瓶中的氧气后，搅拌升温至规定的反应温度，4～5h 后共聚反应结束，冷却，用甲醇沉淀出共聚物，真空干燥。

试验表明，共聚单体的配比不同，对共聚物的降黏效果有影响。随着马来酸酐含量的增加降黏效果有所提高，这可能是马来酸酐提供的极性基团将原油所含胶质、沥青质中氢键打开并有效改善了共聚物结构，使共聚物分子更易于吸附石蜡分子，从而降低了原油的黏度的缘故。试验中，选择的不同单体配比下均有较高的共聚物产率，综合考虑各个因素，选定最佳单体配比为丙烯酸十八酯（A）：苯乙烯（S）：马来酸酐（M）＝6：1：2。表 6-29 是不同单体配比所得共聚物的产率及其相应共聚物对原油的降黏率。

表 6-29 不同单体配比下共聚物的产率和降黏率

A：S：M	共聚物产率/%	降黏率/%
6：1：0	91.5	87.3
6：0：1	88.3	90.5
6：1：1	87.4	91.6
6：1：2	90.2	93.2

A : S : M	共聚物产率/%	降黏率/%
6 : 2 : 1	90.0	89.4
6 : 1 : 3	85.2	90.6
6 : 3 : 1	86.5	86.5

考察了引发剂 BPO 用量对共聚物反应产率的影响，表明当引发剂用量在 1%（质量分数）以下时，随着引发剂用量的增加，产率迅速增大；而当引发剂用量超过 1%（质量分数）时，产率的增加非常缓慢。因此确定引发剂的用量以 1%（质量分数）为最佳。

就反应时间对产率的影响的考察结果显示，反应产率随反应时间的延长而增加，但达到 4h 后，产率变化很小，因此最佳反应时间是 4h。

上述稠油降黏剂 MSA 在吐玉克油田稠油输送的实际应用表明其有显著的降黏效果，以 20% 稀油为携带液，加降黏剂 100～200mg/L，可使稠油黏度下降 90% 以上。

稠油在开采和集输中必须作降黏处理，降黏的方法主要有加热降黏法、掺活性水乳化降黏法和化学添加剂降黏法。化学降黏剂主要有以木质素、栲胶等天然原料为基础的降黏剂，还有无机降黏剂、正电胶降黏剂和聚合物降黏剂等。典型的油溶性聚合物降黏剂有聚（丙烯酸-马来酸酐）、聚（2-丙烯酰胺基-2-甲基丙磺酸-丙烯酸-马来酸酐）、聚（马来酸酐-醋酸乙烯酯-丙烯酸酯）、聚（苯乙烯-甲基丙烯酸-丙烯酰胺）、聚（马来酸酐-苯乙烯-丙烯酸酯）等。以马来酸酐为主要原料的聚合物降黏剂和带阳离子基团的两性离子聚合物降黏剂是近年来的一个重要发展方向。

共聚物降黏剂的合成方法如下。

在配有机械搅拌的 100mL 三口烧瓶反应器中加入马来酸酐和甲苯，加热至 60℃，使马来酸酐完全溶解。依次加入丙烯酸、苯乙烯、过氧化苯甲酰和十二烷基硫醇（调节分子量）。装上回流冷凝管和温度计，通氮气置换反应器中的空气，在 90℃ 下反应 1h，逐渐升温至 110～120℃，反应 3h，即得到聚（马来酸酐-苯乙烯-丙烯酸）共聚物。

将上述所得聚（马来酸酐-苯乙烯-丙烯酸）冷却至 90℃，加入碳十六至碳十八混合醇及 Lewis 酸，装上分水器，在 120℃ 下酯化反应约 6h（至分水器内水量不再增加为止）。减压蒸馏除去大部分的甲苯。再加入适量的甲醇，将产物沉淀出来。减压抽滤后真空干燥 5h，即得所需的聚（马来酸酐-苯乙烯-丙烯酸高碳醇酯）降黏剂。

将上述所得降黏剂分别与煤油和表面活性剂共用，分别考察其对原油的降黏率。结果显示降黏剂与表面活性剂共用时的降黏效果更好，其对原油的表观降黏率和真实降黏率分别达到 98.3% 和 71.5%。

张群正等以甲苯为溶剂，在引发剂过氧化苯甲酰存在下合成了马来酸酐、苯乙烯和丙烯酸三元共聚物，共聚物在 Lewis 酸的存在下直接与碳十六至碳十八混合醇进行酯化反应，得到对原油稠油有降黏作用的马来酸酐/苯乙烯/丙烯酸的 $C_{16} \sim C_{18}$ 混合醇酯共聚物 MSA。这种共聚物在 50℃时在原油中添加 353mg/L 的量可使原油的黏度降低幅度达到 47.4%，并且共聚物可以不必提纯而直接用于酯化，得到的酯化产品可直接用于原油的降黏，因此是比较经济的合成工艺。

6.7.2 阻垢剂

天津化工研究院早在 1984 年即研制出了 TS-609 系列丙烯酸共聚物水处理分散阻垢剂，其性能达到当时的日本栗田公司 KarizetT-225 的性能水平，其中对碳酸钙的阻垢能力则优于 T-225，是一种具备综合阻垢能力的优质分散阻垢剂。

TS-609 与无机磷酸盐（六偏磷酸钠、三聚磷酸钠等）、有机膦酸盐以及噻唑类化合物等水处理药剂有良好的混溶性，可用于油田注水的阻垢剂。

朱清泉等以过氧化物为引发剂，合成了顺丁烯二酸、乙酸乙烯酯和丙烯酸酯三元共聚物，通过油田矿化水试验，结果表明，具有良好的防垢效果。

低分子量共聚物防垢剂具有防垢效果好、热稳定性高、对环境污染小等优点，在油气井的污水处理上的应用日益广泛。

共聚物合成方法如下。

将定量的顺丁烯二酸酐和水加入反应瓶中，在一定温度下不断搅拌，反应生成顺丁烯二酸后，再加入乙酸乙烯酯、第三单体丙烯酸和过氧化物引发剂，在 60～100℃反应一定时间，即得棕红色顺丁烯二酸-乙酸乙烯酯-丙烯酸酯三元共聚物水溶液，产品代号为 WSP-02。

（1）对 $CaCO_3$ 和 $CaSO_4$ 的防垢效果　采用 EDTA 络合滴定法测定，共聚物防垢率（A）按以下公式计算

$$A = \frac{V_1 - V_0}{V_2 - V_0} \times 100\%$$

其中，V_1 是加有共聚物时消耗的 EDTA 的体积，mL；V_0 是未加共聚物时消耗的 EDTA 的体积，mL；V_2 为测定总钙时消耗的 EDTA 的体积，mL。

测定了温度为 70℃时恒温不同时间对防垢率的影响，由表 6-30 知随着时间的延长，防垢率有所下降。

表 6-30　恒温时间对防垢率的影响

恒温时间/h	6	12	24
$CaCO_3$（Ca^{2+} 浓度 268mg/kg,共聚物用量 3mg/kg）	95	85	79
$CaSO_4$（Ca^{2+} 浓度 6800mg/kg,共聚物用量 8mg/kg）	94	94	94

将该产品的性能与其他相似用途的产品的性能进行了对比。试验所用 Ca^{2+} 浓

度为 5440mg/kg，共聚物用量为 2mg/kg，在 70℃ 恒温 6h 测定不同防垢剂对 $CaSO_4$ 的防垢率，测试结果如表 6-31 所示。

表 6-31   各种防垢剂对水中 $CaSO_4$ 的防垢效果

阻垢剂牌号	防垢率/%	阻垢剂牌号	防垢率/%
WSP-02	99	Nalco-8365	48
HPMA（水解聚顺丁烯二酸酐）	99	KarizetT-225	68
Nalco-7350	35		

（2）对油田矿化水防垢效果

$$防垢率＝[（未加共聚物时水中垢重－加共聚物时水中垢重）/$$
$$未加共聚物时水中垢重]×100\%$$

表 6-32   油田地层水的组成

地层水	离子含量/(g/L)						总矿化度/(g/L)	水型
	$Na^+ + K^+$	Ca^{2+}	Mg^{2+}	Cl^-	SO_4^{2-}	HCO_3^-		
1 号	18.37	0.72	0.54	22.31	10.71	1.62	54.27	Na_2SO_4
2 号	40.21	6.65	0.77	75.41	0.62	0.18	123.84	$CaCl_2$

油田地层水的组成见表 6-32。实验时，取 1 号和 2 位号油田地层水各 100mL 混合组成测试水样。该测试水样在 (50±1)℃ 下恒温 24h，测得其结垢量为 0.25～0.33g/100mL。在混合水样中加入共聚物，测定共聚物的防垢率，见表 6-33。由结果可知，该共聚物防垢剂用量仅 2mg/kg 时，防垢率即可达 94% 以上。

表 6-33   共聚物在油田地层水中的防垢效果

共聚物用量/(mg/kg)	2	4	6	8	10
防垢率/%	94.2	99.2	100	100	100

天津化工研究院的专利（CN 1134401A）发明了一种用于油田水等工业水处理的阻垢分散剂，这是一种由不饱和羧酸、不饱和羧酸酯、不饱和磺酸盐和不饱和醚类等四类单体所组成的四元共聚物的水溶液，在高硬、高碱、高温、高 pH 和含油条件下，对水中的 Fe_2O_3、$CaCO_3$、$Ca_3(PO_4)_2$ 和 $Zn_3(PO_4)_2$ 等难溶盐仍具有优良的阻垢分散能力。

这四类单体具体如下。

① 丙烯酸、甲基丙烯酸及其碱金属盐类，顺丁烯二酸（酐），富马酸。共聚物中其质量比为 40%～70%。

② 丙烯酸和甲基丙烯酸的甲、乙、丙酯，丙烯酸和甲基丙烯酸的羟基甲、乙、丙酯。共聚物中其质量比为 10%～35%。

③ 乙烯磺酸、丙烯磺酸、丁烯磺酸、苯乙烯磺酸及其碱金属盐，以 2-丙烯酰胺基-2-甲基丙磺酸（AMPS）为代表的丙烯酰胺磺酸衍生物。共聚物中其质量比

为 10%～35%。

④ 烯丙基甘油醚和烯丁基甘油醚。共聚物中其质量比为 3%～15%。醚的结构式为：

$CH_2 \!=\! CR \!-\! CH_2 \!-\! O \!-\! CH_2 \!-\! CH(OH) \!-\! CH_2(OH)$，其中 R＝H 或 CH_3。

共聚反应所使用的溶剂可以为水、醇类、酮类或芳烃类。共聚反应所使用的引发剂可以为过硫酸钠、过硫酸钾、过硫酸铵、过氧化氢、过氧化甲乙酮、过氧化苯甲酰等过氧化物，也可使用偶氮二异丁腈等可分解产生自由基的化合物。

目前，海上油田生产过程中，由于油藏开采层位的特点，生产水中可能含有大量钙镁离子和硫酸根、碳酸根以及碳酸氢根等离子。生产水从油嘴喷出后，直至排海或者回注过程中，由于温度、压力等的变化，溶解在其中的金属离子很可能形成难溶盐类析出，并在弯头、接缝或发生腐蚀的地方形成结垢现象，如果不对其进行处理，会造成集输系统的产能下降并引起进一步的结垢和腐蚀。

国内共聚物阻垢剂的开发到目前为止已有三十多年的时间，具有阻垢性能佳、热稳定性好、无毒等优势，但现有的共聚物阻垢剂存在制备工艺过程复杂、产品成本高、阻垢率低等技术问题。

天津亿利科能源科技发展股份有限公司的专利 CN 105949371 A （2016.09.21）公开了一种新型油田阻垢剂的合成方法。这是一种三元共聚物阻垢剂，是由丙烯酸、丙烯酰胺和烯丙基磺酸钠合成的三元共聚阻垢剂。三元共聚阻垢剂的合成方法包括以下几个步骤：

步骤一，将单体烯丙基磺酸钠和蒸馏水加入到容器；

步骤二，回流冷凝并加热搅拌至单体烯丙基磺酸钠完全溶解；

步骤三，将温度升至 50～70℃，加入引发剂过硫酸钾、丙烯酸和丙烯酰胺的混合液，或加入引发剂过硫酸铵、丙烯酸和丙烯酰胺的混合液；

步骤四，加入引发剂后升温至 65～75℃，保温反应，得到呈淡黄色的三元共聚阻垢剂；

步骤五，所得混合物中加入体积分数为 1% 的脂肪醇聚氧乙烯醚。

本合成方法的特点是，工艺简单、原料易得、得到的共聚物防垢率高等。合成共聚物时，共聚单体丙烯酸、丙烯酰胺和烯丙基磺酸钠的典型质量比为 75：10：15。

所合成的三元共聚阻垢剂用于防止油田集输海管中结垢，按 50mg/kg 的量添加到原油集输系统中，防垢效率达到 99% 以上。

6.7.3　油田水质稳定剂

使用水质稳定剂，是工业用水的主要处理方法之一。在油田作业中，水质稳定剂可以抑制设备腐蚀、抑制结垢和防止微生物黏泥对设备的障碍。

辽阳石油化纤公司的张连第等的专利（CN 1004934B）公开了一种用丙烯酸系

三元共聚物（丙烯酸-马来酸酐-丙烯酸甲酯共聚物）复配的水质稳定剂。这种水质稳定剂可适用常温至90℃的条件。其分散性能好，缓蚀阻垢效果优良。

大庆石油学院的专利（中国专利 CN 1091751A）发明了一种用丙烯酸（酯）改性的碳九水溶性石油树脂，从而扩展了碳九石油树脂的用途，可以用作油田水质稳定剂、钻井泥浆高温稀释剂和增稠剂等。这种水溶性的改性石油树脂可以采用溶液聚合或乳液聚合而制得。

碳九馏分中可聚合的成分在反应物中占40%～60%（质量分数）。碳九馏分中可聚合成分与乙烯基极性单体（丙烯酸、丙烯酸酯、丙烯腈、丙烯酰胺等，而以丙烯酸或丙烯酸酯为最好）之比应使共聚物中乙烯基极性单体链节为30%～50%（摩尔分数）。

碳九馏分与溶剂（或水）的体积比为1：1至1：10。溶剂可以是甲醇、乙醇、丙醇和异丙醇等醇类，醋酸乙酯、醋酸甲酯等酯类，丙酮、丁酮等酮类，以及苯、甲苯等芳烃。可以是上述任何一种单一溶剂，也可以是它们所组成的混合溶剂。

共聚合的引发剂可使用过氧化苯甲酰之类的过氧化物，或使用偶氮二异丁腈之类的偶氮化合物。

反应温度为50～100℃，反应时间1～5h。上述方法制得的共聚物分子量≥6000，共聚物收率为39%～80%。

【实例】

在装有搅拌器、回流冷凝器和温度计的容器中，加入57mL碳九馏分油，49mL丙烯酸酯，以及180mL混合溶剂（由108mL醋酸乙酯、18mL丙酮和54mL甲苯组成）。在100℃下加入0.4g过氧化甲酰，反应5h，得到碳九-丙烯酸酯共聚物，收率80%，分子量7500。

在装有搅拌器、回流冷凝器和温度计的容器中，加入10g碳九-丙烯酸酯共聚物，10g NaOH 和200mL H_2O，在100℃下反应2h，经真空蒸馏分离 H_2O，可得到水溶性碳九石油树脂。

6.7.4 油田用高吸水性树脂

随着三次采油技术的不断发展，油田堵水调剖剂的用量越来越大。开发研制堵水调剖剂越来越受到石油科技工作者的重视。吸水性聚合物用于三次采油的作用机理是，这种聚合物在高含水层孔道的表面产生吸附，在孔道中形成动力捕集和物理堵塞作用。在水的浸泡下，吸水性聚合物形成凝胶膨胀体，对孔道实行封堵，逼迫水流转向，流向中低渗透区，使油层水相渗透率降低，从而改善了油水的流度比，起到调整吸水剖面，扩大注水波及面积，提高驱油效率的目的。

张建国等合成了一种油田堵水调剖用吸水膨胀聚合物，这是一种丙烯酸-丙烯酰胺-丙烯腈三元共聚物，合成方法如下。

按比例称取丙烯酸（AA）、丙烯酰胺（AM）、丙烯腈（AN）等单体于500mL

烧瓶中，配成 30％的水溶液，搅拌均匀。将烘干的粉煤灰用 80 目网过筛，按单体总量的 30％称取并倒入烧杯中搅拌均匀。边搅拌边滴加 10％氢氧化钠溶液，调节 pH 为 6 左右，并加入 0.5％的交联剂 N,N-二甲基丙烯酰胺（MBIN）。边搅拌边升温至 40℃左右，加入引发剂（首先加过硫酸钾，然后再加入亚硫酸氢钠溶液），搅拌后混合物逐渐变稠，并放热。反应终止后将产物取出并切割成小块放入烘箱中，于 105℃下烘干后粉碎即得所需产品。在聚合物中掺入的 30％的粉煤灰，作为骨架。

对于上述所得聚合物，通过大量的实验显示，在淡水中吸水效果较好的配方为，三种单体的摩尔比 AM∶AA∶AN＝3∶2.8∶0.4。交联剂 MBIN 的加入量为 0.3％，引发剂过硫酸钾用量 0.35％、亚硫酸氢钠用量 0.45％。而适用于盐水的聚合物的配方为，三种单体的摩尔比 AM∶AA∶AN＝1∶2.3∶0.9。交联剂 MBIN 的加入量为 0.7％，引发剂过硫酸钾用量 0.27％、亚硫酸氢钠用量 0.45％。

上述两种配方的吸水倍数见表 6-34。

表 6-34　优选配方的吸水倍数

配方	吸自来水倍数	吸 20％盐水倍数
淡水配方	104.25	10.83
盐水配方	96.88	16.88

吸水性聚合物的吸水量主要取决于高分子的亲水性和交联密度，其中交联密度与交联剂用量密切相关。交联剂用量小，聚合物中可溶的线形分子太多，吸水倍数降低。随着交联剂用量的增加，聚合物网络结构形成，产物吸水倍数逐渐提高。但是交联剂用量过大，则交联密度过大，聚合物易形成紧密的网络结构，网络的缝隙空间缩小，水分子难以进入，使吸水性降低。因此，只有交联剂的用量适中，才能达到最大的吸水效果。

徐月平的专利（CN 1290714A）合成了一种可用于油田堵水、堵漏、调剖和降低油-水同层井水含量的高吸水性树脂，并且在实际中的应用非常成功。这种高吸水性树脂具有如下几个优点。

① 适中的吸水倍率（300～400 倍）。吸水倍率太高，可能导致其耐压程度的下降。在油井下不仅需要高的吸水性，而且还要有良好的保水性，需要在吸收倍率和保水量之间有一个恰当的平衡。

② 适宜的体积膨胀率。在普通型吸水树脂中，没有体积膨胀这个要求，而在油田的堵水、堵漏、调剖和降低油-水同层井的水含量等用途中，需要严格控制树脂的体积膨胀的大小。

③ 耐压强度高。该发明的最关键的技术是大大加强了吸水树脂的耐压强度和耐油水的冲击强度。

④ 良好的热稳定性。该发明所生产的吸水性树脂，在一定的压力下，在 100～

180℃温度范围内吸水膨胀后，具有良好的稳定性。

⑤ 良好的耐地下岩层水性能。这种吸水性树脂耐地下岩层水能力特别强，吸收地下岩层水可达 100 倍以上，比普通型吸水树脂高 1～2 倍。

⑥ 良好的耐降解性能和附着性能。这种吸水性树脂降解速度慢，油田上使用半年基本无变化；附着力强，能很好地吸附在岩石的细小缝隙中，经得住油水的冲击和洗刷。

6.7.5　原油破乳剂

超高分子量的破乳剂具有用量少、破乳效率高、对各种原油乳状液适应性广等特点，是当今原油破乳剂发展的方向之一。超高分子量破乳剂的合成主要有以下 3 种方法。

① 采用新型催化剂如双金属催化剂，可以直接合成分子量一万以上至几十万的聚烷氧基醚。

② 用环氧树脂或异氰酸酯等扩链剂与聚烷氧基醚反应，提高聚醚的分子量。

③ 在聚醚分子链上引入丙烯酸等可聚合的单体，通过聚合反应使聚醚分子量增长。

采用方法①合成的超高分子量破乳剂具有破乳率高、破乳速度快的特点，但其适应性不广，而且合成反应过程要在很高的压力下进行。方法②合成的超高分子量破乳剂是油溶性的，破乳效果较好，但生产成本高，生产过程不易控制。采用丙烯酸改性方法合成的超高分子量破乳剂是水溶性破乳剂，使用方便、破乳效率高、适应性广、生产工艺简单、反应条件温和、原料来源广，是原油破乳剂的发展方向。20 世纪 80 年代，美国的 Petrolite 公司 Nalco Chemical 公司等开始研制丙烯酸改性破乳剂，其中 Petrolite 公司开发的丙烯酸改性破乳剂已商业化，在美国和加拿大等地区的油田广泛使用，表现出极好的破乳效果。中国南海油田也使用了 Petrolite 公司的破乳剂。我国对丙烯酸改性破乳剂的研究开始于 1995 年，西安石油学院的徐家业等合成了 PR 型丙烯酸改性破乳剂，在南阳油田试用效果很好，对稠油的破乳也很有效。

陈妹等将 3 种嵌段聚醚型破乳剂的混合物用丙烯酸和马来酸酐进行酯化，酯化产物在引发剂作用下聚合，制成了高分子量的水溶性原油破乳剂。这 3 种嵌段聚醚型破乳剂是：

① 第一破乳剂是以甲醇为起始剂的 EO/PO 嵌段聚醚；

② 第二破乳剂是由烷基酚、多聚甲醛在溶剂中合成的以酚醛树脂为起始剂的 EO/PO 嵌段聚醚；

③ 第三破乳剂是以壬基酚为起始剂的双嵌段聚醚。

上述 3 种破乳剂的混合物与丙烯酸和马来酸酐在酸性条件下进行酯化反应，酯化产物在引发剂的作用下进行自由基共聚，从而生成超高分子量的聚醚破乳剂。

研究表明，改变第一、第二和第三破乳剂的比例对最终超高分子量聚醚破乳剂的破乳脱水效果有较大影响。特别是第一和第二破乳剂的比例影响很大。实验发现，当第一和第二破乳剂的摩尔比为 1.2：1 时，所得超高分子量破乳剂的脱水效率最高。

试验还表明，在丙烯酸含量较低范围内，随着丙烯酸对马来酸酐的比例的升高，超高分子量破乳剂的破乳效果也随着提高，但此比例超过 2：1 后不再影响最终破乳剂的破乳效果。

根据上述条件生产的破乳剂应用于大庆原油、胜利孤岛原油、辽河原油和安哥拉卡宾达原油的破乳效果均显著优于其他 7 种常用破乳剂的破乳效果。

辽河石油勘探局勘探设计研究院和浙江大学应用化学研究所的专利（CN 1186710），发明了一种用于原油集输流程脱水处理的丙烯酸共聚物原油破乳剂。

美国专利 USP4968449 采用丙烯酸和甲基丙烯酸酯进行共聚合，在聚合物侧链上引入羟基和羧基，这样可以提高聚合物的表面活性，引入长链的十二烷基可以提高聚合物表面活性剂与原油的亲和性和相溶性。

辽河石油勘探局勘探设计研究院和浙江大学应用化学研究所的专利（CN 1186710）所合成的一类丙烯酸及酯共聚物与原油特别是稠油的亲和性更好，提高了对原油的破乳效果。此种丙烯酸及酯共聚物原油破乳剂的原料组分和配比如表 6-35 所示。

表 6-35　共聚物原料组成

组分	质量分数/%
苯乙烯	30～65
甲基丙烯酸甲酯	10～40
丙烯酸甲酯 丙烯酸丁酯 丙烯酸 2-乙基己酯	0～20
丙烯酸	2～25
甲基丙烯酸	0～5

所得共聚物的结构式如下：

$$+CH_2—CH\frac{}{}_{n_1}(CH_2—C\frac{C_nH_{2n+1}}{}\frac{}{}_{n_2}(CH_2—CH\frac{}{}_{n_3}(CH_2—CH\frac{}{}_{n_4}(CH_2—CH\frac{}{}_{n_5}$$

$$C_5H_6 \quad COOC_nH_{2n+1} \quad COOC_nH_{2n+1} \quad COOH \quad COOH$$

n_1、n_2、n_3、n_4、n_5 为整数。

表 6-36 是几个有代表性的配方实例：

表 6-36　一种聚合物型原油破乳剂单体的质量分数及其脱水性能　单位：%

组分序号	苯乙烯	甲基丙烯酸甲酯	丙烯酸甲酯	丙烯酸丁酯	丙烯酸2-乙基己酯	丙烯酸	甲基丙烯酸	分子量	脱水率
1	61.4	28.9	0	0	0	9.7	0	5300	92.3
2	50	26.1	0	10	5.4	6.5	2	12700	97.4
3	30	38.3	0	0	17.7	14	0	34300	95.9
4	63	10	9	10	1	2	5	7700	97.0
5	50	30	0	5	0	15	0	69900	96.7

6.7.6　油田降滤失剂

在石油钻井作业中，需要加入一些添加剂，降低钻井泥的失水量，以形成无固相钻井泥浆体系，保护油层不受泥浆的污染，这类添加剂即为降滤失剂。添加降滤失剂，可以提高钻速，降低钻井成本等。目前使用的降滤失剂有羧甲基淀粉、聚阴离子纤维素、丙烯酸盐共聚物等。

广西贵糖（集团）股份有限公司的专利（CN 1478851A），将淀粉与丙烯酸进行共聚并进行热交联改性，再与糖蜜酒精废液进行共混共聚，可将糖蜜酒精废液转化成为油田降滤失剂。

合成该降滤失剂所用的原料包括淀粉、丙烯酸、糖蜜酒精废液、防腐剂、水和引发剂等，其成分及质量百分比为：

成分	质量分数	成分	质量分数
淀粉	5～20	防腐剂(苯酚或苯甲酸钠)	0.1～1
丙烯酸	2～6	引发剂(过硫酸铵或过硫酸钾)	0.4～4
糖蜜酒精废液(以干粉计)	4～15	水	余量

合成过程包括以下步骤。

步骤 1　接枝共聚：

在主反应釜中加入 100kg 马铃薯淀粉和 100kg 水，用 NaOH 溶液调节 pH=8～9，搅拌，于 80～100℃下预糊化 0.5～1.0h。加入 50kg 的丙烯酸，搅拌均匀后（约 10min）加入 8kg 的过硫酸铵（或过硫酸钾），于 30～50℃条件下接枝共聚反应 3h（通氮气保护）。

步骤 2　热交联：

在副反应釜中加入 200kg 马铃薯淀粉和 300kg 水，用 NaOH 溶液调节 pH=8～9，搅拌，于 70～100℃下预糊化 0.5～1.0h。

待主反应釜中的反应完成后，将副反应釜中的半成品加入主反应釜中，再补充 2kg 的过硫酸铵，于 30～50℃下热交联 1～2h（通氮气保护）。

步骤 3　共混共聚：

将 200kg 的糖蜜酒精废液干粉和 0.5kg 的苯酚加入主反应釜中进行共混共聚，于 30～50℃下反应 0.5～1h，并搅拌均匀。

步骤 4 出料包装：

物料温度降至环境温度，出料灌装，即得到液态油田专用降滤失剂产品。也可通过低温蒸发浓缩、喷雾干燥形成干粉状油田专用降滤失剂产品。

6.7.7 驱油剂

在众多的驱油方法中，聚合物驱油以其操作方便、原料易得、成本较低、效果优异而备受青睐。聚丙烯酰胺为聚合物驱油的首选聚合物，因为它具有水溶性好、易水解和黏度高等优点。但是近年来随着采油工艺研究的不断深入，为了进一步提高驱油效果，要求所用聚丙烯酰胺的分子量更高。因此如何制得高分子量特别是超高分子量的聚丙烯酰胺，成为需要解决的问题。孙德君等用自制的氧化-还原引发体系，采用丙烯酰胺与丙烯酸钠共聚的方法，合成了水解度、过滤比等均符合驱油要求的超高分子量丙烯酰胺-丙烯酸共聚物。其反应式如下：

$$CH\!=\!CH\!-\!CONH_2 + CH_2\!=\!CH\!-\!COONa \longrightarrow -\!\!\!+\!CH_2\!-\!C\!-\!CH_2\!-\!CH\!\!\!+_n$$
$$CONH_2 \qquad COONa$$

所用氧化-还原引发体系，氧化剂为过硫酸钾和亚硫酸钾，还原剂主要成分为尿素和草酸。两种单体的最佳投料比例（摩尔比）为丙烯酸钠：丙烯酰胺＝1：3。反应温度控制在 10～30℃之间。应控制反应体系中的单体的总浓度，使其不超过 45%。因为单体浓度过高，则聚合反应过快，不仅使聚合物的分子量下降，而且会形成交联结构的不溶性产物。该合成方法所得丙烯酰胺-丙烯酸钠共聚物分子量可达 $2.2×10^7$，固含量 45.6%。

为控制产物的分子量在一定的合理范围内，以防止聚丙烯酰胺形成交联结构，聚合时需加入一定量的 0.1% 甲酸钠作为链转移剂。链转移剂的用量不可过多，因为随着链转移剂用量的增大，聚丙烯酰胺的分子量逐渐下降，这就与制备超高分子量共聚物产品的初衷相违背了；但是，如果链转移剂的用量不足，则共聚物分子将产生交联，所得产品便不是水溶性好的产品了。

Fred D. Martin 在发表的专利（USP 4,610,305）中公开了一种共聚物驱油剂的合成，其中共聚中使用了一种称作 N-(2-羟基-1,1-二（羟甲基）乙基）丙烯酰胺 [N-(2-hydroxy-1,1-bis (hydroxymethyl) ethyl) acrylamide] 的单体，它可以经由丙烯酸甲酯与三羟甲基氨基甲烷 [tris (hydroxymethyl) aminomethane] 按如下反应式反应制取：

$$CH_2\!=\!CH\!-\!CO\!-\!O\!-\!CH_3 + H_2N\!-\!C(CH_3OH)_3 \longrightarrow CH_2\!=\!CH\!-\!CO\!-\!NH\!-\!C(CH_3OH)_3 + CH_3OH$$
（三羟甲基氨基甲烷）　[N-(2-羟基-1,1-二（羟甲基）乙基）丙烯酰胺]

由上面的 N-(2-羟基-1,1-二（羟甲基）乙基）丙烯酰胺单体与丙烯酰胺及丙烯酸盐类可以进行共聚，以合成具有良好性能的驱油剂。这种油田驱油聚合物的通式为：

$$\left[\begin{array}{c} CH_2-\underset{\underset{CONH_2}{|}}{\overset{\overset{C_{n_1}H_{n_1+1}}{|}}{C}} \end{array}\right]_x \left[\begin{array}{c} CH_2-\underset{\underset{COO^-M^+}{|}}{\overset{\overset{C_{n_2}H_{n_2+1}}{|}}{C}} \end{array}\right]_y T \right]_z$$

n_1、n_2 可以为零或为正整数。T 代表上述的 N-（2-羟基-1,1-二（羟甲基）乙基）丙烯酰胺。试验表明，与相应的商业用部分水解聚丙烯酰胺相比较，上述三元共聚物的耐剪切稳定性更好，其在盐溶液中的黏度下降幅度小。

专利 CN 1405266A 介绍了一种高增黏疏水缔合聚合物驱油剂的制备方法。其特点是将丙烯酰胺（AM）、丙烯酸钠（NaAA）和 N-对丁基苯基丙烯酰胺（BPAM）在过硫酸盐（过硫酸铵、过硫酸钾或过硫酸钠）引发剂的引发下，聚合生成高增黏的疏水缔合共聚物。将共聚物配制成 0.1%～0.3%（质量分数）的溶液，并添加 0.01～1mmol/L 的表面活性剂和 0.5%～1.5%（质量分数）的 NaCl，于 25～40℃下搅拌均匀，即获得所需的高增黏疏水缔合水溶性聚合物驱油剂。共聚物的结构式示意如下：

$$\left[CH_2-CH \right]_x \left[CH_2-CH \right]_y \left[CH_2-CH \right]_z$$
$$\quad\quad CONH_2 \quad\quad\quad COONa \quad\quad\quad CONH-\bigcirc\!\!\!\!\!\!\!-C_4H_9$$

该共聚物的合成工艺为，将丙烯酰胺 35～94.5 份、丙烯酸钠 5～60 份、N-对丁基苯基丙烯酰胺 0.3～3 份、表面活性剂 5～300 份、去离子水 500～3333 份加入三颈瓶中，调节 pH＝9～10，于温度 30～60℃下通氮气 30min 后，加入过硫酸盐引发剂 0.01～1 份，反应 12h。共聚产物用水稀释，再用丙酮沉淀，洗涤，真空干燥，即获得白色粉末状的聚（丙烯酰胺-丙烯酸钠-N-对丁基苯基丙烯酰胺）共聚物（AM-NaAA-BPAM 共聚物）。

这种共聚物具有独特的增黏、抗盐、抗剪切等溶液性质，可用于高盐、高剪切油藏的开发中。这种共聚物可以配制成疏水缔合聚合物驱油剂，其方法是：

将上述制得的聚（丙烯酰胺-丙烯酸钠-N-对丁基苯基丙烯酰胺）疏水缔合水溶性共聚物配成浓度为 0.1%～0.3%（质量分数）的水溶液，外加 0.01～1mmol/L 的表面活性剂，再加 0.5%～1.5%（质量分数）的 NaCl，在带有搅拌器和温度计的混合釜中，于温度 25～40℃下搅拌均匀，即得高增黏疏水缔合水溶性聚合物驱油剂。

6.7.8 钻井泥浆改性剂

在苯乙烯分子上引入正氮离子，形成苯乙烯正氮离子化合物，用以与丙烯酰胺和丙烯酸进行三元共聚。这种具有正电荷的阳离子聚合物在稳定钻井泥浆体系、抑制钻屑分散和阻止黏土颗粒水化膨胀等方面，具有明显的作用。尤其在水敏性地层中，阳离子聚合物表现出了比油基泥浆更为有效的稳定钻进过程，而且减少了油基泥浆造成的各种污染。唐蜀忠等合成的苯乙烯正氮离子衍生物-丙烯酰胺-丙烯酸三元共聚物，是一种阳离子共聚物，共聚物为白色固体，易溶于水，水溶液有较高的黏度，对黏土颗粒水化膨胀有强烈的抑制能力，同时具有良好的絮凝作用。

共聚物的合成方法是，在催化剂的存在下，以苯乙烯为原料制备苯乙烯阳离子化合物（SN）。SN 再与丙烯酰胺（AM）和丙烯酸（AA）进行三元共聚，得到三元共聚物 PSNAMA。具体制备步骤如下：

（1）SN 的制备　在适当条件下，催化苯乙烯，在其分子上引入—CH_2—CH_2—$N^+(CH_3)_3Cl^-$ 基团，形成阳离子的苯乙烯单体（SN）。分离、提纯后的 SN 为白色粉末状物质，易溶于水、稀酸、稀碱、乙醇、丙酮、二甲基甲酰胺等极性溶剂，性质稳定。溴化钾压片红外光谱分析表明 SN 具有如下分子结构：

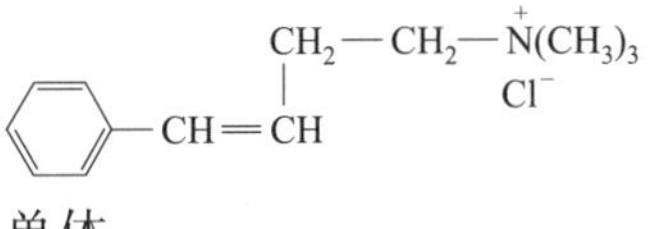

这是一个 1,2-取代的乙烯类单体。

（2）PSNAMA 共聚物的制备　SN、AM、AA 以不同单体比混合，用 $K_2S_2O_8$ 和 $NaHSO_3$ 引发，30℃下反应 5h，聚合体系形成均匀的黏稠液体。用乙醇分离此反应液，获得白色聚合物固体，再用乙醇洗涤两次，以除去未反应的单体及其引发剂，放入丙酮浸泡 48h，以除去可能存在的均聚物。干燥后获 SN、AM、AA 三元共聚物 PSNAMA。

三元共聚物反应按下式进行：

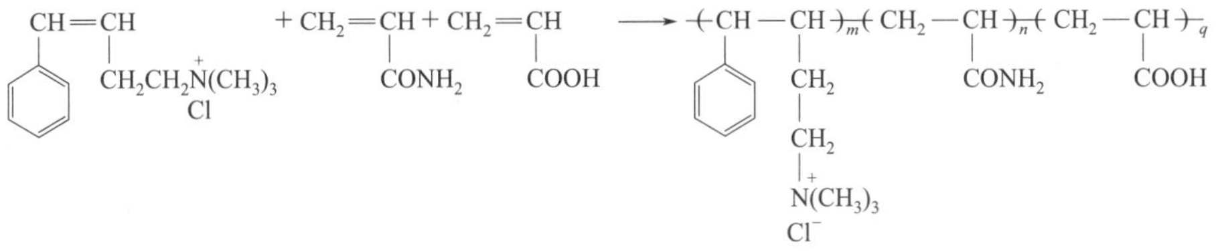

干燥后 PSNAMA 制成水溶液，黏度法测得 30℃时特性数值 [η] 在 300～600mL/g 之间，25℃时 1000×10^{-6} 浓度表观黏度（η_a）值在 1.6～2.2mPa·s 之间。

（3）PSNAMA 共聚物的黏土水化膨胀抑制性能　对 PSNAMA 的黏土膨胀抑制性能和絮凝性能所作的初步评价表明，PSNAMA 具有较强的黏土水化膨胀抑制能力和絮凝能力，其中黏土水化膨胀抑制性能的测试参见表 6-37 所示的结果。

表 6-37　PSNAMA 的用量与防膨胀率的关系

PSNAMA 浓度 /(mg/kg)	25	50	100	150	200	300	400	500
V_2/mL	0.65	0.60	0.58	0.56	0.54	0.53	0.53	0.53
B/%	25	50	60	70	80	85	85	85

其中防膨胀率（B）的计算式为

$$B = \frac{V_1 - V_2}{V_1 - V_a} \times 100\%$$

式中　V_1——黏土在蒸馏水中的膨胀体积，mL；

$\quad\quad\ V_2$——黏土在 PSNAMA 水溶液中的膨胀体积，mL；

$\quad\quad\ V_a$——黏土在煤油中的膨胀体积，mL。

当今在油田钻井过程中，地层日趋复杂，特别是特殊井、超深井和复杂井数量的增加，对钻井液的性能提出了更高的要求。杨小华等使用丙烯酰胺（AM）、2-丙烯酰胺基-2-甲基丙磺酸（AMPS）、丙烯酸（AA）和 2-羟基-3-甲基丙烯酰丙氧基三甲基氯化铵（HMOPTA），合成了一种新型的两性离子型共聚物 AM/AMPS/AA/HMOPTA 四元共聚物。由于分子中引入了阳离子基团，该共聚物作为钻井液处理剂，不仅具有较强的降滤失作用和抗温抗盐能力，而且对膨润土的分散和页岩的水化分散有较强的抑制作用。

6.8　丙烯酸酯橡胶

6.8.1　丙烯酸酯橡胶概述

丙烯酸酯橡胶（acrylic rubber）是以丙烯酸烷基酯为主要成分通过共聚合而合成的橡胶。一般地，丙烯酸酯橡胶的大分子主链为饱和的碳链，侧基为极性的酯基。由于其特殊的结构，赋予其许多优异的性能，如耐热性、耐老化、耐油、耐臭氧、抗紫外线等性能均很优异。其力学性能和加工性能优于氟橡胶和硅橡胶，耐热、耐氧老化和耐油性能优于丁腈橡胶。丙烯酸酯橡胶被广泛应用于各种高温、耐油环境中；特别在汽车工业领域，近年来成为一种重点推广的密封材料。

由于丙烯酸烷基酯的均聚物难于交联，因此需要添加可提供交联点的第二单体，即交联单体。最早具有实用意义的丙烯酸酯橡胶的单体组合是丙烯酸乙酯-2-氯乙基乙烯醚组合和丙烯酸丁酯-丙烯腈组合，前者由 Goodrich Chemical 公司于 1948 年实现工业化生产，后者稍晚几年由美国 Monomer 公司市场推出。在日本，东亚合成化学公司于 1955 年试产了丙烯酸丁酯-丙烯腈型产品，而日本油封工业公司于 1964 年采用悬浮聚合法开始生产丙烯酸乙酯-2-氯乙基乙烯醚型产品。

丙烯酸酯橡胶的辊炼、硫化成型等加工性能比其他常用的合成橡胶差，其硫化胶的物理机械性能也不好，而且价格较高，因此其应用范围受到限制，用量也较少。但是丙烯酸酯橡胶的耐热、耐油性能优异，因此很适合于汽车等高温油接触部件的密封应用。当今，由于各种机械向高性能、轻量化、长保用期方向发展，因此对橡胶制品的耐热性能的要求越来越高；再者，作为汽车排气对策，随着汽车燃料燃烧室等装置的温度的提高，对橡胶部件的耐热性能的要求相应提高。丙烯酸酯橡胶正是可以满足上述要求的一种合成橡胶，今后将有很大的发展。

6.8.2 丙烯酸酯橡胶的性能

丙烯酸酯橡胶在空气中可耐150℃以上的高温，仅次于氟橡胶和硅橡胶。特别是在高温下具有耐发动机油、齿轮油等润滑油的特性，用作与高温润滑油接触的橡胶部件，具有较高的使用价值。

6.8.2.1 丙烯酸酯橡胶的耐热性

丙烯酸酯橡胶连续使用时的耐温范围为150～175℃，间断使用时耐温可达200℃左右，其耐热性能低于氟橡胶和硅橡胶，而高于丁腈橡胶、氯醚橡胶、氯丁橡胶等其他橡胶品种。

橡胶在高温空气中的老化形式可分为3种，即热硬化型、热软化型和热硬化与热软化之间型。聚合物分子主链含双键的丁腈橡胶受热时主要是交联密度增大而产生硬化的过程。而氯醚橡胶等分子中含醚键的聚合物橡胶，其受热过程中主要是主链发生断裂而产生软化的过程。

对于丙烯酸酯橡胶，当成为交联点的活性单体是2-氯乙基乙烯醚时，在高温热空气中产生硬化→软化→硬化的中间老化过程。其初期的硬化过程是由于体系中发生交联的结果，相当于通常的二次硫化作用。但对于以氯乙基丙烯酸酯代替2-氯乙基乙烯醚作交联单体的丙烯酸酯橡胶而言，因分子中不含醚键而不出现软化过程，只产生硬化老化现象。

丙烯酸酯橡胶在高温油品中的表现与其在空气中的表现不同。在油品中因受添加剂、油品分子的老化的影响会产生膨润和收缩现象。热硬化型聚合物在高温油品中会产生膨润现象，其结果是使其硬化的程度得到缓和，并且因无氧气的作用而使其耐热的极限有所提高，寿命较其在空气中长。

主链中含有醚键的聚合物橡胶，如氯醚橡胶和硅橡胶等，水解后产生的老化现象要比在空气中的老化现象严重；而丙烯酸酯橡胶虽然也有分子侧链上的醚键，但是它在油品中不产生老化现象，即在油品中的耐热性比在空气中优异。丙烯酸酯橡胶是一种仅次于氟橡胶的耐热合成橡胶。

6.8.2.2 丙烯酸酯橡胶的耐油性

丙烯酸酯橡胶对于矿物系润滑油、燃料油的耐性优异，但是它在不燃性传动油（磷酸酯、矿物油水悬浮液）、喷射式发动机用油（二酯类）和刹车油（乙二醇类）等合成油中的膨润性很大，是无耐性的。

关于橡胶的耐油性，必须从两个方面来考虑：①收缩产生的物理现象；②抗氧剂、极压添加剂等添加剂及其分解产物产生的化学现象。前者的膨润、收缩程度取决于基础油品的成分，情况严重时会使橡胶件产生致命的破坏。橡胶的膨润、收缩的适度范围是-5%～+20%，超出此范围就会出现问题，也就不能作为耐油橡胶使用。有试验结果表明，丙烯酸酯橡胶的耐油性仅次于氟橡胶和聚氨酯橡胶，优于中高档的丁腈橡胶。

为降低丙烯酸酯橡胶的脆化温度而增加配方中丙烯酸丁酯的含量时，会使橡胶的膨润程度增大，当丙烯酸丁酯的含量增加到40%时，产品就不能作为耐油橡胶使用了。

6.8.2.3 丙烯酸酯橡胶的耐化学品性

丙烯酸酯橡胶因其分子中含有亲水性的羧基而使其耐水性较差，在100℃的水中其膨胀率可达到20%～50%。丙烯酸酯橡胶在酸、碱、盐等无机化学品中的膨胀率更大，对有机酸、芳香族类、醇类、酯类及有机氯化物也不适宜。丙烯酸酯橡胶只对脂肪族烃类有一定的耐性。表6-38为丙烯酸酯橡胶在一些代表性化学品中硬度、体积和表面状态的变化。

表6-38　丙烯酸酯橡胶的耐化学品性能（40℃、70d）

化学品	硬度变化	体积变化	表面状态
无机酸			
烟酸,5%	-5	11.7	○
硫酸,5%	-5	21.8	○
硝酸,5%	-10	43.7	△
亚硫酸	-21	100	△
磷酸,85%	0	0.2	○
铬酸	-5	18.2	○
无机碱			
氨,10%	-16	86.2	△
氢氧化钠,10%	-10	1.5	△
氢氧化钙,饱和	-4	30.2	△
氢氧化镁,饱和	-5	39.5	△
盐类			
氯化钙,饱和	-1	0.5	○
氯化钠,饱和	+5	2.9	○
氯化铁,饱和	-5	41.6	○
氯化钾,饱和	+4	12.7	○
碳酸铵,饱和	-14	57.4	△
硫酸钠,饱和	-7	12.4	○
有机酸			
乙酸,10%	-10	50.5	△
油酸	-4	15.8	○
邻苯二甲酸	-4	37.6	△
一氯乙酸,10%	-6	42.5	×
草酸,饱和	-9	30.0	△
烃类			
异辛烷	-8	8.1	○
煤油	-5	8.9	○

化学品	硬度变化	体积变化	表面状态
汽油	−19	25.1	○
苯乙烯	−39	252.4	○
联苯	−20	51.2	○
苯	−27	277.0	○
苯胺	−46	290.0	△
甲乙酮	−27	138.6	○
乙醛	−31	58.3	○
三氯乙烯	−33	221.7	○
四氯化碳	−13	191.0	○
一氯苯	−39	131.3	○
醇类			
甲醇	−32	46.0	○
乙醇	−29	50.6	○
丁醇	−12	58.0	○
异丙醇	−18	57.7	○
乙二醇	−20	18.1	○
丙三醇	−5	2.9	○
酯类			
乙酸甲酯	−39	210.5	△
乙酸乙酯	−25	102.1	△
乙酸丁酯	−32	12.9	△
邻苯二甲酸二丁酯	−29	153.4	○
其他			
尿素	−9	9.2	○
二硫化碳	−11	47.7	○
波耳多液	−9	29.6	○
氯水	−8	54.7	○
硫化氢	−11	47.7	○

注：○表示无变化，△表示有可识别的变化，×表示有显著的变化。

　　丙烯酸酯橡胶为非结晶型聚合物，其纯胶的强度较小。丙烯酸酯橡胶的分子链由饱和碳键所组成，不能用炭黑来显著提高其强度。但是，非结晶型聚合物的强度依拉伸速度不同而差异很大，对于丙烯酸酯橡胶，通常拉伸速度 0.5m/min 时拉伸强度为 130kgf/cm², 1m/min 时拉伸强度为 165kgf/cm², 7.5m/min 时拉伸强度为 165kgf/cm², 20m/min 时拉伸强度为 205kgf/cm²。

　　丙烯酸酯橡胶在室温附近缺乏弹性，但在高温下却变成富有弹性的橡胶体，其回弹率25℃时为8%，50℃时为22%，100℃时为49%，150℃时可达70%。因此，丙烯酸酯橡胶的物性受其受力速度和环境温度的影响很大，它是一种在高温空气中能保持其稳定的性能，在高温下发挥高弹性，在高速拉伸时更能发挥其特性的聚合物。

6.8.3 丙烯酸酯橡胶的组成及其特性

6.8.3.1 主要单体

丙烯酸酯橡胶的组成，90%～98%为丙烯酸酯单体，2%～10%为交联单体。丙烯酸酯单体的种类决定着丙烯酸酯橡胶的性能，尤其对产品的耐油性和低温性能影响最大。目前市售的丙烯酸酯橡胶，其主要成分几乎均为丙烯酸乙酯，这是因为乙基的耐油性能、机械强度、耐油性和黏合性等较好。但是，丙烯酸乙酯的脆化温度为$-25℃$，低温性能较差。改善产品的低温性能的方法之一是在聚合单体中加入一定量的丙烯酸丁酯。丙烯酸丁酯的脆化温度为$-45℃$，低温性能较好。丙烯酸丁酯的含量以30%为限；含量再高，不仅强度降低、黏性增大，而且膨胀率提高的比率较脆化温度降低的比率大得多。

在丙烯酸烷基酯的烷基中引入极性基团，即与含硫键或醚键的单体共聚，是降低脆化温度的有效方法之一。含有分子结构［式(6-1)］的丙烯酸烷氧基酯或丙烯酸硫代烷基酯的橡胶产品，具有无损于耐油性又降低脆化温度的优点。

$$CH_2=CHCOOCH_2CH_2-X-R \tag{6-1}$$

其中 $X=O$ 或 S。$R=-CH_3$ 或 $-CH_2CH_3$。

普通丙烯酸酯橡胶的耐溶剂性能较差，但含氟丙烯酸酯橡胶具有良好的耐热、耐油性能，而且耐溶剂性能也很优异。有代表性的这一类丙烯酸酯的结构如分子结构式(6-2) 和式(6-3) 所示。

$$CH_2=CHCOOCH_2CF_2CF_2CF_3 \tag{6-2}$$

$$CH_2=CHCOOCH_2CF_2CF_2OCF_3 \tag{6-3}$$

6.8.3.2 交联单体

可成为交联点的活性单体通常的加入量为 2%～5%。最早使用的交联单体是2-氯乙基乙烯醚，其结构如分子结构式(6-4) 所示，其分子末端的氯原子成为交联点。但是2-氯乙基乙烯醚分子中的氯原子位于烷基的末端，反应性较低，需在$170～190℃$温度下才能进行交联。分子结构式（6-5）所示的氯代醋酸乙烯酯反应性较 2-氯乙基乙烯醚高。

$$CH_2=CHOCH_2CH_2Cl \tag{6-4}$$

$$CH_2=CHOCOCH_2Cl \tag{6-5}$$

具有与氯代乙酸乙烯酯同样活性的单体还有氯乙酸烯丙酯［式(6-6)］。

$$CH_2=CHCH_2OCOCH_2Cl \tag{6-6}$$

其他交联单体有甲基丙烯酸环氧丙酯［式(6-7)］环氧丙烷基烯丙基醚［式(6-8)］。

$$CH_2=C(CH_3)COO-CH_2-\overset{O}{\overset{\diagup\diagdown}{CH}}-CH_2 \tag{6-7}$$

$$CH_2=CHCH_2-O-CH_2-\overset{O}{\overset{\diagup\diagdown}{CH}}-CH_2 \tag{6-8}$$

美国专利 USP3493548 介绍了一种甲基丙烯酸环氧烷酯与一氯乙酸加合物交联单体,其结构如式(6-9)所示。

$$CH_2 \!=\! C(CH_3)COO\!-\!CH_2\!-\!CH(OH)\!-\!CH_2\!-\!O\!-\!CO\!-\!CH_2Cl \qquad (6\text{-}9)$$

此外丙烯酸[式(6-10)]也是一种有效的交联单体,丙烯酯共聚物中加入一定比例的丙烯酸作交联单体,可以使用环氧树脂作为交联剂进行交联。

$$CH_2 \!=\! CH\!-\!COOH \qquad (6\text{-}10)$$

6.8.3.3 典型丙烯酸酯橡胶的组成与性能

表 6-39 是典型丙烯酸酯橡胶的组成及其物性。

表 6-39　各种丙烯酸酯橡胶的组成和物性

组成和物性	Noxtite A-1095	Noxtite PA-212	Krynac 882×2	Cyanacryl R	Thiacryl 76
共聚物单体组成	丙烯酸酯 2-氯乙基乙烯醚	丙烯酸乙酯 丙烯酸丁酯 丙烯酸烷氧基酯(或硫代烷基酯) 2-氯乙基乙烯醚	丙烯酸酯 丙烯酸烷氧基酯(或丙烯酸硫代烷基酯)	丙烯酸酯 氯代醋酸乙烯酯(或氯乙酸烯丙酯)	丙烯酸酯 甲基丙烯酸环氧丙酯(或环氧丙烷基烯丙基醚)
交联剂	铅盐 胺	硫黄 二乙基硫脲	皂-硫黄	皂-硫黄	苯甲酸铵
橡胶配方组成					
共聚物	100	100	100	100	100
高耐磨炭黑	50	50	55	50	50
硬脂酸	1	0	1	1	1
防老剂 D	2	2	2	2	2
二盐基亚磷酸铅	3	0	0	0	0
氨基甲酸己二胺	1	0	0	0	0
硬脂酸钠	0	0	0.5	2.5	0
硬脂酸钾	0	3	0.5	0.5	0
硫黄	0	0.3	5.25	0.25	0
二乙基硫脲	0	1	0	0	0
苯甲酸铵	0	0	0	0	2
共聚物门尼黏度 $M_{1+4,100℃}$	55	41.5	40	47.5	60
共聚物丙酮溶解性	可溶	可溶	不溶	不溶	—
混炼胶门尼黏度,$M_{1+4,100℃}$	57	46	76.5	41.5	51(120℃)
混联胶焦烧时间(120℃)/min	32.5	28	8	16.5	10

组成和物性	Noxtite A-1095	Noxtite PA-212	Krynac 882×2	Cyanacryl R	Thiacryl 76
平板硫化物性(170℃×10min)					
硬度(JIS A)	66	54	68	65	63
100%定伸应力/MPa	2.1	1.7	4.8	2.2	2.5
拉伸强度/MPa	13.5	13.5	12.1	13.6	15
伸长率/%	590	580	250	540	480
后硫化物性(170℃×70h)					
硬度(JIS A)	77	70	71	66	70
100%定伸应力/MPa	5.5	3.9	6.2	2.4	4.0
拉伸强度/MPa	12.9	14.2	12.5	13.7	14.5
伸长率/%	220	290	200	470	270
撕裂强度/MPa	2.3	2.5	1.7	3.0	2.3
脆化温度/℃	−15	−28	−20	−13	−13
压缩永久形变(170℃×70h)/%	38	35	61	55	25
150℃×70h 老化试验					
硬度变化/度	+2	+5	+2	+3	+3
拉伸强度变化率/%	+16	+1	+2	−7	+3
伸长率变化率/%	+37	−5	+5	−4	+5
170℃×70h 老化试验					
硬度变化/(°)	+4	+8	+5	+6	+6
拉伸强度变化率/%	+9	−13	−8	−34	−2
伸长率变化率/%	+20	−2	0	+16	−21
150℃×70h 浸 ASTM#1 油试验					
硬度变化/(°)	−1	−5	−2	−2	−2
拉伸强度变化率/%	+2	−9	−4	+6	0
伸长率变化率/%	−14	−21	−9	+7	+9
体积变化率/%	+0.6	+2.2	+0.6	+0.1	+0.7

6.8.4 丙烯酸酯橡胶生胶的合成方法

丙烯酸酯橡胶的合成方法主要有溶液聚合法和乳液聚合法。

溶液聚合法采用乙烯和丙烯酸酯为主要原料,以卤代烃为溶剂,在 BF_3 存在下进行反应生成乙烯-丙烯酸酯共聚物型橡胶。目前美国杜邦公司和日本住友化学公司有采用高温、高压条件下进行溶液聚合生产丙烯酸酯橡胶的技术。

乳液聚合法是目前生产丙烯酸酯橡胶的主要方法。采用乳液聚合法的特点是工艺设备简单并易于实施。乳液聚合工艺中一般选用阴离子乳化剂或者阴离子（如十二烷基磺酸钠）和非离子复合型乳化剂。引发剂可选用油溶性引发剂异丙苯过氧化氢、水溶性引发剂过硫酸盐、过氧化氢和叔丁基过氧化氢等。可以选用叔十二烷基硫醇或二硫化烷基黄原酸酯作分子量调节剂。乳液聚合的反应温度一般为 $50\sim100℃$。可以通过冷凝回流或逐渐添加单体的方式来控制和除去聚合反应热，以控制聚合反应的温度。

乳液聚合过程中，从水中分离聚合物需要增加盐析工序，因此需要添加盐析剂。一般选用 NaCl 和 $CaCl_2$ 等盐类作盐析剂。盐析时可以用聚丙烯酸钠和聚乙烯醇等作保护剂，以防止胶粒粘接成团。盐析后可使用氢氧化钠溶液从胶中洗提出乳化剂，使得生胶更易于硫化。

乳液聚合法丙烯酸酯橡胶的干燥，可以采用不同的方法，如美国氰胺公司和日本瑞翁公司等采用挤出干燥工艺，而日本东亚油漆公司则采用烘干方法。

此外也有采用悬浮聚合法的工艺，如采用悬浮聚合合成乙烯-丙烯酸酯-醋酸乙烯酯型丙烯酸酯橡胶，但这种方法目前应用较少。

6.8.5 丙烯酸酯橡胶的加工改性

丙烯酸酯橡胶的加工改性主要是指选用合适的硫化剂（交联剂）和一些其他助剂对生胶进行炼制，以改善和保持丙烯酸酯橡胶的优异性能。

丙烯酸酯橡胶的选择必须根据其使用目的的不同来进行。丙烯酸酯橡胶的性质取决于丙烯酸酯的种类、共聚交联单体的种类和交联剂的种类，除此之外还与补强剂、填充剂、防老剂和增塑剂等配合剂的选择有关。

（1）交联剂　交联剂的选择除了考虑丙烯酸酯橡胶的交联单体的结构因素以外，还要考虑的其他因素是辊炼的操作性、贮存稳定性、硫化方法、压缩永久形变和热稳定性等。

以 2-氯乙基乙烯醚为共聚交联单体的丙烯酸酯橡胶，可使用的交联剂有三亚乙基四胺（TETA）、三乙基三亚甲基三胺、氨基甲酸己二胺（HMDAC）、二盐基亚磷酸铅（也是稳定剂）、1,2-亚乙基硫脲和四氧化三铅等。

以羰基 α-位含氯单体和末端含环氧基单体为共聚交联单体的丙烯酸酯橡胶，其交联剂除了用上述多胺之外，还可使用苯甲酸铵或氨基甲酸盐、普通秋兰姆类促进剂和皂-硫黄等作交联剂。

（2）补强剂和填充剂　丙烯酸酯橡胶是非结晶性共聚物，其纯胶配合强度低，并且因主链为饱和结构，其强度提高有限。

丙烯酸酯橡胶与其他合成橡胶一样，粒径小而表面活性大的炭黑能提高其拉伸强度。常用的补强剂和填充剂有：

中超耐磨炉黑（ISAF）、高结构高耐磨炉黑（HAF-HS）、快压出炉黑（FEF-AS）、低结构高耐磨炉黑（HAF-LS）、半补强炉黑（SRF）、沉淀白炭黑、气相白炭黑、中粒子热裂炭黑（NI）、中粒子热裂炭黑（FI）、碳酸钙和滑石粉等。补强剂和填充剂用量与硫化胶物性的关系分别见表 6-40 和表 6-41。

表 6-40　几种补强剂的用量与硫化胶物性的关系

补强剂名称	ISAF	HAF-HS	FEF-AS	HAF-LS	SRF	沉淀白炭黑	气相白炭黑
补强剂用量/份	50	50	50	50	74	50	25
平板硫化时间(170℃)/min	10	10	10	9	8	50	17
硬度(JIS)	60	63	66	55	57	56	51
100%定伸应力/MPa	1.9	1.8	5.7	2.0	1.9	1.4	1.8
拉伸强度/MPa	16.6	15.7	14.2	17.8	11.3	13.6	12.8
伸长率/%	565	461	310	534	490	582	547
后硫化(150℃×15h)							
硬度(JIS)	69	67	69	64	66	68	60
100%定伸应力/MPa	6.6	6.8	9.1	5.5	3.5	4.0	4.2
拉伸强度/MPa	16.4	15.7	14.4	17.1	15.5	15.1	11.4
伸长率/%	201	192	190	220	170	234	221
撕裂强度/MPa	18	17	14	13	15	—	14

注：配方：丙烯酸酯橡胶（Noxtite A5098）100，硬脂酸 1，防老剂 D2。

表 6-41　填充剂用量与硫化胶物性的关系

高耐磨炉黑用量/份	20	40	60	80	100	40	35	30
中粒子热裂炭黑用量/份	0	0	0	0	0	10	20	40
平板硫化(170℃×20min)								
硬度(JIS)	35	60	78	88	92	56	56	57
100%定伸应力/MPa	1.0	2.6	4.2	6.6	7.6	1.5	1.6	1.8
拉伸强度/MPa	10.6	17.5	17.0	12.1	7.9	13.6	12.8	10.6
伸长率/%	486	470	393	316	242	585	513	524
后硫化(150℃×15h)								
硬度(JIS)	42	64	79	88	93	67	66	67
100%定伸应力/MPa	1.9	4.0	5.9	8.5	9.2	3.7	4.1	5.1
拉伸强度/MPa	8.8	14.0	16.0	12.9	9.7	13.4	12.3	11.3
伸长率/%	243	264	252	210	132	261	222	140
压出膨胀率/%	152	133	94	68	60	146	138	86

注：配方：丙烯酸酯橡胶（Noxtite A1095）100，硬脂酸 1，防老剂 D2，二盐基亚磷酸铅 3，HM-DAC0.75

（3）防老剂和稳定剂　丙烯酸酯橡胶本身具有优异的热稳定性和耐臭氧性，它不像普通二烯类橡胶那样必须使用防老剂。但是，根据特定聚合物（共聚交联单体的不同）和交联剂的不同，添加防老剂和稳定剂可进一步改善产品的热稳定性。特别是以 2-氯乙基乙烯醚为共聚交联单体的丙烯酸酯橡胶，使用防老剂甲、防老剂 ONP、防老剂 4010NA 等，可以得到良好的效果。采用氨基甲酸己二胺（HMDAC）作交联剂时，加入二盐基亚磷酸铅稳定剂，产品可以得到最优异的热稳定性。

（4）增塑剂　增塑剂具有降低混炼黏度的作用。添加增塑剂的目的是改善硫化胶的低温性能、调节硫化胶对油品的膨胀率、提高填充剂的填充率，以降低产品成本等。

对于耐热性优异的聚合物，增塑剂在高温空气中挥发会损害橡胶的耐热性；对于耐油聚合物，浸油时增塑剂被浸出，结果使制品发生收缩、硬化等现象。因此，对于丙烯酸酯橡胶，应选用沸点高、耐热性好及难以被油品浸出的高分子增塑剂，如聚癸二酸丙二醇酯、壬基苯氧基聚乙氧基乙醇等。

6.8.5.1　丙烯酸酯橡胶的主要改性方法

为了突出丙烯酸酯橡胶的性能或改善丙烯酸酯橡胶的性能，近年来人们不断地对丙烯酸酯橡胶进行各种改性，或者利用丙烯酸酯橡胶对其他弹性体进行改性，主要的改性方式有如下几种：

（1）丙烯酸酯类热塑性弹性体　将含有柔性丙烯酸酯链段的聚合物作为弹性相用于合成热塑性弹性体。目前热固性丙烯酸酯橡胶的塑性化已经成为人们竞相开发的热点，丙烯酸酯类热塑性弹性体已成为汽车用高温耐油弹性体的重要品种。

（2）不同类型的丙烯酸酯橡胶之间的共混改性　丙烯酸酯橡胶按其耐寒性不同，可分为标准型（脆性温度−12℃）、耐寒型（脆性温度−24℃）和超耐寒型（脆性温度−35℃）三类。不同类型的丙烯酸酯橡胶由于其主链结构的差异，物理性能各有特点，但由于极性相近，因此相容性和共硫化性较好，可以进行共混改性，以得到性能优异的产品。

标准型丙烯酸酯橡胶的耐热、耐油和物理性能较好，但是耐寒性能较差。超耐寒型丙烯酸酯橡胶的耐寒性能好，但是耐油性能和物理性能较差。将这两种丙烯酸酯橡胶共混，胶料的综合性能可以得到很大的改善。因此，对于要求耐热、耐油及耐低温性能均好的应用领域，如汽车的油冷却管，可以使用不同类型的丙烯酸酯橡胶的共混胶料，以满足其要求。

（3）丙烯酸酯橡胶/丁腈橡胶的共混改性　丙烯酸酯橡胶和丁腈橡胶均为耐热、耐油橡胶，通过共混改性可以改善丙烯酸酯胶料的拉伸性能、加工性能并可降低成本。但是由于这两种橡胶各自的硫化机理和所用的硫化剂的种类和用量均不相同，共混胶制备的主要困难是硫化过程不同步，丁腈橡胶的硫化速度明显快于丙烯酸酯橡胶，其结果导致丙烯酸酯橡胶相中交联剂向丁腈橡胶相中的大量迁移。国内外对此进行了大量的研究，并有许多专利的发表。

（4）丙烯酸酯橡胶/硅橡胶的共混改性　硅橡胶具有优良的耐高、低温性能，但耐油性不佳。将硅橡胶与"冷脆热黏"的丙烯酸酯橡胶进行共混改性，可以明显使丙烯酸酯橡胶的耐热性、耐寒性得到提高，获得耐高温、耐低温和耐油性能之间的良好平衡。值得注意的是，丙烯酸酯橡胶为强极性橡胶，而硅橡胶为弱极性橡胶，因此就必须解决共混胶的相容性差和硫化速度慢的问题。如日本合成橡胶公司对丙烯酸酯橡胶/硅橡胶的共混改性研究，开发出了理想的共混胶，共混胶采用1,4-双特丁基过氧化异丙苯为硫化剂、N,N-间亚苯基马来酰亚胺为助硫化剂。该共混胶显示出了良好的耐油、耐高温和耐低温综合性能，是性价比极佳的改性丙烯酸酯橡胶产品。这种改性丙烯酸酯橡胶产品在汽车制造中适用的部件达12种之多。

（5）丙烯酸酯橡胶/氯醚橡胶的共混改性　氯醚橡胶与丙烯酸酯橡胶的结构相似，相容性较好，且这两种橡胶的交联基团均为活性氯，硫化体系相同，共混后不会引起胶料的物理性能下降。氯醚橡胶的耐热性不亚于丙烯酸酯橡胶，并具有较好的拉伸性能和耐寒性能。丙烯酸酯橡胶/氯醚橡胶共混可以改善及提高丙烯酸酯胶料的耐候性、耐水性、弹性和拉伸强度。可以采用氧化锌、氧化镁和2-羟基咪唑啉等作硫化体系。

（6）丙烯酸酯橡胶/氟橡胶的共混改性　氟橡胶具有优异的耐高温和耐油性能，可以在250℃时长期使用。但是氟橡胶的耐油性能不如丙烯酸酯橡胶，而且成本高于丙烯酸酯橡胶。将丙烯酸酯橡胶和氟橡胶进行共混，可以克服各自的缺点，得到性能优异、成本适中的橡胶产品。

至今，国内外多采用氟橡胶与丙烯酸酯橡胶高温共混硫化的方法，这种方法明显改善了氟橡胶的加工性能，得到新型的耐热和耐油性能优异的橡胶产品。

6.8.5.2　丙烯酸酯橡胶的合成和加工改性实例

（1）丙烯酸丁酯/丙烯腈共聚型丙烯酸酯橡胶　丙烯酸丁酯与丙烯腈共聚型丙烯酸酯橡胶（即 BA 型丙烯酸酯橡胶）是国外较早生产的一个品种。由于该胶是依靠丙烯腈的反应性来完成硫化的，而丙烯腈的反应活性较低，因此硫化反应进行得比较缓慢，给加工过程造成困难。近年来多被易于硫化的其他类型的丙烯酸酯橡胶所取代，但因为 BA 型丙烯酸酯橡胶在兼顾耐热性和耐寒性这两方面有很好的表现，所以至今仍被一些公司保留生产。

BA 型丙烯酸酯橡胶的制备分如下几个步骤。

① 单体精制　在进行聚合反应之前，应将丙烯酸丁酯产品中所含的阻聚剂脱除。市场上出售的丙烯酸丁酯产品内含 0.1% 左右的氢醌阻聚剂，由于丙烯酸丁酯的沸点较高，蒸馏方法难以完全脱除，因此采用洗净法脱除。该法使用 2%～3%的氢氧化钠水溶液作为清洗液，将清洗液加入到单体中，用量为单体量的 20%（体积分数），充分搅拌 5～6min 后静置，分离出下层含氢醌的茶色水层，如此反复操作 3～4 次，至水层无色为止。

② 聚合反应　生胶采用乳液聚合法制备。聚合反应在带有 30～50r/min 搅拌

器和外部回流冷却的搪瓷釜内进行。聚合时单体浓度为 36%～40%（质量分数），聚合温度控制在 70～90℃之间，反应时间总计约为 3h。丙烯酸丁酯-丙烯腈乳液共聚的特点为：

a. 聚合反应速度快，放热激烈。为保持聚合反应体现温度的稳定，需采用冷却水进行外部强制冷却，以及分批添加引发剂等措施。

b. 由于共聚物的主链不含双键，为饱和的稳定结构，因此聚合过程不会产生枝化和交联的问题。聚合过程不需使用终止剂及其他各种调节剂。

c. 丙烯酸丁酯与丙烯腈共聚时的相对竞聚率 r_1、r_2 均为 1，即为恒比反应。聚合物中单体分布均匀。聚合时单体可一次加入。

d. 聚合配方。聚合引发剂可使用有机过氧化物或过硫酸铵、过硫酸钾等。过硫酸钾的用量为单体量的 0.08%～0.1%时，聚合反应的速度较易于控制。所用乳化剂最好为十二烷基硫酸钠、十二烷基磺酸钠、十二烷基苯磺酸钠等阴离子型乳化剂。其中十二烷基硫酸钠效果最好，所形成的乳液体系最稳定。具体配方如下（质量配比）：

丙烯酸丁酯	88	过硫酸钾	0.08
丙烯腈	12	水	适量
十二烷基磷酸钠	2		

e. 聚合操作过程。将精制的单体与计量的水及乳化剂按比例混合，快速搅拌 10min。加入 1/2 量的过硫酸钾，继续搅拌，并以温水通入聚合釜夹层，逐步升温至 60～70℃，聚合反应经一定的诱导期后在 1h 内反应温度可以达到 88～90℃。停止加入，通冷却水。将剩余引发剂按原始用量 1/5、1/5、1/10 以 10min 的时间间隔逐步加入体系中，引发剂加料完成后体现温度通常为 90℃左右。在 88～92℃下保温至无回流（大约需要 1h）。聚合后的胶乳需通入蒸汽，以清除其中未反应的单体。

③ 后处理　后处理过程是由聚合乳液制得生胶的过程，包括析胶、洗涤、干燥等工序。将聚合乳液加热至 50～80℃，以氯化钙、硫酸铝等无机盐进行凝析（以硫酸铝水溶液为好）。具体方法是，将等体积的 0.7%～1%硫酸铝水溶液与聚合乳液相混合，稍加搅拌，聚合物即呈海绵块状物从聚合乳液中析出。由于所得丙烯酸酯共聚物极其柔软且黏着性很强，易结成大块。为便于水洗和干燥，在凝析时加入聚乙烯醇或聚丙烯酸钠等水溶性高分子化合物作为胶体保护助剂。也可用酸性盐析剂加热凝析，如使用含有 3.5%的盐酸和 0.5%的聚丙烯酸的溶液进行凝析，效果良好，可得到易于洗净和便于干燥的析胶粒子。由乳液中析出的胶粒，用温水洗涤 3～4 次，至不呈酸性，使用双螺挤出机挤出，使水分降至 5%以下，再进行热风干燥至水分达 0.5%以下。干燥的胶粒用开炼机压片即得所需产品。

用上述方法制得的 BA 型丙烯酸酯橡胶为白色半透明固体。特性黏度（丙酮为溶剂，25℃时测定）3.10，门尼黏度＝38，丙烯腈含量 9.75%。生胶在室温条件下存放 1 年性能无变化。

BA 型丙烯酸酯橡胶的硫化改性方法有二，一是采用多胺类化合物进行硫化改性，二是采用过氧化物进行硫化改性。可用的多胺类化合物有三乙烯四胺、四乙烯五胺、多乙烯多胺、1,6-己二胺、己二胺氨基甲酸盐、肉桂叉己二胺、六次甲基四胺、对苯二胺、环氧氯丙烷-己二胺缩聚物等。过氧化物有 2,5-二甲基-2,5-二（叔丁基过氧）己烷等。

（2）丙烯酸丁酯/丙烯酸乙酯共聚型丙烯酸酯橡胶

① 采用有机过氧化物进行硫化 Kuniyoshi Saito 等的专利（US 6380318 B1，Apr.30，2002）中合成的 BA 型丙烯酸酯橡胶，采用无溶剂体系合成方法，所得丙烯酸酯橡胶产品其模塑性能和 O 型环压制成型性能具有特别的优点。

将大分子链中带有反应性官能基团的丙烯酸酯橡胶共聚物，与一种不饱和化合物进行混合，在无溶剂存在时，在加热条件下，不饱和化合物与反应性官能基团进行反应，得到所需的经过改性的丙烯酸酯橡胶产品。

【实例 1】

先合成一个三元共聚物 A，它的组成为丙烯酸乙酯/丙烯酸正丁酯/氯代乙酸乙烯酯＝49/49/2（质量比）。将 200g 共聚物 A 在 4in 开式辊柱上卷绕（辊筒先预热至 125℃），然后塑炼 1min，再加入下列组分，并进行均质混炼，混炼时间为 10min，以使混合成分进行所需的化学反应：

丙烯酰氧乙基琥珀酸酯（HOA-MS）	3g（1.5 个质量份）
硬脂酸钾	4g（2 个质量份）
苄基三苯基氯化磷（BTPPC）	1g（0.5 个质量份）

经过混炼改性出来的橡胶产品在室温冷却过夜，下一步，将以上所得橡胶产品再与下列组分进行混合并在 8in 的开式辊柱上进行混炼：

改性橡胶	100 质量份
硬脂酸	1 质量份
4,4'-双(α,α-二甲基苄基)二苯胺	2 质量份
FEF 炭黑	60 质量份
α,α'-双(叔丁基过氧化)二异丙基苯	2 质量份

上述混合物在 180℃加压硫化 5min，即得所需丙烯酸酯橡胶产品。

【实例 2】

将 2.9kg 共聚物 A（100 个质量份）置于 3.6L 的密闭炼胶机中（预先预热至 150℃）塑炼 1min，然后添加 43.5g（1.5 个质量份）的 HOA-MS。58g（2 个质量份）的硬脂酸钾和 14.5g（0.5 个质量份）的 BTPPC，然后进行 5min 的均质混炼过程，使体系发生改性所需的化学反应。

上述改性的橡胶出料后，于室温下冷却过夜，然后用实例 1 同样的方法进行硫化处理。

【实例3】

与实例2相同，只是将有机过氧化物变成3个质量份。

【实例4】

与实例2相同，只是再增加1个质量份的三烷基三聚异氰酸酯（60％浓度的产品）。

【实例5】

与实例2相同，只是将HOA-MS的量变成3个质量份，并再增加0.5个质量份的吩噻嗪。

【实例6】

与实例2相同，只是将三元共聚物（共聚物A）丙烯酸乙酯/丙烯酸正丁酯/氯代乙酸乙烯酯＝49/49/2（质量比），替换为四元共聚物（共聚物B）丙烯酸乙酯/丙烯酸正丁酯/丙烯酸2-甲氧基乙酯/氯代乙酸乙烯酯＝10/58/30/2（质量比）。并将有机过氧化物变成1.2个质量份。

【实例7】

与实例6相同，只是再增加0.5个质量份的三羟甲基丙烷三丙烯酸酯。

【实例8】

与实例5相同，只是将共聚物A变成共聚物B，并用2个质量份的对羧苯基马来酰亚胺（PAB-MI）。

【实例9】

与实例2相同，只是将共聚物A替换为丙烯酸乙酯/丙烯酸正丁酯/马来酸单丁酯＝49/49/2（质量比）三元共聚物，密炼时添加3个质量份的烷基胺，1.5个质量份二邻甲苯基胍和1.5个质量份的吩噻嗪。

【实例10】

与实例2相同，只是将共聚物A替换为丙烯酸乙酯/丙烯酸正丁酯/甲基丙烯酸缩水甘油酯＝49/49/2（质量比）三元共聚物，密炼时添加2个质量份的甲基丙烯酸2-硝基苯酚酯（由4-硝基苯酚和甲基丙烯酰氯反应制得）和1.5份四丁基溴化铵。

【实例11】

与实例2相同，只是将共聚物A替换为丙烯酸乙酯/丙烯酸正丁酯/丙烯酸4-氰基苯酚酯＝49/49/2（质量比）三元共聚物（其中共聚单体丙烯酸4-氰基苯酚酯由对氰基苯酚与丙烯酰氯反应制得），密炼时添加2个质量份的烷基缩水甘油基醚、1.5份四丁基溴化铵。

所得各种丙烯酸酯橡胶样品的性能列于表6-42。

其中 tc_{90} 为180℃时体系达到最大交联度的90％时所需的时间，时间越短说明可以在较短的时间内模塑成型。T_{10} 为测量开始10min后的扭矩，扭矩越大则模塑状态越好（测量温度180℃）。

表 6-42　各种丙烯酸酯橡胶样品的性能

样品号	1	2	3	4	5	6	7	8	9	10	11
模塑性能测试											
tc_{90}/min	3.4	3.2	2.8	3.5	2.8	4.0	4.0	3.3	8.9	4.1	3.2
T_{10}/(kg·cm)	6.8	7.2	8.0	7.6	7.4	5.3	5.6	8.1	4.5	3.4	4.1
常态物理性能测试											
硬度(JISA)	53	55	60	56	56	50	50	63	51	44	42
100%模量/MPa	3.5	4.0	4.5	4.2	4.1	2.1	3.1	6.4	4.2	1.8	1.4
断裂强度/MPa	12.1	12.0	11.1	11.8	12.5	11.4	10.9	10.5	8.9	9.2	8.8
断裂伸长率/%	230	200	160	200	180	320	240	160	300	340	350
压制成型性能测试(150℃,25%压缩,70h,参见 JIS K-6301)											
JIS 部件/%	27	25	30	27	28	51	40	25	53	60	60
O 型环/%	31	30	38	32	33	50	61	33	47	66	54

　　② 采用咪唑类化合物进行硫化　丙烯酸丁酯/丙烯酸乙酯型丙烯酸酯橡胶也可采用咪唑类化合物进行硫化,只是共聚物大分子中应加入含有环氧基团结构的共聚交联单体。US 6407179 B1 公开了这种类型的丙烯酸酯橡胶的合成方法。

　　步骤一　丙烯酸酯橡胶生胶的制备:

　　在一个容积为 40L 的耐压反应器中,加入 11kg 丙烯酸乙酯和丙烯酸正丁酯混合液体、17kg 含 4%(质量分数)部分皂化的聚乙烯醇的水溶液、22g 醋酸钠和 120g 甲基丙烯酸缩水甘油酯,各种共聚单体的添加比例示于表 6-43 中。将混合物进行充分的搅拌,以获得均匀的悬浮液。将反应器上部的空气用氮气进行置换,然后往反应器中通入乙烯,系统压力调节为 0.5～4.0MPa 范围。对系统进行持续不断的搅拌,系统温度维持在 55℃,最后往系统中加入叔丁基过氧化氢,引发聚合反应。

　　整个反应过程中,应维持反应系统温度为 55℃,反应进行 6h,然后结束反应。向反应体系中加入硼酸钠,将溶液中的聚合物固化,并进行脱水、干燥,以得到所需的丙烯酸酯橡胶生胶。

表 6-43　各实例共聚物的组成与性能

实例	1	2	3	4	5	6
共聚物组成						
乙烯	0.5	2	2	2	2	2
甲基丙烯酸缩水甘油酯	1.1	1.1	1.1	1.2	1.2	1.2
丙烯酸酯	98.4	96.9	96.9	96.8	96.8	96.8
丙烯酸酯的组成						
丙烯酸乙酯	51	51	39	100	91	80
丙烯酸丁酯	49	49	61	0	9	20

实例	1	2	3	4	5	6
物理性能						
拉伸强度/MPa	11.3	11.4	11.6	12.3	12.4	12.3
伸长率/%	330	330	300	330	300	310
硬度/(°)	56	57	58	66	67	62
压碎变定/%	25	24	27	24	26	22
耐油性能(ΔV)/%	40	41	52	14	19	21
耐寒性能(T_{100})/℃	−35	−36	−39	−22	−24	−27
耐热性能[AR(EB)]/%	94	91	93	92	93	90

步骤二 丙烯酸酯橡胶硫化胶的制备：

将上述合成的丙烯酸酯橡胶生胶添加其他助剂（其组成见表 6-44），在一个 8in 的开式碾辊碾磨机上进行捏和碾磨，以得到一厚度为 2.4mm 的薄片样品，然后将样品在 170℃时在平压硫化机上进行加压硫化，可以得到性能优异的可实用的丙烯酸酯橡胶产品。

表 6-44 丙烯酸酯橡胶硫化配方

组分	数量(质量份)	组分	数量(质量份)
丙烯酸酯橡胶生胶	100	液体石蜡	1
硬脂酸	1	三甲基硫脲	1
抗氧剂 445#	1	1,2-二甲基咪唑(硫化剂)	2
MAF 炭黑	50	十六烷基三甲基溴化铵	0.5

（3）丙烯酸丁酯/丙烯酸乙酯/丙烯腈共聚型丙烯酸酯橡胶 共聚物大分子中含有羧基基团的丙烯酸酯橡胶生胶可使用环氧树脂进行硫化（交联）。

吉静等在 BA 型丙烯酸酯橡胶的聚合物配方中加入丙烯酸作为交联单体，然后用环氧树脂交联剂进行交联，可以得到性能良好的丙烯酸酯橡胶产品。

其聚合物的单体配方如下：

ACM-1：BA/EA/AN/增塑剂/AA＝56/25/10/4/5

ACM-2：BA/EA/AN/增塑剂/AA＝58/25/10/2/5

ACM-3：BA/EA/AN/增塑剂/AA＝51/25/15/4/5

其丙烯酸酯胶料的基本配方为：ACM100 质量份，高耐磨炭黑（HAF）30 质量份，半补强炭黑（SRF）22 质量份，硬脂酸锌 1 质量份，硬脂酸 0.5 质量份，促进剂 D1 质量份，环氧树脂 E-44 可变质量份。

ACM/FKM 并用胶（FKM 为氟橡胶）的基本配方为：ACM、FKM 可变质量份；N,N-二肉桂亚基-1,6-己二胺 3.5 质量份；氧化镁可变质量份；硬脂酸可变质量份；HAF30 质量份；SRF22 质量份；环氧树脂 E-443 质量份。

① 交联剂的选择及其对橡胶性能的影响 ACM 分子为饱和结构，使用传统的硫黄不能进行交联，通常使用脂肪族多胺或者过氧化物进行交联，而在 ACM 共聚物中引入了羧基基团（—COOH）时，则可以选用那些能与羧基基团反应的化合物作为交联剂。环氧树脂由于具有三元环特性，稳定性低，易与含不稳定氢原子的物质反应，因此是 ACM 的有效交联剂，其交联反应如下：

$$R—COOH + H_2C—CH—R'—CH—CH_2 + HOOC—R \longrightarrow R—COO—CH—R'—CH—OOC—R$$

（环氧树脂）

使用上述环氧树脂交联剂在 160℃ 对丙烯酸酯橡胶进行交联的交联曲线如下图 6-10 所示。

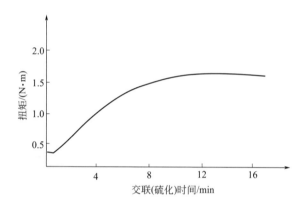

图 6-10　丙烯酸酯橡胶的交联曲线

从图 6-10 可以看出，当交联（硫化）温度为 160℃ 时，只需 15min，交联曲线便趋于平坦，且胶料焦烧时间较长，因此用环氧树脂作交联剂具有快速交联的优点，并可省去二次交联的过程。

试验结果表明，随着交联剂环氧树脂用量的增大，ACM 硫化胶的扯断伸长率下降，但硬度提高，而拉伸强度则先升高后下降，其原因是交联剂用量越大，交联键密度越高，而交联键易在交联反应热的作用下重新断开，且这种倾向随交联键的增多而增大。综合硫化胶的各项力学性能，环氧树脂的用量在 3~6 份为好。

② 炭黑对 ACM 硫化胶的性能的影响 ACM 本身强度较小，必须加入补强填充剂才能达到实用的目的。可采用活性较大的 HAF 和 SRF 并用的方法，HAF 和 SRF 在胶料中易于分散，广泛用于橡胶的补强。HAF 的特点是耐磨性好、拉伸强度高，SRF 的特点则是弹性好、扯断伸长率高、扯断永久形变小，即使大量填充也不会影响硫化胶的强度。

试验表明，随 HAF 用量的增大，硫化胶拉伸强度和硬度稍有提高，而扯断伸长率及扯断永久形变下降，这是符合炭黑补强规律的。SRF 用量的增大不会显著影响硫化胶拉伸强度，但会使扯断伸长率提高，而硬度和扯断永久形变降低。

③ 共聚物单体配比对 ACM 硫化胶力学性能的影响　通过调整共聚物单体配比，可以使 ACM 硫化胶具有较好的综合性能。对于选定硫化体系的条件下硫化胶的性能明显取决于共聚物主要单体的配比，参见以表 6-45 中数据（ACM 胶料基本配方中环氧树脂用量为 3 份）。

表 6-45　共聚物单体配比对硫化胶力学性能、耐油性和耐低温性的影响

项目	BA/EA/AN/增塑剂/AA 配比		
	56/25/10/4/5	58/25/10/2/5	51/25/15/4/5
拉伸强度/MPa	6.2	7.5	10.5
100％定伸应力/MPa	3.5	4.7	6.2
扯断伸长率/％	610	600	268
扯断永久形变/％	12	13	10
邵尔 A 型硬度/(°)	58	62	70
质量变化率/％	3.35	2.65	0.89
脆性温度/℃	−28	−27	−18

共聚物中柔性单体（如 BA）的含量增大时，由于大分子链间的增塑作用，降低了分子间的作用力，因而可以较大幅度地提高 ACM 硫化胶的耐低温性能，但其耐油性和力学性能则变差。耐油性和力学性能可以通过适当增大 AN 的用量而得到改善；因为增大 AN 的含量可使大分子的极性增大，分子间的作用力增大，从而提高了 ACM 硫化胶的力学性能；此外 AN 基团具有很好的耐油性能，增大 AN 的用量可以提高 ACM 产品的耐油性。

④ ACM 与 FKM 并用胶的性能　FKM 是一种饱和结构、强极性的材料，具有优异的耐老化性能和耐油性能，但是目前这种橡胶的成本很高，因此有必要采用 ACM 与 FKM 并用的方法，以达到既满足性能要求又降低成本的目的。并用胶能否达到实用目的，取决于这两种橡胶能否成功地进行共硫化。

要使并用胶能有效地进行共硫化，必须满足两项基本条件：第一项基本条件是，两种橡胶聚合物分子的极性应相近，不宜相差太大。只有这样，交联促进剂才能较均匀地分散于两个组分中，而不至于出现仅仅向极性较强的组分中扩散的倾向。第二项基本条件是，两种聚合物体系应具有相近的硫化速度。

试验表明，ACM 与 FKM 之间是可以实现共硫化的。FKM 的常用硫化胶为 N,N-二肉桂叉-1,6-己二胺，这也是 ACM 的有效硫化剂。试验表明，FKM 单独使用时，硫化胶在热空气中老化 48h，其拉伸强度几乎不变。因为 FKM 的分子结构具有高极性和高饱和度的特性，其 C—F 键有较高的化学键能，很难被破坏。ACM 单独使用时，硫化胶在热空气中老化 48h，其拉伸强度则降低了 11％左右。采用上述两种橡胶并用，则随着 FKM 用量的增大，并用硫化胶性能逐渐接近于 FKM。试验还表明，由于 FKM 具有很强的极性，因此具有优异的耐油性；FKM 用量大于 50 份的并用硫化胶的耐油性即很优异。

6.8.6 丙烯酸酯橡胶的工业生产

丙烯酸酯生产的主要原料有丙烯酸乙酯、丙烯酸丁酯和丙烯酸 2-乙基己酯，辅助原料有丙烯酸烷基醚酯、丙烯酸缩水甘油酯、丙烯酸氯甲酯、丙烯酸缩水甘油醚、乙烯基-2-氯乙基醚和乙烯基单氯乙酸酯等。

合成工艺流程包括以下几个步骤：

单体配制→乳液聚合→聚合物脱单体→水洗→脱水→产品粉碎→干燥→包装。

聚合所需的引发剂和乳化剂经计量后，分别与经计量的去离子水进行混合溶解，配制成引发剂水溶液和乳化剂溶液。丙烯酸酯单体经检验计量后与乳化剂溶液进行预乳化。聚合引发剂溶液、单体乳化液和去离子水按质量比加入聚合反应釜进行聚合反应。反应后的乳液经脱单体工序后，进入储槽，以备下一工序使用。

将经过计量的溶解的盐析剂、经过计量的纯水以及定量的上述所得丙烯酸酯乳液加入一盐析槽内，进行盐析工序。再用纯水对盐析过的乳液进行水洗，然后脱水、粉碎并干燥，经质量检测合格后包装成丙烯酸酯橡胶产品。

上述工艺过程所用反应器设有电子计算机操作控制系统，进行程序控制，并设有防爆措施，反应釜大约需 1 个月清洗一次。仪表采用耐腐蚀、防爆型。工艺流程参见图 6-11。

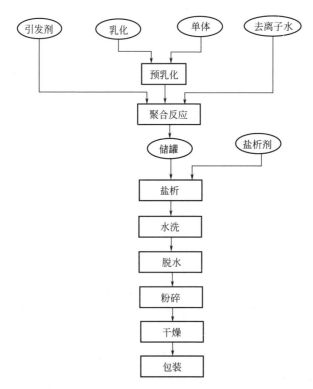

图 6-11　丙烯酸酯橡胶合成工艺流程

参 考 文 献

[1] 唐蜀忠等. 石油与天然气化工，1998，27（3）：186-188.

[2] 季艳杰. 中国化工信息，2014，（49）：15.

[3] 伟姿. 中国化工信息，2014，（41）：13.

[4] 吕延晓. 中国化工信息，2014，（32）：8.

[5] 杨玉崑. 压敏胶黏剂. 北京：科学出版社，1991.

[6] 张爱清. 压敏胶黏剂. 北京：化学工业出版社，2002.

[7] 吉静等. 橡胶工业，1999，46（7）：399-403.

[8] Kuniyoshi Saito, et al. US 6，380，318 B1. 2002-04-30.

[9] Shogo Hagiwara, et al. US 6，407，179 B1. 2002-06-18.

[10] 王敏. 广东橡胶，1999，（6）：11-12.

[11] 叶春葆. 天津橡胶，1999，（2）：5-8.

[12] Harald H，et al. EP 1217038. 2002-06-26.

[13] 张毅等. 油田化学，2000，17（4）：295-298.

[14] Petereit H U. DE 3924393（A1）. 1989-07-24.

[15] Martin. US 4，610，305. 1986-09-09.

[16] Levine E. EP 0402291（A1）. 1990-12-12.

[17] 哈恩等. CN 1174817A. 1998-03-04.

[18] 郭济中. 制品与工艺，1999，（2）：34-38.

[19] 黄燕民等. 石油炼制与化工，1999，30（3）：8-11.

[20] 廖克俭. 石油炼制与化工，1998，29（1）：28-30.

[21] Chevalier P. FR 2627499（A1）. 1989-08-25.

[22] 董丽美等. 石油学报，1996，12（4）：67-75.

[23] Munmaya K M，Raymond G S. US 5834408. 1998-11-10.

[24] 朱莹等. 油田化学，2002，19（4）：319-321.

[25] Briggs P C. EP 357304. 1990-03-07.

[26] Aydin O. DE 3835041. 1990-04-19.

[27] 张正彪等. 油田化学，2003，20（3）：273-276.

[28] 陈妹等. 油田化学，2002，19（3）：237-240.

[29] 郭亮. CN1563257. 2005-01-12.

[30] 韩敬友. 朱燕，精细与专用化学品，2013，21（8）.

[31] Davis K P. EP 0861846（A2）. 1998-09-02.

[32] 姜其斌等. 涂料工业，2002，32（3）：30.

[33] 陈红等. 涂料工业，2004，34（9）：15.

[34] 韦丽玲等. 涂料工业，2004，34（11）：23.

[35] 方冉等. 涂料工业，33（2）：12.

[36] 李江年等. 涂料工业，2003，33（6）：3.

[37] 梁丽云等. 涂料工业，2003，33（8）：27.

[38] 刘会元等. 涂料工业，2003，33（8）：29.

[39] 张志英等. 涂料工业，2003，33（10）：34.

[40] 叶庆丰等. 涂料工业，2003，33（12）：43.

［41］ 李学燕等. 涂料工业，2004，34（2）：51

［42］ 林晓丹等. 涂料工业，2004，34（8）：55.

［43］ 王正岩. 现代化工，2003，23（8）：54.

［44］ 李燕等. 涂料工业，2003，33（9）：20.

［45］ Daly Andrew. EP0887390A，1998.

［46］ Iorgan. US 4894379，1990-01-16.

［47］ Blankenship. US 5527613，1996-06-18.

［48］ Flosbach. US 6013326，2000-01-11.

［49］ William. US 6635314，2003-10-21.

［50］ Decker C. et al. JCT Research 1（4），2004：247.

［51］ 钱逢麟等. 涂料助剂，化学工业出版社. 1990.

［52］ Blackley D C. Paint and Coatings. Vol 3：Application of Laces，1996.

［53］ Sharif Ahmad，et al. J. Appl. Polym. Sci. 95，2005：494.

［54］ Anila Asif，et al. JCT Coating Tech. April，2004：56.

［55］ Park H S，et al. JCT 75（936），2003：55.

［56］ Maarit Lahtiner. J. Appl. Polym. Sci. 87，2003：610.

［57］ Alexander F，et al. JCT 73（916）2001：41.

［58］ Denise E，et al. JCT 72（902）2000：63.

［59］ Miasik G M. Surface Coatings International（6），1996：258.

［60］ Jain S C. Paintindia，2004（3）：37.

［61］ Linak E. Acrylic Surface Coatings，CEH Report，2004.

［62］ 汪长春，包启宇. 丙烯酸酯涂料. 北京：化学工业出版社，2005.

［63］ Myers，et al. Polymer Materials Science and Engineering，70，1996：159.

［64］ 成时亮等. 化工进展，2005，24（1）：61-81.

［65］ 李春旭等. 精细化工，2005，22（1）：66-70.

［66］ 吴建英. CN 105622829A. 2016-06-01.

［67］ 朱杰等. 有机硅材料，2001，15（3）：11-13.

［68］ 黄世强等. 高分子材料科学与工程，1998，14（6）：44.

［69］ 孔祥正等. 高等学校化学学报，1995，16（11）：1810-1813.

［70］ 孙道兴等. 化学与粘合，2004，（2）：79-81.

［71］ 胡孝勇等. 现代化工，2004，24（6）：34-36.

［72］ 王延相等. 化工科技，2002，10（6）：5-8.

［73］ 赵清香等. 高分子材料科学与工程，1998，14（4）：46-49.

［74］ 任学宏等. 江苏省纺织工程学会印染学术讨论会论文集. 2001：128.

［75］ 黄才荣等. 江苏省纺织工程学会印染学术讨论会论文集. 2001：131.

［76］ 程时远等. 化学与粘合，1991，（3）：164-167.

［77］ 刘晓关等. 合成纤维工业，2002，25（2）：29-31.

［78］ 尹国强等. 广州化工，2003，31（4）：90-93.

［79］ 顾蓉英等. 印染助剂，2001，18（5）：20-23.

［80］ 谢雷等. 聚氯乙烯，2002，（6）：25-28.

［81］ 金振华. 化工科技市场，2002，（8）：22-27.

［82］ 孙付霞等. 金山油化纤，2002，21（3）：39-44.

［83］ Naguchi T，Katoh T，Zhang W，et al. International Conference on Synthesis and Properties of Polymer

Emusion，Kobe，Japan，19-22，Oct. 1993：9.

[84] Bang Y H，Lee S，Cho H H. J. Appl. Polym. Sci.，1998，68：2205.

[85] Shinghua Chang. J. Appl. Polym. Sci.，1994，64：405-407.

[86] 钟振声等. 精细化工，2005，22（2）：145-148.

[87] 施振冰. CN 1084860 A. 1994-04-06.

[88] 巫拱生等. CN 1473860A. 2004-02-11.

[89] 迪施尔. CN 1422289A. 2003-06-04.

[90] 杜光伟等. CN 1498930A. 2004-05-26.

[91] 付荣兴等. CN1089956A. 1994-07-27.

[92] 唐黎明等. CN 1337415A. 2002-02-27.

[93] 郑宁来. 江苏化工市场七日讯. 2006，（29）：12.

[94] 王立峰. 内蒙古石油化工. 2012，（4）：28.

[95] 侣庆波，杨金潭. 吉林化工学院学报. 2013，（7）：4.

[96] 薛兆民. 青岛科技大学学报，2003，24（9）：59-61.

[97] Wilson D. GB 2328440（A）. 1999-02-24.

[98] 常春娜. 中国化工贸易. 2014，6（26）.

[99] Yanagase A，et al. J. Appl. Polym. Sci.，1996，60：87.

[100] Gao J，et al. J. Appl. Polym. Sci. 1996，59：1787.

[101] Han S，et al. J. Appl. Polym. Sci. 1996，61：1985.

[102] Li Z，et al. J. Appl. Polym. Sci. 1994，54：1395.

[103] Cook D G，et al. J. Appl. Polym. Sci. 1993，48：75.

[104] Bracke，et al. US 4，263，420. 1981-04-21.

[105] 张邦华等. 高分子学报，1988（3）：182.

[106] Katayama. US 6，531，534. 2003-03-11.

[107] Bekele. US 6，045，924. 2000-04-04.

[108] Funaki. US 6，855，787. 2005-05-05.

[109] 刘三威等. 油田化学，2003，20（1）：17-19.

[110] 张建国等. 化学与生物工程，2004，（2）：41-42，53.

[111] 张素坤. 用于 PVC 的丙烯酸酯类改性剂的研究 [D]. 北京：清华大学，1988.

[112] 杨福生. 化工科技市场，2001（3）：17.

[113] 陈建滨. 化学工程师，2002（6）：42.

[114] 杨小华等. 精细石油化工进展，2001，2（10）：8-11.

[115] 王克智. 塑料科技，1996（2）：47.

[116] 王克智. 塑料科技，1996（1）：44.

[117] Sacidz. EP 1207172. 2002-05-22.

[118] Walsh D J. Polymer. 1984，25：495.

[119] Buchnall C B，Smith R R. Polymer，1965，6：437.

[120] Olabis O，et al. Polymer-Polymer Miscibility，1979.

[121] Blankenship R. US 4，594，363. 1986-06-10.

[122] Ferry. US 3，985，703. 1976-10-12.

[123] Ragan. US 4，551，485. 1985-11-05.

[124] 王丽琴等. 高分子材料科学于工程，1998，14（1）：99.

[125] Patterson J R. Resin Review，45（1）：16.

[126] 林维雄. 塑料助剂，2004，(5)：33.

[127] Sakabe. US 6，723，763. 2004-08-20.

[128] Iguchi. US 6，686，411. 2004-02-03.

[129] 王亮. CN 105713473 A. 2016-06-29.

[130] 罗建勋，蓝振川. 中国皮革，2009，38 (17)：23-26.

[131] 张静等. 精细化工，2005，22 (1)：48-52.

[132] 宁少刚等. 皮革化工，1994，(1)：5-9.

[133] 马建中等. 皮革化学品. 北京：化学工业出版社，2002.

[134] 任兴丽. 纸和造纸，2014，33 (6)：56-58.

[135] J. P. 凯西. 制浆造纸化学工艺学. 第三版. 北京：轻工业出版社，2001.

[136] 韩蕴华. 精细石油化工，2001，(5)：10-12.

[137] Athey R D，TAPPI Conf. Pap-Pap. Synthesis，1976，91 (1976).

[138] Hamano Industry KK，JP 21598 (1982).

[139] Nakata K，Endo Y，Noji M. JP 118015 (1977).

[140] Misaki T，Tomota M，Obata K. JP 69898 (1987).

[141] Canon K K. JP 134782-5 (1983).

[142] 马吉峰等. 造纸化学品，2005，(5)：8-11.

[143] 林涤非，张书磊. CN 104213465 B. 2016-09-14.

[144] 王中华. 河南化工，1991，(6)：5-8.

[145] 徐月平，张振宇. CN 1290714 A. 2001-04-11.

[146] 冯宇. CN 105949371 A. 2016-09-21.

[147] 郑邦乾. 工业水处理，1990，10 (2)：18.

[148] 王一平. 现代化工，2002，(2)：35-37.

[149] 孙德君. 精细石油化工，2001，(5)：13.

[150] 淡宜等. 高等学校化学学报，1997，(5)：818.

[151] Martin. US 4，610，305. 1986-09-09.

[152] 叶林，黄萍，黄荣华. CN 1405266 A. 2003-03-26.

[153] 陈新萍，王宝辉. CN 1408809 A. 2003-04-09.

[154] 霍建中. 化学试剂，2004，26 (1)：52-54.

[155] 杨保安，刘荣杰. 现代化工，1997，(6)：19.

[156] 周风山等. 分析化学，2000，28 (4)：452-454.

[157] 张洁辉等. 精细石油化工，1998，(3)：14-19.

[158] 朱清泉等. 精细石油化工，1987，(1)：11-18.

第7章

特种丙烯酸酯生产和应用

按照普遍的分类方法，我们可以将丙烯酸甲酯、丙烯酸乙酯、丙烯酸正丁酯和丙烯酸 2-乙基己酯这四种酯称作通用丙烯酸酯（commodity acrylate esters），而将除此四种酯以外的其他各种丙烯酸酯均称作特种丙烯酸酯（specialty acrylate esters）。特种丙烯酸酯也常称作丙烯酸官能单体。

与上述四种通用丙烯酸酯相对应的有四种甲基丙烯酸系列的酯类（methacrylates），即甲基丙烯酸甲酯、甲基丙烯酸乙酯、甲基丙烯酸正丁酯和甲基丙烯酸 2-乙基己酯。同样各种特种丙烯酸酯均有其相对应甲基丙烯酸系列酯。甲基丙烯酸系列酯与丙烯酸系列酯同等重要，因为在许多情况下这两个系列的单体赋予聚合物以不同的性质，不能互相替代。本书主要介绍丙烯酸系列酯。

特种丙烯酸酯主要应用于 UV 和 EB 辐射固化中。目前，UV 辐射固化树脂的应用越来越广泛，这是由于采用 UV 辐射固化技术有许多突出的优点，主要有固化速度快、能量消耗低、生产过程环保、室温操作和可获得高质量的最终产品等。这类辐射固化树脂产品通常有以下三个主要组成部分。

① 官能化齐聚物。齐聚物是形成立体结构聚合物产品的主链或骨架，它决定着辐射固化产品的物理和化学性能。

② 单官能团或多官能团单体。官能单体的作用相当于活性稀释剂，它起着非常重要的作用，因为它决定着共聚合反应的速度和产品的交联程度，同时决定着最终产品的物理和化学性能。

③ 光引发剂。光引发剂在光束或电子束的照射下产生自由基或离子反应活性中心，因此它直接影响着聚合反应进行的速度。

所用丙烯酸官能单体的官能团增加，体系的聚合反应速度迅速上升，但同时体系可达到的反应深度却随之下降；即随着官能团的增加，最终产品的交联程度增大，同时体系中未反应的残留单体的量也随之增加，有时残留单体可达 50%。这种 UV 固化过程所得的涂层硬度很高、抗划性能很好，但缺乏柔韧性。

在 UV 固化体系研究中，要求体系的交联速度要快、残留单体要少、所得涂层硬度要高并有良好的柔韧性。最新的研究目标主要在无毒和低刺激性丙烯酸酯官能单体的开发上。人们对已有各类丙烯酸酯官能单体进行的研究得出的结论是，最好的丙烯酸酯官能单体是分子中含有氨基甲酸酯基团（carbamate group）、噁唑烷酮基团（oxazolidone group）或环碳酸酯基团（cyclic carbonate group）的单体。

7.1　特种丙烯酸酯生产概况

特种丙烯酸酯的产量大约为通用丙烯酸酯产量的 10%。表 7-1、表 7-2 中所列为美国、欧洲和中国特种丙烯酸酯历年产量情况。进入 21 世纪，中国的发展速度在全球是最快的。中国感光学会辐射固化专业委员会自 2000 年开始进行的会员单位经济信息统计显示，1999 年有 10 家特种丙烯酸酯生产企业，仅生产 7 个品种的特种丙烯酸酯，产量 1300t。2002 年产量增加到 13862t，2004 年为 24350t，2006 年及以后每年的产量见表 7-2。

表 7-1　2003～2013 年美国和欧洲特种丙烯酸酯产量　　　　单位：万吨

年份	2003	2004	2005	2006	2007	2008	2009	2010	2011	2012	2013
美国	10.9	11.1	11.4	11.7	12.0	11.7	11.5	12.0	13.0	13.5	14.0
欧洲	6.9	—	—	8.6	—	—	—	10.3	—	—	12.0

表 7-2　2006～2015 年中国特种丙烯酸酯产量　　　　单位：t

品　名	2006 年	2007 年	2008 年	2009 年	2010 年	2011 年	2012 年	2013 年	2014 年	2015 年
TMPTA	13145	15480	18184	29325	24500	27586	31266	42500	34662	33870
TPGDA	12782	16250	18700	29980	30640	31744	41600	36060	32279	34810
NPGDA	1949	1330	2510	3230	2410	3008	1857	4130	4111	3660
HDDA	5696	3700	5510	7746	4540	8928	4967	10906	10699	8430
PDDA	80	125	250	125	250	44	120	60	58	120
DPGDA	4588	3080	6610	6630	5220	3794	4937	8262	9092	5240
PETA	1250	280	2100	2245	1160	2264	3495	3950	5404	5450
OTA	510	520	1810	1040	326	590	1548	140	1077	1880
IBOA	400	0	50	0	60	590	561	1080	0	0
EO-TMPTA	3681	2485	4450	6481	4605	3598	4258	5090	4188	3990
PO-TMPTA	180	75	100	280	275	865	35	2120	601	1210
PO-NPGDA	973	815	1820	1290	2555	1190	893	3040	2411	2420

品　名	2006 年	2007 年	2008 年	2009 年	2010 年	2011 年	2012 年	2013 年	2014 年	2015 年
PEGDA	0	0	0	40	0	400	25	14	50	700
HEA	1050	3000	10000	4800	4800	4800	4800	0	0	0
HPA	500	2000	5000	2400	2400	2400	2400	0	0	0
其他	1250	73	0	0	20174	15209	12001	10881	15429	26666
总计	48034	49213	77094	95612	103915	107010	114763	128233	122075	128446
同比增幅/%	31.4	2.5	56.6	24.0	8.7	3.0	7.2	11.7	−4.8	5.2

注：TMPTA—三羟甲基丙烷三丙烯酸酯（trimethylolpropane triacrylate）；TPGDA—三丙二醇二丙烯酸酯（tripropylene glycol diacrylate）；NPGDA—新戊二醇二丙烯酸酯（neopentyl glycol diacrylate）；HDDA—1,6-己二醇二丙烯酸酯（1,6-hexanediol diacrylate）；PDDA—邻苯二甲酸二乙二醇二丙烯酸酯；DPGDA—二丙二醇二丙烯酸酯；PETA—季戊四醇三丙烯酸酯；OTA—丙氧基化甘油三丙烯酸酯；IBOA—丙烯酸异冰片酯（isobornyl acrylate）；EO-TMPTA—乙氧基化三羟甲基丙烷三丙烯酸酯（ethoxylated trimethylolpropane triacrylate）；PO-TMPTA—丙氧基化三羟甲基丙烷三丙烯酸酯；PO-NPGDA—丙氧基化（2）新戊二醇二丙烯酸酯 [propoxylated（2）neopentyl glycol diacrylate]；PEGDA—聚乙二醇二丙烯酸酯；HEA—丙烯酸羟乙酯；HPA—丙烯酸羟丙酯。

7.2　单官能团特种丙烯酸酯

7.2.1　(甲基) 丙烯酸羟基酯

丙烯酸羟基乙酯（hydroxyethyl acrylate，HEA）、甲基丙烯酸羟基乙酯（hydroxyethyl methacrylate，HEMA）、丙烯酸羟基丙酯（hydroxypropyl acrylate，HPA）、甲基丙烯酸羟基丙酯（hydroxypropyl methacrylate，HPMA）是最重要的丙烯酸酯官能单体。根据欧美、日本的发展情况，每有 1 万吨丙烯酸和通用丙烯酸酯商品，就应该有约 120t 这四种官能单体与之配套。这四种官能单体大约占全部丙烯酸酯官能单体用量的 60%。

(甲基) 丙烯酸羟基酯主要用于 6 个方面：

① 合成水溶性树脂；

② 合成热固性丙烯酸树脂，用于汽车和家电的钢板覆膜；

③ 用于对 SBR 树脂的改性，提高产品的耐热性和耐油性；

④ 合成丙烯酸酯交联树脂，提高产品的耐磨耗性和防水性；

⑤ 合成胶黏剂，提高产品的粘接强度；

⑥ 用于纸加工，提高纸张的耐水性和强度。

产品的规格与物性参见表 7-3。

表 7-3 产品规格与物性

项目	HEMA	HEA	HPMA	HPA
结构式	CH₂=C(CH₃) COOCH₂CH₂OH	CH₂=CH COOCH₂CH₂OH	CH₂=C(CH₃) COOCH₂CH(OH)CH₃	CH₂=CH COOCH₂CH(OH)CH₃
色相(APHA)	<30	<50	<50	<50
相对密度(20℃/4℃)	1.069~1.075	1.108~1.110	1.024~1.030	1.048~1.059
游离酸/%	<0.5	<1.5	<1.0	<1.0
含量(PSDB法)	—	—	>97.0%	>96.5%
含量(溴化法)	>97%	>96.5%	—	—
水分/%	<0.3	<0.5	<0.3	<0.5
阻聚剂(MEHQ)/(mg/kg)	50±5	400±40	50±10	200±20
分子量	130.15	116.06	144.17	130.08
凝固点/℃	流动点<−60	<−70	流动点<−55	<−70
折射率(n_D)	1.4498(25℃)	1.4480(25℃)	1.4447(25℃)	1.4443(25℃)
黏度/mPa·s	6.79(20℃)	5.34(25℃)	9.28(20℃)	8.06(25℃)
比热容[J/(g·℃)]	1.96	2.1	1.92	2.04
沸点/(℃/mmHg)	95/10.87/5.68/1	82/5	96/10.87/5.66/1	77/5
闪点(开放式)/℃	110	104	104	100
在水中的溶解度	∞	∞	21.7	—
在水中的溶解百分数/%	∞	∞	13.4	13

7.2.1.1 合成工艺流程

（甲基）丙烯酸羟基酯的合成按下述反应式进行：

（1）丙烯酸羟乙酯（HEA）

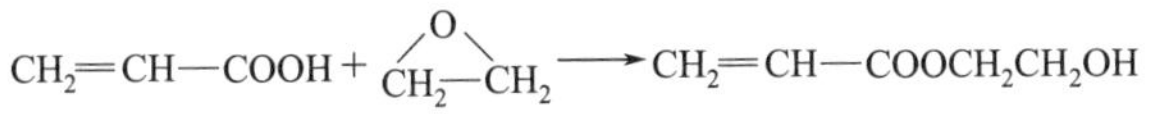

$$CH_2=CH-COOH + \underset{CH_2-CH_2}{\overset{O}{\triangle}} \longrightarrow CH_2=CH-COOCH_2CH_2OH$$

使用催化剂 B 和阻聚剂 A、B、C、D、E、G（参见表 7-7）。

（2）丙烯酸羟丙酯（HPA）

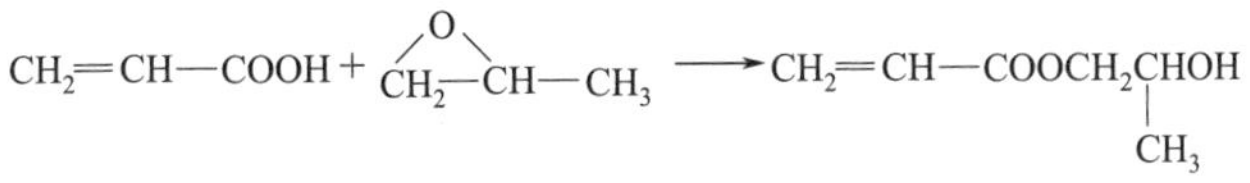

$$CH_2=CH-COOH + \underset{CH_2-CH-CH_3}{\overset{O}{\triangle}} \longrightarrow CH_2=CH-COOCH_2\underset{\overset{|}{CH_3}}{C}HOH$$

使用催化剂 B、D 和阻聚剂 A、D、E、G。

（3）甲基丙烯酸羟乙酯（HEMA）

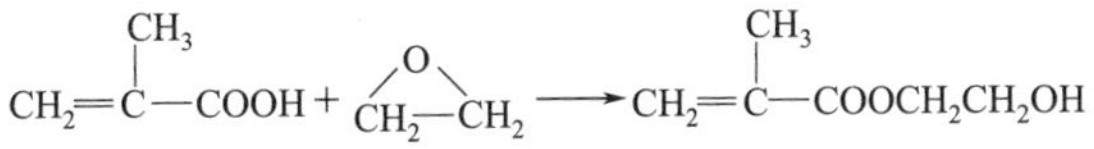

$$\underset{\overset{|}{CH_3}}{CH_2=C}-COOH + \underset{CH_2-CH_2}{\overset{O}{\triangle}} \longrightarrow \underset{\overset{|}{CH_3}}{CH_2=C}-COOCH_2CH_2OH$$

使用催化剂 A、C、D 和阻聚剂 A、D、F、G。

（4）甲基丙烯酸羟丙酯（HPMA）

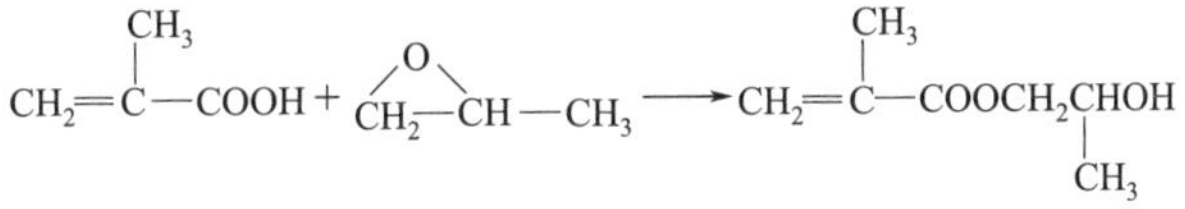

$$\underset{\overset{|}{CH_3}}{CH_2=C}-COOH + \underset{CH_2-CH-CH_3}{\overset{O}{\triangle}} \longrightarrow \underset{\overset{|}{CH_3}}{CH_2=C}-COOCH_2\underset{\overset{|}{CH_3}}{C}HOH$$

使用催化剂 A、D 和阻聚剂 A、C、D、E、F、G。

工艺流程简述如下：

由于四种羟基酯使用同一套装置生产，其流程基本相同。现仅以丙烯酸羟丙酯为例进行说明，工艺流程见图 7-1。

① 原料准备单元。主要原料丙烯酸在高温下容易聚合，而低温下又很容易结冰。丙烯酸的冰点为 13.5℃（甲基丙烯酸的冰点为 17℃）。因此，一年四季的储存和在管线中的温度应在 20～30℃之间。适宜的方法是储罐中配备温水盘管，输送管线用温水夹套进行保温。

主要原料环氧丙烷在常温常压下会急剧蒸发与空气混合形成爆炸性气体，因此，应在 0℃以下储存。环氧乙烷则应在 −5～−10℃下储存。并且，在有环氧丙烷的系统中都必须有氮气保护，且氮气的纯度应在 99.9％以上。

对催化剂和阻聚剂还有具体的特殊要求。

② 原料计量单元。丙烯酸经泵送至电子秤自动计量。用其中的一部分丙烯酸溶解生产所需的催化剂。

环氧丙烷也经泵送至电子秤自动计量。

③ 反应单元。用蒸汽喷射泵将反应器（7）减压，投入丙烯酸及用丙烯酸溶解的催化剂 B、D 和阻聚剂 A、E，然后启动搅拌，并减压至规定的真空度，再用氮

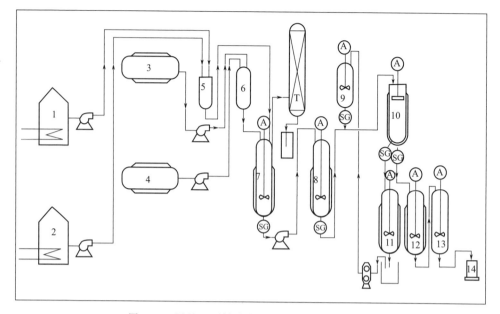

图 7-1 （甲基）丙烯酸羟基酯的工业生产流程图

1—丙烯酸储罐；2—甲基丙烯酸储罐；3—环氧乙烷储罐；4—环氧丙烷储罐；
5—酸计量槽；6—环氧乙烷（环氧丙烷）计量槽；7—酯化反应器；8—中间储罐；
9—二次蒸馏加料罐；10—薄膜蒸发器；11—第一残液罐；12—成品罐；
13—成品调节罐；14—包装桶；T—吸收塔

气（也即阻聚剂 G）加压至规定的压力。

　　投入部分环氧丙烷，并在夹套中通入蒸汽，使之达到反应温度后再在夹套和反应器盘管内通入冷却水，以保证在连续加入环氧丙烷时维持正常稳定的反应温度。当丙烯酸在残液中达到规定值时（约 5h）反应结束。

　　④ 脱气单元。将吸收塔 T 减压并使吸收液（二乙二醇＋硫酸）在吸收塔 T 中循环。

　　未反应的环氧丙烷在吸收塔 T 中被吸收。反应器（7）中通冷却水，当温度达到 40℃，反应器绝压在 18mmHg 以下时，脱气结束。

　　将中间储罐（8）用蒸汽喷射泵减压后把反应液送至中间储罐（8）并在常压下搅拌 20min。

　　⑤ 蒸馏单元。使用蒸气喷射泵将薄膜蒸发器（10）减压至 0.5mmHg，由中间储罐（8）供给反应液进行一次蒸馏。一次蒸馏液进入成品罐（12），一次馏出残液进入残液罐（11）。一次蒸馏结束后把成品罐（12）和残液罐（11）恢复为常压。将残液罐（11）中的馏出残液送至二次蒸馏加料罐（9），一次蒸馏液送至成品调节罐（13）。

　　按一次蒸馏同样的操作进行二次蒸馏。

　　⑥ 产品调整单元。将成品罐（12）中的二次馏出液与成品调节罐（13）中的

一次馏出液各自进行分析，并分析调整阻聚剂 D（MEHQ）的含量（如表 7-4 所示）。

表 7-4　不同羟基酯产品 MEHQ 的调整量

羟基酯品种	HEMA	HEA	HPMA	HPA
MEHQ 含量/(mg/kg)	50±5	400±40	50±10	200±20

产品各项指标符合表 7-3 的要求即可包装出厂。

主要原料及辅助原料简述如下。

（1）主要原料　主要原料只有丙烯酸、甲基丙烯酸、环氧乙烷和环氧丙烷 4 种。其物性、对人的危害及火灾危险性见表 7-5。主要原料规格见表 7-6。

一般认为，化工产品的 LD_{50} 为 $50\sim500mg/kg$ 体重时具有中等程度的毒性；LD_{50} 为 $0.5\sim5g/kg$ 体重时毒性很小；LD_{50} 为 $5\sim15g/kg$ 体重时实际上无毒。因此，在羟基酯产品的生产中，环氧乙烷和丙烯酸具有中等程度的毒性，而环氧丙烷和甲基丙烯酸的毒性较小。

表 7-5　主要原材料物性、对人的危害及火灾危险性

项　　目	EO	PO	AA	MAA
化学结构式	CH₂—CH₂ (O)	CH₃—CH—CH₂ (O)	$CH_2=CH-COOH$	$CH_2=C(CH_3)-COOH$
外观	无色透明	无色透明	无色透明	无色透明
相对密度(20℃/4℃)	0.8711	0.8304	1.051	1.015
分子量	44.05	58.08	72.06	86.09
凝固点/℃	−111.3	−104.4	13.5	17
沸点(760mmHg)/℃	10.4	34.0	141	161
黏度/mPa·s	0.28(20℃)	0.38(20℃)	1.3(28℃)	1.35(20℃)
比热容/[J/(g·℃)]	1.83	2.13	2.75	2.08
折射率	1.3597(7℃)	1.3657(2℃)	1.422	1.4321
闪点(开式)/℃	−20	−37	68	77
爆炸界限(质量分数)/%	3.8~100	2.5~38.5	5.5~20.5	—
致死量(LD_{50})/(mg/kg)	330(鼠)	950(鼠)	340(鼠)	2200(鼠)
对人的危害	对皮肤、黏膜有刺激，引起中枢神经障碍	对皮肤、黏膜有刺激，对中枢神经有弱的抑制作用	对皮肤、眼和呼吸器官有刺激作用,属腐蚀性液体	对皮肤、眼和呼吸器官有刺激作用,属腐蚀性液体
火灾危险性	火灾危险性大。与空气混合能形成爆炸性混合物。遇火星、高热有燃烧爆炸危险。需氮封。周围一旦有火情,则用水幕隔离	火灾危险性大。遇高热、明火和氧化剂,有引起燃烧爆炸的危险,周围一旦有火情,则用水喷淋	火灾危险性小。易聚合。应避免近火和受热	火灾危险性小。易聚合。应避免近火和受热。激烈聚合会发生爆炸

表 7-6 主要原料规格

项　　目	标准值	分析方法
甲基丙烯酸		
色相/APHA	<30	比色法
纯度/%	>98.5	气相色谱法
水分/%	<0.5	卡尔费休法
阻聚剂 MEHQ/(mg/kg)	100±10	比色法
丙烯酸		
色相/APHA	<15	比色法
纯度/%	>99.0	气相色谱法
水分/%	<0.5	卡尔费休法
阻聚剂 MEHQ/(mg/kg)	200±20	比色法
环氧乙烷 EO		
外观	无色透明、无浮游物	目测法
纯度/%	>99.5	100-水-酸-CO_2-乙醛
水分/%	<0.01	卡尔费休法
醛(以乙醛计)/%	<0.01	$NaHSO_3$ 法
酸度/%	<0.03	酸碱滴定法
环氧丙烷 PO		
外观	无色透明、无浮游物	目测法
纯度/%	>99.5	100-水-酸-CO_2-乙醛
水分/%	<0.02	卡尔费休法
醛(以乙醛计)/%	<0.005	$NaHSO_3$ 法
酸度/%	<0.09	酸碱滴定法
不挥发物/(mg/100mL)	<0.002	—

（2）辅助原料　羟基酯生产中直接使用的辅助原料共 14 种，见表 7-7。

表 7-7　辅助原料规格

名称	规　　格
催化剂 A	水分<30%
催化剂 B	水分<30%
催化剂 C	纯度>90%,色相(APHA)<60,水分<0.5%
催化剂 D	纯度>96%,色相(APHA)<100,干燥减量<25%
阻聚剂 A	含 20%固体物的苯溶液
阻聚剂 B	分解点>300℃,灰分<0.3%,加热减量<0.5%

名　称	规　格
阻聚剂 C	熔点>215℃,灰分<0.3%,加热减量<0.3%
阻聚剂 D	凝固点>54.5℃,灰分<0.05%
阻聚剂 E	纯度>90%,灰分<0.3%
阻聚剂 F	工业规格
阻聚剂 G	纯度99.9%
吸收剂二乙二醇	≥98.5%
NaOH	40%溶液
H$_2$SO$_4$	92.5%

7.2.1.2　羟基酯生产的技术特点

羟基酯生产的主要原料丙烯酸、甲基丙烯酸易聚合的特点和储运要求以及环氧乙烷、环氧丙烷易挥发爆炸的特点和储运要求,已在前面的工艺流程简述中进行了叙述。

这4种原料对人的危害及毒性,也已在前面的内容中进行了说明。

除了这些特点外,要着重说明的是羟基酯生产过程中的催化和阻聚的问题。以丙烯酸羟乙酯为例,在生产过程中,还主要有产品与环氧化合物之间以及产品与产品之间所发生的副反应。

副反应1:

$$HEA + EO \longrightarrow CH_2 =CHCOOCH_2CH_2OCH_2CH_2OH$$
$$(DEGMA)$$

副反应2:

$$2HEA \longrightarrow CH_2 =CHCOOCH_2CH_2OCO—CH =CH_2 + HOCH_2CH_2OH$$
$$(EGDA)$$

这两种副产物一般可占产品的百分之零点几至百分之几,会严重影响产品的质量;并且,羟基酯容易聚合的程度要比其他(甲基)丙烯酸及其酯类(如甲酯、乙酯、丁酯和2-乙基己酯等)严重得多,以至于很难检测到它们的沸点,表7-3中我们看到的沸点数据都是在1~10mmHg下测得的。因此,在生产中使用了组合型催化剂和组合型阻聚剂。在产品分离过程中,尽可能在2~3mmHg的条件下操作,产品在较高温度下的时间尽可能地短,使副反应尽可能少地发生,产品质量尽可能地得到保证,这就对相关设备提出了十分苛刻的要求。

① 生产中采用薄膜蒸发式的分离设备,内有液体均匀分布装置和聚四氟滑块,保证高沸点物能直接以液体状态流出,确保羟基酯迅速形成液膜并被迅速蒸发和迅速冷凝,而低沸点物则被蒸汽喷射泵抽出。因此,这台设备的投资占了设备总投资的很大比重。

② 由于薄膜蒸发器(10)、残液罐(11)、成品罐(12)和成品调节罐(13)

（图 7-1）都要抽真空至 0.5mmHg（属高真空），并长期在 2～3mmHg 下运行。因此，对这四台带搅拌的传动设备的设计提出了非常高的要求。

③（甲基）丙烯酸生产一般要求在 SUS316 不透钢中进行，因此传动式真空设备不可能在这种介质中稳定运行，而且在分离中占反应液的绝大部分（包括主产品羟基酯）都要被蒸发，所需真空泵的抽气量要大，还需要长期稳定在 0.5mmHg 的高真空下，因此对多级式蒸汽喷射泵也提出了非常高的要求。

日本触媒公司新近公开的（甲基）丙烯酸羟烷基酯的制备方法（CN 1468836 A）对现有的制备方法进行了改进。

新的合成（甲基）丙烯酸羟烷基酯的方法的优点是，在间歇式反应系统中，目标产物（甲基）丙烯酸羟烷基酯的产率几乎与现有技术在相同水平上，同时又可以抑制环氧化物二聚体的产生。在现有生产技术中，环氧化物二聚体（二亚烷基二醇单丙烯酸和二亚烷基二醇单甲基丙烯酸）的生成，是严重影响产品质量的重要因素。具体方法是，在催化剂存在下使（甲基）丙烯酸与环氧化物进行间歇式反应，制备（甲基）丙烯酸羟烷基酯。

反应的催化剂可以是铬化合物（如氯化铬、乙酰丙酮铬、甲酸铬、乙酸铬、丙烯酸铬、甲基丙烯酸铬、重铬酸钠、二丁基二硫代氨基甲酸铬等）、铁化合物（如单质铁、氯化铁、甲酸铁、乙酸铁、丙烯酸铁、甲基丙烯酸铁等）、金属钇化合物（如乙酰丙酮钇、氯化钇、乙酸钇、硝酸钇、硫酸钇、丙烯酸钇、甲基丙烯酸钇等）、镧化合物、铈化合物、钨化合物、锆化合物、钛化合物、钒化合物等。

该合成方法与现有技术相比，可以在更高的温度下进行反应，因此反应时间可以更短，可以提高生产率；此外在更高的温度下反应，所用催化剂的量可以更少，可以使产物中所含的杂质更少，可以降低生产成本和减少对环境造成的不良影响。

7.2.2 其他重要单官能团特种丙烯酸酯

（1）丙烯酸异丁酯（isobutyl acrylate，i-BA）

结构式：$CH_2=CHCOOCH_2CH(CH_3)CH_3$

合成方法 1：

$$CH_2=CHCOOCH_3 + HOCH_2CH(CH_3)_2 \longrightarrow CH_2=CHCOOCH_2CH(CH_3)_2 + CH_3OH$$

合成方法 2：

$$CH_2=CHCOOH + HOCH_2CH(CH_3)_2 \longrightarrow CH_2=CHCOOCH_2CH(CH_3)_2 + H_2O$$

可以硫酸或离子交换树脂或固体酸为催化剂。以硫酸为催化剂常采用间歇法操作，还可采用连续酯化-精馏法操作。

丙烯酸异丁酯合成投料组成（质量份）：

异丁醇	770	浓硫酸	18
丙烯酸	590	吩噻嗪	0.3

将上述物料投放至一反应器中，按恒温变压操作方法，从 300mmHg 压力开始

加热，逐步调节压力，使温度维持在（80±2）℃。反应生成的水用分水器分出。反应终了时系统的压力为170mmHg。反应时间为6～8h。所得产物组成（%）：

丙烯酸异丁酯	90	硫酸	1.5
丙烯酸	0.5	水	0.03
异丁醇	8		

将上述所得产物在中和反应釜中降温至45℃，然后用40%的NaOH溶液55kg进行中和，并加入478kg的工艺水进行洗涤。

上述洗涤后的混合物进入醇回收塔进行醇回收操作。脱除异丁醇后，所得的产物再进入精制塔进行精制，即得所需的丙烯酸异丁酯产品。精制塔的操作条件为：

塔顶操作压力150mmHg，温度86℃。

塔底操作压力230mmHg，温度95℃。

所得丙烯酸异丁酯产品纯度大于99%。

（2）丙烯酸月桂酯（即丙烯酸正十二酯，lauryl acrylate，LA）

结构式：$CH_2=CHCOO(CH_2)_{11}CH_3$

这是具有长链结构、低挥发性的单官能团单体。

（3）丙烯酸十三酯（tridecyl acrylate，TDA）

分子量 255

相对密度 0.881

结构式：$CH_2=CHCOO(CH_2)_{12}CH_3$

低黏度、低气味、对皮肤刺激性小。

（4）甲基丙烯酸十三酯（tridecyl methacrylate，TDMA）

分子量 268

相对密度 0.880

结构式：$CH_2=C(CH_3)COO(CH_2)_{12}CH_3$

甲基丙烯酸十三酯具有挥发性低、气味小、对皮肤及眼刺激性小等特点，用于紫外光和电子束固化。

（5）丙烯酸四氢糠酯（tetrahydrofurfuryl acrylate，THFA） 结构式如下：

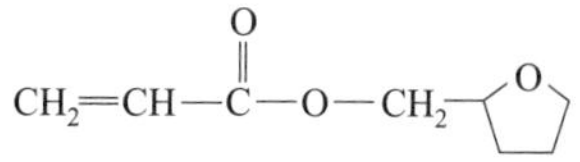

丙烯酸四氢糠酯为低黏度、极性单官能团单体，其聚合物对许多基材有粘接性能。赋予产品以柔韧性，可以起到增塑的效果。可用作紫外光固化地板用丙烯酸聚氨酯树脂的活性稀释剂。

（6）甲基丙烯酸四氢糠酯（tetrahydrofurfuryl methacrylate，THFMA） 结构式如下：

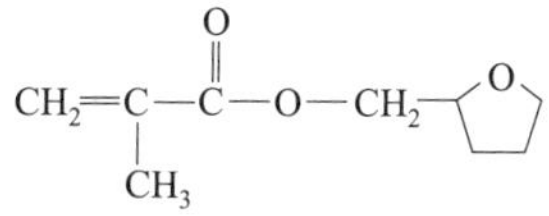

甲基丙烯酸四氢糠酯为低黏度、极性单官能团单体，聚合物对许多基材有粘接性能。

（7）丙烯酸异冰片酯（isobornyl acrylate，IBOA） 结构式为：

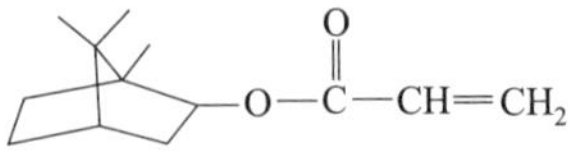

丙烯酸异冰片酯能赋予聚合物以很高的硬度，并具强柔韧性，收缩率小。黏度（25℃）7.5mPa·s，相对密度 0.985，蒸气压（38℃）0.138mmHg。

（8）丙烯酸环己酯（CHA） 结构式为：

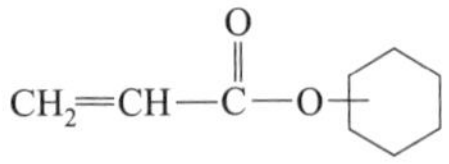

合成方法 1：

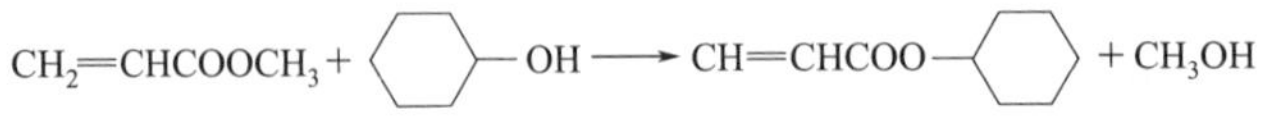

$$CH_2=CHCOOCH_3 + \bigcirc\!-OH \longrightarrow CH_2=CHCOO-\bigcirc + CH_3OH$$

合成方法 2：

$$CH_2=CHCOOH + \bigcirc \xrightarrow[\text{三氯乙烷}]{H_2SO_4} CH_2=CHCOO-\bigcirc$$

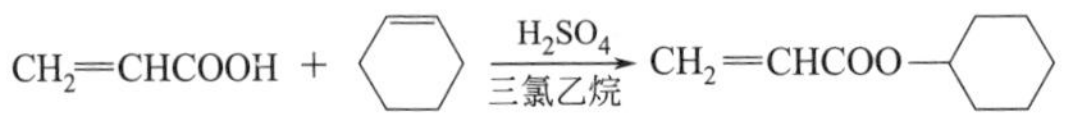

另外，阿托菲纳公司的专利（CN 1349972A，2002 年 5 月 22 日）公开了又一种（甲基）丙烯酸甲基环己酯的合成方法，这种（甲基）丙烯酸甲基环己酯的结构通式为：

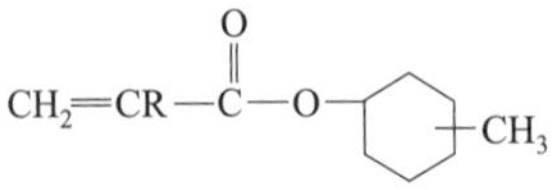

式中 R 为 H 或 CH_3。

使用带有锚式搅拌器的 1L 的玻璃反应器，配备用恒温油浴加热的双夹套，上面装有相当于 4 块塔板的填料的蒸馏柱，依次加入下列物料：

251.2g 3-甲基环己醇

660g 甲基丙烯酸甲酯

0.80g 吩噻嗪

0.80g 二丁基二硫代氨基甲酸铜。

相继进行如下各项操作：

干燥：在常压下回流加热，蒸出含水 0.05% 的塔顶馏出物（馏分 F_0＝50g）。在整个干燥操作期间，持续向反应混合物通入空气进行鼓泡。

反应：干燥操作结束后，加入催化剂二正丁基氧化锡（n-Bu_2SnO）8.22g，反应系统逐渐降压至 6.66×10^4 Pa（500mmHg），以保持反应器内的温度低于 100℃。回收塔顶馏分 F_1＝125g（含 56.9% 的甲醇和 42.7% 的甲基丙烯酸甲酯）。反应时间为 6.5h。按所生成的甲醇计算的转化率大于 99%。

蒸馏：逐渐将反应体系的压力由 6.66×10^4 Pa（500mmHg）降至 3.99×10^3 Pa

（30mmHg）进行蒸馏，除去过量的甲基丙烯酸甲酯和极少量的残留的甲基环己醇，以保持反应器内的温度最高为115℃，得到馏分$F_2=365g$。

在 $2.66×10^3Pa$（20mmHg）下蒸出甲基丙烯酸 3-甲基环己酯，得到馏分 $F_3=348g$。合成所得甲基丙烯酸 3-甲基环己酯的结构式及合成所进行的化学反应示意如下：

（甲基丙烯酸-3-甲基环己酯）

表 7-8 是对几种甲基环己醇同系物与甲基丙烯酸甲酯进行酯交换反应得到相应甲基丙烯酸甲基环己酯的实验结果。实验中选用了乙酰丙酮酸锆、二正丁基氧化锡、四丁基二氯二锡氧烷等三种催化剂。

表 7-8　实施例

实施例	甲基丙烯酸甲酯/甲基环己醇（摩尔比）	醇	催化剂种类及用量	醇的转化率/%	选择性/%
1	3	4-甲基环己醇	乙酰丙酮酸锆 0.015mol/mol 醇	＞99	＞98
2	3	3-甲基环己醇 69% 4-甲基环己醇 31%	二正丁基氧化锡 0.015mol/mol 醇	＞99	＞98
3	2	3-甲基环己醇 69% 4-甲基环己醇 31%	二正丁基氧化锡 0.015mol/mol 醇	＞97	＞98
4	3	3-甲基环己醇 69% 4-甲基环己醇 31%	乙酰丙酮酸锆 0.01mol/mol 醇	＞99	＞98
5	2.5	3-甲基环己醇 69% 4-甲基环己醇 31%	四丁基二氯二锡氧烷 0.01mol/mol 醇	＞98	＞98
6	3	2-甲基环己醇	二正丁基氧化锡 0.02mol/mol 醇	＞99	＞98

（9）（甲基）丙烯酸氨烷基酯　四川师范大学的专利（CN 1401628A，2003 年 3 月 12 日）公开了一种取代或无取代的丙烯酸氨烷基酯的制备方法。

以甲基丙烯酸甲酯与二甲氨基乙醇为原料，以金属钙为催化剂，吩噻嗪为阻聚剂，经酯交换反应制得甲基丙烯酸二甲氨基乙酯目标产物。其中所用原料甲基丙烯酸甲酯，A. R. 级，天津化学试剂厂生产；二甲氨基乙醇和金属钙均为 A. R. 级，上海试剂一厂生产；吩噻嗪，化学纯，中国医药集团上海化学试剂公司生产。

在带有温度计、冷凝器和分馏柱的 250mL 三颈瓶中，按摩尔比 2∶1 的量加入甲基丙烯酸甲酯和二甲氨基乙醇，以及分别为二甲氨基乙醇的 0.0075 倍（摩尔比）的阻聚剂吩噻嗪和 0.075 倍（摩尔比）的催化剂金属钙。缓慢加热并不断搅拌，维持反应瓶中的温度为 98～110℃，分馏柱顶部的温度为 63～65℃，连续将组成比为 3∶1 的甲醇-甲基丙烯酸甲酯共沸物蒸出反应系统。反应 4～5h 后结束反应。

将反应系统的压力减至 300mmHg，分馏柱顶温为 40～45℃，以 3：1 的回流比分馏出未反应的剩余的甲基丙烯酸甲酯，最后在 10mmHg 和 80℃ 的条件下分馏出所需的甲基丙烯酸二甲氨基乙酯目标产物，收率为 95.4%，产物的纯度为 99.5%。

反应方程式：

$$CH_2=C(CH_3)COOCH_3 + HOCH_2CH_2N(CH_3)_2 \longrightarrow$$
$$CH_2=C(CH_3)COOCH_2CH_2N(CH_3)_2 + CH_3OH$$

使用丙烯酸甲酯代替上述甲基丙烯酸甲酯，则可以合成相应的丙烯酸二甲氨基乙酯（DMMEA）：

$$CH_2=CHCOOCH_3 + HOCH_2CH_2N(CH_3)_2 \longrightarrow CH_2=CHCOOCH_2CH_2N(CH_3)_2 + CH_3OH$$

上述催化剂除了可使用金属钙以外，还可使用其他单质状态的碱土金属。使用上述方法，除了可合成上述甲基丙烯酸二甲氨基乙酯目标产物以外，还可合成具有以下结构通式的（甲基）丙烯酸氨烷基酯：

$$CH_2=C(R)COO(CH_2)_nNR_1R_2$$

其中 R＝H 或 CH_3，R_1＝H 或 C_1～C_6 烷基，R_2＝C_1～C_6 烷基，n＝2～6（整数）。

上述合成方法具有反应条件温和、产物收率高、催化剂活性可维持并可反复循环使用等优点。

（甲基）丙烯酸氨烷基酯是一类具有多功能的活性单体，因其分子中具有烯烃结构、胺结构和酯官能基团，在一定条件下，可以进一步通过加成、聚合、水解和季铵化等化学反应，得到不同类型的化合物而广泛应用于轻工、纺织、化工、医药和环保等许多领域。

（甲基）丙烯酸氨烷基酯（如丙烯酸二甲氨基乙酯和甲基丙烯酸二甲氨基乙酯等），作为原料在合成阳离子聚合物絮凝剂中是非常有价值的。可使用它合成均聚物或与其他单体一起合成共聚物。可以在聚合中直接使用，也可在叔氨基官能团季铵化以后使用。这种季铵化过程通常可采用硫酸二甲酯或氯代甲烷等大规模地进行。

由于二甲氨基醇的碱性，（甲基）丙烯酸二甲氨基烷基酯不能通过直接酯化来制备，而需采用二甲氨基醇与短链（甲基）丙烯酸酯进行酯交换反应来制取。施托克豪森公司的专利公开了一种制备方法。

这是一种通过 C_1～C_4 烷基丙烯酸酯或 C_1～C_4 烷基甲基丙烯酸酯与氨基醇进行酯交换反应制备丙烯酸氨烷基酯或甲基丙烯酸氨烷基酯的方法，酯交换反应在具有如下所示结构的二锡氧烷催化剂存在下进行。

上示二锡氧烷结构通式中 R 为具有 1～6 个碳原子的直链、支链或环状的烷基或芳基，R 可以相同或不相同。Y 为卤素、假卤素，如 Cl、Br、SCN、OH、Oac 或 OR，Y 也可以相同或不相同。可选用的二锡氧烷有二甲基二丁基四氯二锡氧烷、二甲基二辛基四氯二锡氧烷、二异丙基二甲基四氯二锡氧烷、二异丙基二丁基四氯二锡氧烷、二丁基二辛基四氯二锡氧烷和八丁基四氯二锡氧烷等。

【实施例 1】

第一步，八丁基四氯二锡氧烷催化剂的制备

将 250g 正庚烷加入搅拌反应器中，再加入 24.89g 氧化二丁锡和 30.80g 二丁锡化二氯。将这些物料在室温下搅拌 16h，此后最初存在的固体（氧化二丁锡）几乎完全溶解。过滤出仍然存在的少量固体，然后将溶液浓缩到 100mL。采用抽滤过滤出冷却时沉淀的固体，在循环空气的干燥室中在 70℃ 下干燥 2h。得催化剂产品 54g，产率为 97%。催化剂的结构式为：

第二步，丙烯酸二甲氨基乙酯的制备

采用酯交换法进行。反应是在带有搅拌器的容积为 1L 的玻璃烧瓶中进行的。采用受控油浴加热方法。蒸汽向上通过一个具有 6 块理论板的填料塔，反应生成的副产物醇以其相应的共沸混合物的形式由塔顶除去。

将 193.6g（2.17mol）二甲氨基乙醇、206.4g（1.61mol）丙烯酸丁酯、0.5g 吩噻嗪和 1.25g 上述步骤中所得八丁基四氯二锡氧烷催化剂放入反应器中，加热到塔底温度 125℃。在反应过程中，将系统内的压力从 70kPa 降至 40kPa。控制回流比为 1∶10，由塔顶除去 128.1g 溜出液（需 15h）。塔底残余物的质量组成为：

正丁醇	0.82%	丙烯酸二甲氨基乙酯	68.76%
二甲氨基乙醇	16.75%	重组分	5.82%
丙烯酸正丁酯	7.85%	选择性	91.5%

将上述塔底残余物在连续蒸馏设备中进行提纯。由塔顶获得所需的丙烯酸二甲氨基乙酯产品，其纯度为 99.97%，产品中应添加 1000mg/kg 的阻聚剂氢醌单甲醚。

反应的方程式为：

$$CH_2{=}CHCOOC_4H_9 + HOCH_2CH_2N(CH_3)_2 \longrightarrow$$
$$CH_2{=}CHCOOCH_2CH_2N(CH_3)_2 + C_4H_9OH$$

另外，埃勒夫阿托化学有限公司的专利介绍了连续制备（甲基）丙烯酸二烷基氨基烷基酯的方法。以丙烯酸二甲氨基乙酯（ADAME）的合成为例，其合成的化学反应式如下所示：

$$CH_2 =\!=\!CHCOOCH_2CH_3 + HOCH_2CH_2N(CH_3)_2 \xrightarrow{Ti(OC_2H_5)_4}$$

$$CH_2 =\!=\!CHCOOCH_2CH_2N(CH_3)_2$$
$$\text{(丙烯酸二甲氨基乙酯)}$$

工艺流程图见图 7-2。

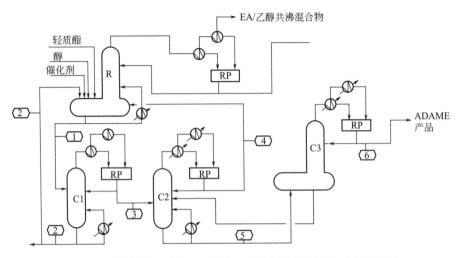

图 7-2　连续制备（甲基）丙烯酸二烷基氨基烷基酯的工艺流程图

R—反应器；C1—脱重塔；C2—脱轻塔；C3—精制塔；RP—回流罐

【实施例 2】

将二甲氨基乙醇［缩写为 DMAE，结构式为 $HOCH_2CH_2N(CH_3)_2$］与丙烯酸乙酯（EA）在乙基钛酸酯的催化下进行连续的酯交换反应，生成的混合物（物料 1）组成如下：

丙烯酸二甲氨基乙酯	50%～55%	反应生成的重组分、催化	1.2%～2.5%
丙烯酸乙酯	20%～30%	剂、阻聚剂(吩噻嗪)	
二甲氨基乙醇	15%～25%		

将反应生成的混合物连续地送至脱重塔（C1）中。从脱重塔塔底出来的物料（物料 2）送至反应器（R）中。从脱重塔塔顶回收的物料（物料 3）组成如下：

丙烯酸二甲氨基乙酯	50%～55%	反应生成的重组分、	1%～5%
丙烯酸乙酯	20%～30%	阻聚剂(吩噻嗪)	
二甲氨基乙醇	15%～20%		

将物料 3 送至脱轻塔（C2）中。经脱轻塔的分离，其塔顶的物料（物料 4）的组成为：

丙烯酸二甲氨基乙酯	5%～10%	二甲氨基乙醇	25%～45%
丙烯酸乙酯	40%～60%		

物料 4 也循环送至反应器中。从脱轻塔塔底出来的物料（物料 5）的组成为：

丙烯酸二甲氨基乙酯	99.8%～99.9%	反应生成的重组分、	500～600mg/kg
丙烯酸乙酯	0～10mg/kg	阻聚剂（吩噻嗪）	
二甲氨基乙醇	50～150mg/kg		

将物料5送至精制塔（C3）中，从该塔顶部所得物料（物料6）即为所需丙烯酸二甲氨基乙酯产品，即产品规格为：

丙烯酸二甲氨基乙酯	99.8%	反应生成的重组分、	<1mg/kg
丙烯酸乙酯	<10mg/kg	阻聚剂（吩噻嗪）	
二甲氨基乙醇	120～150mg/kg		

（10）α-苯基丙烯酸及其酯　中科院成都有机所的专利（CN 1418860A，2003年5月21日）公开了一种制备α-苯基丙烯酸及其酯的成本低廉的方法，产物收率高、纯度高。其方法包括如下步骤。

α-苯基丙烯酸酯的合成：①以 DMF（二甲基甲酰胺）为溶剂，季铵氯、溴、碘盐为固/液相转移催化剂，以苯乙酸酯和多聚甲醛为合成原料，在碱存在下进行反应，得到粗产物。②粗产物用水和乙酸乙酯为萃取剂进行萃取操作。③将萃取得到的萃取液进行浓缩，即得到所需的α-苯基丙烯酸酯。

α-苯基丙烯酸的合成：以上述步骤①的粗产物或步骤③的α-苯基丙烯酸酯为原料，在一定介质存在下直接水解，即可得到α-苯基丙烯酸。其中所用的介质可以是以下三种之一：碱水溶液体系；甲苯/碱水溶液体系；甲苯/碱水溶液/相转移催化剂体系。水解反应后，用酸中和余量的碱。

α-苯基丙烯酸酯不仅可以均聚，而且可以与其他可聚合单体共聚，生成有用的聚合物。α-苯基丙烯酸酯还是生产许多其他化合物的重要中间体。由于某些合成目标对原料的要求极高，如鸦片类止痛药替利定的合成，为避免副产物α-苯基丙烯酸甲酯的污染，必须使用α-苯基丙烯酸甲酯含量不超过0.05%的α-苯基丙烯酸乙酯为原料。去除其中的杂质通常成本很高。为此，高纯度的α-苯基丙烯酸酯可以通过α-苯基丙烯酸与高纯度的醇进行酯化反应而制备。此外，α-苯基丙烯酸作为研究端烯不对称催化加氢的模板反应物分子而得到广泛应用。因此，高纯度的α-苯基丙烯酸已成为一个重要的基本有机化工产品。

【实施例3】　α-苯基丙烯酸甲酯的合成：将37.5g苯乙酸甲酯在150mL溶剂DMF（二甲基甲酰胺）中与51g碳酸钾、11g多聚甲醛和0.8g催化剂四丁基溴化铵［$(C_4H_9)_4NBr$］一起在80℃下搅拌1.5h。冷却后加入100mL水和350mL乙酸乙酯，至碳酸钾完全溶解后，分出最下层的水层，再加入150mL水，震摇，分出下层水层，并用150mL乙酸乙酯萃取一次水层。合并乙酸乙酯，用150mL水洗涤一次，150mL饱和食盐水洗涤一次。将含产物α-苯基丙烯酸甲酯的乙酸乙酯溶液减压浓缩，得到约33g目标产物，GC纯度大于96%，收率约为理论值的79%。其反应式如下：

$$(\text{HCHO})_n + \underset{\substack{\text{CH}_2\text{COOCH}_3 \\ \text{(苯乙酸甲酯)}}}{\boxed{}} \xrightarrow{(\text{C}_4\text{H}_9)_4\text{NBr}} \underset{\substack{\text{CH}_2=\text{C}-\text{COOCH}_3 \\ \text{(}\alpha\text{-苯基丙烯酸甲酯)}}}{\boxed{}}$$

【实施例 4】 α-苯基丙烯酸的合成：将 22g 氢氧化钾溶于 150mL 水中，加入 70mL 甲苯以及实施例 3 所得全部粗产物（无需纯化），在 80℃下搅拌 8h。冷却后，分出下层水层。往水层中加入浓盐酸，使 pH=1～2 之间，析出白色固体，过滤，滤出的固体用 30mL 水洗涤 3 次，干燥，得 18g α-苯基丙烯酸，GC 纯度大于 99.6%。

$$\underset{\substack{\text{CH}_2=\text{C}-\text{COOCH}_3}}{\boxed{}} \xrightarrow[\text{[H}_2\text{O]}]{\text{KOH}} \underset{\substack{\text{CH}_2=\text{C}-\text{COOH}}}{\boxed{}}$$

【实施例 5】 α-苯基丙烯酸乙酯的合成：将 37.5g 苯乙酸乙酯在 500mL 溶剂 DMF（二甲基甲酰胺）中与 66g 碳酸钠、15g 多聚甲醛和 3.4g 催化剂四丁基氯化铵 [(C$_4$H$_9$)$_4$NBr] 一起在 60℃下搅拌 3h。冷却后加入 350mL 水和 400mL 乙酸乙酯，至碳酸钠完全溶解后，分出最下层的水层，再加入 150mL 水，震摇，分出下层水层，并用 150mL 乙酸乙酯萃取一次水层。合并乙酸乙酯，用 150mL 水洗涤一次，150mL 饱和食盐水洗涤一次。将含产物 α-苯基丙烯酸乙酯的乙酸乙酯溶液减压浓缩，得到约 35g 目标产物 α-苯基丙烯酸乙酯，GC 纯度大于 96%，收率约为理论值的 77%。其中 α-苯基丙烯酸甲酯的含量低于 0.12%。其反应式如下：

$$(\text{HCHO})_n + \underset{\substack{\text{CH}_2\text{COOC}_2\text{H}_5 \\ \text{(苯乙酸乙酯)}}}{\boxed{}} \xrightarrow{(\text{C}_4\text{H}_9)_4\text{NBr}} \underset{\substack{\text{CH}_2=\text{C}-\text{COOC}_2\text{H}_5 \\ \text{(}\alpha\text{-苯基丙烯酸乙酯)}}}{\boxed{}}$$

（11）（甲基）丙烯酸烷基咪唑烷酮酯　阿托菲纳公司的专利（CN 1432570A，2003 年 7 月 30 日）公开了一种制备（甲基）丙烯酸烷基咪唑烷酮酯的方法。

在 630L 的夹套式不锈钢反应器内加入以下物料：150kg HEIO [1-(2-羟乙基)咪唑烷基-2-酮]，461kg 甲基丙烯酸甲酯（MMA）和 0.2kg PTZ（吩噻嗪，阻聚剂）。该反应器配备有加入设备、机械搅拌器，上面装有蒸馏塔（直径 250mm、高 4m），蒸馏塔内装满 Pall 填料，顶部装有回流器。在 400mmHg 的压力下（塔顶温度 77℃），通过共沸蒸馏除去反应混合物中的水分（MMA 与水形成共沸物），将反应混合物干燥。

干燥完成后，加入催化剂（乙酰丙酮锂或乙酰丙酮钙）和额外的 MMA，使摩尔比 MMA/EIOM＝4/1。此处 EIOM 为目标产物甲基丙烯酸-1-乙基咪唑烷基-2-酮酯的缩写。在整个反应过程中，不断调节系统压力，以使反应器内的温度维持在 85℃。反应中生成的甲醇也通过与 MMA 形成共沸物得以除去。反应方程式如下：

$$CH_2=C(CH_3)COOCH_3 + HOCH_2CH_2-N \underset{CO}{\overset{CH_2-CH_2}{\big|\quad\big|}} NH \longrightarrow CH_2=C(CH_3)COOCH_2CH_2-N \underset{CO}{\overset{CH_2-CH_2}{\big|\quad\big|}} NH + CH_3OH$$

[1-(2-羟乙基)咪唑烷基-2-酮]   (甲基丙烯酸-1-乙基咪唑烷基-2-酮酯)

上述所得甲基丙烯酸-1-乙基咪唑烷基-2-酮酯，是熔点为47℃的白色结晶，在冷的酮、醇、芳烃和水中均可溶解，但不溶于冷的饱和烃中。

使用类似的合成方法也可合成丙烯酸-1-乙基咪唑烷基-2-酮酯，这是熔点43℃的白色结晶体，其溶解性与甲基丙烯酸-1-乙基咪唑烷基-2-酮酯相同，且在0℃时，在丙烯酸乙酯中生成沉淀。

上述反应过程中，一般采用（甲基）丙烯酸酯过量的方法，反应物的投料比例为（甲基）丙烯酸酯：[1-(2-羟乙基)咪唑烷基-2-酮]＝(2～5)∶1。这样，在反应结束时得到的是甲基丙烯酸-1-乙基咪唑烷基-2-酮酯的甲基丙烯酸酯溶液，或丙烯酸-1-乙基咪唑烷基-2-酮酯的丙烯酸酯溶液。

上述两种混合物溶液均可直接应用于生产过程中，如应用于涂层和胶黏剂聚合物的生产，应用于纸张和织物的处理，用作皮革处理剂，以及应用于生产高湿黏合性漆等。

（12）（甲基）丙烯酸硅烷酯 阿托菲纳公司的专利（CN 1396168A，2003年2月12日）公开了一种（甲基）丙烯酸硅烷酯的制备方法。

所用反应器为带夹套的内循环恒温玻璃反应器。反应器采用循环油加热，配备有机械搅拌（锚式搅拌器）、Vigreux型蒸馏塔（带塔顶冷凝器）、塔顶回流器、真空分离器、加料口和收集器。在反应器中加入：

① 43.2g纯度为98％的甲基丙烯酸酐；

② 59.5g纯度为97％的三丁基甲氧基硅烷；

③ 0.1g阻聚剂2,4-二甲基-6-叔丁基苯酚和0.1g阻聚剂2,6-二叔丁基对甲酚；

④ 0.5g催化剂1-甲基咪唑。

在整个过程中通入空气鼓泡。在110℃下加热搅拌混合物5h。三丁基甲氧基硅烷的转化率高于96％。

甲基丙烯酸三丁基甲硅烷酯的含量为74％。然后将粗产物在100～200mmHg的压力下蒸馏，回收第一股轻组分F_1＝13.4g，此馏分中99％以上是甲基丙烯酸。接着蒸馏出由甲基丙烯酸酐和甲基丙烯酸混合物组成的馏分F_2＝3.5g。在4mmHg压力下蒸馏出甲基丙烯酸三丁基甲硅烷酯（蒸馏结束时，反应器内温度140～180℃，塔顶温度138～142℃）。回收得65g纯度为97％的目标产物甲基丙烯酸三丁基甲硅烷酯。反应方程式如下：

$$CH_2=C\underset{CH_3}{\overset{O}{\big|}}C-O-C\underset{CH_3}{\overset{O}{\big|}}C-CH_2 + CH_3O-Si\underset{C_4H_9}{\overset{C_4H_9}{\big|}}C_4H_9 \longrightarrow CH_2=CCOOSi(C_4H_9)_3 \underset{CH_3}{\big|} + CH_2=CCOOCH_3\underset{CH_3}{\big|}$$

催化剂除了 1-甲基咪唑外，还可使用二甲基氨基吡啶、4-吡咯烷酮并吡啶、4-哌啶并吡啶、4-吗啉并吡啶、三氟醋酸盐、三丁基膦、三乙胺、吡啶、蒙脱土、质子酸和 Lewis 酸等。阻聚剂还可使用氢醌、氢醌单甲醚和吩噻嗪等。

用丙烯酸酐代替上述甲基丙烯酸酐同样可以得到相应的丙烯酸三丁基甲硅烷酯。使用其他烷基甲氧基硅烷也同样可分别合成（甲基）丙烯酸烷基甲硅烷酯，这种（甲基）丙烯酸烷基甲硅烷酯的通式为：

$$CH_2=C\overset{H(CH_3)}{\underset{}{|}}\!-COOSi\overset{R_1}{\underset{R_3}{\overset{|}{\underset{|}{-}}}}\!R_2$$

这类（甲基）丙烯酸酯是可水解单体，常用于海洋防污垢涂料的合成中，可制得具有自光洁功能的涂层。用于船体的外壳保护涂层，特别是与海水接触的表面的涂层。

（13）四类高反应活性丙烯酸特种酯　Christian Decker 通过对各种类型分子结构的丙烯酸特种酯的活性的研究发现，有四类高反应活性丙烯酸特种酯，分别是分子中含氨基甲酸酯结构、碳酸酯结构、醚结构和酯结构的丙烯酸酯。并且对于这四种高反应活性的酯之间的反应活性的差异作了对比。

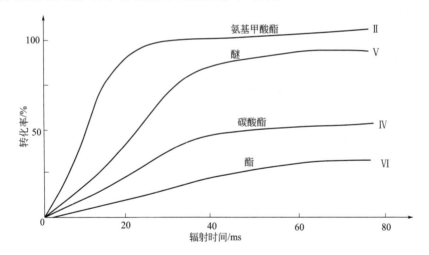

图 7-3　聚氨酯丙烯酸酯的光引发聚合中不同种类丙烯酸
官能单体引发聚合的速率对比

研究发现这四种结构相似的并有不同官能基团的丙烯酸酯，其反应活性排序是（参见图 7-3）：

酯＜碳酸酯＜醚＜氨基甲酸酯

$R_p/[A_0](s^{-1})$　　9　　12　　18　　90

$R_p/[A_0]$ 代表聚合物链的链增长速度常数。带有氨基甲酸酯基团的丙烯酸酯的反应活性最高。上述 4 种丙烯酸酯的典型实例如下：

$$CH_2=CHCOO-CH_2-CH_2-NH-\overset{\overset{\displaystyle O}{\|}}{C}-O-CH_2-CH_3$$

[丙烯酸(氨基甲酸乙酯基)乙酯]　（Ⅱ）　　　（含氨基甲酸酯基团）

$$CH_2=CHCOOCH_2-CH_2-O-CH(CH_3)_2$$

（丙烯酸异丙氧基乙酯）　（Ⅴ）　　　（含醚基团）

$$CH_2=CHCOOCH_2-CH_2-O-\overset{\overset{\displaystyle O}{\|}}{C}-O-CH(CH_3)_2$$

[丙烯酸(碳酸异丙酯基)乙酯]　　（Ⅳ）　　　（含碳酸酯基团）

$$CH_2=CHCOO-CH_2-CH_2-\overset{\overset{\displaystyle O}{\|}}{C}-O-CH(CH_3)_2$$

（丙烯酸甲酸异丙酯基乙酯）　（Ⅵ）　　　（含酯基团）

（14）丙烯酸（氨基甲酸酯基）乙酯　　分子中含有一个丙烯酸酯官能基团和一个氨基甲酸酯基团（carbamate group）的丙烯酸酯官能单体的通式为：

$$CH_2=CH-\overset{\overset{\displaystyle O}{\|}}{C}-O-CH_2-CH_2-NH-\overset{\overset{\displaystyle O}{\|}}{C}-O-R$$

这是一类反应活性很高的丙烯酸官能单体，根据法国专利（Chevalier，F. & Chevalier，S.，French Patent 86.13726，1986）可由氯甲酸异丙酯（isopropyl-chloroformiate）与乙醇胺（ethanolamine）反应，所得加合物（adduct）再与丙烯酸反应得到相应的丙烯酸酯。其合成反应分如下两步进行：

第一步，中间体 N-羟乙基氨基甲酸异丙酯的合成。

$$HO-CH_2-CH_2-NH_2 + Cl-\overset{\overset{\displaystyle O}{\|}}{C}-O-\overset{\overset{\displaystyle CH_3}{|}}{CH}-CH_3 \longrightarrow HO-CH_2-CH_2-NH-\overset{\overset{\displaystyle O}{\|}}{C}-O-\overset{\overset{\displaystyle CH_3}{|}}{CH}-CH_3 + HCl$$

（乙醇胺）　　　　　（氯甲酸异丙酯）　　　　　　　[N-(2-羟基乙基)氨基甲酸异丙酯]

第二步，氨基甲酸异丙酯-N-乙醇丙烯酸酯的合成。

$$HO-CH_2-CH_2-NH-\overset{\overset{\displaystyle O}{\|}}{C}-O-\overset{\overset{\displaystyle CH_3}{|}}{CH}-CH_3 + CH_2=CHCOOH \longrightarrow$$

[N-(2-羟基乙基)氨基甲酸异丙酯]　　　　　（丙烯酸）

$$CH_2=CHCOOCH_2-CH_2-NH-\overset{\overset{\displaystyle O}{\|}}{C}-O-\overset{\overset{\displaystyle CH_3}{|}}{CH}-CH_3$$

[丙烯酸(氨基甲酸异丙酯基)乙酯]　（Ⅰ）

分子中含有氨基甲酸酯基团的丙烯酸特种酯除了上述的例（Ⅰ）之外，其他相似的单体可由相应的氯甲酸酯（chloroformiate）出发分别制得：

$$CH_2=CHCOO-CH_2-CH_2-NH-\overset{\overset{\displaystyle O}{\|}}{C}-O-CH_2-CH_3$$

[丙烯酸(氨基甲酸乙酯基)乙酯]　（Ⅱ）

$$CH_2=CHCOO-CH_2-CH_2-NH-\overset{\overset{\displaystyle O}{\|}}{C}-O-CH_2-CH_2-CH_2-CH_3$$

[丙烯酸(氨基甲酸丁酯基)乙酯]　（Ⅲ）

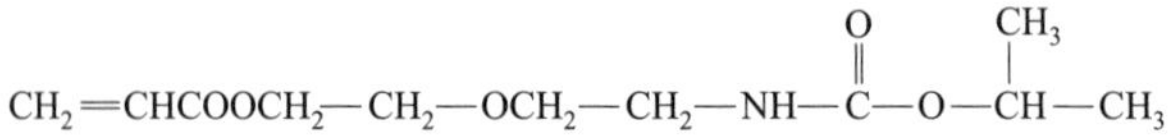

[丙烯酸(氨基甲酸异丙酯基乙氧基)乙酯]　(Ⅶ)

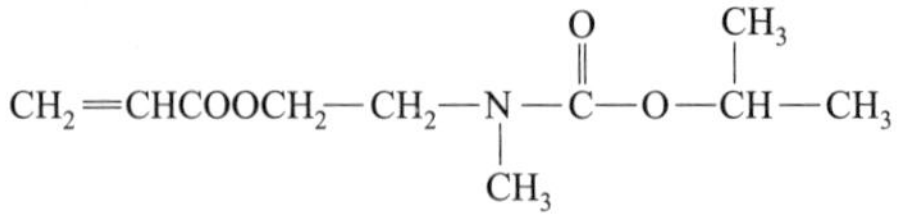

[丙烯酸(*N*-甲基氨基甲酸异丙酯基)乙酯]　(Ⅶ)

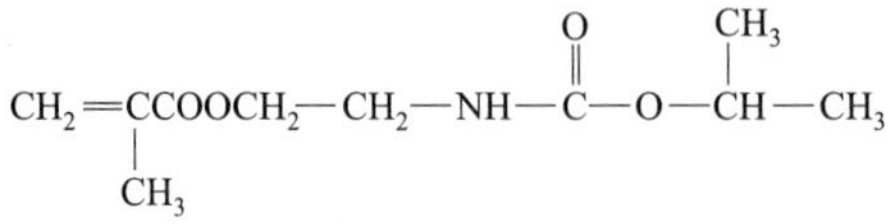

[甲基丙烯酸(氨基甲酸异丙酯基)乙酯]　(Ⅸ)

研究结果表明，增大丙烯酸酯键与氨基甲酸酯键的间距（如结构式Ⅶ所示），并不会对其活性产生显著影响。但是氨基中的氢原子被甲基所取代后所得单体的活性显著降低（如结构式Ⅷ所示）。含氨基甲酸酯结构的甲基丙烯酸酯（如结构式Ⅸ所示）的活性较相应丙烯酸酯的活性小得多（见图 7-4）。

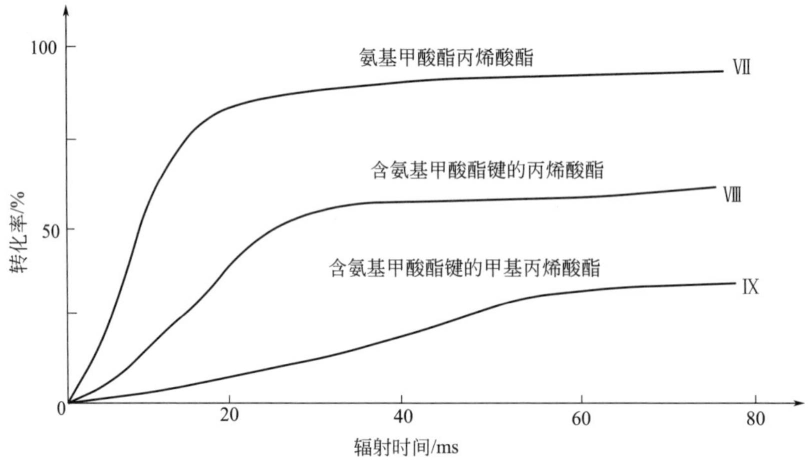

图 7-4　聚氨酯丙烯酸酯的光引发聚合中不同种类丙烯酸官能单体引发聚合的速率对比

（15）乙基二乙二醇丙烯酸酯（ethyldiethyleneglycol acrylate，EDGA）　结构式：

$$CH_2=CH—CO—O—CH_2—CH_2—O—CH_2—CH_2—O—CH_2—CH_3$$

这是齐聚物的优良反应性稀释剂，所含的环状结构进入共聚物分子中，使聚合物具有高的玻璃化转变温度。

（16）丙氧基化（2）烯丙基醇甲基丙烯酸酯［propoxylated（2）allyl methacrylate］　结构式：

$$CH_2=CH-CH_2(O-CH_2-\underset{\underset{CH_3}{|}}{CH})_2O-CO-C(CH_3)=CH_2$$

可赋予聚合物很高的硬度，较甲基丙烯酸烯丙基酯气味小，由于同时具有烯丙基基团和甲基丙烯酸酯基团，因此可以用作化工中间体。

（17）丙烯酸正辛酯（octyl acrylate）　结构式：

$$CH_2=CH-CO-O(CH_2)_7CH_3$$

具有疏水性长链结构，可以用作消泡剂。

（18）丙烯酸正癸酯（decyl acrylate）　结构式：

$$CH_2=CH-CO-O(CH_2)_9CH_3$$

具有疏水性长链结构，可以用作消泡剂。

（19）甲氧基聚乙二醇（550）甲基丙烯酸酯［methoxyl polyethylene glycol（550）methacrylate］　结构式：

$$CH_3O(CH_2-CH_2-O)_{12}\overset{\overset{O}{||}}{C}-C(CH_3)=CH_2$$

易溶于水，玻璃化转变温度低，固化速度快，用于聚合物的改性。

（20）甲氧基聚乙二醇（550）丙烯酸酯［methoxyl polyethylene glycol（550）acrylate］　结构式：

$$CH_3O(CH_2-CH_2-O)_{12}\overset{\overset{O}{||}}{C}-CH=CH_2$$

易溶于水，极其柔韧，玻璃化转变温度低，固化速度快，用于聚合物的改性。

（21）甲氧基聚乙二醇（350）甲基丙烯酸酯［methoxyl polyethylene glycol（350）methacrylate］　结构式：

$$CH_3O(CH_2-CH_2-O)_7\overset{\overset{O}{||}}{C}-C(CH_3)=CH_2$$

易溶于水，玻璃化转变温度低，固化速度快，用于聚合物的改性。

（22）甲氧基聚乙二醇（350）丙烯酸酯［methoxyl polyethylene glycol（350）acrylate］　结构式：

$$CH_3O(CH_2-CH_2-O)_7\overset{\overset{O}{||}}{C}-CH=CH_2$$

易溶于水，玻璃化转变温度低，固化速度快，用于聚合物的改性。

（23）丙烯酸2（2-乙氧基乙氧基）乙酯［2(2-ethoxyethoxy) ethyl acrylate］　结构式：

$$CH_2=CH-CO-O-CH_2-CH_2-O-CH_2-CH_2-O-CH_2-CH_3$$

具有轻微的水分散性质、单官能团单体，用作活性稀释剂。

（24）丙烯酸2-苯氧基乙酯（2-phenoxyethyla crylate）　结构式：

$$CH_2=CH-CO-O-CH_2-CH_2-O-\bigcirc$$

低挥发性、单官能团芳香性单体，能赋予聚合物以优异的黏性。

(25) 8-烷基-8-三环癸基丙烯酸酯　结构式为：

其中 R_1 为甲基或乙基。

株式会社化研的专利（CN 1310165A，2001 年 8 月 29 日）公开了上述丙烯酸酯的合成方法。其合成步骤分两步：

① 由三环癸基-8-烷基-8-酮与烷基格氏试剂或烷基锂试剂反应，生成 8-烷基-8-三环癸基醇：

其中 X 为 Cl 或 Br。

② 由 8-烷基-8-三环癸基醇与丙烯酰氯反应，生成 8-烷基-8-三环癸基丙烯酸酯：

【实施例 6】

第一步，8-乙基-8-三环癸基醇的合成。

将 440mL 乙基溴化镁的四氢呋喃溶液（1.0mol/L）用 100mL 四氢呋喃（THF）稀释。然后将上述溶液置于 1L 的烧瓶中，保持温度为 0℃。用滴液漏斗缓慢滴入 60g（0.4mol）三环癸基-8-酮，在搅拌下于室温下反应约 12h。反应结束后用旋转蒸发仪除去过量的 THF。将产物倒入水中。用稀硫酸中和产物，并用二乙基醚萃取之。在硫酸镁上干燥。通过柱状色谱（己烷：乙酸乙酯＝8 ∶ 1）过滤，即得所需中间产物 8-乙基-8-三环癸基醇。反应式如下：

第二步，8-乙基-8-三环癸基丙烯酸酯的合成。

将 8-乙基-8-三环癸基醇（36g，0.2mol）和三乙基胺（0.22mol）溶解于 250mL THF 中，然后用滴液漏斗缓慢滴入丙烯酰氯（19g，0.21mol）。在搅拌下于室温下反应约 12h。反应结束后，用旋转蒸发仪除去过量的 THF，然后将产物倒入水中，用稀盐酸中和产物，并用二乙基醚萃取，在硫酸镁上干燥。通过柱状色谱（己烷：乙酸乙酯＝8 ∶ 1）过滤，即得所需终产物 8-乙基-8-三环癸基丙烯酸酯。反应式如下：

(26) 烷基酚聚氧乙烯醚（甲基）丙烯酸酯　中国石油齐鲁分公司的专利（CN

1511859A，2004 年 7 月 14 日）公开了烷基酚聚氧乙烯醚（甲基）丙烯酸酯的制备与应用。

制备方法优选酯交换反应工艺，即在共沸溶剂和阻聚剂的存在下，将烷基酚聚氧乙烯醚与丙烯酸酯（或甲基丙烯酸酯）的混合物进行共沸脱水，在催化剂存在下进行酯交换反应，再分离回收共沸溶剂、过量丙烯酸酯（或甲基丙烯酸酯）。最后得到产品烷基酚聚氧乙烯醚（甲基）丙烯酸酯。

【实施例 7】

在装有搅拌器、温度计和分馏塔的 500mL 四口瓶中，加入辛基酚聚氧乙烯醚（OP-10）80g、丙烯酸乙酯 80g、正己烷（共沸溶剂）70g、Z-701 阻聚剂（吡啶醇磷酸酯类）0.3g，加热，启动搅拌，保持釜温在 105℃ 左右，使反应混合物共沸，分水，直至馏出液澄清，塔顶温度达到 68.5℃。

向反应釜内加入催化剂钛酸四丙酯 2.0g，保温反应，取样分析塔顶共沸物中乙醇含量，当塔顶共沸物中乙醇含量低于 0.1% 时，停止反应。

反应共得共沸物 57.0g，取样分析其乙醇含量为 9.7%，辛基酚聚氧乙烯醚的转化率为 94.55%。

在上述反应液中加入 20g 10% 的硫酸，搅拌 20min，加入 80g 蒸馏水，先常压蒸馏去除轻组分，后减压蒸馏，最后真空压力达到 -0.097MPa，即得到辛基酚聚氧乙烯醚丙烯酸酯产品。反应方程式如下：

$$CH_2=CHCOOC_2H_5 + HO\underset{n}{(CH_2CH_2O)}\text{—}C_8H_{17} \longrightarrow$$

$$CH_2=CHCOO\underset{n}{(CH_2CH_2O)}\text{—}C_8H_{17} + C_2H_5OH$$

（辛基酚聚氧乙烯醚丙烯酸酯）

催化剂除了使用钛酸四丙酯外，还可使用碱土金属氧化物或盐、碱金属或碱土金属的醇化合物、锡或铅的氧化物或有机化合物等。阻聚剂除使用吡啶醇磷酸酯类外，还可使用 2,6-二叔丁基苯酚、吩噻嗪和对苯二酚等。

这种烷基酚聚氧乙烯醚（甲基）丙烯酸酯可以作为一种单体，应用于合成高分子表面活性剂，如抗静电剂、胶凝剂、增稠剂、减阻剂、絮凝剂、乳化剂、破乳剂和驱油剂等产品，特别是用于合成一种腈纶用耐久性抗静电剂。在化纤工业、织物处理、原油生产、运输和污水处理等方面可以有广泛的用途。

【实施例 8】

在装有搅拌器、温度计和分馏塔的 500mL 四口瓶中，加入辛基酚聚氧乙烯醚（OP-10）80g、丙烯酸丁酯 80g、甲苯（共沸溶剂）80g、Z-705 阻聚剂（吡啶醇磷酸酯类）0.3g，加热，启动搅拌，保持釜温在 135℃ 左右，使反应混合物共沸，分水，直至溜出液澄清，塔顶温度达到 109.5℃。

向反应釜内加入催化剂钛酸四乙酯 2.0g，保温反应，取样分析塔顶共沸物中丁醇含量，当塔顶共沸物中丁醇含量低于 0.1% 时，停止反应。

反应共得共沸物 63.0g，取样分析其丁醇含量为 13.7%，辛基酚聚氧乙烯醚的转化率为 94.22%。

在上述反应液中加入 20g 10% 的硫酸，搅拌 20min，加入 80g 蒸馏水，先常压蒸馏去除轻组分，后减压蒸馏，最后真空压力达到 $-0.097MPa$，即得到辛基酚聚氧乙烯醚丙烯酸酯产品。反应方程式如下：

$$CH_2=CHCOOC_4H_9 + HO(CH_2CH_2O)_n \overline{\bigcirc} C_8H_{17} \longrightarrow$$

$$CH_2=CHCOO(CH_2CH_2O)_n \overline{\bigcirc} C_8H_{17} + C_4H_9OH$$

(辛基酚聚氧乙烯醚丙烯酸酯)

（27）烷氧基化四氢呋喃丙烯酸酯（alkoxylated tetrahydrofurfuryl acrylate）结构式：

$$CH_2=CH-CO-O(CH-CH_2-O)_n CH_2-CH \begin{array}{c} CH_2-CH_2 \\ \diagdown O \diagup \end{array} CH_2$$
（R）

其中 R 为氢原子（H）或为甲基（CH_3）。如沙多玛公司的牌号为 CD-611 单体产品即为 $R=CH_3$ 的分子结构的产品，可称作丙氧基化四氢呋喃丙烯酸酯（propoxylated tetrahydrofurfuryl acrylate）。其结构式为：

$$CH_2=CH-CO-O(CH-CH_2-O)_n CH_2-CH \begin{array}{c} CH_2-CH_2 \\ \diagdown O \diagup \end{array} CH_2$$
（CH_3）

(沙多玛公司官能单体产品CD-611)

CD-611 对皮肤刺激性小，其共聚物对塑料的粘接力强，尤其是对 PVC 和聚碳酸酯的粘接力强。

（28）乙氧基化（10）甲基丙烯酸羟基乙酯 [ethoxylated（10）hydroxyethyl methacrylate] 结构式：

$$CH_2=C-C-O-CH_2-CH_2(O-CH_2-CH_2)_{10}OH$$
（CH_3 O）

该单体为多功能性单体，毒性和气味低，可替代甲基丙烯酸羟基乙酯（HEMA）。

（29）乙氧基化（4）壬基酚丙烯酸酯 [ethoxylated（4）nonyl phenol acrylate] 结构式：

$$C_9H_{19} \overline{\bigcirc} (O-CH_2-CH_2)_4 O-C-CH=CH_2$$
（O）

该单体气味小、挥发性低和对皮肤的刺激性小，用于自由基聚合过程中。

（30）丙烯酸异辛酯 [isooctyl acrylate] 结构式：

$$CH_3-CH-CH_2-CH_2-CH_2-CH_2-CH_2-C-C=CH_2$$
（CH_3 ... O）

该单体具有黏度低的特点，可用作反应型稀释剂。

（31）丙烯酸十四酯　合成方法：

$$CH_2=CHCOOH+CH_3(CH_2)_{12}CH_2OH \longrightarrow CH_2=CHCOO(CH_2)_{13}CH_3$$

在装有回流分水器、搅拌器和温度计的三口烧瓶中，加入一定量的正十四醇、丙烯酸、甲苯、对甲苯磺酸、对苯二酚。加入并搅拌，回流分水至水的收集量达到理论量（约需 4～5h，温度最后升至 125℃左右）。酯化反应完成后，冷却至约 60℃，用 3%的 Na_2CO_3 水溶液洗去对甲苯磺酸、对苯二酚及过量的丙烯酸，即得产品丙烯酸酯，产品酯的收率为 97%～98%。

（32）丙烯酸十六酯（hexadecyl acrylate，HA）　结构式：

$$CH_2=CHCOO(CH_2)_{15}CH_3$$

合成方法：

$$CH_2=CHCOOH+CH_3(CH_2)_{14}CH_2OH \longrightarrow CH_2=CHCOO(CH_2)_{15}CH_3$$

在装有回流分水器、搅拌器、温度计的三口烧瓶中，加入一定量的正十六醇、丙烯酸、甲苯、对甲苯磺酸、对苯二酚。加入并搅拌，回流分水至水的收集量达到理论量（约需 4～5h，温度最后升至 125℃左右）。酯化反应完成后，冷却至约 60℃，用 3%的 Na_2CO_3 水溶液洗去对甲苯磺酸、对苯二酚及过量的丙烯酸，即得产品丙烯酸酯，产品酯的收率为 97%～98%。

（33）丙烯酸十八酯（stearyl acrylate，SA）　结构式：

$$CH_2=CHCOO(CH_2)_{17}CH_3$$

为单官能团单体，具有疏水性的长链烷基，可用作消泡剂。

合成方法：

$$CH_2=CHCOOH+CH_3(CH_2)_{16}CH_2OH \longrightarrow CH_2=CHCOO(CH_2)_{17}CH_3+H_2O$$

或者

$$CH_2=CHCOOCH_3+CH_3(CH_2)_{16}CH_2OH \longrightarrow CH_2=CHCOO(CH_2)_{17}CH_3+CH_3OH$$

方法一：

在装有回流分水器、搅拌器、温度计的三口烧瓶中，加入一定量的正十八醇、丙烯酸、甲苯、对甲苯磺酸、对苯二酚。加入并搅拌，回流分水至水的收集量达到理论量（约需 4～5h，温度最后升至 125℃左右）。酯化反应完成后，冷却至约 60℃，用 3%的 Na_2CO_3 水溶液洗去对甲苯磺酸、对苯二酚及过量的丙烯酸，即得产品丙烯酸酯，产品酯的收率为 97%～98%。

方法二：

在装有温度计、搅拌器、分水器和回流冷凝器的四口烧瓶中加入正十八醇 67g、甲苯 60mL 和少量阻聚剂对苯二酚倒入四口瓶中，用油浴加热到 60℃。依次加入 22g 丙烯酸和少许催化剂对甲苯磺酸。在搅拌下甘油浴加热到 115～125℃，回流 4h，待生成较多水后，升温到 140℃继续反应。当出水量与理论计算量相当时，则酯化反应基本完成。得到的酯用碱进行中和，水洗 3～4 次至中性，在无水

$CaCl_2$ 中干燥 12h。再经抽滤和减压蒸馏得到白色蜡状固体即为丙烯酸正十八酯。

方法三：

将 0.1mol 的丙烯酸甲酯、0.12mol 的十八醇、100mL 甲苯和 0.01mL 对苯二酚放入 500mL 的三颈瓶中，搅拌加热至 60℃，使固体全部溶解后，加入 0.1mol 对甲苯磺酸及 50mL 甲苯溶剂进行酯交换反应，继续搅拌升温至 80℃，并在 80～100℃下进行保温反应并蒸出甲醇，以促进酯交换反应的进行。6h 左右观察蒸出的甲醇的情况，甲醇量接近理论量时反应即结束。

7.3 双官能团丙烯酸酯

(1) 二乙二醇二丙烯酸酯（diethylene glycol diacrylate，DEGDA） 结构式：

$$CH_2=CH-CO-O-CH_2-CH_2-O-CH_2-CH_2-O-CO-CH=CH_2$$

二乙二醇二丙烯酸酯的特点是沸点高、蒸气压低，用于自由基共聚合中。

(2) 二乙二醇二甲基丙烯酸酯（diethylene glycol dimethacrylate，DEGDMA） 结构式：

$$CH_2=C-CO-O-CH_2-CH_2-O-CH_2-CH_2-O-CO-C=CH_2$$
$$\qquad CH_3 \qquad\qquad\qquad\qquad\qquad\qquad\qquad CH_3$$

二乙二醇二甲基丙烯酸酯的特点是沸点高、蒸气压低，用于自由基共聚合中。

(3) 三乙二醇二丙烯酸酯（TEGDA） 结构式：

$$CH_2=CH-CO-O-CH_2-CH_2-O-CH_2-CH_2-O-CH_2-CH_2-O-CO-CH=CH_2$$

三乙二醇二丙烯酸酯的特点是黏度低，光固化速度快，但对皮肤刺激性较大。

(4) 二丙二醇二丙烯酸酯（dipropylene glycol diacrylate） 结构式：

$$CH_2=CH-CO-O-CH_2-CH-O-CH_2-CH-O-CO-CH=CH_2$$
$$\qquad\qquad\qquad\qquad CH_3 \qquad\quad CH_3$$

可提高 UV 固化配方在高温下的凝胶稳定性，黏度低、玻璃化转变温度高、固化速度快，适用于油墨配方中。

(5) 聚乙二醇（200）二丙烯酸酯 [polyethylene glycol（200）diacrylate，PEG（200）DA] 结构式：

$$CH_2=CHCO(OCH_2CH_2)_n OCOCH=CH_2$$

为双官能团单体。具有亲水性、抗静电性和低刺激性等特点。溶于芳烃和乙醇等有机溶剂，微溶于水。用于光固化涂料、油墨和印刷制版中。

(6) 1,4-丁二醇二丙烯酸酯（1,4-butanediol diacrylate，BDDA） 结构式：

$$CH_2=CHCOOCH_2CH_2CH_2CH_2OCOCH=CH_2$$

分子式：$C_{10}H_{14}O_4$

分子量：198

为双官能团单体。有良好的稀释性。可使聚合物产品具有可挠性。用于合成树脂产品和橡胶产品的交联剂，用于辐射固化涂料、油墨产品和感光树脂印刷产品中的稀释剂。

(7) 三丙二醇二丙烯酸酯（tripropylene glycol diacrylate，TPGDA） 结构式：

$$CH_2{=}CHCO{-}OCH_2CH(CH_3){-}OCH_2CH(CH_3){-}OCH_2CH(CH_3){-}OCOCH{=}CH_2$$

分子式：$C_{15}H_{24}O_6$

分子量：300

为双官能团单体，具有低挥发性、低黏度和低皮肤刺激性。作为反应型稀释剂用于自由基辐射聚合中，具有较高的活性，与丙烯酸系齐聚物有良好的相容性，可赋予聚合物膜优异的柔韧性，可降低膜的固化收缩率。

(8) 新戊二醇二丙烯酸酯（neopentyl glycol dacrylate，NPGDA） 结构式：

$$(CH_3)_2C(CH_2OCOCH{=}CH_2)_2$$

分子式：$C_{11}H_{16}O_4$

分子量：212

为双官能团单体，稀释性强，能提高聚合物膜的耐刻划性和耐磨性。在辐射固化涂料、油墨、胶黏剂和感光性树脂印刷版材等产品中用作活性稀释剂。

(9) 丙氧基化（2）新戊二醇二丙烯酸酯 [propoxylated（2）neopentyl glycol diacrylate，PO-NPGDA] 结构式：

$$(CH_3)_2C[CH_2{-}OCH_2CH(CH_3){-}OCOCH{=}CH_2]_2$$

分子式：$C_{17}H_{28}O_6$

分子量：328

为双官能团单体，在自由基 UV 和 EB 辐射固化产品中用作活性稀释剂。毒性低、皮肤刺激性低、黏度低，与丙烯酸系齐聚物有良好的相容性。

(10) 双酚 A 丙烯酸酯 合成方法之一如下。

原材料和配比：

| 浅色双酚 A 环氧树脂(环氧值≥0.51) | 1.4～1.9mol | 催化剂四乙基氯化铵(或四乙基溴化铵)(试剂级) | 1～2g |
| 丙烯酸(工业级) | 0.8～1.0mol | | |

合成工艺如下：

在三口反应瓶中放入浅色双酚 A 环氧树脂和丙烯酸，以四乙基氯化铵（或四乙基溴化铵）作催化剂，升温至 100℃。搅拌下滴加丙烯酸，2h 内滴加完毕。升温至（110±1）℃，反应 1h，保温 1h。升温至（114±2）℃，反应 1h，保温 1h，酸值≤1.5，即可停止反应。冷却后出料，得到无色透明的双酚 A 环氧丙烯酸酯单体产物，其结构式如下。

$$\underset{CH_2}{\overset{OH}{\text{CH}_2-\text{CH}-\text{CH}_2}} + O- \underset{CH_3}{\overset{CH_3}{\text{C}}} -O-CH_2CH(OH)CH_2]_n -O- \underset{CH_3}{\overset{CH_3}{\text{C}}} -O-CH_2-\underset{CH_2}{\overset{OH}{\text{CH}-\text{CH}_2}}$$

所合成的产品的规格为：

黏度（20℃）	50mPa·s	折射率	1.5590
平均分子量	268	纯度	≥98％
相对密度 d^{15}	1.062	酸值	<15

使用上述产品 80％～60％，再加 20％～40％苯乙烯（工业级），以偶氮二异丁腈为引发剂，可以制得综合光学性能优异的光学塑料。这种塑料具有耐强碱、弱酸、盐水溶液和耐醇类等性能。

双酚 A 丙烯酸酯的另一合成方法分为以下几步：

$$HO-\underset{CH_3}{\overset{CH_3}{\text{C}}}-OH \xrightarrow{NaOH} NaO-\underset{CH_3}{\overset{CH_3}{\text{C}}}-ONa$$

$$NaO-\underset{CH_3}{\overset{CH_3}{\text{C}}}-ONa \xrightarrow[N_2O]{CH_2-CHCH_2Cl} NaO-\underset{CH_3}{\overset{CH_3}{\text{C}}}-OCH_2CH(OH)CH_2Cl$$

$$NaO-\underset{CH_3}{\overset{CH_3}{\text{C}}}-OCH_2CH(OH)CH_2Cl \xrightarrow{NaOH} NaO-\underset{CH_3}{\overset{CH_3}{\text{C}}}-O-CH_2-CH-CH_2$$

$$NaO-\underset{CH_3}{\overset{CH_3}{\text{C}}}-O-CH_2-CH-CH_2$$

$$CH_2-CH-CH_2[O-\underset{CH_3}{\overset{CH_3}{\text{C}}}-OCH_2CH(OH)CH_2]_n-O-\underset{CH_3}{\overset{CH_3}{\text{C}}}-O-CH_2-CH-CH_2$$

$$\downarrow CH_2=CHCOOH$$

$$CH_2-CH-CH_2[O-\underset{CH_3}{\overset{CH_3}{\text{C}}}-OCH_2CH(OH)CH_2]_n-O-\underset{CH_3}{\overset{CH_3}{\text{C}}}-O-CH_2-\underset{CH_2}{\overset{OH}{\text{CH}-\text{CH}_2}}$$

双酚A二缩水甘油醚二丙烯酸酯(bisphenol A diglycidyl ether diacrylate)

（11）可光固化的卤代氟丙烯酸酯　由于电讯工业的迅速发展，需要改进光波导和互连应用中的可光固化材料的性能，使其在工作波长范围内高度透明（即不吸收光波和不散射光波）。在选用于光通信的波长在 1300nm 和 1550nm 范围内的远红外区，传统的可光固化材料均不具备所需的透明度。远红外区的吸收产生于高谐波的 C—H 键的振动。如果用较重的元素如氘、氟和氯取代传统丙烯酸酯光聚合物中的氢原子，那么就能使材料吸收带转移至更长的波长范围，从而对上述指定范围的光波不产生吸收，也即制得 1300nm 和 1550nm 波长范围内的透明材料。

【实施例 1】

① $HOCH_2(CF_2CFCl)_2CF_2CH_2OH$ 的制备。

向 225 份 $CCl_3(CF_2CFCl)_3Br$ 中加入 290 份含 50% 三氧化硫的发烟硫酸，搅拌混合物并将混合物由室温逐渐加热至 170℃。将混合物保持在此温度下 6h，然后冷却至 0℃。冷却后，向混合物中滴加 240 份甲醇，并将混合物加热至 150℃。保持 150℃下 2h。然后冷却至室温，并将其倒入 200 份的冰水中。然后用醚萃取该溶液，随后蒸发醚层（即所谓的"醚处理"），接着将该溶液蒸馏而制得 133 份二甲酯中间产物，$CH_3OCO(CF_3CFCl)_2CF_2COOCH_3$，产率 81%。反应式如下：

$$CCl_3(CF_2CFCl)_3Br \xrightarrow[\text{发烟硫酸}]{[O]} HOOC(CF_2CFCl)_2CF_2COOH \xrightarrow{CH_3OH}$$

$$CH_3OCO(CF_2CFCl)_2CF_2COOCH_3$$

在氮气中，0℃下，搅拌含 310 份摩尔浓度为 1.04mol/L 的 $LiAlH_4$ 的四氢呋喃溶液。向该溶液中缓慢加入 17.8 份 100% 硫酸。在室温下，将该溶液再搅拌 1h。在硫酸锂沉淀后，收集 240 份 AlH_3（0.91mol/L）的上层清液。向 0℃下搅拌的 240 份 AlH_3 溶液中缓慢加入含 33.7 上述制备的二甲酯的 450 份四氢呋喃溶液。AlH_3 与二甲酯的摩尔比为 2.6/1。1h 后，将过量的 AlH_3 小心用 20 份四氢呋喃和水的 1:1 混合物进行水解，然后进行"醚处理"和蒸馏，获得 28 份二醇，结构式为 $HOCH_2(CF_2CFCl)_2CF_2CH_2OH$。反应式为：

$$CH_3OCO(CF_2CFCl)_2CF_2COOCH_3 \xrightarrow{AlH_3} HOCH_2(CF_2CFCl)_2CF_2CH_2OH$$

② $CH_2=CHCOOCH_2(CF_2CFCl)_2CF_2CH_2OCOCH=CH_2$ 的制备。

将 80 份实施例 1 中制得的二醇与 56.3 份三乙胺和 100 份二氯甲烷混合并冷却至 0℃。在氮气中搅拌，向该溶液缓慢加入含有 50 份新蒸馏得到的丙烯酰氯的 100 份二氯甲烷。加完后，将混合物再搅拌 24h 并使温度返回至室温。混合物用水处理，再用乙醚处理。粗产物通过硅胶柱色谱进行提纯，用乙酸乙酯和乙烷的混合物洗脱。获得 28 份纯的 $CH_2=CHCOOCH_2(CF_2CFCl)_2CF_2CH_2OCOCH=CH_2$ 产物。反应式为：

$$HOCH_2(CF_2CFCl)_2CF_2CH_2OH + CH_2=CHCOCl \xrightarrow[CH_2Cl_2]{N(C_2H_5)_3}$$

$$CH_2=CHCOOCH_2(CF_2CFCl)_2CF_2CH_2OCOCH=CH_2$$

（12）1,3-丁二醇二丙烯酸酯（1,3-butylene glycol diacrylate）　结构式：

$$CH_2=CH-\overset{\overset{\displaystyle O}{\|}}{C}-O-CH_2-CH_2-\underset{\underset{\displaystyle CH_3}{|}}{CH}-O-\overset{\overset{\displaystyle O}{\|}}{C}-CH=CH_2$$

其特点是黏度低、溶解性能好、产品耐污染性好。

（13）1,4-丁二醇二丙烯酸酯（1,4-butanediol diacrylate）　结构式：

$$CH_2=CH-\overset{\overset{\displaystyle O}{\|}}{C}-O-CH_2-CH_2-CH_2-CH_2-O-\overset{\overset{\displaystyle O}{\|}}{C}-CH=CH_2$$

其特性是黏度低和溶解性高。

（14）1,6-己二醇二丙烯酸酯（1,6-hexanediol diacrylate）　结构式：

$$CH_2=CH-\overset{\overset{\displaystyle O}{\|}}{C}-O-CH_2-CH_2-CH_2-CH_2-CH_2-CH_2-O-\overset{\overset{\displaystyle O}{\|}}{C}-CH=CH_2$$

黏度低和挥发性低，有疏水性长链，溶解性强，固化速度快，用于自由基共聚合中。

（15）乙氧基化（10）双酚 A 二丙烯酸酯 [ethoxylated（10）bisphenol A diacrylate]　结构式：

$$CH_2=CH-\overset{\overset{\displaystyle O}{\|}}{C}-O(CH_2-CH_2-O)_5\underset{}{\bigcirc}\underset{\underset{\displaystyle CH_3}{|}}{\overset{\overset{\displaystyle CH_3}{|}}{C}}\underset{}{\bigcirc}(O-CH_2-CH_2)_5O-\overset{\overset{\displaystyle O}{\|}}{C}-CH=CH_2$$

皮肤刺激性小、气味小、黏度低和碱溶性。用于自由基共聚中。

（16）乙氧基化（3）双酚 A 二丙烯酸酯 [ethoxylated（3）bisphenol A diacrylate]　结构式：

$$CH_2=CH-\overset{\overset{\displaystyle O}{\|}}{C}-O(CH_2-CH_2-O)_2\underset{}{\bigcirc}\underset{\underset{\displaystyle CH_3}{|}}{\overset{\overset{\displaystyle CH_3}{|}}{C}}\underset{}{\bigcirc}-O-CH_2-CH_2-O-\overset{\overset{\displaystyle O}{\|}}{C}-CH=CH_2$$

皮肤刺激性小、气味小、黏度低和碱溶性。用于自由基共聚中。

（17）乙氧基化（30）双酚 A 二丙烯酸酯 [ethoxylated（30）bisphenol A diacrylate]　结构式：

$$CH_2=CH-\overset{\overset{\displaystyle O}{\|}}{C}-O(CH_2-CH_2-O)_{15}\underset{}{\bigcirc}\underset{\underset{\displaystyle CH_3}{|}}{\overset{\overset{\displaystyle CH_3}{|}}{C}}\underset{}{\bigcirc}(O-CH_2-CH_2)_{15}O-\overset{\overset{\displaystyle O}{\|}}{C}-CH=CH_2$$

皮肤刺激性小、气味小、黏度低和水溶性。用于自由基共聚中。

（18）乙氧基化（4）双酚 A 二丙烯酸酯 [ethoxylated（4）bisphenol A diacrylate]　结构式：

$$CH_2=CH-\overset{\overset{\displaystyle O}{\|}}{C}-O(CH_2-CH_2-O)_2\underset{}{\bigcirc}\underset{\underset{\displaystyle CH_3}{|}}{\overset{\overset{\displaystyle CH_3}{|}}{C}}\underset{}{\bigcirc}(O-CH_2-CH_2)_2-O-\overset{\overset{\displaystyle O}{\|}}{C}-CH=CH_2$$

皮肤刺激性小、气味小、挥发性低和碱溶性。用于自由基共聚中。

(19) 乙氧基化（4）双酚 A 二甲基丙烯酸酯〔ethoxylated（4）bisphenol A dimethacrylate〕 结构式：

$$CH_2=C-C-O+CH_2-CH_2-O)_2 \bigcirc C \bigcirc +O-CH_2-CH_2)_2 O-C-C=CH_2$$

挥发性低单体，有很好的亲水-疏水平衡性。用于自由基共聚中。

(20) 乙氧基化（6）双酚 A 二甲基丙烯酸酯〔ethoxylated（6）bisphenol A dimethacrylate〕 结构式：

$$CH_2=C-C-O+CH_2-CH_2-O)_3 \bigcirc C \bigcirc +O-CH_2-CH_2)_3 O-C-C=CH_2$$

低挥发性单体，有很好的亲水-亲油平衡性。用于自由基共聚中。

(21) 乙氧基化（8）双酚 A 二甲基丙烯酸酯 〔ethoxylated（8）bisphenol A dimethacrylate〕 结构式：

$$CH_2=C-C-O+CH_2-CH_2-O)_4 \bigcirc C \bigcirc +O-CH_2-CH_2)_4 O-C-C=CH_2$$

挥发性低单体，有很好的亲水-疏水平衡性。用于自由基共聚中。

(22) 乙氧基化（10）双酚 A 二甲基丙烯酸酯〔ethoxylated（10）bisphenol A dimethacrylate〕 结构式：

$$CH_2=C-C-O+CH_2-CH_2-O)_5 \bigcirc C \bigcirc +O-CH_2-CH_2)_5 O-C-C=CH_2$$

低气味、低挥发性单体，用于自由基共聚中。

(23) 乙二醇二甲基丙烯酸酯（ethylene glycol dimethacrylate） 结构式：

$$CH_2=C-C-O-CH_2-CH_2-O-C-C=CH_2$$

无色、高沸点双官能团单体，用于自由基共聚合中。

(24) 新戊二醇二丙烯酸酯（neopentyl glycol diacrylate） 结构式：

$$CH_2=CH-C-O-CH_2-C-CH_2-O-C-CH=CH_2$$

低黏度和高活性双官能团单体，使产品具有耐化学品性能。

(25) 新戊二醇二丙烯酸酯（neopentyl glycol diacrylate） 结构式：

$$CH_2=CH-\overset{\overset{\displaystyle O}{\|}}{C}-O-CH_2-\overset{\overset{\displaystyle CH_3}{|}}{\underset{\underset{\displaystyle CH_3}{|}}{C}}-CH_2-O-\overset{\overset{\displaystyle O}{\|}}{C}-CH=CH_2$$

低黏度和高活性双官能团单体，使产品具有耐化学品性能。

（26）新戊二醇二甲基丙烯酸酯（neopentyl glycol dimethacrylate） 结构式：

$$CH_2=\overset{\overset{\displaystyle O}{\|}}{\underset{\underset{\displaystyle CH_3}{|}}{C}}\!-\!C\!-\!O\!-\!CH_2\!-\!\overset{\overset{\displaystyle CH_3}{|}}{\underset{\underset{\displaystyle CH_3}{|}}{C}}\!-\!CH_2\!-\!O\!-\!\overset{\overset{\displaystyle O}{\|}}{C}\!-\!\underset{\underset{\displaystyle CH_3}{|}}{C}\!=\!CH_2$$

低黏度和高活性双官能团单体，使产品具有耐化学品性能。

（27）聚乙二醇（200）二丙烯酸酯 [polyethylene glycol （200） diacrylate] 结构式：

$$CH_2=CH-CO-O\!\!-\!\!(CH_2-CH_2-O)_{\overline{n}}CO-CH=CH_2$$

低挥发性单体，赋予产品以柔韧性，用于自由基共聚合中。

（28）聚乙二醇（400）二丙烯酸酯 [polyethylene glycol （400） diacrylate] 结构式：

$$CH_2=CH-CO-O\!\!-\!\!(CH_2-CH_2-O)_{\overline{n}}CO-CH=CH_2$$

皮肤刺激性小的水溶性单体，赋予产品以柔韧性，用于自由基共聚合中。

（29）聚乙二醇（600）二丙烯酸酯 [polyethylene glycol （600） diacrylate] 结构式：

$$CH_2=CH-CO-O\!\!-\!\!(CH_2-CH_2-O)_{\overline{n}}CO-CH=CH_2$$

皮肤刺激性小，水溶性单体，赋予产品以柔韧性，用于自由基共聚合中。

（30）聚乙二醇（600）二甲基丙烯酸酯 [polyethylene glycol （600） dimethacrylate] 结构式：

$$CH_2=\underset{\underset{\displaystyle CH_3}{|}}{C}-CO-O\!\!-\!\!(CH_2-CH_2-O)_{\overline{n}}CO-\underset{\underset{\displaystyle CH_3}{|}}{C}=CH_2$$

水溶性双官能团单体，赋予产品以柔韧性，用于自由基共聚合中。

（31）聚乙二醇二甲基丙烯酸酯 [polyethylene glycol dimethacrylate] 结构式：

$$CH_2=\underset{\underset{\displaystyle CH_3}{|}}{C}-CO-O\!\!-\!\!(CH_2-CH_2-O)_{\overline{n}}CO-\underset{\underset{\displaystyle CH_3}{|}}{C}=CH_2$$

低黏度、低蒸气压和快速交联双官能团单体，用于自由基共聚合中。

（32）聚丙二醇（400）二甲基丙烯酸酯 [polyethylene glycol （400） dimethacrylate] 结构式：

$$CH_2=\underset{\underset{\displaystyle CH_3}{|}}{C}-CO-O\!\!-\!\!(\underset{\underset{\displaystyle CH_3}{|}}{CH}-CH_2-O)_{\overline{n}}CO-\underset{\underset{\displaystyle CH_3}{|}}{C}=CH_2$$

使聚合物膜具有柔韧性，用于胶黏剂、密封剂和水性涂料中。

（33）四乙二醇二丙烯酸酯（tetraethylene glycol diacrylate） 结构式：

$$CH_2=CH-CO-O(\!\!+\!\!CH_2-CH_2-O)_4CO-CH=CH_2$$

低挥发性双官能团单体。

（34）四乙二醇二甲基丙烯酸酯（tetraethylene glycol dimethacrylate） 结构式：

$$CH_2=C-\overset{\overset{\displaystyle O}{\|}}{C}-O(\!\!+\!\!CH_2-CH_2-O)_4\overset{\overset{\displaystyle O}{\|}}{C}-C=CH_2$$
$$\quad\ \ \underset{CH_3}{|}\qquad\qquad\qquad\qquad\ \underset{CH_3}{|}$$

低黏度、低蒸气压、无腐蚀性和快速固化双官能团单体，用于自由基共聚合中。

（35）三环癸烷二甲醇二丙烯酸酯（tricyclodecane dimethanol diacrylate） 结构式：

$$CH_2=CH-\overset{\overset{\displaystyle O}{\|}}{C}-O-CH_2-[\,\cdots\,]-CH_2-O-\overset{\overset{\displaystyle O}{\|}}{C}-CH=CH_2$$

低黏度双官能团单体，对产品提供柔韧性和提高黏性并能增强耐老化性能。可用于各种 UV 和 EB 固化产品中。

（36）三乙二醇二丙烯酸酯（triethylene glycol diacrylate） 结构式：

$$CH_2=CHCOOCH_2CH_2OCH_2CH_2OCH_2CH_2OCOCH=CH_2$$

低蒸气压、高沸点单体，用于自由基共聚合中。

（37）三乙二醇二甲基丙烯酸酯（triethylene glycol dimethacrylate） 结构式：

$$CH_2=C-\overset{\overset{\displaystyle O}{\|}}{C}-O(\!\!+\!\!CH_2-CH_2-O)_3\overset{\overset{\displaystyle O}{\|}}{C}-C=CH_2$$
$$\quad\ \ \underset{CH_3}{|}\qquad\qquad\qquad\qquad\ \underset{CH_3}{|}$$

低蒸气压、高沸点单体，用于自由基共聚合中。

（38）三丙二醇二丙烯酸酯（tripropylene glycol diacrylate） 结构式：

$$CH_2=CH-\overset{\overset{\displaystyle O}{\|}}{C}-O-CH_2-\underset{\underset{\displaystyle CH_3}{|}}{CH}-O-CH_2-\underset{\underset{\displaystyle CH_3}{|}}{CH}-O-CH_2-\underset{\underset{\displaystyle CH_3}{|}}{CH}-O-\overset{\overset{\displaystyle O}{\|}}{C}-CH=CH_2$$

7.4　多官能团丙烯酸酯

（1）三羟甲基丙烷三丙烯酸酯（trimethylolpropane triacrylate，TMPTA） 结构式：

$$CH_2-O-CO-CH=CH_2$$
$$CH_3-CH_2-\overset{\displaystyle |}{\underset{\displaystyle |}{C}}-CH_2-O-CO-CH=CH_2$$
$$CH_2-O-CO-CH=CH_2$$

分子式为：$C_{15}H_{20}O_6$

分子量：296.4

三羟甲基丙烷三丙烯酸酯为三官能团单体，与丙烯酸系齐聚物有良好的相容性，可以在 UV 和 EB 辐射固化聚合中用作活性稀释剂，在高分子聚合体系中加入 2% 左右，即可有效地提高交联密度，增强聚合物膜的硬度和耐磨性，提高膜的附着力和稳定性。黏度低，挥发性低，交联速度快，用于自由基共聚合中。

三羟甲基丙烷三丙烯酸酯的合成

投料组成（质量份）：

丙烯酸	49	对甲苯磺酸	5
三羟甲基丙烷	25	苯酚	0.0035
有机溶剂	80	氯化铜	0.032

将上述原料一次投入一反应釜中，通入压缩空气，直至在反应釜内液面上能见到连续的气泡为止。

开始对上述混合原料进行搅拌，逐渐升温至出现稳定的回流（温度为 80℃ 左右），在此条件下反应约 7h，至分水器中的水无明显增加时，即降温至 40℃ 以下。以 10% 的 NaOH 溶液 60 份中和 2 次，再以 60 份水洗涤 2 次至产物呈中性。将系统减压至 160mmHg 压力以下（温度 85℃ 以下），将溶剂蒸发除去。然后降温至 40℃ 以下，以 80 目网过滤，包装。

（2）乙氧基化三羟甲基丙烷三丙烯酸酯（ethoxylated trimethylolpropane triacrylate，EO-TMPTA）结构式：

$$CH_3-CH_2-\underset{\displaystyle CH_2-O-CH_2-CH_2-O-CO-CH=CH_2}{\overset{\displaystyle CH_2-O-CH_2-CH_2-O-CO-CH=CH_2}{C}}-CH_2-O-CH_2-CH_2-O-CO-CH=CH_2$$

分子式：$C_{21}H_{32}O_9$

分子量：428

乙氧基化三羟甲基丙烷三丙烯酸酯为三官能团单体，在辐射固化涂料、油墨和胶黏剂产品中用作反应性稀释剂。黏度适中，溶解力强，活性高。能赋予聚合物膜以良好的柔韧性，降低膜的固化收缩率，提高膜对基材的附着力。皮肤刺激性低。

（3）乙氧基化（6）三羟甲基丙烷三丙烯酸酯 [ethoxylated（6）trimethylolpropane triacrylate] 结构式：

$$CH_3-CH_2-C \begin{array}{l} CH_2-O{+}CH_2-CH_2-O{)_2}\overset{\displaystyle O}{\overset{\|}{C}}-CH=CH_2 \\ CH_2-O{+}CH_2-CH_2-O{)_2}\overset{\displaystyle O}{\overset{\|}{C}}-CH=CH_2 \\ CH_2-O{+}CH_2-CH_2-O{)_2}\overset{\displaystyle O}{\overset{\|}{C}}-CH=CH_2 \end{array}$$

皮肤刺激性低，固化速度快，用于自由基共聚合中。

（4）乙氧基化（9）三羟甲基丙烷三丙烯酸酯 ［ethoxylated（9）trimethylol propane triacrylate］ 结构式：

$$CH_3-CH_2-\underset{\underset{CH_2-O(CH_2-CH_2-O)_3\overset{O}{\overset{\|}{C}}-CH=CH_2}{\overset{CH_2-O(CH_2-CH_2-O)_3\overset{O}{\overset{\|}{C}}-CH=CH_2}{|}}{C}-CH_2-O(CH_2-CH_2-O)_3\overset{O}{\overset{\|}{C}}-CH=CH_2$$

皮肤刺激性低，固化速度快，用于自由基共聚合中。

（5）乙氧基化（15）三羟甲基丙烷三丙烯酸酯（ethoxylated trimethylolpropane triacrylate） 结构式：

$$CH_3-CH_2-\underset{\underset{CH_2-O(CH_2-CH_2-O)_5\overset{O}{\overset{\|}{C}}-CH=CH_2}{\overset{CH_2-O(CH_2-CH_2-O)_5\overset{O}{\overset{\|}{C}}-CH=CH_2}{|}}{C}-CH_2-O(CH_2-CH_2-O)_5\overset{O}{\overset{\|}{C}}-CH=CH_2$$

水溶性、低皮肤刺激性，赋予产品以柔韧性，膜收缩性小。

（6）乙氧基化（20）三羟甲基丙烷三丙烯酸酯 ［ethoxylated（20）trimethylol-propane triacrylate］ 结构式：

$$CH_3-CH_2-\underset{\underset{CH_2-O(CH_2-CH_2-O)_z\overset{O}{\overset{\|}{C}}-CH=CH_2}{\overset{CH_2-O(CH_2-CH_2-O)_x\overset{O}{\overset{\|}{C}}-CH=CH_2}{|}}{C}-CH_2-O(CH_2-CH_2-O)_y\overset{O}{\overset{\|}{C}}-CH=CH_2$$

皮肤刺激性低，水溶性，使聚合物具有柔韧性，聚合物膜收缩性小。用于自由基共聚合中。

（7）丙氧基化（3）三羟甲基丙烷三丙烯酸酯 ［propoxylated（3）trimethylol-propane triacrylate，PO(3)-TMPTA］ 结构式：

$$CH_3-CH_2-\underset{\underset{CH_2-O-CH_2-CH(CH_3)-O-CO-CH=CH_2}{\overset{CH_2-O-CH_2-CH(CH_3)-O-CO-CH=CH_2}{|}}}{C}-CH_2-O-CH_2-CH(CH_3)-O-CO-CH=CH_2$$

分子式：$C_{24}H_{38}O_9$

分子量：470

丙氧基化（3）三羟甲基丙烷三丙烯酸酯对皮肤刺激性小、交联固化速度快，用于自由基聚合反应中。

（8）丙氧基化（6）三羟甲基丙烷三丙烯酸酯 ［propoxylated（6）trimethylol-propane triacrylate］ 结构式：

$$CH_3-CH_2-C \begin{matrix} CH_2-O+CH_2-CH-O+_2C-CH=CH_2 \\ | \quad\quad CH_3 \quad\quad \overset{O}{\|} \\ CH_2-O+CH_2-CH-O+_2C-CH=CH_2 \\ | \quad\quad\quad\quad \overset{O}{\|} \\ CH_2-O+CH_2-CH-O+_2C-CH=CH_2 \\ CH_3 \end{matrix}$$

交联速度快、皮肤刺激性低。

（9）三羟甲基丙烷三甲基丙烯酸酯（trimethylolpropane trimethacrylate，TMPTMA）结构式：

$$CH_3-CH_2-C \begin{matrix} CH_2-O-C-C=CH_2 \\ \quad\quad \overset{O}{\|} \quad\quad CH_3 \\ O-CO-C=CH_2 \\ \quad\quad\quad CH_3 \\ CH_2-O-C-C=CH_2 \\ \quad\quad \overset{O}{\|} \quad CH_3 \end{matrix}$$

分子量：338

挥发性低，交联速度快，用于自由基共聚合中。

（10）三羟甲基己烷三丙烯酸酯（trimethylolhexane triacrylate，TMPTA）结构式：

$$CH_3CH_2-CH_2-CH_2-CH_2-C \begin{matrix} CH_2-O-CO-CH=CH_2 \\ CH_2-O-CO-CH=CH_2 \\ CH_2-O-CO-CH=CH_2 \end{matrix}$$

采用三羟甲基己烷、丙烯酸和氯化亚砜为原料，其原料摩尔比为：

三羟甲基己烷：丙烯酸：氯化亚砜＝1：（3～4）：（3～4）

具体合成方法是：（1）先将二氯亚砜加入到烧瓶中，边搅拌边滴加丙烯酸。丙烯酸滴加完毕后缓慢升温至 40～45℃，并在此温度下保持 1～2h。氯化亚砜与丙烯酸的反应时间设为 t_1，减压下排尽氯化氢与二氧化硫；（2）加入三羟甲基己烷，反应为 $t_2=1\sim3h$。排尽氯化氢；（3）依次用稀碱液和蒸馏水洗涤所得产物至中性，并用甲苯溶剂将产物从洗液中萃取出来，减压蒸馏除去甲苯，得到亮黄色的三羟甲基己烷三丙烯酸酯。通过皂化法测定了产品的酯含量（纯度），最高可达 96.3%。所得三羟甲基己烷三丙烯酸酯可以部分替代目前广泛使用的三羟甲基丙烷三丙烯酸酯产品，应用于各个领域中。

【实施例1】

当投料摩尔比为三羟甲基己烷：丙烯酸：氯化亚砜＝1：3：3时，改变不同反应阶段的反应时间长度，可以得到反应时间对产品的收率及纯度的影响，见表 7-9。

表 7-9　反应时间对产品收率及纯度的影响

序号	反应时间 t_1/min	反应时间 t_2/min	产品酯的收率/%	产品酯的含量/%
1	30	60	54.1	82.2
2	45	60	62.3	81.8
3	60	60	75.5	75.1
4	75	60	75.7	72.5
5	60	90	84.3	89.7
6	60	120	95.4	96.3
7	60	240	95.3	96.5

由上表可知，当氯化亚砜与丙烯酸之间的反应时间少于 1h 时，氯化亚砜与丙烯酸之间的反应不完全，产品收率较低。当酯化反应时间少于 2h 时，产品中含有大量的三羟甲基己烷单丙烯酸酯和三羟甲基己烷二丙烯酸酯，目标产品三羟甲基己烷三丙烯酸酯的纯度较低。因此，氯化亚砜与丙烯酸的反应时间应以达到 1h 为宜，其后的酯化反应时间应达到 2h 为宜。

反应方程式：

$$Cl{-}\overset{\overset{O}{\|}}{S}{-}Cl + CH_2{=}CHCOOH \longrightarrow CH_2{=}CHCOCl + HCl + SO_2$$

$$CH_3CH_2CH_2CH_2{-}\overset{\overset{CH_2OH}{|}}{\underset{\underset{CH_2OH}{|}}{C}}{-}CH_2OH + CH_2{=}CHCOOCl \longrightarrow CH_3CH_2CH_2CH_2{-}\overset{\overset{CH_2OCOCH=CH_2}{|}}{\underset{\underset{CH_2OCOCH=CH_2}{|}}{C}}{-}CH_2OCOCH{=}CH_2 + HCl$$

【实施例 2】

氯化亚砜与丙烯酸的反应时间为 1h，酯化反应时间为 2h，改变反应的原料配比，可得原料比对产品收率和产品纯度的影响，如表 7-10 所示（原料摩尔比为三羟甲基己烷∶丙烯酸∶氯化亚砜）。

表 7-10　原料比对产品收率和产品纯度的影响

序号	原料摩尔比例	产品酯的收率/%	产品酯的含量/%
1	1.0∶3.0∶3.0	72.3	76
2	1.0∶3.0∶3.3	78.6	84
3	1.0∶3.0∶3.6	90.2	87.6
4	1.0∶3.0∶3.9	90.1	92.1
5	1.0∶3.1∶3.7	94.2	94.6
6	1.0∶3.2∶3.8	95.4	96.3
7	1.0∶3.3∶4.0	95.5	96.5

实验发现，当氯化亚砜与丙烯酸的摩尔比超过 1.2∶1 时，在洗涤时会放出大

量刺激性气体，说明有较多的残余氯化亚砜发生了水解反应。当丙烯酸与三羟甲基己烷的摩尔比超过 3.2∶1 时，产品收率与酯含量不再有明显变化，因此，得到最佳投料比为三羟甲基己烷∶丙烯酸∶氯化亚砜＝1.0∶3.2∶3.8。

（11）季戊四醇三丙烯酸酯

分子式：$C_{14}H_{18}O_7$

分子量：298.0

结构式：

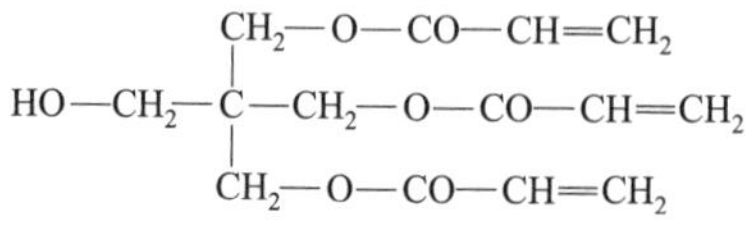

季戊四醇三丙烯酸酯为三官能团单体，可以在 UV 和 EB 辐射固化聚合中用作活性稀释剂，在高分子聚合体系中加入 2% 左右，即可有效地提高交联密度，增强聚合物膜的硬度和耐磨性，提高膜的附着力和稳定性。

季戊四醇三丙烯酸酯的合成

投料组成（质量份）：

丙烯酸	48	对甲苯磺酸	4.8
季戊四醇	25	苯酚	0.003
有机溶剂	80	氯化铜	0.032

将上述原料一次投入一反应釜中，向反应釜中通入压缩空气，直至反应液中可见到连续的气泡为止。对反应混合物进行搅拌，然后开始升温，直至体系产生回流（温度为 75～81℃）。保持回流温度稳定，不断排出分水器中的水，直至分水器中的水位不再增加为止（约需 5～6h）。然后降温至 40℃以下。以 10% 的 NaOH 中和二次，除去下层的水相。用去离子水洗涤二次，使中间产品成中性。然后进行减压蒸馏，脱除有机溶剂。减压蒸馏的操作条件是压力 110～210mmHg，温度 40～85℃。然后降温至 40℃以下，以 80 目尼龙网进行过滤，即得所需产品。

（12）丙氧基化（3）丙三醇三丙烯酸酯［propoxylated（3）glyceryl triacrylate］结构式：

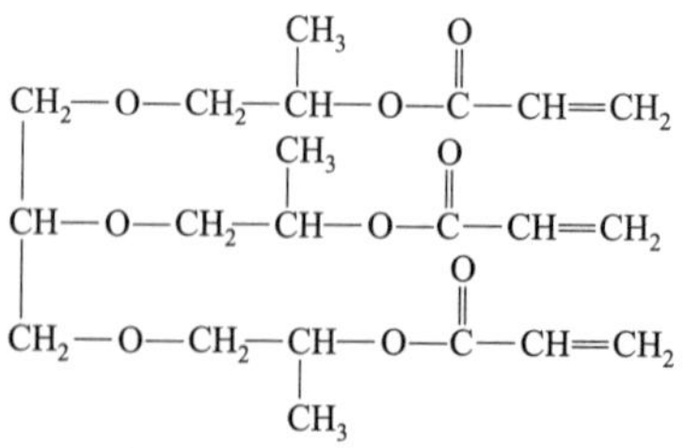

黏度低，交联速度快，赋予聚合物以良好的柔韧性和高的硬度。

（13）丙氧基化（5.5）丙三醇三丙烯酸酯［propoxylated（5.5）glyceryl triacrylate〕结构式：

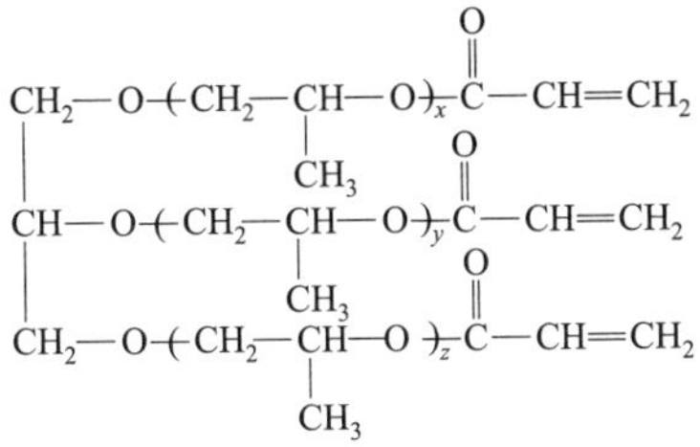

$$CH_2-O-(CH_2-CH-O)_x-\overset{\overset{\displaystyle O}{\parallel}}{C}-CH=CH_2$$

$$\underset{CH_3}{|}$$

$$CH-O-(CH_2-CH-O)_y-\overset{\overset{\displaystyle O}{\parallel}}{C}-CH=CH_2$$

$$\underset{CH_3}{|}$$

$$CH_2-O-(CH_2-CH-O)_z-\overset{\overset{\displaystyle O}{\parallel}}{C}-CH=CH_2$$

$$\underset{CH_3}{|}$$

黏度低，交联速度快，赋予聚合物以良好的柔韧性和高的硬度。

（14）三（2-羟乙基）三聚异氰酸酯三丙烯酸酯〔tris（2-hydroxy ethyl）isocy-anurate triacrylate〕结构式：

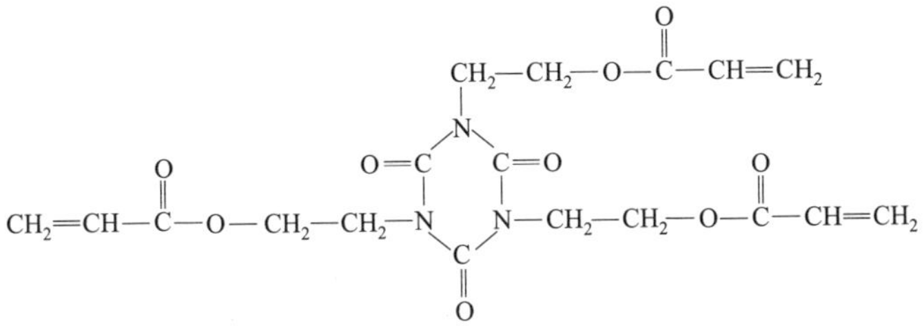

可以制得无色液体或白色结晶产品，用于自由基共聚合中。

（15）自由基齐聚物三（2-羟乙基）异氰脲酸酯三丙烯酸酯〔tris（2-hydroxy-ethyl）isocyanurate triacrylate，THEICTA〕结构式：

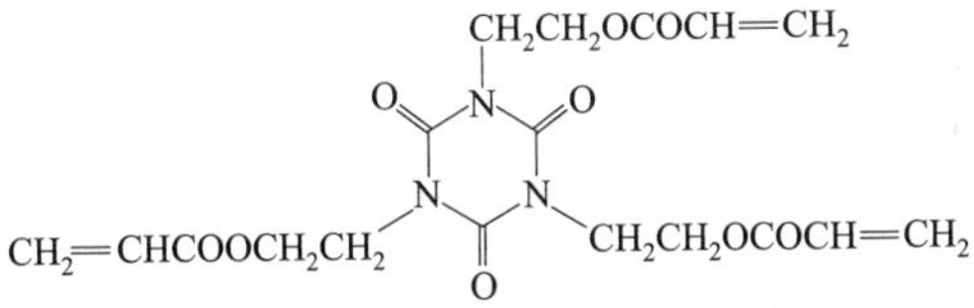

$$CH_2CH_2OCOCH=CH_2$$

$$CH_2=CHCOOCH_2CH_2 \quad CH_2CH_2OCOCH=CH_2$$

（THEICTA）

三（2-羟乙基）异氰脲酸酯三丙烯酸酯的合成方法用化学反应式表示如下：

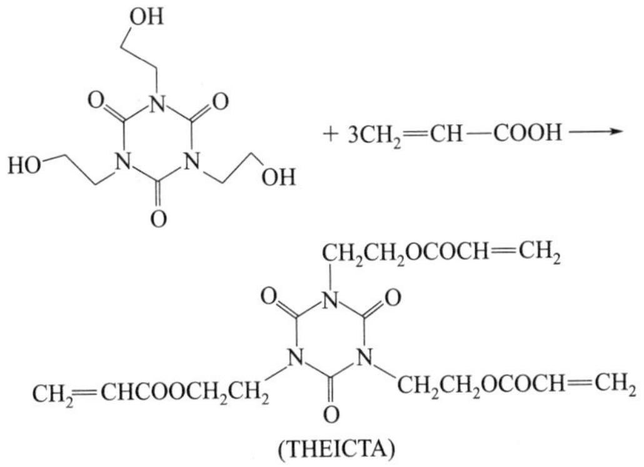

$$+3CH_2=CH-COOH \longrightarrow$$

$$CH_2CH_2OCOCH=CH_2$$

$$CH_2=CHCOOCH_2CH_2 \quad CH_2CH_2OCOCH=CH_2$$

（THEICTA）

此种杂环类物质改性的丙烯酸酯齐聚物，具有黏度低、固化速度快、硬度高、对 PVC 薄膜的附着力强、耐污染性好和耐溶剂性优良等特点。

（16）自由基齐聚物三缩水甘油基异氰脲酸酯三丙烯酸酯（triglycidyl isocyanurate triacrylate，TGICTA） 结构式：

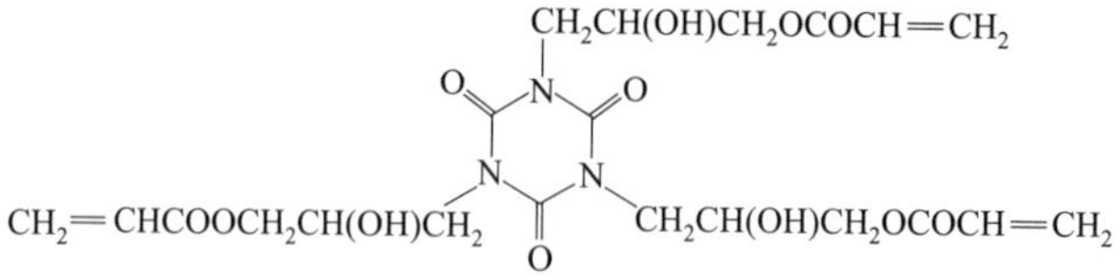

$$CH_2CH(OH)CH_2OCOCH=CH_2$$

$$CH_2=CHCOOCH_2CH(OH)CH_2 \qquad CH_2CH(OH)CH_2OCOCH=CH_2$$

它是由三缩水甘油基异氰脲酸酯（TGIC）与丙烯酸反应而得到的，其合成的化学反应方程式如下：

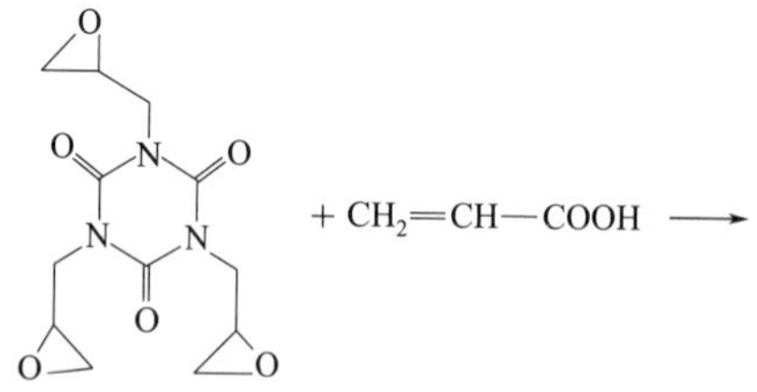

$$+ CH_2=CH-COOH \longrightarrow$$

triglycidyl isocyanurate(TGIC)

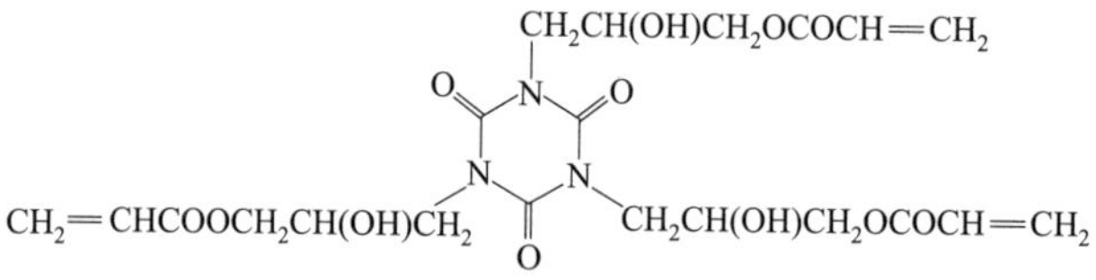

$$CH_2CH(OH)CH_2OCOCH=CH_2$$

$$CH_2=CHCOOCH_2CH(OH)CH_2 \qquad CH_2CH(OH)CH_2OCOCH=CH_2$$

(TGICTA)

此种杂环类物质改性的丙烯酸酯齐聚物，具有黏度低、固化速度快、硬度高、对 PVC 薄膜的附着力强、耐污染性好和耐溶剂性优良等特点。

（17）HDT 三丙烯酸酯　由三聚六亚甲基二异氰酸酯（HDT）与丁二醇单丙烯酸酯反应制得：

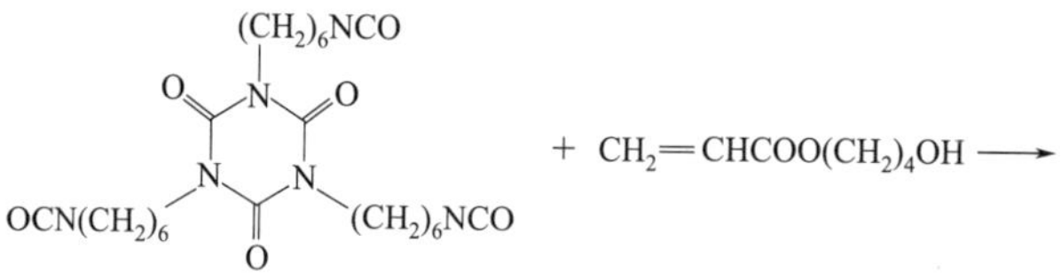

$$(CH_2)_6NCO$$

$$OCN(CH_2)_6 \qquad (CH_2)_6NCO$$

$$+ CH_2=CHCOO(CH_2)_4OH \longrightarrow$$

hexamethylene diisocyanate trimer(HDT)

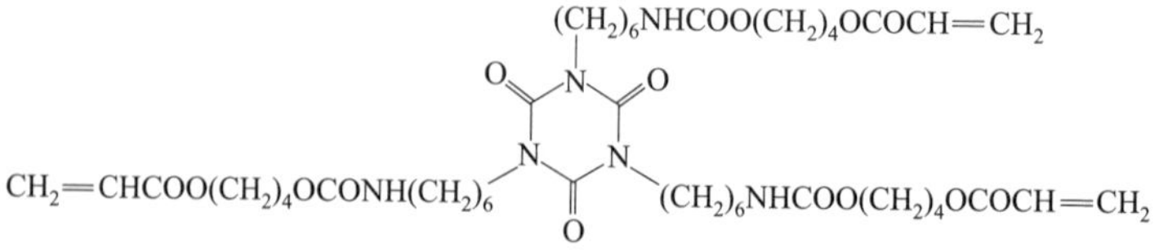

$$(CH_2)_6NHCOO(CH_2)_4OCOCH=CH_2$$

$$CH_2=CHCOO(CH_2)_4OCONH(CH_2)_6 \qquad (CH_2)_6NHCOO(CH_2)_4OCOCH=CH_2$$

(HDT 'triacrylate')

此种杂环类物质改性的丙烯酸酯齐聚物，具有黏度低、固化速度快、硬度高、对 PVC 薄膜的附着力强、耐污染性好和耐溶剂性优良等特点。

（18）季戊四醇四丙烯酸酯（pentaerythritol tetraacrylate） 结构式：

$$CH_2=CH-CO-O-CH_2-C\begin{matrix} CH_2-O-CO-CH=CH_2 \\ CH_2-O-CO-CH=CH_2 \\ CH_2-O-CO-CH=CH_2 \end{matrix}$$

此酯具有对皮肤刺激性小的特点。

（19）二-(三羟甲基丙烷) 四丙烯酸酯（di-trimethylolpropane tetraacrylate）结构式：

$$\begin{matrix} CH_2=CH-CO-O-CH_2 & & CH_2-O-CO-CH=CH_2 \\ CH_3-CH_2-C-CH_2-O-CH_2-C-CH_2-CH_3 & \\ CH_2=CH-CO-O-CH_2 & & CH_2-O-CO-CH=CH_2 \end{matrix}$$

皮肤刺激性低，交联速度快，交联密度高。

（20）乙氧基化季戊四醇四丙烯酸酯（ethoxylated pentaerythritol tetraacrylate）结构式：

$$CH_2=CH-CO-O-CH_2-CH_2-O-CH_2-C\begin{matrix} CH_2-O-CH_2-CH_2-O-CO-CH=CH_2 \\ CH_2-O-CH_2-CH_2-O-CO-CH=CH_2 \\ CH_2-O-CH_2-CH_2-O-CO-CH=CH_2 \end{matrix}$$

皮肤刺激性小，耐热性能好，交联速度快，用于 UV/EB 辐射固化聚合中。

（21）二季戊四醇五丙烯酸酯（dipentaerythritol pentaacrylate）结构式：

$$\begin{matrix} CH_2=CH-CO-O-CH_2 & & CH_2-O-CO-CH=CH_2 \\ HO-CH_2-C-CH_2-O-CH_2-C-CH_2-O-CO-CH=CH_2 & \\ CH_2=CH-CO-O-CH_2 & & CH_2-O-CO-CH=CH_2 \end{matrix}$$

该多官能单体皮肤刺激性低，交联速度快，使产品具有柔韧性和较高硬度，赋予产品以耐擦性能。

7.5 特种丙烯酸酯的应用

7.5.1 在微电子领域中的应用

【实例 1】

将 3.9g 以二羧酸酯为终端的聚（丙烯腈-丁二烯-丙烯酸）（结构式 1）与 0.9g 三羟甲基丙烷三丙烯酸酯（TMPTA）、0.5g 丙氧基化 TMPTA 和 0.7g 丙烯酸羟基乙酯（HEA）进行混合，将 0.6g 丙甲基烯酸羟基乙酯缓慢加入混合物中，制得一体系均匀的黏稠的共混体。往体系中加入 0.15g UV 光引发剂二苯酮 $[(C_6H_5)_2CO]$，即得到可 UV 固化的组合物（称作 Stock 溶液）。在上述混合物中添加适量的填料，可用于电子元器件的表面缺陷的修复。添加纳米黏土可得到透明的修复层，添加滑石填料则可得不透明修复层。

$$R-(CH_2-CH)_x-(CH_2-CH=CH-CH_2)_y-(CH_2-CH_2)_z-R$$
$$|$$
$$CN$$

$$R=-COO-CH_2-CH(OH)-CH_2-O-CO-C(CH_3)=CH_2$$

(结构式1)

【实例 2】

将 10.2g 以二羧酸酯为终端的聚（丙烯腈-丁二烯-丙烯酸）（结构式 1）与 1.9g 三羟甲基丙烷三丙烯酸酯（TMPTA）、1.5g 丙氧基化 TMPTA、2.1g 丙烯酸羟基乙酯（HEA）、0.8g 甲基丙烯酸羟基乙酯（HEMA）、0.5g 甲基丙烯酸缩水甘油酯进行混合，制得一体系均匀的黏稠的共混体。往体系中加入 0.5g UV 光引发剂二苯酮［$(C_6H_5)_2CO$］和 0.04g 增黏剂环氧丙氧基丙基三甲氧基硅烷，即得到可 UV 固化的组合物（称作 Stock 溶液）。

在 6.9g 上述混合物中添加 2.6g 滑石填料，即得到均匀分散体。或者将 6.1g 上述混合物与 0.55g 黏土混合可得到透明的分散体。

上述产品可应用于电子元器件的制造工艺中的钝化涂层，用于瓷质元件或薄膜的缺陷修复，用于印刷电路板等。

7.5.2 在表面涂层材料中的应用

含丙烯酸多官能单体或甲基丙烯酸多官能单体的组合物中加入胶体二氧化硅，组合物体系可以分散于水中或分散于有机溶剂和水的混合溶剂中，将此种可辐射固化的组合物涂布于聚碳酸酯等基材表面，可以得到透明、耐擦、耐老化和抗紫外线的涂层，涂层具有很强的附着力。组合物涂布于聚碳酸酯板上后，在空气中干燥 5min，然后用电子束进行照射固化。典型配方见表 7-11。

表 7-11 辐射固化组合物的典型配方

实例	组成/g				涂层性能		
					透光率/%	耐磨测试	
						H_{100}/%	H_{500}/%
1	异丙醇 51.46	己二醇二丙烯酸酯 1.36	三羟甲基丙烷三丙烯酸酯 3.79	胶体二氧化硅 11.24	99.4	4.50	10.70
2	叔丁醇 51.46	己二醇二丙烯酸酯 1.36	三羟甲基丙烷三丙烯酸酯 3.79	胶体二氧化硅 11.24	93.1	3.63	6.98
3	正丙醇 51.46	己二醇二丙烯酸酯 1.36	三羟甲基丙烷三丙烯酸酯 3.79	胶体二氧化硅 11.24	81.1	3.35	12.60
4	甲醇 51.46	己二醇二丙烯酸酯 1.36	三羟甲基丙烷三丙烯酸酯 3.79	胶体二氧化硅 11.24	87.4	17.13	53.85
5	乙二醇正丁基醚 51.46	己二醇二丙烯酸酯 1.36	三羟甲基丙烷三丙烯酸酯 3.79	胶体二氧化硅 11.24	66.3	0.50	16.03
6	乙醇 51.46	己二醇二丙烯酸酯 1.36	三羟甲基丙烷三丙烯酸酯 3.79	胶体二氧化硅 11.24	85.7	—	—

Revis 等的专利（USP 5，126，394，Jun.30，1992）提出了另一种耐磨涂层配方。

【实例 1】

丙烯酸缩水甘油酯	1.73	异丙醇	51.46
三羟甲基丙烷三丙烯酸酯	4.50	冰醋酸	0.23

上述混合物混合后静置 5min，然后在搅拌下加胶体二氧化硅 11.24g。此混合物再静置 24h。用 5μm 过滤器过滤，然后涂布于聚碳酸酯板上，空气干燥 5min。用电子辐射进行交联固化，可以得到耐磨涂层。表 7-12 列出了辐射固化组合物的典型配方。

表 7-12　辐射固化组合物的典型配方

实例	组成/g					耐磨测试	
						H_{100}/%	H_{500}/%
1	丙烯酸缩水甘油酯 1.73	三羟甲基丙烷三丙烯酸酯 4.50	异丙醇 51.46	冰醋酸 0.23	胶体二氧化硅 11.24	3.5	12.6
2	甲基丙烯酸缩水甘油酯 1.89	三羟甲基丙烷三丙烯酸酯 4.34	异丙醇 51.46	冰醋酸 0.23	胶体二氧化硅 11.24	10.1	20.1
3	丙烯酸羟乙酯 2.07	三羟甲基丙烷三丙烯酸酯 4.16	异丙醇 51.46	冰醋酸 0.23	胶体二氧化硅 11.24	1.9	9.0
4	丙烯酸 1.30	三羟甲基丙烷三丙烯酸酯 4.93	异丙醇 51.46	冰醋酸 0.23	胶体二氧化硅 11.24	1.9	10.2
5	丙烯酸羟乙酯 2.07	三羟甲基丙烷三丙烯酸酯 4.16	异丙醇 51.46		胶体二氧化硅 11.24	1.8	7.4

妥儿油松香（tall oil rosin）是在造纸工艺中，从松树木材中分离出来的天然物质。妥儿油松香通常为带环状结构的一元酸（含 20 个碳原子），常温下为固体状态，软化点大约为 75℃。

由于妥儿油松香所具有的黏性，被广泛地应用于胶黏剂树脂中。由于具有较高的软化点，它还被广泛应用于石印油墨和照相凹板油墨树脂中。在烷基树脂油漆的制备过程中，松香是一种辅助成分，它可以增大漆膜的硬度。在低黏度热塑性道路标线树脂漆中，松香是一种主要成分，在高温状态下施工时，它可以用于替代溶剂。

RHJones 等的专利使用过量的妥儿油松香（R¹—COOH）与多亚乙基胺（如三亚乙基胺，TETA）反应，使得反应后混合物中含 67% 的反应物氨基酰胺（氨基酰胺为三亚乙基四胺与妥儿油松香反应的产物）以及 33% 未反应的 TETA。然后将上述所得混合物 1 份与 2 份三羟甲基丙烷三丙烯酸酯（TMPTA）进行反应，以得到一种聚合物涂层材料。这种涂料有很好的耐水性和抗紫外辐射性能，对金属材料有很强的粘接力。

合成方法如下。

将 400g 妥儿油松香（R¹—COOH）装入反应烧瓶中，在氮气保护下将松香加热至熔融，开启搅拌，加入 50g 妥儿油脂肪酸二聚体（HOOC—R²—COOH），将混合物的温度提高至 160℃，并在 155～165℃ 温度范围内加入 550g 三亚乙基四胺（$H_2NCH_2CH_2NHCH_2CH_2NHCH_2CH_2NH_2$，TETA）。然后将反应混合物温度提高到 250℃。保持 250℃ 条件下反应，当体系的酸值＜4.0 时，将体系温度降至 180℃，并对体系抽真空 15min。然后将体系温度降至 100℃，并将反应混合物过滤（75μm）。所得混合物的性能示于如表 7-13 所示。

表 7-13　混合物的性能

项目	指标	实测值
酸值	＜4.0	3.3
胺值	550～650	579
Blookfield 黏度(25℃)/(mPa·s)	1250～2250	1890
色泽(Gardner)	12(最大)	11

将上述所得混合物与 TMPTA 按 1 份混合物：2 份 TMPTA 的比例进行混合反应，得到的聚合物的涂层性能如表 7-14 所示。

表 7-14　聚合物涂层性能

项目	性能	项目	性能
划格法附着力	4	乙酸(5%)	严重腐蚀
铅笔硬度	H	NaOH(10%)	无腐蚀
抗冲击性能	120 次通过	HCl(10%)	腐蚀
耐水性(全部浸渍)	4 个月后有一定程度降解	二甲苯	无腐蚀
抗 UV 性能(太阳光)	3 个月后有一定程度降解	甲醇	无腐蚀
耐二甲苯：异丙醇(1∶1)溶剂	腐蚀	CCl₄	无腐蚀
耐乙酸乙酯	无腐蚀	矿物油	无腐蚀
丙酮	无腐蚀	汽油	无腐蚀

聚合物的合成化学反应路线如下：

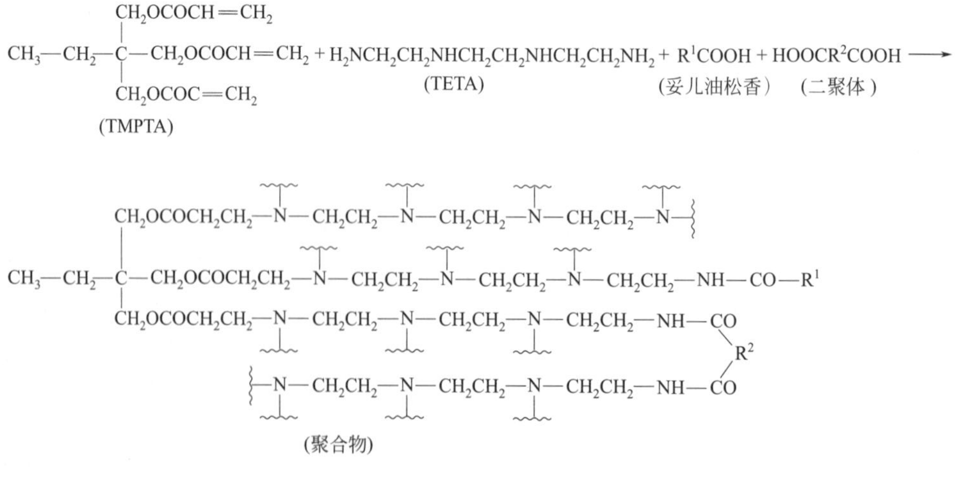

(聚合物)

7.5.3　在胶黏剂中的应用

Azorlosa 的专利公开了一种双组分无溶剂、快速固化厌氧胶黏剂。

组分 A 由二官能团及以上丙烯酸多官能单体组成，包括 1,6-己二醇二丙烯酸酯、三羟甲基丙烷三丙烯酸酯、二乙二醇二丙烯酸酯、二丙二醇二甲基丙烯酸酯等。

组分 B 由能与多官能丙烯酸酯单体在室温下反应生成交联结构聚合物的单体组成，包括 N-乙烯基羧酸酰胺和 N-乙烯基胺磺酰，如 N-乙烯基-2-吡咯烷酮、N-乙烯基-5-甲基-2-吡咯烷酮、N-乙烯基-3,3-二甲基-2-吡咯烷酮、N-乙烯基-2-哌啶酮、N-乙烯基-6-己内酰胺等。

组分 A 和组分 B 之间的反应通过氧化-还原引发体系引发进行。使用应用操作时，将组分 A 和组分 B 分别涂布于需要粘接的两个部件的表面，将两个表面对压，静置 60s 即可得到牢固的粘接效果。氧化-环氧引发剂体系中的氧化剂混合于其中一个组分（如组分 A）中，而还原剂则混合于另一组分（如组分 B）中。

适宜的氧化-还原体系如表 7-15 所示。

表 7-15　适宜的氧化-还原体系

氧化剂	还原剂
有机过氧化氢:叔丁基过氧化氢 有机过氧化物:过氧化苯甲酰 有机过氧化氢:异丙基苯过氧化氢	多胺:三亚乙基四胺 N-烷基化芳胺:N,N-二乙基苯胺 金属有机化合物:丙酮基丙酮铜

组分 A 和组分 B 的组成实例见表 7-16 所示。

表 7-16　组分 A 和组分 B 的组成

组分 A	组分 B
乙酸丁酸纤维素:7g 1,6-己二醇二丙烯酸酯:93g 叔丁基过氧化氢[70%(质量分数)]:3g	EAB-500-5:7g N-乙烯基吡咯烷酮:93g 三亚乙基四胺:3g

Kasahara 等的专利（USP 6777518B2，Aug.17，2004）公开了一种医用胶黏剂及其胶带的制备方法。这种胶黏剂由以下单体进行共聚合而成：

丙烯酸 $C_4 \sim C_{12}$ 烷基酯

（甲基）丙烯酸

甲基丙烯酸 $C_1 \sim C_4$ 烷基酯

【实例】

蒸馏水：94 份

反应性表面活性剂 LatemulS180A：0.88 份

丙烯酸 2-乙基己酯：93 份

丙烯酸：2 份

甲基丙烯酸甲酯：10 份

链转移剂十二烷基硫醇：0.05 份

引发剂过硫酸铵：0.1 份

在配有搅拌器、回流冷凝器、氮气管线、温度计的反应器中，使用上述单体及助剂，采用单体乳液滴加法进行乳液聚合反应。在反应温度为 70℃下反应 4.5h，并在 86℃下熟化 2h，以使反应进行完全，即得到共聚物乳液。配方见表 7-17。

表 7-17　配方表　　　　　　　　　单位：质量份

实验序号	1	2	3	4	5	6	7
丙烯酸 2-乙基己酯	93	90.5	98	103	93	88	98
丙烯酸	2	2	2	2	2	2	2
甲基丙烯酸甲酯	10	12.5	5	0	10	15	5
十二烷基硫醇	0.05	0.05	0.05	0.05	0.08	0.05	0.03

上述方法所得医用胶黏剂具有良好的粘接力和内聚力之间的平衡，可以在各种医用胶带中应用。

7.5.4　在丙烯酸热熔型压敏胶中的应用

Koch 等提出了丙烯酸官能单体在热熔型丙烯酸压敏胶制备中的应用（USP 6613857B1，Sep.2，2003）。

丙烯酸压敏胶可以采用热熔型（100%固含量）或者采用高固含量（>60%）的形态进行涂布，涂布后再采用 UV 辐射固化的方式进行固化交联。组成热熔型丙烯酸压敏胶的单体主要有烷基丙烯酸酯、含烯键的不饱和羧酸、N-乙烯基内酰胺和醚类单体。醚类单体是光引发反应增效剂，醚分子中至少含有一个不稳定氢原子，这个氢原子在 UV 交联反应中易被夺取，形成活性点。聚合物在涂布之前，与多官能丙烯酸酯单体和光引发剂进行混合，然后进行交联固化，以形成高性能的压敏胶产品。其生产过程示意图见图 7-5。

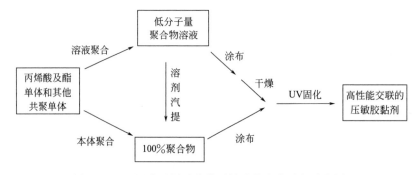

图 7-5　UV 固化丙烯酸热熔压敏胶的生产过程示意图

热熔型丙烯酸压敏胶的制备过程：

【实例1】

按照表7-18的配方采用溶液聚合的方法，制备丙烯酸共聚物。其步骤如下：在一个配有加热夹套、氮气通入管线、搅拌器和回流冷凝器的反应器中，先进行氮气置换并将反应器的温度设定在82℃，将初始物料（单体和溶剂）加入反应器中，搅拌器的搅拌速度设定为100r/min，反应器温度逐渐提高至82℃，并加入起始量的引发剂（引发剂溶解于少量的溶剂中）。当反应体系达到最高的反应温度（82℃）时，保持此温度5min，然后开始以2.0g/min的滴加速度滴加单体和溶剂的混合物。滴加完毕后，反应体系在连续搅拌的条件下维持1h，然后添加第一批熟化引发剂。反应物再维持反应1h，然后添加第二批熟化引发剂。第二批引发剂添加完毕后，反应体系再维持反应1h，然后将其冷却。

表 7-18 配方表

成分	质量/g	质量分数/%
单体：		
丙烯酸丁酯(BA)	174.6	66
丙烯酸2-乙基己酯(EHA)	53.0	20
Photomer 8061 醚单体	5.3	2
N-乙烯基吡咯烷酮(NVP)	26.5	10
丙烯酸(AA)	5.3	2
合计量	256.0	100
	全部单体中的66g(25%)作为初始投料，剩余的单体用于滴加	
溶剂：		
初始加入量：		
醋酸乙酯	84.5	85
甲苯	14.9	15
合计量	99.4	100
反应开始后滴加量：		
醋酸乙酯	140.8	85
甲苯	24.8	15
合计量	165.6	100
引发剂：		
与单体一起加入：		
Vazo 64	0.80	
反应开始时加入：		
Vazo 64	0.27	
醋酸乙酯	10	
第一批熟化引发剂：		
Vazo 64	0.2	
醋酸乙酯	5	
第二批熟化引发剂：		
Vazo 64	0.2	
醋酸乙酯	5	

所得丙烯酸共聚物

总重量：530g

总固含量：50%

总单体量：265g

总溶剂量：265 克。

其他各实验例的配方一并列于表 7-19 中。

表 7-19 配方表 单位：% （质量分数）

实例	丙烯酸正丁酯(BA)	丙烯酸2-乙基己酯(EHA)	丙烯酸(AA)	Photomer 8061 醚单体	N-乙烯基吡咯烷酮(NVP)	丙烯酸二甲氨基乙酯	重均分子量/×10^5
1	66	20	2	2	10	0	1.85
2	66	20	2	2	10	0	4.30
3	63	18	2	2	15		2.35
4	66	18	4	2	10		2.06
5	68	20	2		10		1.88
6	63	32	3	2	0		1.46
7	59	30	0	0	10	1	1.56

7.5.5 在液晶配向层材料中的应用

目前市面上开发的平面显示器，主要分为场发射显示器（field emission display）、等离子显示器（plasma display）和液晶显示器等。其中液晶显示器因具有驱动电压低、功耗低、寿命长及辐射低等优点，已成为市场的主流。

在液晶显示器的制造过程中，液晶配向技术是决定液晶显示器品质的关键技术之一。因为将液晶夹在两块基质之间，要获得均匀排列是很难的。因此，通常需在基质的内壁施以一层无机或有机的薄膜，促使液晶稳定并均匀地排列。这种具有诱导液晶定向排列作用的薄层称为液晶配向层。

液晶配向层的好坏直接影响液晶显示器的品质。

最近已有报道使用线性偏振光聚合反应的液晶定向技术。此种技术是用线性偏振光辐照聚乙烯醇肉桂酸酯的表面，使其中的双键基团发生分子交联而形成各向异性的高分子膜。本来分子键在基板表面是规则排列的，当经偏振紫外光照射时，导致各向异性反应的发生，所形成的高分子膜对液晶即起定向排列作用，这就是液晶的光配向。

朱文崇等的专利公开了一种含有查耳酮感光基团的丙烯酸酯聚合物，可以用作液晶显示器的配向层材料。

这种丙烯酸酯聚合物的制备叙述如下。

【实施例】

（1）丙烯酰氯的制备 在装有回流冷凝器的烧瓶中加入丙烯酸（68mL，

1.0mol）和三氯化磷（29mL，0.33mol）。将混合物缓慢加热至微沸，停止加热。静置2h，将反应混合物分层后，分离出上层澄清液，加入氯化亚铜（1.0g）作为阻聚剂，再经减压蒸馏，收集30～40℃（140mmHg）的馏分。反应化学方程式如下。

$$CH_2 \!=\! CHCOOH + PCl_3 \longrightarrow CH_2 \!=\! CHCOCl$$

（2）4-羟基查耳酮的制备　称取2.44g（0.02mol）4-羟基苯甲醛和2.40g（0.02mol）苯乙酮，用5mL无水乙醇将其溶解。然后缓慢滴入5.5mL 50%的KOH溶液，再加入适量的稀盐酸产生沉淀，即得4-羟基查耳铜。反应化学方程式如下。

HO—〇—CHO + CH₃CH₂—CO—〇—— → HO—〇—CH=CH—CO—〇

（3）丙烯酸（4-羟基查耳酮）酯的制备　称取1g（0.00446mol）上述步骤中制得的4-羟基查耳酮，溶解于5mL四氢呋喃中，得到均匀橙色的澄清溶液后，加入2mL三乙胺，混合均匀后加入溶有2mL丙烯酰氯的5mL四氢呋喃溶液，反应在冰水浴中进行约24h。反应结束后，将产物在大量的去离子水中沉淀，过滤后得到丙烯酸（4-羟基查耳酮）酯。反应化学方程式如下。

HO—〇—CH=CH—CO—〇 + CH₂=CHCOCl → CH₂=CHCOO—〇—CH=CH—CO—〇

（4）聚丙烯酸（4-羟基查耳酮）酯的制备　将0.527g丙烯酸（4-羟基查耳酮）酯溶于5mL四氢呋喃中，然后加入0.2%～0.5%的偶氮二异丁腈（AIBN），升温至60℃反应3d，得到浅褐色溶液。加入10mL四氢呋喃稀释反应混合物，再将反应混合物倒入大量的甲醇中沉淀，过滤后得到聚丙烯酸（4-羟基查耳酮）酯。

（5）4′-羟基查耳酮的合成　称取2.72g（0.02mol）4′-羟基苯乙酮和2.12g（0.02mol）苯甲醛。用5mL的乙醇将其溶解，然后滴入5.5mL 50%的KOH溶液，反应混合物呈深红色。反应完毕后加入适量的稀盐酸将反应混合物中和至中性后产生沉淀，即为4′-羟基查耳酮。反应化学方程式如下。

〇—CHO + CH₃—CH₂—CO—〇—OH → 〇—CH=CH—CO—〇—OH

（6）丙烯酸（4′-羟基查耳酮）酯的合成　称取1g（0.00446mol）上述步骤中制得的4′-羟基查耳酮，溶于于5mL四氢呋喃中，得到均匀橙色的澄清溶液后，加入2mL三乙胺，混合均匀后加入溶有2mL丙烯酰氯的5mL四氢呋喃溶液，反应在冰水浴中进行约24h。反应结束后，将产物在大量的去离子水中沉淀，过滤后得到丙烯酸（4′-羟基查耳酮）酯。反应化学方程式如下。

〇—CH=CH—CO—〇—OH + CH₂=CHCOCl → 〇—CH=CH—CO—〇—OCOCH=CH₂

（7）聚丙烯酸（4′-羟基查耳酮）酯的制备　将0.527g丙烯酸（4′-羟基查耳酮）酯溶于5mL四氢呋喃中，得到均匀的橙黄色的溶液，然后加入0.2%～0.5%的偶氮二异丁腈（AIBN），升温至60℃反应3d，得到浅褐色溶液。加入10mL四氢呋喃稀释反应混合物，再将反应混合物倒入大量的甲醇中沉淀，过滤后得到聚丙烯酸（4'-羟基查耳酮）酯。

以上丙烯酸酯聚合物可以用作液晶配向层材料。

7.5.6　在水性光引发剂中的应用

水性光引发剂作为水性光固化体系的重要成分，备受人们的关注。Davies W D 等报道了单丙烯酸酯官能团光引发剂和多丙烯酸酯官能团水性引发剂，它们具有固化收缩率低、气味小、可共聚合和在水中易于分散等特点。

丙烯酸酯化的Irgacure 2959
（单丙烯酸酯官能团光引发剂）

其中　R= —OCOCH=CH$_2$，X= —OCH$_2$CH$_2$O—⟨苯环⟩—COC(CH$_3$)$_2$OH

丙烯酸酯化Irgacure 2959改性三聚氰胺丙烯酸酯
（多丙烯酸酯官能团水性引发剂）

7.5.7　在合成含螯合基团的聚合物中的应用

将多官能的螯合基团联结在丙烯酸酯或甲基丙烯酸酯单体上，然后进行聚合，得到含有螯合基团的高度取代的聚合物，这种聚合物非常有实用价值，可以用于诸如液态烃类等液体中脱除金属元素的工艺中。这类聚合物的一个典型例子如下：

其合成方法叙述如下。

步骤一：

以氯仿作溶剂，在吡啶的存在下，将溴乙醇（$BrCH_2CH_2OH$）与甲基丙烯酰氯 $[CH_2=C(CH_3)COCl]$ 进行反应。反应后将反应混合物进行冷却降温，则产物溴取代甲基丙烯酸酯便被萃取在氯仿中，产物呈淡黄色或无色油状，收率为 $75\% \sim 90\%$。

步骤二：

将所得此淡黄色或无色油状产物与 8 倍量的四氮杂环癸烷反应（在氯仿中进行），得到甲基丙烯酸酯产物，产率为 $70\% \sim 80\%$。

步骤三：

将上述所得酯化产物用自由基引发聚合的方法进行聚合（以 AIBN 为引发剂），聚合反应温度为 $50 \sim 110℃$，反应时间 $3 \sim 24h$。所得聚合物的分子量范围是 $5000 \sim 200000$，聚合物呈半固态形式。

上述合成的反应方程式如下：

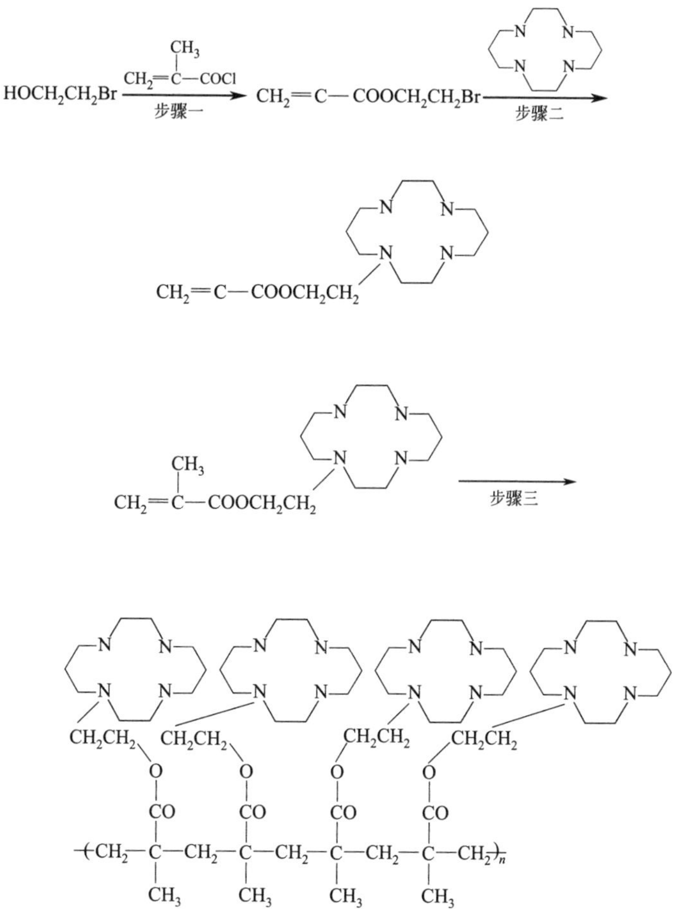

除了上述的四氮杂环癸烷以外，常见的其他基团还有四氮杂环辛烷、四氧杂环

辛烷、四硫杂环辛烷等，结构如下：

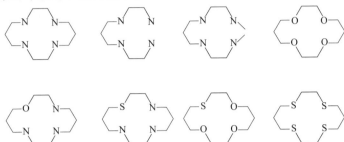

　　将上述螯合物联结在聚合物链节上，可以避免直接使用小分子螯合物时对介质可能带来的污染，因为与小分子螯合物比较，聚合物通常具有相对较低的固有溶解度。

　　可以根据不同的金属元素而灵活地选用不同结构、不同大小的杂环化合物。例如在脱除铜元素的工艺中，选用含氮杂环化合物是最为有效的。

参 考 文 献

[1]　金养智. 光固化材料性能及应用手册. 北京：化学工业出版社，2010.

[2]　金养智. 丙烯酸化工与应用. 2014，（2），1-10.

[3]　金养智. 丙烯酸化工与应用. 2016，（3），1-7.

[4]　Eric L. Acrylic acid & Esters CEH Marketing Research Report，2014.

[5]　石田德政等. CN 1468836A，2004-01-21.

[6]　保尔 J M. CN 1282315A. 2001-01-31.

[7]　曾国蓉等. CN 1070636A. 1993. 04. 07.

[8]　保罗 J M. CN 1349972A. 2002-05-22.

[9]　朱明等. CN 1401628A. 2003-03-12.

[10]　霍本 J 等. CN 1437574A. 2003-08-20.

[11]　卢崇道等. CN 1418860A. 2003-05-21.

[12]　保罗 J M. CN 1432570A. 2003-07-30.

[13]　保罗 J M 等. CN 1396168A. 2003-02-12.

[14]　胡尔特 P 等. CN 1235961A. 1999-11-24.

[15]　郑铉晋. CN 1310165A. 2001-08-29.

[16]　刘继宪等. CN 1511859A. 2004-07-14.

[17]　王一平. 现代化工，2002，（2）：35.

[18]　韩蕴华. 精细石油化工，2001，（5）：10-12.

[19]　霍建中. 化学试剂，2004，26（1）：52-54.

[20]　孟凡梅等. CN 1208032A. 1999-02-17.

[21]　吴 C 等. CN 1259933A. 2000-07-12.

[22]　杨云峰等. CN 1373120A. 2002-10-09.

[23]　马洛夫斯基等. CN 1391552A. 2003-01-15.

[24]　郑武成等. CN 1079970A. 1993-12-29.

[25]　朱文崇等. CN 1451645A. 2003-10-29.

[26] Sachdev, et al. US 6，682，872 B2. 2004-01-27.

[27] Revis, et al. US 5，075，348. 1991-12-24.

[28] Revis, et al. US 5，126，394. 1992-06-30.

[29] Azorlosa. US 4，158，647. 1979-06-19.

[30] Kasahara, et al. US 6，777，518 B2. 2004-08-17.

[31] Koch, et al. US 6，613，857 B1. 2003-09-02.

[32] Jones R H, et al. US 6，455，633 B1. 2002-09-24.

[33] John G W, et al. US 6，231，714 B1. 2001-05-15.

[34] Puranik D B, et al. US 6，143，849. 2000-11-07.

[35] 胡尔特等. CN 1235961A. 1999-11-24.

[36] 杨云峰，王建中，方莉. CN 1373120A. 2002-10-9.

[37] 阮传良. CN 87102528A. 1987-12-23.